INTRODUCTION TO

EARTH SCIENCE

陈汉林　杨树锋◎主编

地球科学概论

（第四版）

ZHEJIANG UNIVERSITY PRESS
浙江大学出版社
·杭州·

图书在版编目（CIP）数据

地球科学概论/陈汉林，杨树锋主编. — 4版. —
杭州：浙江大学出版社，2023.7（2025.8重印）
ISBN 978-7-308-24276-9

Ⅰ.①地… Ⅱ.①陈…②杨… Ⅲ.①地球科学—概
论—教材 Ⅳ.①P

中国国家版本馆CIP数据核字（2023）第190833号

地球科学概论（第四版）

DIQIU KEXUE GAILUN

陈汉林　杨树锋　主编

策　　划	黄娟琴
责任编辑	黄娟琴　王　波
责任校对	吴昌雷
封面设计	雷建军
出版发行	浙江大学出版社
	（杭州市天目山路148号　邮政编码310007）
	（网址：http://www.zjupress.com）
排　　版	杭州林智广告有限公司
印　　刷	杭州捷派印务有限公司
开　　本	787mm×1092mm　1/16
印　　张	25.5
字　　数	589千
版 印 次	2023年7月第4版　2025年8月第4次印刷
书　　号	ISBN 978-7-308-24276-9
定　　价	99.00元

审 图 号　GS浙（2023）64号

浙江大学出版社市场运营中心联系方式：0571-88925591；http://zjdxcbs.tmall.com

序

P R E F A C E

　　人类对地球和生命起源的好奇与坚持不懈的探索促进了近代自然科学的蓬勃发展。20世纪60年代板块构造理论的创立，极大地改变了人类对地球演化历史的认知和世界观。针对当前人类面临的日益严峻的资源和环境问题，欧美科学家纷纷提出了"未来地球""时域地球""地球生存计划"等十年发展愿景；中国科学家提出了"宜居地球"，认为地球宜居性的科学内涵和规律是21世纪的前沿科学问题。

　　近年来，人们逐渐认识到保护环境的重要性，保护环境、节约资源已成为我国的一项基本国策。资源与环境问题，归根结底是人与自然的关系问题，要处理好这一问题需要大众对我们赖以生存的地球有基本的了解，突显了普及地球科学知识的重要性。

　　浙江大学于1989年秋季开始面向全校各专业学生，开设了"地球科学概论"通识性选修课，深受欢迎，并于1993年编写出版了《地球科学概论》一书。2001年，在前期教学实践的基础上，作者按照固体地球科学和表层地球科学两大部分，并首次把地球信息科学引入地球科学概论中，修订和出版了第二版《地球科学概论》。随着大数据时代的到来和地球系统科学研究的不断深化，2020年，作者又对全书进行了修订，并增加了地学大数据和地球系统科学这两部分内容，出版了第三版教材。

　　大学通识教育的目标，是为受教育者在现代多元化的社会中建立通行于不同人群之间的多元知识体系、创新的思维方式和包容的价值观。浙江大学教学团队通过近30年的教学，充分认识到作为通识课程教材的《地球科学概论》必须适应信息社会、学科交叉以及地球系统科学的新发展，提出了《地球科学概论》教材需要注重"六个结合"，即：知识学习和科学思维培养相结合、传统（纸质）教材与数字教材相结合、传统地球科学与现代地球信息科学相结合、传统知识与学科前沿相结合、单学科知识与地球系统科学相结合、正文与附录（附件）相结合。基于上述理念，在原有教材的基础上，作者组织了多学科的学者团队编写了《地球科学概论（第四版）》。

新版教材特色更加显著，具体表现为：（1）注重科学思维的培养。利用"大陆漂移学说"和"海底扩张学说"产生过程来介绍两种不同类型的科学思维方式，大陆漂移学说是"假定—论证—学说"，而海底扩张学说是"数据—解释—学说"。（2）立足学科发展的前沿。大数据强调重视"相关而非因果"，给地球科学研究带来了研究范式的改变，该教材在第三部分中系统介绍了地学大数据发展与变革和地学大数据应用示范。（3）强调地球系统的理念。该教材不仅在第二十章中专门介绍了地球系统科学的内容，而且多个章节内容都是从地球系统这一角度进行阐述。（4）突出学科交叉的视野。学科交叉是地球科学的重要特点，与其他学科不断交叉融合形成了地球科学的新学科方向，该教材突出地球科学与信息科学的交叉，着重介绍了地学信息的获取和处理的方法、技术及其应用。（5）激发学生探索未知的兴趣。该教材每章后都附有"已知的"练习题与"未知的"思考题，准确处理好"已知"与"未知"的关系。通过练习题让学生复习、巩固已经学到的知识，同时通过思考题让学生进一步思考地球科学的未知世界，不仅向学生开启了地球科学的知识的大门（已知），也打开了窗户让学生看到窗外的地学世界的前沿（未知）。（6）增加延伸阅读的内容。通过二维码技术新增了地学思政、动画视频以及其他扩展阅读等数字化资源，更好地满足学生个性化的需求并促使学生进行自主学习。

　　我相信该教材的出版，将进一步拓宽理、工、农、医、人文、社科等各专业学生的知识面，树立科学的自然观、辩证观和可持续发展观，提高大学生的综合素养；同时，推动其他学科更加关注地球科学问题，并在促进学科交叉和解决地球科学前沿问题方面发挥重要的作用。该教材的出版，还将在全社会普及地球科学知识、培养大众的科学兴趣和资源利用与环境保护意识、提升国民综合素质等方面做出积极的贡献。

中国科学院院士

陈骏

　　为了适应高等学校教学改革的新形势，充分发挥综合性大学多学科的优势，扩大学生的知识面，使理、工、农、医、人文、社科各专业的学生树立科学的自然观、辩证观和可持续发展观，提高全面素质，浙江大学地球科学系于1989年秋季开始面向全校各专业学生，开设了"地球科学概论"选修课。该课程除了面授地球科学的基本理论、基本知识以外，还结合杭州周边山水的优越环境，辅以野外实地教学，效果良好，深受学生欢迎。经过四年的教学实践，遂于1992年由兰玉琦、杨树锋、竺国强整理讲稿，编写了《地球科学概论》一书，1993年由浙江大学出版社出版。1996年，国家教育委员会地质学教学指导委员会集聚浙江大学，提出了编写《地球科学概论》的倡议。在前期教学实践的基础上，作者修订了第一版教材，出版了《地球科学概论（第二版）》。第二版教材，在学科体系上，按照固体地球科学和表层地球科学两大部分展开，阐述地球科学各分支学科的基本理论和基本知识；在学科方向上，增加了地球信息科学这门崭新的分支学科，是把地球信息科学引入地球科学概论中的第一本教材。

　　随着网络的普及和信息技术的发展，特别是2009年 *The Fourth Paradigm：Data-Intensive Scientific Discovery* 和2013年 *Big Data: A Revolution That Will Transform How We Live, Work, and Think* 两书的出版，大数据及其思维模式在全世界迅速传播，人类社会进入大数据时代，大数据已深刻影响到社会的各个方面，引起人类生活、工作与思维的大变革。大数据强调重视"相关而非因果"，因果关系不是科学研究的必要前提，在因果关系不清楚的情况，可以利用相关性来进行科学分析，这给因果关系极为复杂的地球科学研究带来了深刻的影响，地球科学研究面临新的机遇与挑战。地球科学研究本身必须应对当今人类面临的挑战，从更宏大的视野、更系统的思维，研究太阳系中唯一的蓝色星球（地球）的宜居性，了解它的过去，刻画它的现在，预测它的未来，也就是认识"地球宜居性"的形成、演变和可持续性，这是未来地球科学的重大使命。因此，在《地球科学概论（第三版）》中我们专门增加了"地球系统科学"和"地球科学大数据"这两部分内容，以适应当前地球科学的发展。在第一版和第二版的基础上，《地球科学概论（第三版）》组建了新的编写团队，从整体内容上进行了重新编写，把地球科学一些前沿性成果纳入教材中。在教材的版面编排上，对于重点内容采用二维码的方式增加延伸阅读，方便学生对知识进行拓展。

党的二十大报告提出"要坚持教育优先发展、科技自立自强、人才引领驱动，加快建设教育强国、科技强国、人才强国，坚持为党育人、为国育才，全面提高人才自主培养质量，着力造就拔尖创新人才"，着力培养造就拔尖创新人才是大学教育的重要目标。2021年，科学出版社出版了《2021—2030地球科学发展战略——宜居地球的过去、现在与未来》一书，地球宜居性成为科学家关注的前沿问题；而大数据在地球科学领域的广泛应用，特别是"AI for Science"的提出，人工智能极大地助力科学发现，使得科学研究进入了"以数据为主导，生成的模型"和"以知识为指导，设计的模型"相结合的双驱动研究范式阶段。在这样的背景下，作者对《地球科学概论》教材内容又有了新的思考。因此，在第三版的基础上，《地球科学概论（第四版）》增加了"动态地球的活动：地震与火山作用"、"地球系统中的全球变化"、"地学大数据应用示范"和"宜居地球"四章内容。此外，作者对每章的思考题进行了优化，注重科学思维方法的训练，培养学生探索未知、追求真理、勇攀科学高峰的责任感和使命感，提高学生正确认识问题、分析问题和解决问题的能力。

《地球科学概论（第四版）》是集体劳动的成果。全书分上、中、下三篇，分别为固体地球科学、表层地球科学、地学大数据与地球系统科学。全书共二十一章，其中第一、三、六章和附录由陈汉林执笔，第七章由陈汉林和程晓敢执笔，第二、四章由励音骐执笔，第九、十、二十、二十一章由章凤奇执笔，第十七、十八、十九章由杜震洪执笔，第八、十五章由石许华执笔，第十一、十六章由曹龙执笔，第十二、十三章由丁巍伟执笔，第五章由林秀斌执笔，第十四章由杨蓉执笔。杨树锋院士对全书进行了全面的审核。

由于作者水平有限，书中疏漏、不妥之处敬请读者批评指正。

作者

2023 年 7 月

为了适应高等学校教学改革的新形势，充分发挥综合性大学多学科的优势，扩大学生的知识面，使理、工、农、医、人文、社科各专业的学生树立科学的自然观、辩证观和可持续发展观，提高全面素质，浙江大学地球科学系于 1989 年秋季开始面向全校各专业学生，开设了"地球科学概论"选修课。该课程除了面授地球科学的基本理论、基本知识以外，还结合杭州周边山水的优越环境，辅以野外实地教学，效果良好，深受学生欢迎。经过四年的教学实践，遂于 1992 年由兰玉琦、杨树锋、竺国强整理讲稿，编写了《地球科学概论》一书，1993 年由浙江大学出版社出版。1996 年，国家教育委员会地质学教学指导委员会集聚浙江大学，提出了编写《地球科学概论》的倡议。在前期教学实践的基础上，作者修订了第一版教材，出版了《地球科学概论（第二版）》。第二版教材，在学科体系上，按照固体地球科学和表层地球科学两大部分展开，阐述地球科学各分支学科的基本理论和基本知识；在学科方向上，增加了地球信息科学这门崭新的分支学科，是把地球信息科学引入地球科学概论中的第一本教材。

随着网络的普及和信息技术的发展，人类社会进入大数据时代，大数据已深刻影响到社会的各个方面，引起人们生活、工作与思维的大变革。大数据强调重视"相关而非因果"，给地球科学研究带来了研究范式的改变，学科研究面临新的机遇与挑战。地球科学研究本身必须应对当今人类面临的挑战，从更宏大的视野、更系统的思维，研究太阳系中唯一的蓝色星球（地球）的宜居性，了解它的过去，刻画它的现在，预测它的未来，也就是认识"地球宜居性"的形成、演变和可持续性，这是未来地球科学的重大使命。因此，在《地球科学概论（第三版）》中，我们专门增加了"地球系统科学"和"地球科学大数据"这两部分内容，以适应当前地球科学的发展。

在第一版和第二版的基础上，《地球科学概论（第三版）》组建了新的编写团队，从整体内容上进行了重新编写，把地球科学一些新的前沿性成果纳入教材中。在教材的版面编排上，对于重点内容采用二维码的方式增加延伸阅读，方便学生对知识进行拓展。

《地球科学概论（第三版）》是集体劳动的结果。全书分上、中、下三篇，分别为固体地球科学、表层地球科学、地学大数据与地球系统科学。全书共十七章，其中第一、三、六章和附录由陈汉林执笔，第七章由陈汉林和程晓敢执笔，第二、四章由励音骐执笔，第八、九、十七章由章凤奇执笔，第十五、十六章由杜震洪执笔，第十四章由石许华执笔，第十章由曹龙执笔，第十一章由丁巍伟执笔，第十二章由丁巍伟和余星执笔，第五章由林秀斌执笔，第十三章由杨蓉执笔。杨树锋院士对全书进行了全面审核。

由于作者水平有限，书中疏漏、不妥之处敬请读者批评指正。

作者

2020 年 11 月

　　为了适应高等学校教学改革的新形势，充分发挥综合性大学多学科的优势，扩大学生的知识面，使理、工、农、医、人文、社科各专业的学生树立科学的自然观、辩证观和可持续发展观，提高全面素质，浙江大学地球科学系于1989年秋季开始面向全校各专业学生开设"地球科学概论"选修课。该课程除了讲授地球科学的基本理论、基本知识以外，还结合杭州周边山水的优越环境，辅以野外实地教学，效果良好，深受同学欢迎。经过4年的教学实践，于1992年由兰玉琦、杨树锋、竺国强整理讲稿，编写了《地球科学概论》一书，1993年由浙江大学出版社出版。该书正式出版后，除了浙江大学用作教材外，也被许多兄弟院校选用、参考。我们在教学实践中深深感到在高校设立"地球科学概论"课程的必要性。1996年国家教育委员会地质学教学指导委员会集聚浙江大学，提出了编写《地球科学概论》的倡议。

　　在十年教学实践的基础上，我们重新修订了第一版的《地球科学概论》，并作了较大的变动。变动之一是在学科体系上，按照固体地球科学和表层地球科学两大部分展开，阐述地球科学各分支学科的基本理论和基本知识。前者主要包括地质科学和固体地球物理学，后者则主要包括地理科学、海洋科学、大气科学和地球系统科学的内容。随着系统科学向各学科的渗透以及信息科学和信息技术的迅猛发展，产生了地球信息科学和地球系统科学两门崭新的分支学科。虽然这两门分支学科目前还不是非常成熟，但却代表了地球科学未来发展的方向。因此在第二版中增加了这部分内容，用相当的篇幅介绍了地球信息科学和地球系统科学的最新研究成果。

　　此外，在第一版中，以附录的形式介绍了杭州地区野外观察简介，此次修订仍予以保留，因为地球科学是一门实践性很强的科学，在讲授基本理论和基本知识的基础上，辅以少量的野外实习，是很有必要的，这也是本书的特色之一。

本书是集体劳动的结果。全书分上、中、下三篇，共二十一章。其中第一、二、五章和附录由杨树锋和兰玉琦执笔；第三、四、六、七、九章由陈汉林执笔；第八章由竺国强和兰玉琦执笔；第十、十一、十二、十三章由沈晓华执笔；第十四、十五、十六、十七章由竺国强和沈晓华执笔；第十八、十九、二十、二十一章由承继成和陈汉林执笔。

由于作者水平有限，书中定有疏漏、不妥之处，敬请读者批评指正。

作者

2001 年 3 月

　　人类生活在地球上，人们日益关心地球的一些基本概况及其与人类的关系。作为自然科学学科之一的地球科学，包括地质学、地理学、大气与海洋学等不同分支学科。本书重点论述了与固体地球有关的地学内容，涉及地球的结构与基本特征、矿产资源与应用、环境地质与防灾减灾，对其中有关的地质现象、形成机理、演化历史及其与人类生存的关系等问题，给予了相应的阐述，有助于人们认识地球形成、发展过程中的某些地质规律。

　　本书是根据浙江大学地球科学系设置的地球科学概论教学大纲的要求，在总结近年来本课程的教学经验以及学科发展的基础上编写而成的，并收集引用了国内外有关的文献资料，目的在于为学生们学习地球科学的基本理论、概念和规律等知识打下基础。本书分上、中、下三篇，共十五章，其中第一、五、七、八、十一章由兰玉琦执笔；第二、三、四、六、十章及附录由杨树锋执笔；第九、十二、十三、十四、十五章由竺国强执笔。本课程为 3 学分，教学时数 50~60 课时。内容编写力求反映本课程的科学性、通俗性、应用性，以适应广大学习对象的需求。

　　书中疏漏、不妥之处，敬请读者批评指正。

目录
C O N T E N T S

中　篇　表层地球科学

第一章

绪 论

第一节　地球科学的学科体系

自然科学由数学、物理学、化学、天文学、地学和生物学六大基础学科组成。地学即地球科学，是以地球为研究对象的科学体系。从不同角度对地球的不同圈层进行研究，形成了地球科学的各个分支学科。地球科学主要包括固体地球科学（地质科学、地球物理学）和表层地球科学（地理科学、海洋科学、大气科学、空间物理学）两部分。地球科学与其他五大基础学科具有密切的关系，学科交叉形成了地球科学新的学科方向。

一、地质科学

地质科学是关于固体地球的物质成分、内部结构、外部特征、各圈层间相互作用和演变历史的知识体系。根据研究内容和任务的不同，地质科学的分支学科主要有：

（1）研究固体地球物质组成的学科，如结晶学、矿物学、岩石学、地球化学等；

（2）研究地球内部结构与构造的学科，如构造地质学、大地构造学等；

（3）研究地球演变历史的学科，如地史学、古生物学等；

（4）将地质科学的基本理论、基本知识用于研究资源、能源与环境的学科，如矿床学、石油地质学、煤田地质学、水文地质学、工程地质学、环境地质学、地震地质学等。

二、地球物理学

地球物理学是应用物理学的原理和方法，通过利用先进的电子和信息技术对各种地球物理场（如地磁场、地电场、重力场、地震波场、地温场、辐射场等）进行观测，探索地球的内部结构、形成和演化，研究与其相关的各种自然现象及变化规律的科学。其主要分支学科有地震学、地磁学、地热学、重力学等。

三、地理科学

地理科学是研究固体地球表面的自然现象、人文现象以及它们之间的相互关系和区域分异的学科。地理科学一般包括自然地理学、人文地理学、地图学与地理信息系统三大组成部分。自然地理学是研究自然地形、地理环境的结构及发生、发展规律的学科，主要分支学科有自然地理学、地志学、土壤学等；人文地理学则是以人地关系的理论为基础，探讨各种人文现象的地理分布、扩散和变化，以及人类社会活动的地域结构的形成和发展规律的学科，主要分支学科有经济地理学、政治地理学、社会地理学等。地图学与地理信息系统是应用计算机技术来管理地理数据、综合分析地理信息和模拟地理过程，为地理学提供现代化研究手段，为资源与环境管理科学化和决策支持提供服务的科学，是在地图制图学基础上发展起来的，属于理学类地理学下面的二级学科。随着信息技术、知识工程和计算机与通信技术的发展，地图学与地理信息系统已逐步成为资源与环境、城市及区域规划与管理、土地利用与管理、水利水电、交通土建等国民经济各部门的重要技术支撑，在国民经济可持续发展中发挥着越来越重要的作用。

四、海洋科学

海洋科学是研究地球上海洋的自然现象、性质及其变化规律，以及与开发和利用海洋有关的知识体系。它的研究对象是海洋中的水以及海洋环境，其主要分支学科有物理海洋学、化学海洋学、海洋气象学、环境海洋学等。海洋科学也研究生存于海洋中的生物和存在于海洋（底）中的资源，因此也包括某些交叉性的学科，如海洋生物学、海洋（底）地质学等。

五、大气科学

大气科学是研究大气圈的组成、结构和气候过程，尤其是研究大气的各种物理现象及其变化规律的科学，其目的在于揭示大气中各种物理现象和物理过程的发生和发展的本质，从而掌握并应用它为人类生活和经济建设服务。大气科学包括许多分支学科，如大气物理学、天气学、气候学、天气动力学、气象学。

六、空间物理学

空间物理学是地球物理学和空间科学交叉而形成的边缘学科，是 1957 年第一颗人造地球卫星发射成功、人类进入空间时代后迅速发展形成的基础学科。它采用物理学的原理和方法，利用空间飞行器对太阳、行星际空间，以及地球和行星的大气层、电离层、磁层等进行研究，并研究空间环境对地球生态环境的影响，是人类认识自然和生存环境的前沿学科之一。其主要分支学科有高层大气物理学、磁层物理学、电离层物理学、星际物理学等。

七、新的边缘学科：地球系统科学和地球信息科学

20 世纪后半叶，地球科学各分支学科和边缘学科大量涌现，地球科学的学科体系进一步扩大。特别是信息科学和信息技术的迅猛发展，以及系统科学的理论向地球科学的渗透，产生了地球信息科学和地球系统科学两门崭新的边缘学科。

地球系统科学诞生于 20 世纪 80 年代中期，其概念最早是由美国国家航空航天局（NASA）于 1983 年提出的（林海，1988；陈述彭，1998）。地球系统科学强调地球的整体概念，将大气圈、水圈、生物圈和地圈（岩石圈、地幔和地核）看成是具有有机联系的"地球系统"，把太阳和地心作为两个主要的自然驱动器，人类活动作为第三促动因素。地球系统科学就是研究组成地球系统的这些子系统之间相互联系和相互作用及其运作的机

制，以及地球系统变化的规律和控制这些变化的机理，从而为全球环境变化预测奠定科学基础，并为地球系统的科学管理提供依据。

人类社会已经进入信息时代，信息或知识、信息技术成为社会进步和经济发展的主要动力，信息技术和信息科学得到了快速的发展。自20世纪90年代初以来，在遥感、全球定位系统、地理信息系统和信息网络系统等一系列现代信息技术的快速发展和高度集成的推动下，在系统科学、信息科学与地球科学的交叉领域迅速发展起来一门新兴学科——地球信息科学（陈述彭等，1997）。地球信息科学是以地球深部莫霍面到地球表面电离层的物质能量的信息流作为研究对象，以空间技术和信息技术为手段，以研究信息机制、模型、处理分析、共享和管理等理论和技术为内容，为资源调整、环境监测、城市管理和区域可持续发展服务的综合性的交叉学科。它将通过对地球系统内部多源信息的获取、传输、处理、感受、响应与反馈的信息机理与信息流过程的深入研究，揭示地球这一复杂的、开放的巨系统各圈层的相互作用与影响，阐明人地系统、全球变化、区域可持续发展中的物质流、能量流与信息流的全过程及其时空分布与变化规律，从而为宏观调控、规划决策与工程设计提供全方位的信息服务。

第二节　地球科学的特点

地球科学是以整个地球为研究对象。地球是历史演化的产物，同时它又处在一个不断发展演变的过程中。因此，与其他学科相比，地球科学具有自己的鲜明特点，主要表现在以下几方面。

一、全球性与区域性

地球作为一个整体，组成地球的各个圈层在空间上是连续的，同时各个圈层之间都存在物质—能量交换关系，它们之间互相作用、互相影响。因此，整个地球系统过程具有明显的全球性特点，许多自然现象和过程，都不受国界的限制。但是地球又是非均质体，即使是同一圈层，在空间上又具差异性。例如，地壳这一圈层，在全球是连续分布的，但在不同的空间部分，其物质组成、厚度、结构有明显的差别；海洋地壳的厚度与大陆地壳的厚度相差数十公里，海洋地壳富硅镁，大陆地壳富硅铝。因此，地球系统过程又具有明显的区域性特点。

地球科学研究对象的这种全球性特点和区域性特点，就要求研究者不但要研究、阐述区域性的地学现象，而且要把它放到全球的整体中去探索其发生、发展的普遍规律。

二、时空尺度的差异性

一个地学过程的孕育、发生、发展在时间尺度上的差别是非常显著的。有的在几亿年至几百万年时间尺度内发生，如海陆的变迁、山脉的隆起；有的在几百万年至几十万年时间尺度内发生，如矿物、岩石、矿床的形成；有的在几年至几小时时间尺度内发生，如各种天气现象、海洋现象；而地震发生的时间尺度则是在分秒之间，表现为巨大的能量骤然释放。

同样，地球系统内部各种地学过程发生的空间尺度亦具有极大的差别。例如大气变化、板块运移等，是全球规模的地学现象，而矿物晶体结构及晶格位错，则需要在电子显微镜下进行研究，两者在空间尺度上相差甚远。

地球科学的这种特殊的时空尺度，决定了研究方法和研究手段的复杂性。对于在几亿年至几十万年时间尺度上发生的地学现象，人类在其短暂的一生中很难观察到其全过程，而只能观察到事件完成后留下来的结果，以及正在发生事件的某一阶段的情况。人们无法在实验室再造地球系统的真实过程，只能通过模拟的手段来分析其过程。19世纪英国地质学家莱伊尔提出了"现在是了解过去的钥匙"的"将今论古"的现实主义原则。例如，现代珊瑚只生活在浅海环境中，我们如果在岩石中发现珊瑚化石，则可推断该岩石是在古代浅海中形成的。

三、研究对象的复杂性

地球科学研究已从单一圈层的研究发展到圈层间相互作用的研究。地球系统各圈层的运动，虽然由于制约运动的矛盾不同，有其独立性的一面，然而某些运动形态是在圈层之间相互作用下进行的。因此，把大气圈、水圈、生物圈、岩石圈、地幔和地核这一地球系统综合起来考虑，研究固体地球与流体圈层之间的关系，研究在不同方面相互作用下的运动形式和物质、能量的交换，已是当前地球科学研究的一个重要前沿领域。

四、学科交叉、综合性强

地球科学研究的重大突破已不是个别学科、单个国家可以实现的，而需要多个分支学科、许多国家联合攻关。因此，建立国际性研究计划已成为地球科学研究重大科学问题新的组织需要，如以全球环境变化为研究对象的"世界气候研究计划（WCRP）""国际地圈—生物圈计划（ICBP）""全球环境变化的人力影响研究计划（HDP）""国际减灾十年计划（IONDP）""国际岩石圈计划（ILP）"等。

五、理论和实践的密切结合

地球科学是一门实践性很强的科学。长期以来地学工作者通过科学实践，逐渐形成了假说和学说。假说是根据某些客观现象归纳得出的结论，它有待进一步在实践中验证；学说则是经过了一定的实践检验，在一定的学术领域中形成的理论。假说和学说对推动地球科学的发展起着重要的作用，它们为探索地球科学的客观规律指出了方向，对实践起着一定的指导作用；同时它们还在实践中不断得到检验、补充和修正，日趋完善。有些假说和学说则在实践中被扬弃或否定。

六、研究方法和内容上的多学科性

地球科学是真正意义上的自然科学，研究对象是整个地球。自然界本来就是不分学科的，只是人们为了研究的方便，才分门别类地开展研究。地球系统内各种地学过程，既有物理运动，又有化学变化，还有生命现象。地球本身是天体的一部分，因此也包含在天文学的研究范畴内。地球科学从本质上讲，从来就是多学科的，涉及数学、物理学、化学、生物学、天文学等自然科学的各个领域。在人类进入21世纪后，人类社会可持续发展的课题被提到议事日程上来，人口爆炸，资源、能源的短缺，环境恶化，灾害频发，向地球科学提出了新的挑战。因此，地球科学工作者在处理人—地关系方面还需要更多地关注诸如经济学、社会学、政治学等社会科学领域的新的研究成果。地球科学工作者要关注基础研究领域中的新理论，不断更新知识，促进地球科学的发展。

七、技术手段的多样性

高新技术的发展和使用，从来都是促进学科发展的动力之一。当年偏光显微镜的使用，才使得近代岩石学、矿物学得以创立；而有了电子显微镜、X光衍射仪等高精度观察、分析仪器在地质科学的应用，才有现代意义上的矿物学、岩石学。现代信息技术、空间技术和大数据分析技术等高新技术的迅猛发展必将导致地球科学新的飞跃，地球科学工作者必须密切关注技术科学领域中的研究成果，不失时机地将高新技术应用于地球科学的研究。

第三节　地球科学研究的主要趋向

在新的条件下，地球科学将会得到更加突飞猛进的发展，行星地球演化和变化的基本过程和规律将会在更广泛的空间尺度和时间尺度上被揭示和阐明。地球科学研究的主要趋向、热点与重点问题，表现在以下几方面。

（1）突出地球系统科学，关注全球变化与地球各圈层相互作用及其变化的研究，以及人类活动引发的重大环境变化研究。

地球系统科学是地球科学研究的主导方向。全球变化研究充分体现了跨学科、跨部门、国际化、全球化和日益重视在高层次上综合集成的大科学研究特点。地球各圈层相互作用的研究包括了气圈、水圈、冰冻圈、生物圈、岩石圈、地壳、地幔、地核相互作用的物理过程、化学过程、生物过程以及人—地关系、人类与环境相互影响、相互作用的研究。

（2）突出地球演化的动力过程研究，重点关注地球内部深部过程与岩石圈动力学、气候系统动力学与气候预测、生态系统动力学与生态环境保护和建设。

1974 年，美国著名的第四纪地质学家 F. R. Flint 教授将 19 世纪的达尔文进化论、20 世纪 60 年代出现的板块构造学说以及预测将会出现的"气候变迁理论"统称为关于地球动力学三个方面的科学，即"生物圈动力学理论""岩石圈动力学理论"和"大气圈动力学理论"。生物圈动力学理论是通过生物与其化石祖先的延续关系，重建古气候、古环境，揭示其进化史；岩石圈动力学理论乃是通过板块的形成、运动和消亡来认识地质时代中岩石圈演变、洋陆更迭的历史进程。这两项基本理论都是通过过程去认识问题、总结规律，把地球视为一个具有长期演化历史的、活动的、发展和变化的，地球内部各种因子之间以及地球与外部各种因子之间相互作用的行星，这是发展地球科学基本理论的必由之路，探索大气圈动力学理论必然要采用这样的科学观点。

（3）突出地球信息科学，关注数字地球、3S（RS、GIS 和 GPS）一体化和地球科学定量化研究。

　　当前，人类社会已经进入大数据时代，数据信息系统与地球信息科学的发展也带来地球科学研究观念的改变。例如，数据信息作为科研基础的时代转向数据信息作为科学驱动力的时代；遥感、地理信息系统和全球卫星定位技术从作为重要的高科技到已经进入科学普及的时代；地球科学研究技术与方法的改进使地球科学研究进入综合模型时代。

　　（4）突出地球管理科学，关注减灾、环境保护治理、资源合理开发利用等问题。

　　地球科学及其各分支学科的目标，是在人类加深对地球认识的基础上，维持足够的资源供给及其持续利用，减轻自然灾害造成的损失，保护与改善环境，促进生态系统良性循环，协调人与自然的关系，从整体上为经济和社会的发展、提高人类生活质量、增强科学能力做出重大贡献。因此，控制人类活动的规模、程度，从人—地关系的角度审视环境的变化，为社会与自然的协调发展提出科学建议，促使人类在减缓和适应全球变化方面尽快采取相应的措施，从而保护地球的可居住性，实现可持续发展。

　　（5）突出地球科学跨学科研究进展与创新，关注经济社会发展对地球科学的影响与需求、地球科学与自然科学内部其他学科的交叉融合以及高新技术在地球科学中的应用。

参考文献

[1] 陈述彭. 地球系统科学：中国进展·世纪展望 [M]. 北京：中国科学技术出版社, 1998.

[2] 陈述彭, 何建邦, 承继成. 地理信息系统的基础研究——地球信息科学 [J]. 地球信息科学学报, 1997, 3: 11-20.

[3] 林海. 地球系统科学 [J]. 地球科学信息, 1988, 2: 1-7.

"地球日"简介

"世界环境日"简介

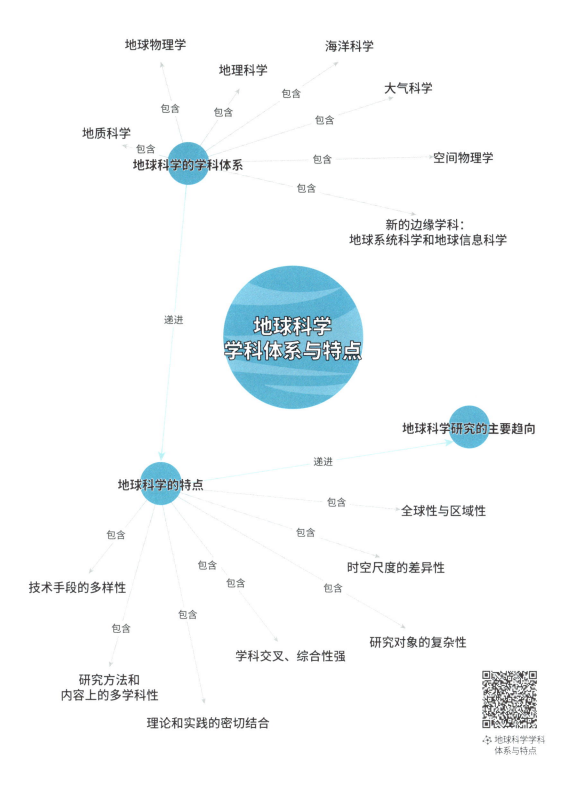

地球物理学

地理科学

海洋科学

大气科学

地质科学

包含 包含 包含

包含

地球科学的学科体系

包含 空间物理学

包含

新的边缘学科：
地球系统科学和地球信息科学

递进

**地球科学
学科体系与特点**

地球科学研究的主要趋向

递进

地球科学的特点

包含 全球性与区域性

包含

时空尺度的差异性

包含

技术手段的多样性

包含 包含

包含

研究对象的复杂性

学科交叉、综合性强

研究方法和
内容上的多学科性

理论和实践的密切结合

地球科学学科
体系与特点

固体地球科学

第二章

宇宙环境与地球的诞生

第一节　地球在宇宙中的位置

一、宇宙的概念

宇宙是物质世界，空间上无边无际，时间上无始无终。战国时代的尸佼给宇宙的定义是："四方上下曰宇，往古来今曰宙。"宇宙空间包罗万象，大至地球、太阳系、银河系、总星系，小至原子、电子。宇宙还包括影响物质和能量的物理定律，如守恒定律、经典力学、相对论等。

目前我们观测到的宇宙范围叫作总星系，半径约 150 亿光年。总星系中约有 10 亿个星系。星系有大有小，小者有几万颗恒星，大者有上千亿颗恒星。太阳所在的星系叫银河系。恒星由能自己发光的气体组成。星云是密集的气体和尘埃形成的云雾状块。

二、太阳系

太阳系是由太阳和以太阳为中心、受它的引力支配而环绕它运动的天体所构成的系统。在太阳系中，太阳的质量占太阳系总质量的 99.8%。太阳系吸引着八大行星（水星、金星、地球、火星、木星、土星、天王星、海王星）（图 2-1）和 2000 多颗小行星绕日运行，还有 600 多颗彗星也绕日运行。太阳系中至少有 173 颗卫星。

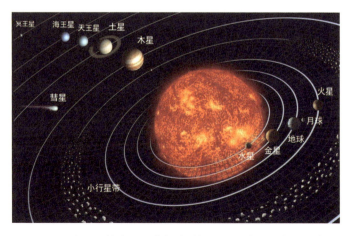

图 2-1　太阳系的主要星体组成（据 Kanan（2020）修改）

三、行星

行星是环绕恒星运转而本身不发光的天体。太阳系中的八大行星可以分为两类，类地行星（水星、金星、地球、火星）和类木行星（木星、土星、天王星、海王星）（图2-2）。

类地行星有很多相同的表面特征，最引人注目的是环形构造，它们由圆形的坑或盆以及围绕坑、盆的环形山脊所组成。这些环形构造是陨击或火山成因的。此外，行星表面还有山脉断崖等地貌。各行星的物质成分没有根本的差别，只是在分量比例上和物态上有差别。例如类地行星均有CO_2和H_2O。金星上气态CO_2很多，而气态的H_2O很少，液态H_2O几乎没有；火星表面的CO_2则绝大多数是固态的，H_2O也是固态的；地球有很多H_2O，而且大多数是液态，是太阳系中唯一有水圈的星球，而气态CO_2很少，因为有很多CO_2已和H_2O及其他有关元素结合成碳酸盐。类木行星中，木星以气体H_2占优势，土星以NH_3和H_2为主，天王星和海王星可能以CH_4为主。类木行星的液态物质和固态物质成分目前尚不明确。经初步分析，类地行星表层都有玄武质熔岩和松散堆积物。从行星表面密度均小于平均密度推断内部有重元素存在，行星的内部根据密度大小都可分成壳、幔、核三部分。

图2-2　太阳系八大行星大小对比（图片来源：美国月球与行星研究所）

第二节　地球的起源

宇宙的起源、地球的起源与生命的起源、人类的起源等起源问题，一直困扰着科学界，存在着各种各样的假说和学说。

现代宇宙学中最有影响的一种学说是大爆炸学说（图2-3）。该学说认为宇宙曾有一段从热到冷的演化史，在这个时期里，宇宙不断膨胀，物质密度从密到稀。这一从热到冷、从密到稀的过程，如同一次规模巨大的爆炸。宇宙早期温度在100亿摄氏度以上，宇宙中只有中子、质子、电子、光子和中微子等基本粒子形态的物质。随着整个体系的膨胀，温度很快降低，降到10亿摄氏度左右时，中子或衰变，或与质子结合成重氢、氦等元素，化学元素就是从这一时期开始形成的。温度进一步下降到100万摄氏度后，早期形成化学元素的过程结束，宇宙中的物质主要是质子、电子、光子和一些较轻的原子核。

当温度降到几千摄氏度时，辐射减退，宇宙中主要是气态物质，并由此形成了包括太阳在内的各种恒星体系，成为我们今天看到的宇宙。

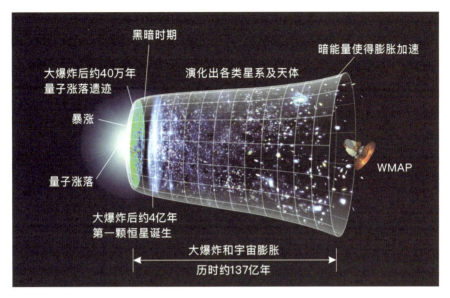

图 2-3　宇宙膨胀模型（图片来源：美国国家航空航天局威尔金森微波各向异性探测项目）

关于地球的起源，目前较为流行的看法认为在 46 亿年前，从太阳星云中开始分化出原始地球。原始地球内的星子受到引力的作用向中心聚集，同时因重力分异，比重大的亲铁元素向地心下沉，成为地核；比重小的亲石元素迁移到上部组成地幔和地壳；更加轻的液态和气态成分到达地表形成原始的水圈和大气圈（图 2-4）。

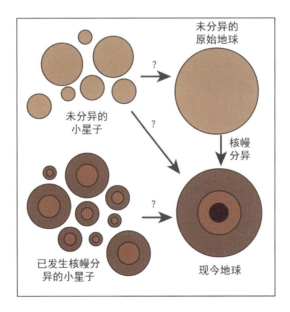

图 2-4　地球的形成过程（据 Dumé（2003）修改）

第三节 地球的物理性质及其应用

几百年来许多著名科学家为探索地球的物理性质付出了巨大的努力，如牛顿、吉尔伯特、赫顿、卡文迪许等。其中英国科学家亨利·卡文迪许是第一个较精确地"称"得地球质量的科学家，而现在我们根据牛顿万有引力定律计算得到地球的质量为 5.95×10^{24}kg。

一、地球的形状与大小

随着人类对地球认识的不断加深和空间技术的不断发展，人们对地球形状与大小的认识也愈来愈准确。现在人们不但可从人造卫星拍摄的照片上看到完整的地球形态（图2-5），而且通过人造卫星的观测和计算，已能较精确地获得地球形状的参数。地球表面是崎岖不平的，有的地方是崇山峻岭，有的地方是平原，我们通常所指的地球形状就是大地水准面所圈闭的形状。地球的整体形状十分接近于一个扁率非常小的旋转椭球体，其赤道半径稍长，而两极半径稍短，其极轴相当于旋转椭球体的旋转轴。实际上，地球的真实形状与旋转椭球体还稍有出入，其南半球稍粗、短，南极向内凹进30m，北半球稍细、长，北极向外凸出10m（图2-6）。

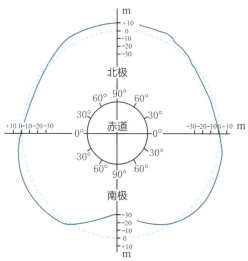

实线——大地水准面圈闭的形状（比例夸大）；
虚线——地球理想扁球体。

图 2-5　我国风云四号卫星所拍摄的地球
　　　　　全景图像

（图片来源：国家卫星气象中心）

图 2-6　地球形状示意

地球表面参差不齐，从大的分，可以分为陆地和海洋两大部分，其中陆地面积为 1.49×10^8km²，占地球表面积的29.2%；海洋面积为 3.61×10^8km²，占地球面积的70.8%。但是陆地与海洋的分布很不均匀，陆地主要分布在北半球，占65%以上。地球表面起伏不平，地表的最高山峰是珠穆朗玛峰，海拔8848.86m，最深的海沟是西太平洋的马里亚纳海沟，低于

有关地球形状的
主要数值

海平面 11034m，两者高差近 20km。陆地表面地形的形态与海洋地形特征亦相差很大。

（一）陆地地形特征

陆地地形按照高程和起伏特征，可分为山地、丘陵、平原、高原和盆地等类型。山地是海拔高度在 500m 以上的低山、1000m 以上的中山和 3500m 以上的高山分布地区的总称。线状延伸的山体称山脉，成因上相联系的若干相邻的山脉称山系。丘陵是指海拔小于 500m、顶部浑圆、坡度较缓、坡脚不明显的低矮山丘群，如我国的胶东丘陵、川中丘陵等。平原是海拔低于 200m、宽广平坦或略有起伏的地区，如我国的华北平原。世界上最大的平原是南美的亚马孙河平原（面积达 $5.6×10^5 km^2$）。高原是海拔高度在 500m 以上、面积大、顶面较为平坦或略有起伏的地区。我国青藏高原是世界上最高的高原。盆地是四周为山地或高原、中央低平的地区，如我国的四川盆地、塔里木盆地等。

（二）海底地形特征

海底地形和大陆地形一样复杂多样，既有高山深谷，也有平原丘陵，而且规模庞大，外貌更是奇特壮观。根据海底地形的总体特征，海底大致可分为大陆边缘、大洋盆地和大洋中脊三个大型地形单元。大陆边缘是大陆与大洋盆地之间的过渡地带。由海岸向深海方向，大陆边缘常包括大陆架、大陆坡和大陆基。有时在大陆边缘出现岛弧与海沟地形。据发育特征不同可以分为大西洋型大陆边缘（图 2-7）和太平洋型大陆边缘。大洋中脊是绵延在大洋中部（或内部）的巨型海底山脉，它具有很强的构造活动性，经常发生地震和火山活动。大洋中脊在各大洋中均有分布，且互相连接，全长近 $6.5×10^4 km$，堪称全球规

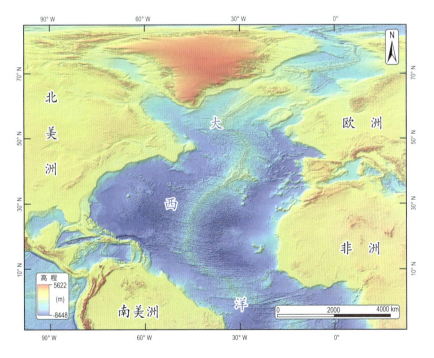

图 2-7 北大西洋底地形

（大陆及海洋数字高程模型来源：中国地理空间数据云（http://www.gscloud.cn/home）；
国家海洋科学数据中心(http://mds.nmdis.org.cn/)。）

模最大的"山系"（图 2-7）。大洋中脊轴部常有一条纵向延伸的裂隙状深谷，称中央裂谷。该裂谷一般宽数十千米，深可达 1～2km。大洋盆地是介于大陆边缘与大洋中脊之间的较平坦地带，平均水深 4000～5000m。大洋盆地主要可分为深海丘陵和深海平原两类次级地形。深海丘陵为高度几十至几百米的海底山丘组成的起伏高地，深海平原是坡度很小（平均小于 0.001°）的洋底平缓地形。

二、地球的质量与密度

最早试图计算地球质量的是苏格兰的地质学家詹姆斯·赫顿。他在山坡上测量悬垂的小物体偏离垂线的角度，先求出山体对物体的附加引力，进而求解地球的引力。1798 年，英国的卡文迪许用更为精确的扭秤法，求得地球的引力常数为 $6.67 \times 10^{-11} \mathrm{km}^3/(\mathrm{g \cdot s}^2)$，推算了地球的平均密度为水密度的 5.481 倍。现代计算地球质量时，以旋转椭球作为地球模型，并进一步考虑了地球内部温度、压力的变化和物质分布不均等因素，结合动力学分析，得到地球的质量为 $5.965 \times 10^{24}\mathrm{kg}$。再利用地球的体积可以得出地球的平均密度为 $5.516\mathrm{g/cm}^3$。

但在实际测量中发现，在地表出露岩石中，砂岩、页岩、石灰岩等沉积岩的平均密度为 $2.6\mathrm{g/cm}^3$，花岗岩的密度为 $2.85\mathrm{g/cm}^3$，都远小于地球的平均密度。因此可以推断地球内部大部分的密度都应大于地球的平均密度，即地球内部存在着高密度物质。

目前世界上最深的科拉超深钻孔仅达到约 12.5km 深度，只有地球平均半径 6371km 的约 1/530。因此，对地球内部物质的研究主要依靠各种间接的手段。如通过对大量陨石的成分和结构的鉴定和对比，通过对重力、地磁、地电、地热及地震波的研究所得到的信息进行分析等。计算结果表明，地球内部的密度由表层的 $2.7～2.8\mathrm{g/cm}^3$ 向下逐渐增加到地心处的 $12.51\mathrm{g/cm}^3$，并且在一些不连续面处有明显的跳跃，其中以古登堡面（核—幔界面）处的跳跃幅度最大，从 $5.56\mathrm{g/cm}^3$ 剧增到 $9.98\mathrm{g/cm}^3$；在莫霍面（壳—幔界面）处密度从 $2.9\mathrm{g/cm}^3$ 左右突然增至 $3.32\mathrm{g/cm}^3$。各圈层物质密度的大小及变化情况见图 2-8。

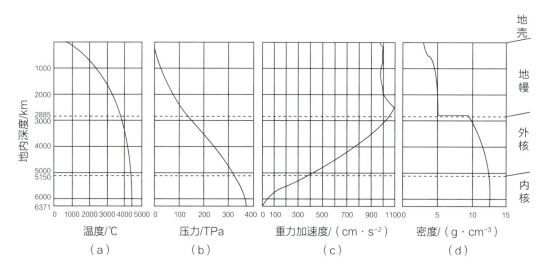

图 2-8 地球内部的主要物理性质（据汪新文，1999）

三、地球的重力场

地球表面的重力指地面某处所受地心引力和该处的地球自转离心力的合力。地球引力与质量 m 成正比，与地心距离 r 的平方成反比，即地球内任一点 P 的重力 $g=Gm/r^2$（G 为万有引力常数）（图2-9）。

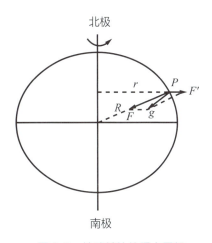

地球表面的赤道重力为978.0318伽；两极重力为983.2177伽（伽为重力单位，1伽＝1cm/s²），比赤道约增加5伽，即增加0.53%。上述重力值乃是海平面上的数值，重力还随海拔高度增加而减小。

假定地球为一均质体，以海平面为基准计算出来的地面重力为正常的或标准的重力，上述的赤道和两极的重力值都是标准值。重力的标准值随纬度而不同，一般计算方程式为

图 2-9 地球某处的重力图解
F：引力 F'：离心力 g：重力

$$g = 978.0318(1+0.0053024\sin^2\varphi-0.0000059\sin^2 2\varphi)$$

式中：g 为重力（伽），φ 为纬度，其中的几个常数值根据卫星轨道研究和天文测量成果而得。而在地球内部，由于质量（密度）和半径两方面的变化，情况与地表相比不尽一致。一方面，深度增加使半径减小，使重力加速度增大；另一方面，随着深度增加，球内的质量也在减小（因为上部物质产生的附加引力向上），这导致重力加速度随之变小。因此，在地球内部，重力究竟是变大还是变小，取决于何者的影响占主导地位。在地球的上部层位，由于地球物质的密度较小，引起的质量变化要小于半径变化造成的影响，故重力随着深度的增加而缓慢增大，到2891km即古登堡面附近达到极大值1068cm/s²；在越过2891km界面后，地球物质的密度变化造成的影响开始大于半径引起的变化，地球的重力也随之急剧减小。但实际上，不仅地球的地面起伏甚大，内部的物质密度分布也极不均匀，在结构上还存在着显著差异，这些都使得实测的重力值与理论值之间有明显的偏离，在地学上称之为重力异常。对某地的实测重力值，通过高程及地形校正后，再减去理论重力值，差值称作重力异常值。如为正值，称正异常；如为负值，则称为负异常。前者反映该区地下的物质密度偏大，后者则说明该区地下的物质密度偏小。

根据重力异常范围大小又有区域重力异常和局部重力异常。前者范围大，面积在几千至几十万平方千米以上，如大陆和大洋、山区和平原等，后者范围小，为几至几百平方千米。研究区域重力异常可了解地球内部结构，研究局部重力异常可以寻找矿产资源。在进行小面积重力测量时，常以区域重力异常作为标准（背景值）。在埋藏有密度较小的物质如石油、煤、盐等非金属矿的地区就显示出负异常；而在埋藏有密度较大的物质，如铁、铜、铅、锌等金属矿的地区就显示出正异常。

四、地球的磁场

（一）现代地磁场

地球周围存在着磁场，称地磁场。地磁场近似于一个放置地心的磁棒所产生的磁偶

极子磁场（图 2-10），它有两个磁极，S 极位于地理北极附近，N 极位于地理南极附近。两个磁极与地理两极位置相近，但并不重合，磁轴与地球自转轴的夹角约 11.5°。以地磁极和地磁轴为参考系定出的南北极、赤道及子午线被称为磁南极、磁北极、磁赤道及磁子午线。1980 年实测的磁南极位置为北纬 78.2°、西经102.9°（加拿大北部），磁北极位置为南纬 65.5°、东经139.4°（南极洲）。长期观测证实，地磁极围绕地理极附近不断地进行着迁移。根据最新的世界磁模型报告，自 2020 年以来磁北极一直以每年 27.3 英里（1 英里 =1.609344km）的平均速度快速向俄罗斯的西伯利亚方向移动。

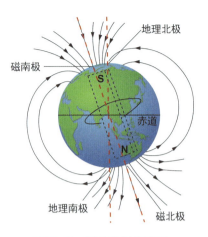

图 2-10 地球的偶极磁场

地磁场的磁场强度（F）是一个具有方向（即磁力线的方向）和大小的矢量，为了确定地球上某点的磁场强度，通常采用磁偏角（D）、磁倾角（I）和磁场强度三个地磁要素（图 2-11）。磁偏角是磁场强度矢量的水平投影与正北方向之间的夹角。如果磁场强度矢量的指向偏向正北方向以东称为东偏，偏向正北方向以西称为西偏。我国东部地区磁偏角为西偏，甘肃酒泉以西多为东偏。

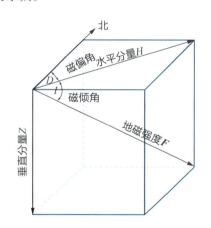

图 2-11 地球的磁场强度矢量及地磁要素

磁倾角是磁场强度矢量与水平面的交角，通常以磁场强度矢量指向下为正值，指向上则为负值。磁倾角在磁赤道上为 0°；由磁赤道到磁北极磁倾角由 0° 逐渐变为 +90°；由磁赤道到磁南极磁倾角由 0° 逐渐变为 -90°。

磁场强度大小是指磁场强度矢量的绝对值。地磁场的强度很弱，平均为 50μT；在磁力线较密的地磁极附近强度最大，为 60μT 左右；由磁极向磁赤道强度逐渐减弱，在磁赤道附近最小，为 30.7μT。

地磁场由基本磁场、变化磁场和磁异常三个部分组成。基本磁场占地磁场的 99% 以上，是构成地磁场主体的稳定磁场。它决定了地磁场相似于偶极场的特征，其强度在近地表时较强，远离地表时则逐渐减弱。这些特征说明了基本磁场起源于地球内部。

变化磁场是起源于地球外部并叠加在基本磁场上的各种短期变化磁场。它只占地磁场的很小部分（＜1%）。这种磁场主要是由太阳辐射、太阳带电粒子流、太阳的黑子活动等因素所引起的。因此，它常包含有日变化、年变化及太阳黑子活动引起的磁暴等成分。

磁异常是地球浅部具有磁性的矿物和岩石所引起的局部磁场，它也叠加在基本磁场之上。一个地区或地点的磁异常可以通过将实测地磁场进行变化磁场的校正之后，再减去基本磁场的正常值而求得。如所得值为正值称正磁异常，为负值称负磁异常。自然界有些矿物或岩石具有较强的磁性，如磁铁矿、铬铁矿、钛铁矿、镍矿、超基性岩等，它们常常能引起正异常。

因此，利用磁异常可以进行找矿勘探和了解地下的地质情况。对于基本磁场的起源，过去曾认为地球本身是一个大的永久磁铁，使得它周围产生磁场。但现代物理证明，当物质的温度超过其居里温度点时，铁磁体本身便失去磁性。铁磁体的居里温度是500～700℃，而地球深部的温度远远超过此数值，所以地球内部不可能是一个庞大的磁性体。现今比较流行的地磁场起源假说是自激发电机假说。该假说认为地磁场主要起源于地球内部的外地核圈层。由于外地核可能为液态，并且主要由铁、镍组成，因此它可能为一个导电的流体层，这种流体层容易发生差异运动或对流。如果在地核空间原来存在着微弱的磁场，上述差异运动或对流就会感生出电流，从而产生新的磁场，使原来的弱磁场增强；增强了的磁场使感生电流增强，并导致磁场进一步增强。如此不断进行，磁场增强到一定程度就稳定下来，于是便形成了现在的基本地磁场。

（二）古地磁与磁场倒转

19世纪初，人们发现3万年前的一些火炉焙土和陶瓷器具保存着磁性，并代表当时当地的地磁场方向。经研究得知这些焙土和陶瓷含有磁性矿物，受到高温而消磁，然而在冷却过程中受到地磁场影响又具磁性，待完全冷却后这种磁性就保留下来，后来地磁变化了，这种磁性仍然保留，称为剩磁。剩磁可以分为热剩磁、沉积剩磁和化学剩磁。比如，熔岩从地下喷出时，温度在磁性物质的居里点以上，然后在熔岩冷却的过程中，磁性矿物沿着当时当地的磁场方向被磁化。这种当岩石冷却时所获得的磁性，称为热剩磁。一般情况下热剩磁是稳定的，在此后即使岩石所在地的外部磁场发生变化，也不会使热剩磁发生变化。沉积岩中的颗粒在已经磁化的情况下，在沉积过程中，也会沿着当地存在的磁场方向平行排列，形成沉积岩中的剩磁，称为沉积剩磁。如果砂岩中的磁性矿物以化学方式析出，其磁性也会和当地磁场平行，称为化学剩磁。

由于不同时代的岩石记录了不同时期地球磁性的信息，因此可根据岩石的磁性来研究地史时期地磁场的状态、磁极变化和大陆漂移，这样的学科，称为古地磁学。在古地磁学中假定，无论在什么地质时代，地球的磁场都是偶极子型磁场，并且磁偶极子的轴与地球自转轴向一致。虽然现代的地磁场不完全是磁偶极子型磁场，地磁极与地理极的位置也有所偏移，但从最近几十万年间的古地磁学资料所确定的各时代的磁极位置来看，它们均散布在现代地球自转极的周围，这表明地磁极与自转极之间在很大程度上应当是一致的。

古地磁研究在板块构造理论的兴起和确定过程中，起了关键的佐证作用，在偶极子场

的前提下，某地的磁倾角I可以由该点的纬度角θ确定。两者之间的关系为

$$\tan I = 2\tan\theta \qquad\qquad (2-1)$$

同时可以通过不同时代岩石的磁倾角和磁偏角来计算当时地磁极的位置，不同时代的地磁极的连线叫作磁极移动曲线。

如果大陆是固定不动的，从各大陆古地磁学资料中获得的磁极移动曲线应该是一致的。但实际上，不仅每个现代大陆计算的结果大不相同，同一大陆内部的不同地区也有明显的差异，这只能是因为各大陆曾发生过不同程度、不同方向的聚散和漂移所致。

地磁极不仅曾发生过漂移，还出现过倒转，即南极、北极互相颠倒的现象。距今大约70万年的第四纪，地磁场的方向和现在完全相同，这一时期称作地磁场的布容正向期。但在比第四纪更早的时代，其磁化方向多数与现代地磁场的方向相反，因此称其为松山反向期。正向期和反向期在地球历史上交替出现，表明地史时期中曾有过多次地磁场反转事件。图2-12示出了距今400万年以来的多次地磁场反向事件。

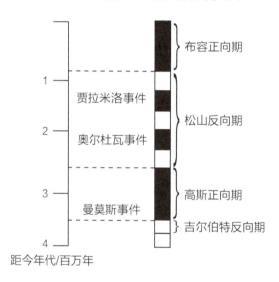

图 2-12　距今 400 万年以来的磁场变化

五、地球的电性

人们很早就已知道地球带有电性，例如：发电厂以大地作为回路；大气高层电离对地面的感生电场，在大雷雨时的放电（电位差最大可达 100V/m），地内岩体的温差电流；大面积的地磁场感应电流等，可形成大地电流，电流密度平均约为 2A/km。

地球内部的电性和磁性主要视地内物质的电导率和磁导率而定。磁导率一般变化不大，而电导率则变化很大，因为地壳的电导率与岩石成分、孔隙度、孔隙水的矿化度等有关。此外，温度对电导率的变化影响更大，熔融岩石比未熔融的同类岩石的电导率大几百至几千倍。电导率还随距地表的深度增加而增加。

大地电流的强度和方向均有变化，这是因为大地电流主要是地磁场变化直接感生的。地电场和地磁场一样，有日变、月变、年变等周期性变化，也有不规则的干扰变化。这些

变化的原因和地磁场变化一样，主要来自地球外部，如由太阳辐射、宇宙线和大气电离层变化所引起。地电干扰，也叫电暴，强度变化大，时间只有几分钟，也有延续几天的，通常和磁暴伴生。

六、地球的弹性和塑性

地震波是一种弹性波，地球能够传播地震波这一特征证实地球具有弹性。除了上述现象外，固体地球的潮汐现象也是另一个重要的弹性特征。

海洋潮汐已是众所周知，同样在日月引力的作用下，类似现象也会出现在固体地球表层，这就是固体潮。用精密仪器可以观测到地球的固体表层也有和海洋潮汐相似的周期性升降现象，陆地表面的升降幅度可达 7 ～ 15cm。当存在固体潮汐时，某一观测点的铅垂线方向和地面的倾斜还会相应发生变化，但其变幅不大，仅有千分之几秒的角度。固体潮的存在说明固体地球具有一定的弹性，固体潮就是弹性地球在日月引潮力的作用下发生的弹性变形。

固体地球在一定条件下还表现为塑性体。例如长期受力下就会像液体那样变形。地球是一个旋转圆球，这表明地球并不是完全的刚体。我们在野外看到很多岩层发生剧烈而复杂的弯曲却没有断裂，这也是岩层的塑性表现。

固体地球具有弹性也具有塑性，两种性质在不同条件下可以转化。在作用速度快、持续时间短的力的作用下，地球往往表现为弹性乃至类似于刚性体，岩层会因此产生弹性变形或破裂；反之，在施力速度缓慢，作用时间漫长的条件下，地球则表现出明显的塑性特征。如上所述，在强烈的构造运动期间，岩石经弯曲形成各种褶皱的现象，就是一种典型的地球塑性变形的实例。

七、地球的放射性与内部的温度和能量

（一）地球的放射性

地表岩石、水、大气、生物中都有放射性元素存在，地球内部也有，它们存在于各种岩石中，但主要集中在地壳。最具有地质意义的是寿命长的放射性元素铀、钍、钾，它们的半衰期长，可与地球年龄相比，能够用它们来测定地质年龄。放射性元素在蜕变过程中释放热量，是地球内部的主要热源之一。

天然放射性是放射性元素的自然蜕变，其自发地放射出一个或几个质点（射线）而变成稳定的元素。射线放出后会和周围物质发生作用，例如使原子电离或穿透物质，还可使某些物质产生萤光或磷光，或引起物质的化学变化。

放射性元素在不同岩石中的含量不同，放出的射线强度也就不同，在放射性矿物多而集中的地方，射线强度会很大。放射性强度局部增高的地段，叫作放射性异常区。

（二）地球内部的温度

火山喷发、温泉以及矿井随深度而增温的现象表明，地球内部储存有很大的热能，可以说地球是一个巨大的热库。但从地面向地下深处，地热增温的现象随着深度的改变是不均匀的。地面以下按温度变化的特征可以划分为以下三层。

变温层：该层地温主要是受太阳光辐射热的影响，其温度随季节、昼夜的变化而变化，故称作变温层。日变化造成的影响深度较小，一般仅 1 ～ 1.5m，年变化影响较大，其影响的范围可达地下 20 ～ 30m。

常温层：该层地温与当地的年平均温度大致相当，且常年基本保持不变，其深度大约为 20 ～ 40m。一般情况下在中纬度地区较深，在两极和赤道地区较浅；在内陆地区较深，在滨海地区较浅。

增温层：在常温层以下，地下温度开始随深度增大而逐渐增加。大陆地区常温层以下至约 30km 深处，大致每往下 30m，温度会增加 1℃。大洋底到 15km 深处，大致每加深 15m，地温增加 1℃。为规范计算地下温度变化的规律，将深度每增加 100m 时所增加的温度，称作地温梯度。由于地下的地质结构和组成物质不同，地温梯度在各地是有差异的。

在地下更深处，由于受到压力、密度增大等因素的影响，地温的增加逐渐趋于缓慢。通过多种间接方法估算的结果表明，在地表以下 100km 处的温度约为 1300℃；1000km 处的温度约为 2000℃；2900km 处地温约为 2700℃；地核的温度据最近的估算表明可能达到 5500℃。

（三）地球的能量

地球从太阳吸收的能量每年大约为 $4.2×10^{24}$J，超过地球上全部煤储量完全燃烧后所能够获得的热能的 300 倍。但在地球吸收的太阳能中，有 1/3 左右的能量被大气圈和地球表面反射掉，并直接发散到宇宙空间中去。剩下的 2/3 被地球表层系统吸收，再以各种方式转化为地球演化所需的能源。

地球内部热能的来源问题尚无定论。一般认为，由岩石中放射性元素衰变释放的热是地热的主要来源。铀、钍和钾的放射性同位素是衰变热源的主要供给者。这种热能据估算可以达到每年 $2.14×10^{21}$J。其次，地球本身的重力作用过程也可以转化出大量热能，其总热量可能十分接近于放射性热能。此外，地球自转的动能和地球物质不断进行的化学作用等都可以产生大量的热能。

练习题

1.有哪些证据支持宇宙大爆炸学说？

2.为什么太阳系只有地球有水圈？

3.为什么地球的赤道半径比两极半径长？

思考题

1. 是什么力量在推动宇宙膨胀？
2. 太阳系的行星是如何形成的？
3. 地球的唯一卫星月球是如何形成的？

参考文献

[1]　Dumé I. How the Earth's core was formed [J/OL]. [2020-10-10]. Physics World, 2003. https://physicsworld.com/a/how-the-earths-core-was-formed/

[2]　Kanan D. Our Solar System[M]. New York: DK Publishing, 2020.

[3]　汪新文.地球科学概论[M].北京:地质出版社,1999.

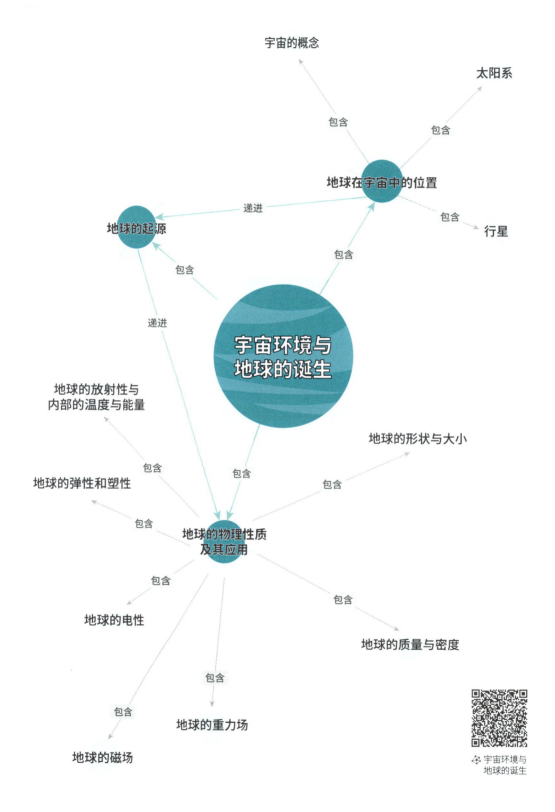

宇宙的概念

太阳系

包含　　　　　包含

地球在宇宙中的位置

包含

行星

递进

地球的起源

包含

宇宙环境与
地球的诞生

递进

地球的放射性与
内部的温度与能量

包含

地球的形状与大小

地球的弹性和塑性

包含

包含

地球的物理性质
及其应用

包含

包含

地球的电性

地球的质量与密度

包含

地球的重力场

包含

地球的磁场

宇宙环境与
地球的诞生

第三章

地球内部圈层的特征及其意义

第一节　地球内部圈层的划分依据

限于科学技术水平，人类可以直接观察到的地下深度十分有限。世界上最深的钻井是苏联于 1970 年在科拉半岛完成的科拉超深钻井，其中最深的一个钻井达到 12263m，但不及地球（平均）半径（约 6371km）的 1/500，只揭示了地球内部非常浅的部分；即使是火山喷溢出来的岩浆，其带出的地球内部物质的深度也是有限的，并不能带出地球最深处的物质。迄今得到确认的最深的样品也不过来自地下大约两三百公里，尽管比超深钻深度深十几倍，然而与地球半径比起来依然相差甚远，仍然不能够提供足够多的有关地球内部的信息。当前对地球内部的了解，主要借助于地震波探测和高温高压实验。

地震波探测主要依靠穿过地球内部的地震波来探测地球内部的结构和构造。地震发生时，人们会感到地球在剧烈颤动，这是地震所激发出的弹性波在地球中传播的结果，这种弹性波就叫地震波。地震波主要包括纵波（P波）、横波（S波）和面波（图3-1）。P波为压缩波（纵波），传播过程中粒子振动方向和传播方向平行，传播速度比S波快，P波能在固体和液体中传播；S波为剪切波（横波），传播过程中粒子振动方向和传播方向垂直，传播速度比P波慢，只能在固体中传播而无法穿过液态物质。地震波对地球内部构造研究具有重要意义。地震波在地震的震源被激发，并向四面八方传播。当遇到地球内部物质发生突变的界面时，地震波会发生反射和折射，可以根据地震台站所接收记录的地震数据（走时，travel time）进行解析，进而确定这些地球内部的特殊界面的深度位置；地球内部物质在这些界面附近会发生性质突变（如密度和波速突增），这些界面因此被称为不连续面（discontinuity）。当地震波到达地表的各个地震台站后被地震仪记录下来，科学家可以根据这些记录推断地震波的传播路径、速度变化以及介质的特点，通过对许多台站的记录进行综合分析研究，便可以了解地球的内部结构（图3-2）。

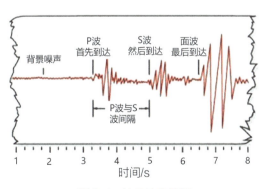

图 3-1　地震波的类型

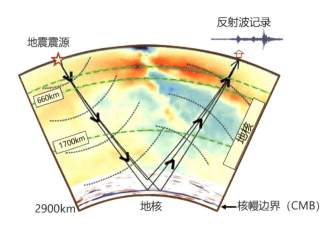

图 3-2　地震波在地球内部传播示意图

地震波传播速度的大小与介质的密度和弹性性质有关，其关系可用公式表示为

$$v_P=[(k+4/3\mu)/\rho]^{1/2} \qquad v_S=(\mu/\rho)^{1/2} \tag{3-1}$$

式中：v_P、v_S 分别为纵波和横波速度，ρ 为介质密度，k 为介质的体变模量，μ 为切变模量。可见波速与弹性模量成正比。所以，地震波速的变化就意味着介质的密度和弹性性质发生了变化。纵波的传播速度高于横波，在液体中，由于切变模量 $\mu = 0$，横波不能通过。

地震波的传播如同光波的传播一样，当遇到不同波速介质的突变界面时，地震波射线就会发生反射和折射，这种界面称为波速不连续面。假如地球物质完全是均一的，那么由震源发出的地震波都将以直线和不变的速度前进。但实际分析的结果表明，地震波总是沿着弯曲的路径传播并且不同深度的波速不一致，这表明地球内部的物质是不均一的。传播路线的连续缓慢弯曲表示物质密度和弹性性质是逐渐变化的，传播速度的跳跃及传播路线的折射与反射表示物质密度和弹性性质发生了显著变化。

高温高压实验采用现代科学技术产生高压、高温环境，模拟地球内部的极端温压条件，研究岩石和矿物在这种高温高压条件下的物理化学性质等，从而推断这些岩石矿物在地球深部的性质和状态。高温高压实验技术分为动高压和静高压两种：前者是通过爆破或者高速冲击方法产生瞬间高压；后者是通过外界机械从不同方向对研究材料进行逐步加压而达到准稳态高温高压条件。静态高温高压实验的基本工作原理，就是将研究材料放置于超硬材料压砧（anvil）顶端，然后利用外力（油压）从不同方向对实验材料进行施压，从而产生高温高压条件来研究实验材料在极端压力条件下的各种性质。目前在地球科学中广泛运用的主要有活塞圆筒式装置、多面砧装置和金刚石压砧装置。金刚石压砧装置可以达到超过地核中心（大约 364GPa）的压力条件，如美国卡内基地球物理实验室曾获得 550GPa 的静高压记录，是目前获得 100GPa 以上静高压的绝对主要技术手段；金刚石压砧的加热分外加热和内加热两种方式，现在通常利用激光加热（内加热）可以获得近 6000K 这样的极端温度，并利用光辐射原理测量温度。目前的高温高压实验装置基本上覆盖了整个地球内部的温压范围（周春银和金振民，2014）。

第二节　地球内部圈层的划分

地震波的传播速度总体上是随深度而递增变化的，但其中出现两个明显的一级波速不连续界面、一个明显的低速带和几个次一级的波速不连续面（图3-3）。

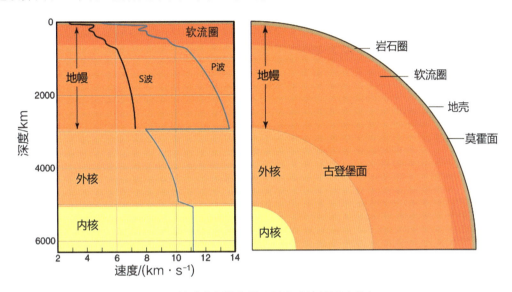

图 3-3　地球内部结构及 P 波和 S 波的速度分布

https://pic4.zhimg.com/dd16beebf0ba3c5763c1e720361d4c9c_r.jpg 1

莫霍面：地壳与地幔之间的界面。该不连续面是 1909 年由前南斯拉夫学者莫霍洛维奇首先发现。他研究了 1909 年 10 月 8 日在萨格拉布地区发生的一次破坏性地震的传播状况，发现在地下 33km 以内纵波的速度为 6 ～ 7km/s，在此深度以下则突变为 8km/s。他认为这是由于在这一深度上物质在成分上或状态上有明显变化。这一深度代表地球内部的一个圈层界面。后来的研究发现，这种波速的突变面具有全球性。因此，这一地震波速的不连续界面称为莫霍不连续面，该面以上的部分称为地壳，以下称为地幔。应该指出，莫霍面虽是全球性的，但其深度在各处并不一致，在大陆地区为 20 ～ 70km，在大洋地区平均为 6km。因而各处地壳厚度不同，大陆地壳厚而大洋地壳薄。

古登堡面：地幔与地核之间的一个界面。古登堡面首先由奥尔德姆于 1906 年提出，1914 年美国地球物理学家古登堡确定该界面位于地下 2885km 的深处，称此为古登堡不连续面。在此不连续面上下，纵波速度由 13.64km/s 突然降低为 7.98km/s，横波速度由 7.23km/s 向下突然消失。并且在该不连续面上地震波出现极明显的反射、折射现象。古登堡面以上到莫霍面之间的地球部分称为地幔；古登堡面以下到地心之间的地球部分称为地核。

内外核及其过渡带：1936 年丹麦人来曼（Lehmann）发现在古登堡面下还有一个地震波速突变面，在这里纵波速度又逐渐上升，并且横波（由纵波转换产生的）又重新出现，说明地核内部存在固体介质。于是她提出地核分为内外两部分，外核为液体，内核为固体。这一认识为后来地下氢弹爆炸的地震记录所证实。1962 年人们进一步认识到地核从液态到固态的变化不是突然的，其间有一个性质逐渐变化的过渡带。

低速层：低速层出现的深度一般为 60～250km，接近地幔的顶部。在低速层内，地震波速度不仅未随深度而增加，反而比上层减小 5%～10%。低速层的上、下没有明显的界面，波速的变化是渐变的；同时，低速层的埋深在横向上是起伏不平的，厚度在不同地区也有较大变化。横波的低速层是全球性普遍发育的，纵波的低速层在某些地区可以缺失或处于较深部位。低速层在地球中所构成的圈层被称为软流圈。软流圈之上的地球部分被称为岩石圈。

因此，地球的内部结构可以以莫霍面和古登堡面划分为地壳、地幔和地核三个主要圈层。根据次一级界面，还可以把地幔进一步划分为上地幔和下地幔，把地核进一步划分为外地核、过渡层及内地核。在上地幔上部存在着一个软流圈，软流圈以上的上地幔部分与地壳一起构成岩石圈。地球内部各圈层的划分、深度及特征见图 3-3 和表 3-1。

表 3-1　地球内部圈层结构及各圈层的主要地球物理数据

内部圈层			深度/km	地震波速度/km·s⁻¹		密度 ρ/g·cm⁻³	压力 P/MPa	重力 g/10⁻²m·s⁻²	温度 t/°C	附注
				纵波 v_P	横波 v_S					
地　壳			0	5.6	3.4	2.6	0	981	14	岩石圈（固态）
				7.0	4.2	2.9	1200	983	400~1000	
地幔	莫霍面		33							
	上地幔			8.10	4.4	3.32				
		低速层	60	8.2	4.6	3.34	1900	984	1100	软流圈（部分熔融）
			100	7.93	4.36	3.42	3300	984	1200	
			250	8.2	4.5	3.6	6800	989		
			400	8.55	4.57	3.64	7300	994	1500	
			650	10.08	5.42	4.64	18500	995	1900	地幔（固态）
	下地幔		2550	12.80	6.92	5.13	9800	1008		
				13.54	7.23	5.56	135200	1069	3700	
地核	古登堡面		2885							
	外核			7.98	0	9.98				液态地核
			3170	8.22	0					
			4270	9.53	0	11.42	252000	760		
	过渡层			10.33	0				4300	固—液态过渡带
			5155			12.25	328100	427		
	内核			10.89	3.46					固态地核
			6371	11.17	3.50	12.51	361700	0	4500	

第三节　地球内部各圈层的物质组成及物理状态

要了解地球内部各圈层的物质组成及物理状态，必须依赖以下几方面的研究：

（1）根据各圈层密度和地震波速度与地表岩石或矿物的有关性质对比进行推测。

（2）根据各圈层的压力、温度，通过高温高压模拟实验进行推测。

（3）根据来自地下深部的物质进行推断。火山喷发和构造运动有时能把地下深部（如上地幔）的物质带到地表，为我们认识深部物质提供了依据。

（4）与陨石研究的结果进行对比。

通过上述几个方面的综合研究，已对地球内部各圈层的物质组成与状态取得了系统性的认识。

一、地壳

地壳是莫霍面以上的地球表层。地壳的厚度变化在 5～70km 范围（图 3-4）。其中，大陆地区厚度较大，平均约为 35km；大洋地区厚度较小，平均约 6km；总体的平均厚度约 16km，约占地球半径的 1/400。地壳物质的密度一般为 2.6～2.9g/cm^3，其上部密度较小，向下密度增大。地壳由固态岩石所组成，按照物质成分通常可以分为上下两层（通常所说的上地壳和下地壳）；上层化学成分以氧、硅、铝为主，平均化学组成与花岗岩相似，称为花岗岩层，也有人称之为"硅铝层"。下层富含硅和镁，平均化学组成与玄武岩相似，称为玄武岩层，有人也称之为"硅镁层"，两层以康拉德不连续面隔开。地壳是当前地质学、地球物理学、地理学等学科的主要研究对象。

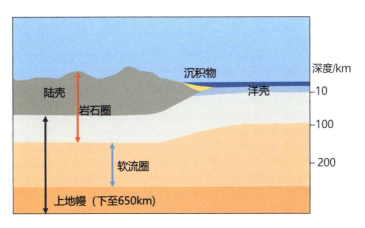

图 3-4　地壳与上地幔结构（示意图）

（www.physicalgeography.net/fundamentals/images/lithosphere.gif）

地壳在横向上极不均一（图 3-4）。按地壳的物质组成、结构、构造及形成演化特征，其主要可分为大陆地壳与大洋地壳两种类型。大陆地壳（简称陆壳）主要分布于大陆及其毗邻的大陆架、大陆坡地区；大洋地壳（简称洋壳）主要分布在大陆坡以外的海水较深的大洋地区。

（一）大洋地壳

大洋地壳厚度较薄，一般为 5～10km，在一些洋隆或海山地区可达 10km 以上。一般而言，厚度在洋中脊地区较薄，远离洋中脊地区厚度有增大趋势；现今大洋中洋壳形成的年代较新，一般形成于距今 2 亿年以来。大洋地壳的结构相对比较均一，从上到下一般可分为沉积层、玄武质层和大洋层。

沉积层：为未固结或弱固结的大洋沉积物。该层厚度变化较大。该层一般在洋中脊的轴部地区缺失，由洋中脊向两侧到海沟或大陆坡坡脚处厚度逐渐增大。该层一般厚度为几百米，物质的平均密度为 $2.3g/cm^3$，地震波 P 波速度约为 2.2km/s。

玄武质层：主要由玄武岩和辉绿岩组成。该层的厚度变化较大，一般为 0.5～2.5km，物质的密度为 2.55～$2.65g/cm^3$，地震波 P 波速度一般为 5.2km/s。

大洋层：主要由辉长岩及蛇纹化橄榄岩等组成。该层的厚度从大洋中脊向两侧有规律地增加，一般厚度为 3～5km，物质的密度为 2.68～$3g/cm^3$，地震波 P 波平均速度为（6.7±0.25）km/s。

（二）大陆地壳

大陆地壳的厚度较大，平均厚度约 35km，高原区最厚可达 70～80km，如中国的青藏高原地区；在较薄的地方有时仅 25km 左右。大陆地壳的结构在横向和纵向上均表现出很强的不均一性，总体上看，由上至下可分为上地壳、中地壳和下地壳。

上地壳：主要由沉积岩和变质岩组成，其中常侵入些岩浆岩体。该层物质的平均化学成分接近中—酸性岩，大致与花岗闪长岩相当，一般厚 10～15km。物质的密度约为 2.5～$2.7g/cm^3$，地震波纵波速度随岩性不同变化较大，一般为 4～6.1km/s。

中地壳：主要由混合岩、花岗岩及糜棱岩等岩石组成，其平均化学成分接近于酸性岩，与花岗岩相当，一般厚 5～10km，横向厚度变化大，各地区厚度不一。其密度约为 2.7～$2.8g/cm^3$，地震波纵波速度一般为 5.56～6.3km/s。

下地壳：可能主要由麻粒岩、角闪岩及片麻岩组成，其中常散布着一些中、酸性的岩浆岩体，并可能穿插着较多的基性岩脉，一般厚 10～20km。下地壳物质的总体化学成分可能为中性，但略偏基性，相当于基性成分较高的闪长岩成分。该层物质的密度约为 2.8～$2.9g/cm^3$，地震波纵波速度一般为 6.4～7.0km/s。

总体来看，陆壳的厚度变化较大，结构较复杂，物质成分相当于中、酸性岩，物质的平均密度较洋壳小。陆壳内岩石变形强烈，而且陆壳的形成年代较老，演化时间漫长。据岩石的同位素年龄测定，格陵兰的古老片麻岩年龄达 36 亿～40 亿年。现在一般认为地球的形成年龄为 46 亿年。

二、地幔

地幔位于地壳之下，介于莫霍面和古登堡面之间，厚度为 2850km 左右，平均密度为 $4.5g/cm^3$，质量为 $4030×10^{24}g$，占地球质量的 67.6%、体积的 83%。从整个地幔可以通过地震波横波的事实看，它主要由固态物质组成。根据地震波的次级不连续面，以 650km 深处为界，可将地幔分为上地幔和下地幔两个次级圈层。

（一）上地幔

上地幔的平均密度为 3.5g/cm³，这一密度值与石陨石相当，暗示其可能具有与石陨石类似的物质成分。近年来通过高温高压试验来模拟地幔岩石的性质时发现，用橄榄岩 55%、辉石 35%、石榴子石 10% 的混合物作为样品（矿物成分相当于超基性岩），在相当于上地幔的温压条件下测定其波速与密度，得到与上地幔基本一致的结果。根据以上理由推测，上地幔由相当于超基性岩的物质组成，其主要的矿物成分可能为橄榄石，有一部分为辉石与石榴子石。蒙特卡罗（Monte Carlo）根据对横波速度变化的研究，把地球上部 800km 厚的地段自上而下划分为七个带（图 3-5）。

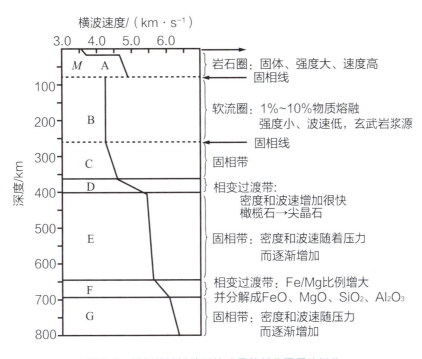

图 3-5　根据横波波速对地球最外部分圈层的划分

A 带：又称为岩石圈，厚约 70km，为固态，具有一定强度。横波能通过且速度较高。其下界以横波波速突然降低为标志。

B 带：又称为软流圈或低速带，下界约 250km。在该带地震波发生强烈衰减，横波波速明显降低。物理实验表明，在晶态和液态的混合物中地震波衰减，因而软流圈应是部分熔融状态。熔融物质可能仅占 1%～10%，但却大大降低了岩石的强度。软流圈物质可以缓慢流动，因而岩石圈板块能够在软流圈上移动。

C 带：为固相带，位于地下 250km 到接近 400km 处。地震波的传播速度随深度而逐渐增加。该带由固相超镁铁质和镁铁质岩石组成，也是大量碱性玄武岩浆的形成区。

D 带：为相变过渡带，位于地下 400km 深度左右，其厚度小，但很重要。从图 3-5 可知，这里的横波波速及与其相关的物质密度迅速增加。因密度增加太快，不能用成分的改变来解释。许多实验表明 D 带为矿物的相变带。

E带：为400～650km深处，这里横波速度随深度增加仅略微提高。

F带：为相变过渡带，在650～700km处。该带已进入下地幔，波速迅速增加。

G带：从700km到800km深处，其物质成分和相态无明显变化，仅密度和波速随着压力加大而逐渐增加。

在上地幔内部，从地震P波和S波的速度随深度分布可见，400～650km的地幔介质上、下呈现出明显的速度分界面，地球科学家将位于400km和650km两个不连续面之间的地幔部分称为上地幔转换带（注：也有学者认为是410～660km）。通过对出露在地表的地幔岩石的分析，已经确认了上地幔转换带（400～650km的地幔部分）以上的地幔岩石组成为橄榄岩，主要包括橄榄石、两种辉石和石榴子石等矿物。高温高压实验表明，在地幔转换带中地幔岩石/矿物会发生相变，主要成分为瓦兹利石/林伍德石和石榴子石（图3-6）。

（二）下地幔

下地幔中物质结构变化很小，地震波速度增加平缓。下地幔的平均密度为 $5.1g/cm^3$，下地幔主要成分是 MgO 和 SiO_2，其次是 CaO 和 Al_2O_3。CaO 和 Al_2O_3 在下地幔中平均含量虽较低，但它们可能有一些富集区。与上地幔相比，下地幔物质化学成分的变化主要表现为含铁量的相对增加。下地幔的主要成分为硅酸盐钙钛矿和镁方铁矿，直到下地幔底部被称为D″层的核幔边界之上的深度位置，镁硅酸盐钙钛矿有可能会转变成为后钙钛矿（图3-6）。

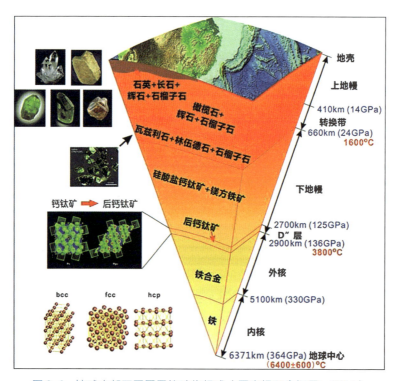

图3-6　地球内部不同圈层的矿物组成（周春银和金振民，2014）

三、地核

地核是地球内部古登堡面至地心的部分，其体积占地球总体积的 16.2%，质量却占地球总质量的 31.3%，地核的密度达 9.98 ～ 12.5g/cm³。根据地震波的传播特点可将地核进一步分为三层：外核（深度 2885 ～ 4170km）、过渡层（4170 ～ 5155km）和内核（5155km 至地心）。在外核中，根据横波不能通过、纵波发生大幅度衰减的事实推测其为液态；在内核中，横波又重新出现，说明其又变为固态；过渡层则为液体—固体的过渡状态。

地核的密度如此之大，从地表物质来看只有一些金属物质才可与之相比，而地表最常见的金属是铁，其密度为 8g/cm³，它在超高压下完全可以达到地核的密度。地核的密度与铁陨石较接近，也表明地核可能主要为铁、镍物质。此外，人们用爆破冲击波提供的瞬时超高压来模拟地核的压力状态，并测定一些元素在瞬时超高压下的波速和密度，结果发现地核的波速和密度值与铁、镍比较接近。综合多方面推测，地核应主要由铁、镍物质组成。

第四节　地球不同圈层的相互作用

一、地球不同圈层的物质—能量交换

地球各圈层之间的物质与能量状态的差异，是圈层相互作用和物质能量交换的动力。

（一）不同圈层的能量交换

热量总是从高温区向低温区传递，地球内部的热可以通过热传导、热辐射、激子（辐射激发的原子）、物质运动（如地下热泉、火山活动、岩浆活动以及地幔对流等）几种方式传导到地球表面。根据大地热流值观测发现，每年从地球内部传递到地表的热能大约 8.37×10^{20}J。平均每平方厘米的地表达 6.28×10^{-6}J，大概是每年通过地震释放能量的 100 倍。

（二）不同圈层的物质交换

地球不同圈层之间的物质交换有多种方式，最主要的是地球的物质循环过程和元素的迁移过程。

地球最大规模的物质循环是与板块运动分不开的，沿地幔热柱上升的玄武质熔浆从大洋中脊涌出并冷却形成的洋壳，并在海沟处因俯冲作用被插入大陆岩石圈之下的软流圈，在地幔软流圈被加热并熔融，与地幔物质混合后重新加入地幔的对流循环。

岩浆—射气作用引起的地幔—地壳—水—大气的物质交换，幔源岩浆上升到地壳浅部或溢出地表并伴随气水的喷射，使地幔物质向地壳、水圈和大气圈迁移。另外，岩石在地壳内部也可以因地壳运动或放射性聚热而熔融，转变为岩浆，导致地壳内部的物质分异。

岩浆冷却凝固形成的岩石上升到地表后，受风化作用而溶解、破碎成溶液、碎屑，被水流、风搬运到湖泊、海洋沉积下来，随着地壳的下沉，在地壳深部压实形成岩石，或者

随着洋壳俯冲到地幔软流圈加热熔融，重新加入地幔的对流循环。

上述各种地质作用都引起壳—幔之间物质与元素的大规模迁移和重新分配。

（三）圈层的元素迁移与富集

地幔—地壳之间元素与矿产资源形成密切相关。地球上部圈层除元素通过流体（岩浆）迁移外，最常见的是含水流体与矿物岩石间的化学反应，被称为水—岩相互作用。从反应性质来看，水—岩相互作用包括溶解、沉淀、吸附和离子交换，以及氧化、还原等化学过程。

地壳表层元素迁移与人类生存发展关系密切，尤其有害元素的迁移富集与环境污染关系密切。地表环境的特征是常温、常压，与大气圈直接接触和大量水介质的存在，并且有生物和有机质的参与。因此，那些在高温高压条件下稳定的元素在地表环境中特别活跃。

元素在地壳表层的迁移和富集取决于化合物在水中的存在形式，水溶液的酸碱度（pH值）、氧化还原电位（Eh值），缔合离子和络离子的类型。

二、地核差异旋转

地球内外的各个圈层之间不仅有着互相耦合、协同演化的一面，而且也有相对独立、差异运动的一面。近年来研究发现，作为地球内部驱动源的地核，其旋转与整体地球不相一致。

1983年，Poupinet等发现内核中的地震波传播在沿自转轴方向的波速要大于其他方向，从而对长期认定的均匀球状内核模式提出了质疑。在这一研究的带动下，Woodhouse等于1986年进一步发现了在地球内核中，地震波速的传播是轴对称各向异性的，并由此提出了内核各向异性对称轴（亦即后来所称的内核快轴）的概念。

苏维加等在1995年发现这一对称轴与地球的自转轴不仅不重合，而且两者的夹角还在不断变化。宋晓东等在1996年发表的内核差异旋转研究成果，提出穿越地球固体内核（DF）和液体外核（BC）的波长为5～20km的短周期PKP波，走时残差数据表明在1900—1996年间固体地球内核相对于地幔向东差异旋转的平均速率为1.1°/a，自1990年到1996年累计已多转1/4圈多，引起国际学术界关注。

人们已经认识到由于地核快轴对于内核自身而言，在短期内不应有明显的变化，它与地球自转轴之间这种10年尺度的夹角变化就只能来自内核的整体旋转。换言之，这种变化的起因是地核与整体地球之间，存在着旋转速度上的明显差异。因此，只要能够把握内核快轴随时间的变化规律，就能确定内核对于壳幔等其他固体圈层的差异旋转速率。目前不同学者分别处理了不同的地震走时资料，估算出内核由西向东的差异旋转速率约在1.1°/a～3.2°/a，从而揭开研究地核差异旋转及相关意义的序幕（朱涛，2003）。

练习题

1.什么是地震波?当地震波穿过地球时它传播的速度是如何改变的?当地震波到达层与层之间的边界时会发生什么?
2.当地震波通过地幔上部时和外核时都发生了明显的变化,其变化的差异性在哪里?又反映了什么样的圈层特性?
3.岩石圈和软流圈在物理属性上有什么区别?岩石圈与软流圈的界面与莫霍面的区别在哪里?

思考题

1.科学家无法对地球的深部进行采样,那他们是如何来研究地球内部的物质属性的?
2.岩石圈的厚度在空间上差异很大,是什么因素导致岩石圈的厚度有如此大的差异?
3.地震波通过软流圈时P波和S波速度都发生了下降,是什么样的组成和结构才导致软流圈具有这样的传播特性?

参考文献

[1]   Poupinet G, Pillet R, Souriau A. Possible heterogeneity of the earths core deduced from PKIKP travel-times[J]. Nature, 1983, 305 (5931): 204-206.

[2]   Song X D, Richards P G. Seismological evidence for differential rotation of the Earth's inner core[J].Nature, 1996, 382(18): 221-224.

[3]   Su W J, Dziewonski A M, Jeanloz R. Planet within a planet: Rotation of the inner core of earth[J]. Science, 1996, 274 (5294): 1883-1887.

[4]   Tarbuck E J, Lutgens F K. The Earth[M]. Columbus: Bell & Howell Company, 1984.

[5]   Woodhouse J H, Giardini D, Li X D. Evidence for inner core anisotropy from free oscillations[J]. Geophysical Research Letters, 1986, 13 (13): 1549-1552.

[6]   周春银, 金振民. 照亮地球深部的"明灯"——高温高压实验[J]. 自然杂志, 2014, 36(2): 79-88.

[7]   朱涛. 地幔动力学研究进展——地幔对流[J]. 地球物理学进展, 2003, 18(1): 65-73.

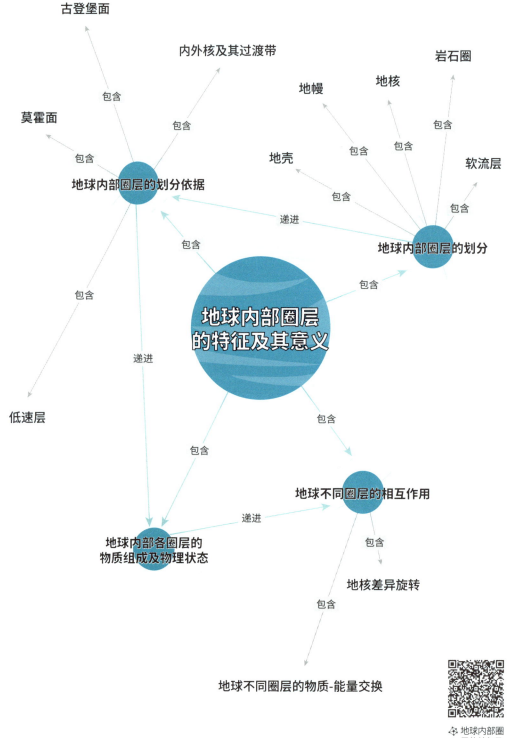

古登堡面

内外核及其过渡带

岩石圈

地核

莫霍面

地幔

包含

包含

包含

包含

地壳

地球内部圈层的划分依据

包含

软流层

递进

包含

地球内部圈层的划分

包含

包含

地球内部圈层
的特征及其意义

递进

低速层

包含

包含

地球不同圈层的相互作用

递进

地球内部各圈层的
物质组成及物理状态

包含

地核差异旋转

包含

地球不同圈层的物质-能量交换

地球内部圈
层的特征及
其意义

第四章

CHAPTER 4

地球物质组成

地球中的化学元素随着地质作用的变化，不断地进行化合和分解，形成矿物。矿物是组成岩石、矿石的基本单元，是组成地球的物质单位，是人类生产生活资料的重要来源。

第一节　矿物概述

什么叫矿物？矿物是地壳中的化学元素在各种地质作用下形成的，一般具有一定的化学成分及内部结构，从而具有一定的外表形态和物化性质的单质或化合物。如石盐（NaCl）由海水蒸发而成，内部由 Na 和 Cl 两元素按立方格子规律排列（图 4-1）。

矿物具有以下四个特点：

（1）**矿物的范畴**：矿物是地壳中的元素经天然地质作用的产物，人工制造的如砂糖等不能称为矿物。

（2）**矿物的组成**：多数为两个以上元素合成的化合物（如石盐 NaCl），少数为单个元素组成的单质（如金 Au）。

（3）**矿物的物态**：多数为固体，固体矿物多数为晶质体——内部质点作有规律的格子状排列的固体，少数为非晶质体——质点无规律排列。后者又分玻璃质和胶体两种。

（4）**矿物的性质**：晶质体具相对稳定性。因晶质体具一定化学成分和内部结构，从而具有一定外表形态和物化性质。

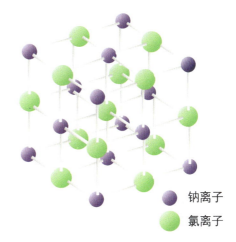

● 钠离子
● 氯离子

图 4-1　石盐（NaCl）内部结构示意图

（图片来源：https://courses.lumenlearning.com/sanjacinto-atdcoursereview-chemistry1-1/chapter/ionic-bonding/）

第二节　矿物的基本特征

自然界矿物很多，有 3000 多种，最常见、最重要的也有 50～60 种。辨认它们的方法很多，但最基本、最简便的方法是肉眼鉴定。肉眼鉴定主要根据能反映矿物本质的一些基本特征（主要是外表形态和物理性质），这些特征是由矿物的化学成分和内部结构所决定的。

一、矿物的化学成分

（一）组成矿物的化学元素

矿物是组成地壳的物质单元，故组成矿物的化学元素与地壳的化学元素相同，主要有亲氧元素、亲硫元素、亲铁元素等类型。

（1）**亲氧元素（造岩元素）**：主要有O、Si、Al、Ca、Mg、Na、K、Li等。这类元素在地质作用中往往与O^{2-}结合成氧化物或含氧盐，特别是硅酸盐，形成大部分造岩矿物，故又称为造岩元素。

（2）**亲硫元素（造矿元素）**：主要有Cu、Pb、Zn、As、Sn、Sb、Bi、Hg、Ag、Au等。这类元素在地质作用中主要与S^{2-}结合成硫化物矿物，并常聚集成重要金属矿床，因而又称为造矿元素。

（3）**亲铁元素（过渡型元素）**：主要有Ti、V、Cr、Mn、Fe、Co、Ni、Mo、W、Pt等。Mo、Fe、Mn、Cr等与O和S均能结合，具有两重性。因它们最易与铁共生，故称亲铁元素。这类元素的电子层结构不稳定，在自然条件下易变价，如铁有Fe^{2+}、Fe^{3+}，锰有Mn^{2+}、Mn^{3+}、Mn^{4+}等，故化学稳定性差。

（二）矿物的类质同象与同质多象

什么叫类质同象？矿物在一定条件下结晶时，其结晶结构中部分质点（原子、离子或离子团）被化学性质类似的其他质点所替换，而不破坏其结晶格架的现象，称类质同象。形成类质同象的条件是：① 替换元素化学性质类似（类质），即电子结构相同，电价相等或平衡，离子半径相近。这是内因。② 结晶时温度、压力、浓度适宜。这是外因。类质同象矿物具有一定的化学成分是相对而言的，实际上并不是严格不变的，由于形成时物理化学条件的不同，成分也会在一定范围内发生变化。

与类质同象相反，同一化学成分的物质，在不同的外界条件（温度、压力、介质）下，可结晶成两种或更多种不同结构的晶体，构成结晶形态和物理性质不同的矿物，称同质多象（或同质异象）。如金刚石与石墨皆由碳（C）组成。

（三）胶体矿物

胶体是一种物质以微粒（大小为 $1 \sim 100\mu m$）形式分散于另一种物质中所形成的不均匀的分散系。胶体质点的最大特点是因具吸附作用而带正或负的电荷。

胶体矿物在化学成分上往往含有较多的水，并且成分不固定。含水多，是由于它是水胶溶体经胶凝作用产生的。成分不定，则由胶体的吸附作用和离子的交换作用所引起。

二、矿物的内部结构

（一）晶（质）体和非晶（质）体

在通常情况下，绝大部分矿物是以固态存在的。根据其内部构造特点，可分为晶质体和非晶质体（或称为晶体和非晶体）。

（1）晶（质）体：凡组成矿物的内部质点（离子、原子或分子）作空间格子状有规则排列的一切固体，都称为晶体。它是物质存在的主要形式，构成地壳的岩石主要是由晶体矿物组成的。因晶体各部分的质点按一定方式排列，破坏晶体各个部分需同样的温度，故每种晶体各自具有确定的熔点。

（2）非晶（质）体：通常指内部质点无规则排列，因而不具格子构造的固体。因此，它也是无几何多面体外形的固体，如玻璃质矿物、胶体矿物等。

（3）晶（质）体和非晶（质）体的转化：晶体和非晶体的最本质区别是内部结构是否规则。例如，同样是 SiO_2 成分，Si 和 O 有规则排列就构成石英晶体，若杂乱无序就构成石英玻璃。组成矿物的质点能否有规则排列与外界条件（温度、压力等）有关。故晶体和非晶体可随着条件的变化而相互转化，随之也引起矿物性质的变化。非晶体是很不稳定的，在一定条件下可以变成晶体，称为晶（质）化。如蛋白石在较高温度下会脱水转化为结晶的玉髓。

（二）晶系

矿物按其内部结构和结晶体的特征，可以划分为七大晶系，它们的特征可见图 4-2。

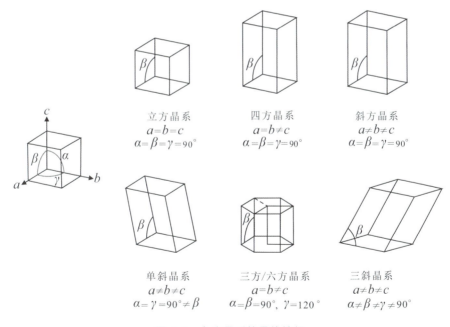

立方晶系
$a=b=c$
$\alpha=\beta=\gamma=90°$

四方晶系
$a=b\neq c$
$\alpha=\beta=\gamma=90°$

斜方晶系
$a\neq b\neq c$
$\alpha=\beta=\gamma=90°$

单斜晶系
$a\neq b\neq c$
$\alpha=\gamma=90°\neq\beta$

三方/六方晶系
$a=b\neq c$
$\alpha=\beta=90°$，$\gamma=120°$

三斜晶系
$a\neq b\neq c$
$\alpha\neq\beta\neq\gamma\neq90°$

图 4-2 七大晶系的晶体特征

三、矿物的形态

矿物的形态是组成矿物的化学成分和内部结构（内因）的外表反映，受生成环境条件的影响（外因）。矿物形态特征是内、外因素的综合反映，因此既具有鉴定意义又有成因研究的意义。矿物形态包括矿物单体形态和集合体形态（表4-1）。不规则集合体的形态（图4-3）取决于单体的晶形和集合方式两个因素。

表4-1　矿物的形态

矿物形态				举例
单体	1. 单形			石盐
	2. 聚形			石英
集合体	1. 显晶质			
		（1）规则连生：双晶 1）接触双晶　燕尾双晶 　　　　　　　　　　2）穿插双晶　①聚片双晶 　　　　　　　　　　　　　　　　　②卡式双晶		石膏 斜长石 正长石
		（2）不规则集合：1）一向延伸　针状、柱状、纤维状、放射状等 　　　　　　　　　2）二向延伸　板状、片状等 　　　　　　　　　3）三向延伸　粒状、块状等		石棉 云母 磁铁矿
	2. 隐晶质 　 或胶体	（1）分泌体：1）杏仁体　$d < 1cm$ 　　　　　　2）晶腺　　$d > 1cm$ （2）结核体：1）鲕状　　$d < 2mm$ 　　　　　　2）豆状　　$2mm < d < 5mm$ （3）钟乳体：1）钟乳状 　　　　　　2）葡萄状 　　　　　　3）肾状 （4）被膜状 （5）粉末状		玛瑙 鲕状赤铁矿 豆状铝土矿 褐铁矿 软锰矿 孔雀石 高岭石

图4-3　矿物集合体的主要形态

A：粒状；B：片状；C：针状、纤维状；D：放射状；E：晶簇；F：肾状；G：结核体；
H：分泌体（晶腺）；I：鲕状

四、矿物的物理性质

矿物的物理性质和矿物形态一样，也是矿物的化学成分、内部结构和形成条件的综合反映。因不同矿物可具相同形态，且完好形态的晶体少见，而物理性质既固定又易识别，因此它是肉眼鉴定矿物的主要依据。矿物的物理性质可概括如图 4-4 所示。

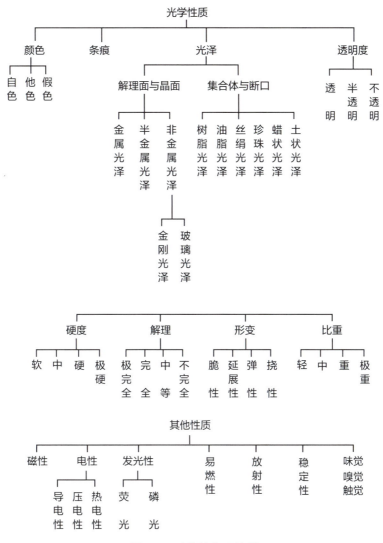

图 4-4 矿物的物理性质

下面主要介绍一些无须借助仪器即可观察或测定的性质。

（一）颜色和条痕

颜色是矿物最直观的性质之一，通常分为以下三类。

（1）自色：在成因上与矿物本身的固有化学成分直接有关的颜色。例如黄铜矿的深黄铜色，孔雀石的翠绿色，蔷薇辉石的粉红色，等等。矿物的自色相当固定而具有特征性，上述几种矿物的名称就与它们的颜色有关。

（2）他色：由非矿物本身固有的组分所引起的颜色。例如纯净的刚玉为白色，当含有微量的类质同象替代元素Cr^{3+}时便呈鲜红色（红宝石），含Ti^{4+}时呈蓝色（蓝宝石）。他色也可因含有染色杂质的细微机械混入物而产生，且颜色随杂质组分的不同而异。

矿物粉末的颜色称为条痕，因为通常将矿物在素瓷板上摩擦以观察其留下的粉末痕迹的颜色。对一种矿物来说，其条痕的呈色通常都是固定的，且可以不同于矿物块体的颜色。例如金的条痕为金黄色，而黄铜矿的条痕则为绿黑色。

（3）假色：由于光的内反射、内散射和干涉等物理原因引起的颜色。主要包括晕色（如白云母、冰洲石等具有的油膜状彩色）、锖色（如斑铜矿、黄铜矿表面氧化薄膜呈现的彩色）和变色（如拉长石从不同方向见到的连续改变的彩色）。假色对某些矿物具有鉴定意义。

（二）光泽

光泽系指矿物表面对可见光的反射能力。通常将光泽自强而弱分为以下四级：

（1）金属光泽：反射很强，呈如同镀了克罗米的平滑金属表面那样的反光。

（2）半金属光泽：反射强，呈如同一般金属表面那样的反光。

（3）金刚光泽：反射较强，呈金刚石般的灿烂反光。

（4）玻璃光泽：反射弱，呈如同玻璃板表面那样的反光。

以上都是指矿物在平坦面上的反光。如矿物表面不平坦、不光滑或成集合体时，就会出现一些特殊的光泽，有油脂光泽、树脂光泽、蜡状光泽、土状光泽、丝绢光泽和珍珠光泽等（图4-5）。其中土状光泽也就是指光泽暗淡，或者说无光泽，而丝绢光泽只出现在纤维集合体上。

| 金属光泽（方铅矿） | 半金属光泽（黑钨矿） | 金刚光泽（金刚石） | 玻璃光泽（白云石） |

| 油脂光泽（石英） | 丝绢光泽（石棉） | 蜡状光泽（叶蜡石） | 土状光泽（高岭石） |

图4-5 常见的矿物光泽类型（部分）示例

（三）硬度

物体抵抗外力机械作用的强度称为硬度。在矿物学中做一般测定时都用所谓的摩斯（Mohs）硬度计。它是以选定10种矿物为标准，将矿物的硬度分别定为1到10：1—滑石；2—石膏；3—方解石；4—萤石；5—磷灰石；6—正长石；7—石英；8—黄玉；9—刚玉；10—金刚石。等级越高，硬度便越大。金刚石是迄今已知物体中硬度最大的。但摩斯只是相对硬度，逐级间的差值并不相等，例如按所谓的维克尔硬度计算，石英是滑石的560倍，而金刚石则是滑石的约5000倍。

此外，通常还可借助于其他常见物体来测定矿物的硬度。例如已知指甲的硬度约为2.5，硬币约为3.5，小钢刀约为5.5，水泥钉约为6.5，冲击钻头约为8.5，这些都可作为辅助标准（图4-6）。

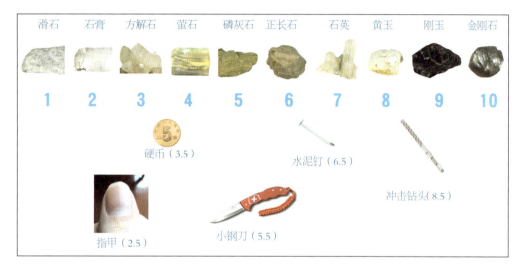

图4-6　摩斯硬度计矿物组合及常见物体的摩斯硬度

（四）解理和断口

晶体在受到应力作用而超过弹性极限时，能沿着一定方向的面网发生破裂的固有特性，称为解理，解理裂成的平面称为解理面。矿物晶体或其集合体，若无规则地沿着除解理面以外的方向破裂时，其断裂面称为断口。常见的解理与断口类型如图4-7所示。

（五）密度

密度是人们很熟悉的一项物理性质。矿物的密度可以从小于$1g/cm^3$（如琥珀）一直到约$23g/cm^3$（铂族自然元素矿物）。通常凭经验用手掂量，可将矿物的密度很粗略地分为轻、中和重三等。绝大多数矿物的密度居中等，即介于$2.5g/cm^3$与$4g/cm^3$之间。但有些矿物，如方铅矿（$7.4\sim7.6g/cm^3$）、黑钨矿（$7.1\sim7.5g/cm^3$）、锡石（$6.8\sim7.0g/cm^3$）以及金属自然元素矿物，具有较大的密度，这是它们一项突出的特性。

此外，经常也将矿物区分为重矿物和轻矿物两大类。凡在三溴甲烷液体中下沉的，即密度大于$2.9g/cm^3$的，均归属于重矿物。

（a）白云母的一组完全解理

（b）辉石的两组完全解理

（c）橄榄石的两组中等解理

（d）石英的贝壳状断口

（e）自然铜的锯齿状断口

图 4-7　矿物常见的解理与断口类型

第三节　矿物分类和重要矿物简介

一、矿物分类

矿物按其成分，一般分五大类，具体见表 4-2。

表 4-2　矿物分类

大类	类	举例
Ⅰ. 自然元素	金属元素 非金属元素	自然金（Au）、铜（Cu） 石墨（C）、金刚石（C）
Ⅱ. 硫化物	简单硫化物 复硫化物	方铅矿（PbS） 黄铁矿（FeS_2）
Ⅲ. 卤化物	氟化物 氯化物等	萤石（CaF_2） 岩盐（NaCl）、钾盐（KCl）
Ⅳ. 氧的化合物	简单氧化物 复氧化物 氢氧化物	赤铁矿（Fe_2O_3） 磁铁矿（$FeO \cdot Fe_2O_3$） 三水铝石（$Al(OH)_3$）
Ⅴ. 含氧盐	硅酸盐 碳酸盐 硫酸盐 钨酸盐等其他盐类	正长石（$K[AlSi_3O_8]$） 方解石（$CaCO_3$） 石膏（$Ca[SO_4] \cdot 2H_2O$） 白钨矿（$CaWO_4$）

二、重要矿物简介

（一）自然元素大类

自然元素类矿物是以单质形式在自然界产生的。地壳中已知的自然元素矿物有 30 多种，主要是在自然条件下具有较大的化学惰性的元素（Pt、Au、C 等）或易从其他化合物中还原出来的元素（Cu、Ag、S 等）。自然元素类矿物分自然金属矿物和自然非金属矿物两类。

（1）*自然金属矿物*：常见的自然金属矿物为自然金、自然铜。

（2）*自然非金属矿物*：主要为金刚石、石墨和硫黄。

金刚石、石墨虽然都由碳元素组成，但两者的物理性状有天壤之别，这是由于两者晶格类型不同、质点累叠方式不同的缘故。金刚石为典型的原子晶格。石墨则属多键型，因其层间为分子键，故硬度低，可剥开成片状，具挠性，颜色深，呈金属光泽，为电的良导体，并不溶于酸，熔点高。

常见的自然元素类矿物

（二）硫化物大类

硫化物是金属或半金属与 S^{2-} 或 $[S_2]^{2-}$ 组合而成的化合物（前者为简单硫化物，后者为复硫化物）。金属阳离子主要为铜型离子（Cu、Pb、Zn、Ag、Hg 等）、过渡型离子（Fe、Co、Ni、Mo、Mn、Pt 等）和半金属阳离子（As、Sb、Bi 等）。相应的常见矿物有方铅矿（PbS）、辉锑矿（Sb_2S_3）、辉钼矿（MoS_2）、闪锌矿（ZnS）、辰砂（HgS）、雌黄（As_2S_3）、雄黄（AsS）、黄铜矿（$CuFeS_2$）、斑铜矿（Cu_5FeS_4）、辉铜矿（Cu_2S）、黄铁矿（FeS_2）等。

常见的硫化物类矿物

本大类矿物有 200 多种，是提炼有色金属和硫的重要矿石。

（三）卤化物大类

本大类主要是由卤族元素（F、Cl 等）与金属元素（K、Na、Ca、Mg）等结合而成的矿物。常见的有萤石（CaF_2）、石盐（NaCl）和钾盐（KCl），最有工业价值。

常见的卤化物类矿物

（四）氧的化合物大类

本大类是由一系列金属和非金属的阳离子与 O^{2-} 或 $[OH]^-$ 阴离子结合而成的化合物。阳离子元素主要有 Si、Al、Fe、Mn、Cr、Sn、U 等，其中以硅（Si）的氧化物分布最广泛。本大类是黑色金属的重要工业矿物，为锰、铁、铍、硅等的氢氧化合物和含水氧化物，主要有铝土矿（$Al_2O_3 \cdot nH_2O$）、褐铁矿（$Fe_2O_3 \cdot nH_2O$）、硬锰矿（$mMnO \cdot MnO_2 \cdot nH_2O$）、软锰矿（$MnO_2$）及胶状石英（$SiO_2 \cdot nH_2O$）。大多是地表形成的外生矿物，故多成隐晶质胶状（锰矿）、泥土状（铝土矿）和粉末状（褐铁矿）等集合体，硬度多数很小，化学性质稳定。

常见氧的化合物类矿物

（五）硅酸盐类

硅酸盐类矿物是地壳中分布最广泛、种类最复杂的矿物，是最主要的造岩矿物。有的是极为重要的非金属矿物（如云母、石棉、高岭石）和含稀有元素 Be、Li、B、Zr 等的矿物。

（1）组成和结构：硅酸盐类是指硅氧四面体 $[SiO_4]$ 或由其连接成的各种硅氧四面体骨架，同其他阳离子结合而形成的化合物。

（2）晶体形态：取决于硅氧四面体的连接方式。

岛状硅氧骨架 $[SiO_4]^{4-}$ 或 $[Si_2O_7]^{6-}$：常表现为三向等长粒状，如橄榄石、石榴石。

环状硅氧骨架 $[Si_nO_{3n}]^{2n-}$：呈六方或三方晶体系的柱状，如绿柱石、电气石。

链状硅氧骨架，单链 $[SiO_3]^{2n-}$，双链 $[Si_4O_{11}]^{6n-}$：常呈柱状或针状晶体，如辉石、角闪石、硅灰石、透闪石等。

层状硅氧骨架 $[Si_2O_5]^{2n-}$：呈板状、片状，如云母类、滑石、蛇纹石、绿泥石、高岭石等。

架状硅氧骨架 $[Si_{n-x}Al_xO_{2n}]^{x-}$：取决于架内化学键分布，如一向存在较坚强的链时，形成平行此链的柱状晶体，如长石类（包括正长石、斜长石）等。

常见硅酸盐类矿物

（六）碳酸盐类

本类矿物是指金属阳离子与 $[CO_3]^{2-}$ 络阴离子结合形成的无水或含水碳酸盐矿物。金属阳离子主要有无色 Ca、Mg 离子和有色 Cu、Fe 离子。除 $[CO_3]^{2-}$ 络阴离子外，某些矿物还含附加阴离子。常见矿物主要有方解石（$CaCO_3$）、白云石（$CaMg(CO_3)_2$）、菱镁矿（$MgCO_3$）、菱铁矿（$FeCO_3$）、孔雀石（$Cu_2CO_3(OH)_2$）、蓝铜矿（$Cu_3(CO_3)_2(OH)_2$）等。

常见碳酸盐类矿物

（七）其他含氧盐类

常见矿物有硫酸盐类的重晶石（$BaSO_4$）、石膏（$CaSO_4 \cdot 2H_2O$）；钨酸盐类的黑钨矿（$(Fe，Mn)[WO_4]$）、白钨矿（$CaWO_4$）；磷酸盐类的磷灰石（$Ca_5[PO_4]_3(F,Cl)$）等。

常见其他含氧盐类矿物

第四节　矿物的识别和利用

一、矿物的识别

矿物的种类繁多，常见的亦有一两百种。由于它们在化学组成上或在晶体结构上互不相同，因而可根据这两方面来识别它们。最简单而常用的方法是肉眼鉴别的方法，即根据矿物的形态特征和上节所述的主要物理性质来加以识别，当然有时也可辅以简单的测试。例如，磁铁矿、磁黄铁矿等能被永久磁铁所吸引；当稀盐酸滴于方解石上时，会放出 CO_2 而剧烈起泡；将白色的钼酸铵粉末置于磷灰石上，再滴上硝酸，即会生成磷钼酸铵而呈黄色，显示磷的反应；硼砂在烛焰上一灼烧即熔化等。

必须指出的是，由于矿物的物理性质和晶形取决于其化学组成和晶体结构，因而成分和结构相近似的矿物也将具有相似的性质，肉眼鉴定往往只能确定其为某几种可能矿物中的一种而难以做出确切的唯一结论。在此情况下，为了详细研究，需要做进一步的测定。最常用的是在偏光或反光显微镜下测定矿物的光学性质，也可用 X 射线衍射方法测定晶体结构的面网间距，或者是用化学分析以至电子探针分析方法确定其化学成分，从而对矿物做出确切鉴定。

二、矿物的利用

人类对矿物的利用，最早可上溯到旧石器时代。在生活于距今 60 万～ 30 万年间的蓝田猿人和北京猿人的化石层中，即发现有大量用乳石英、燧石及水晶制作的石器。我国山东曲阜西夏的新石器时代遗址，则曾出土过嫩绿色蛋白石制作的手镯。之后，人类又从实践中知道了利用铜、锡矿石冶炼青铜，从而使历史进入了青铜器时代，以后又进入铁器时代。迄今，矿物已广泛用于人类生产和生活的各个领域。

矿物的利用包括两个方面。一是用来提取其中的有用成分，这一点也是为大家所十分熟悉的。例如，用赤铁矿（Fe_2O_3）、磁铁矿（Fe_3O_4）等炼铁；用黄铜矿（$CuFeS_2$）等炼铜；从黄铁矿（FeS_2）中提炼硫黄或制取硫酸等。这方面利用的对象主要是金属矿物。

不过有许多金属实际上却是从非金属矿物中得到的。例如，炼铝的最重要矿石是铝土矿，它主要由三水铝石［$Al(OH)_3$］、硬水铝石［$AlO(OH)$］等矿物组成；又如铍，是从绿柱石（$Be_3Al_2Si_6O_{18}$）等非金属矿物中提取的。

对矿物另一方面的应用是利用矿物本身的某些特殊性能。例如人们早就知道利用金刚石灿烂耀目的光泽和坚硬耐磨的特性来加工珍贵的钻石饰品，利用水晶无色透明的特点制作眼镜片；利用高岭石的可塑性和高黏结力烧制陶瓷，等等。我国的陶瓷工业历史悠久，高岭石（Kaolinite）的名称即来源于瓷都景德镇附近的高岭村。当今，随着科学技术的迅速发展，矿物的新用途也不断地被开发出来。在现代，金刚石只有少量宝石级晶体被用于加工钻石，而大量金刚石则用于工业部门，例如利用其无比的高硬度制作各种高速切削刀具、钻具。石英晶体由于具压电性而被广泛用于制作石英谐振器和滤波器，它们是现代航天、国防和电子工业中不可缺少的重要部件之一，石英钟和电子表中就有此元件；石英还对红外线和紫外线都有良好的透过性，故用以制作光学棱镜和透镜等。高岭石除作为传统的陶瓷原材料外，还因其细分散性和强覆盖能力而被用作造纸填料和涂层，以及在橡胶等工业中用作补强剂填料。欧美国家在这方面所耗用的高岭石，已超过了用于作为陶瓷原料的耗用量。类似的例子举不胜举。

目前，对于矿物本身性能利用的研究，已发展成为一门新兴的独立分支学科——矿物材料学。矿物材料，按用途又可分为结构材料和功能材料两类。功能材料是对应力、光、电、磁、声、热等外界能量，具有感受、转换、传输、显示和存储等功能的材料。如压电材料（如石英）、声电材料（如电气石）、光电导材料（如红锑矿）、荧光材料（如闪锌矿）、激光材料（如红宝石）、光存贮材料（如方钠石）、磁记录材料（如穆磁铁矿）等。对我国来说还有一类特殊的矿物材料，即中药材，如朱砂（辰砂）、雄黄、雌黄、慈石

（磁铁矿）、方解石、炉甘石（菱锌矿）、石膏等。目前中药房中出售的矿物药材有 40 余种，而明代李时珍《本草纲目》中则载有 222 种之多。历史上长期以来以利用金属矿产为主，但近数十年来对非金属矿产的开发利用发展很快，近年来世界非金属矿产消费量的年增长率已达 5.6%，远远超过了金属矿产的 1.6%。

第五节　岩石概述

岩石是矿物（部分为火山玻璃或生物遗骸）的自然集合体，主要由一种或几种造岩矿物按一定方式结合而成，是构成地壳和地幔的主要物质，是地球发展至一定阶段，由于各种地质作用形成的坚硬产物。陨石和月岩也是岩石。

岩石学是研究岩石的成分、结构构造、产状、分布、岩石组合及其成因的学科，是地球科学的一个重要分支。近代岩石学主要从野外地质学、矿物学、岩相学、地球化学、同位素地质学和实验岩石学等方面研究岩石。

岩石的种类很多，但从成因和形成过程看，一般被分为三大类，即火成岩、沉积岩和变质岩，它们在地球上的分布情况各不相同。沉积岩主要分布在大陆地表，占陆壳面积的 75%，而距地表越深，火成岩和变质岩就越多。在地壳的深部和上地幔，主要由火成岩和变质岩构成。统计表明，火成岩占整个地壳体积的 64.7%，变质岩占 27.4%，沉积岩占 7.9%。其中玄武岩和辉长岩又占全部火成岩的 65.7%，花岗岩和其他浅色岩占火成岩的 34.3%。岩石作为天然物体具有特定的密度、孔隙度、抗压强度和抗拉强度等一系列物理性质，它们是工程、建筑、钻探和掘进时需要考虑的因素。此外，岩石受力会发生形变。当岩石所受应力超过其弹性限度后，会发生塑性变形。自然界的糜棱岩就是在地壳深处岩石塑性变形的产物。某些工程中，岩石长期负载，也会造成蠕变和塑性流动。

第六节　火成岩

火成岩亦称岩浆岩，它是由炽热的硅酸盐岩浆在地下或喷出地表后冷凝形成的岩石。岩浆开始结晶或开始固结的温度，一般为 $600 \sim 1000℃$，降温至 300℃之后，全部固化。因此，一般将高温条件下形成的岩石，通称为火成岩。

一、岩浆的概念

人们在观察现代火山的活动，以及分析研究了火山喷发的大量熔融物质之后，逐步认识形成了岩浆的概念。

岩浆是在地下深处的一种炽热的、黏度很大的、含有大量挥发性成分的、复杂的硅酸盐熔融体（图 4-8）。关于原始岩浆的形成和来源问题，近年来，通过高温高压实验岩石学、地震地质学、地球物理学、海洋地质学及板块构造学说的研究，认为地壳下部及上地幔的物质，经部分熔融而生成原始岩浆，也就是说，原始岩浆来源于岩石圈的下部。

图 4-8　美国夏威夷群岛上喷出地表的炽热岩浆

二、岩浆的成分及其性质

（一）岩浆的成分

岩浆主要由 O、Si、Al、Fe、Ca、Na、K、Mg、Ti 等元素按不同比例组成，其次还含有 H_2O、CO_2 及 HF、HCl、H_2S 等一些挥发性物质，这些元素的离子相互结合组成了复杂的硅酸盐及少量的氧化物和金属硫化物。

（二）岩浆的性质

根据对现代火山喷发出的熔融物质的分析与测定，岩浆在温度与黏度上具有如下特性：

1.岩浆的温度

根据研究现代火山熔岩流及其温度测定，岩浆温度通常为 700～1200℃。熔岩流的温度只能代表岩浆的近似温度，因地下深处岩浆的温度目前无法直接测定。

2.岩浆的黏度

岩浆的黏度受岩浆的成分、温度及挥发分等因素的影响。一般来说，岩浆成分中 SiO_2 含量越高，黏度越大；温度越高，黏度越小；而挥发含量增多，黏度也会减小。

三、岩浆作用及岩浆岩

地下深处的炽热岩浆处于高温高压的环境，一旦地壳运动引起岩石圈出现裂隙，岩浆就沿着裂隙运移上升，当达到一定位置时，即发生冷凝结晶而成为岩石，这种包括岩浆活动和冷凝结晶成岩的全过程，就称为岩浆作用。它又可分为侵入作用和喷出作用。

侵入作用是指地下深处岩浆沿裂隙上升，但未达到地表，只在地面以下的一定部位冷凝结晶而成为岩石。岩浆在地壳比较深的地方，冷凝结晶形成的岩石，称为深成岩。岩浆上升到地壳较浅的部位或接近地表时冷凝结晶而成的岩石，则称为浅成岩。

喷出作用是指从岩浆喷溢出地表，至冷凝成为岩石的全过程，由喷出作用形成的岩石，称为喷出岩（或称火山岩）。

据此，岩浆岩通常分为侵入岩和喷出岩两大部分。

（一）火成岩的化学成分

地质记载表明，不论在大陆还是在海洋，不论在地表还是在地球深部，从 40 亿年前直至近代，形成火成岩的岩浆活动都十分广泛而频繁，火成岩的种类也各色各样。但对各种火成岩的分析表明，占岩石 99% 以上的是 O、Si、Al、Fe、Ca、Na、Mg、K 等八种元素。其中氧和硅占了岩石全部组分重量的 75%、体积的 93%，再次是铝和铁。许多有重大经济价值的元素，如 C、Ni、Cu、Pb、Zn、U、Nb、Ta 等，在火成岩中仅以很低的克拉克值分布，但它们可以在岩石中局部富集，达到可供开采和利用的质量与规模，从而构成矿产。

岩浆岩的化学成分常用氧化物表示，其中以 SiO_2、Al_2O_3、Fe_2O_3、FeO、MgO、CaO、Na_2O、K_2O 和 H_2O 等为主，占岩浆岩平均化学成分总重量的 98% 以上。岩浆岩中主要氧化物中以 SiO_2 含量最多，Al_2O_3 次之，所以岩浆岩主要是由硅酸盐组成。

在岩浆岩中，各主要氧化物之间存在着内在联系，并作有规律的变化。如图 4-9 所示，岩浆岩中六种氧化物的含量随 SiO_2 含量增减作有规律变化。随着 SiO_2 含量的增加，K_2O 和 Na_2O 的含量也逐渐增多，而 FeO 及 MgO 逐渐减少，在超基性岩中是几乎不含 K_2O、Na_2O 的。CaO 和 Al_2O_3 在纯橄榄岩中含量很低，但在辉岩和基性岩中随着 SiO_2 增加而又逐渐下降。因此 SiO_2 的含量成为划分岩浆岩化学成分的主导因素，它支配了其他氧化物数量上的变化。

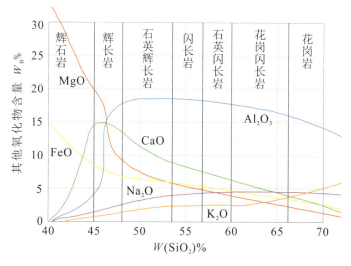

图 4-9　岩浆岩中的 SiO_2 含量同其他氧化物含量之间的关系

$SiO_2 < 45\%$	$45\% \sim 52\%$	$52\% \sim 65\%$	$> 65\%$
超基性岩	基性岩	中性岩	酸性岩

（二）火成岩的矿物成分

组成岩浆岩的矿物主要是一些硅酸盐类矿物，常见的不过 10 余种，最多的是正长石、斜长石类（共约 60%）、石英类（12%）、橄榄石、辉石和角闪石类（共约 16%）、云母类（黑云母、白云母约 5%），这些矿物称为岩浆岩造岩矿物。其次为磷灰石、磁铁矿、钛铁矿、锆石等副矿物。

岩浆岩造岩矿物按化学成分或颜色分为：

硅铝矿物（浅色矿物）：长石、副长石（霞石、白榴石）、石英等。

铁镁矿物（暗色矿物）：橄榄石、辉石、角闪石、黑云母等。

硅铝矿物和铁镁矿物的含量比决定了岩石的颜色和密度（见表 4-3）。

表 4-3 岩浆岩的颜色与密度的变化

岩石类型	镁铁矿物	颜色	密度
超基性岩	多	深	大
基性岩	↓	↓	↓
中性岩			
酸性岩	少	浅	小

（三）火成岩的产状

1.喷出岩的产状

（1）火山锥：火山喷发物围绕火山通道堆积成锥状体，称为火山锥（见图 4-10）。火山锥多为黏度大、流动性小的岩浆及火山碎屑物堆积而成。如我国黑龙江省德都五大连池成群的火山锥。火山顶部中心常呈圆形盆状地，它是火山熄灭岩浆退缩而成，如其中有积水，便形成火山湖。我国长白山顶部天池就是这样形成的湖泊。

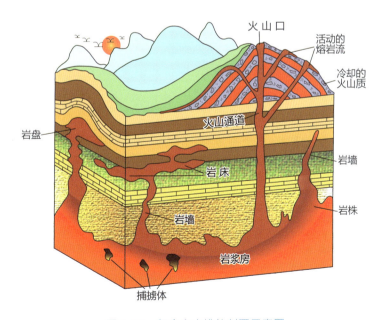

图 4-10 复合火山锥的剖面示意图

另外，也常见到一种呈钟状体的产状，它是岩浆由通道涌出时，火山口常被堵塞住，形成突出的穹隆状火山锥，形如钟状故称为岩钟。岩钟多为黏度大、流动黏滞的中酸性岩浆堆积而成。

（2）熔岩流及熔岩瀑布：这类产状，常由黏度小的基性岩浆所形成。它是岩浆喷溢出地表时，熔浆向低凹的地带流动、冷凝的结果，常形成长条状，故称其为舌状岩流，如流动遇到阶梯状陡坎时，熔浆就沿陡坎落下，从而形成熔岩瀑布（见图 4-11）。

图 4-11　夏威夷群岛拉维亚玄武岩流构成的熔岩瀑布

上述的火山锥、熔岩流及熔岩瀑布等，均属中心式喷发的特征。

（3）岩被：岩被产状，多为黏度小、流动性大的基性岩浆所形成。岩浆沿着一定方向的裂隙或若干个火山口喷出地表，向各方向流动，形成大面积的被熔岩覆盖的现象称熔岩被。其覆盖面积可达数千至数万平方千米。例如我国河北省张家口北部的第三纪玄武岩被，覆盖面积达 1 000 多平方千米，厚达 300 余米。

火山现象可谓丰富多彩。全世界现在还正在活动的火山有 500 多座，一部分在海底。火山现象证明地球内部是热的，甚至在某些部位（岩浆源地）岩石呈熔化状态。岩浆从一个圆筒状的中心通道或裂隙状通道喷出地表，然后以熔岩、火山灰、火山角砾等形式堆积下来。这个过程就是火山活动，形成的岩石叫火山岩。

2.侵入岩的产状

（1）岩床：岩浆沿着围岩层面灌入，形成与围岩产状相同的岩体。岩床的厚度由几米至数百米，其横向延伸可达数十千米。较大的岩床多为基性岩所形成。

（2）岩盖：为岩浆沿着岩层之间缝隙灌入，形成顶部拱起的透镜状、底板平整的侵入体。一般厚度可达几十米到数百米。呈岩盖产出者常为中、酸性岩体。

（3）岩盆：为岩浆侵入到岩层之间，岩层中央部分受到岩浆的静压力使底板下沉，形成中央微凹下去的盆状整合侵入体。

（4）**岩墙（或岩脉）**：岩墙或岩脉都是与围岩层理或片理斜交的板状侵入体，其厚度一般为几厘米到几十米，也有近几千米的；长达几十米、几百米至几百千米。岩墙的分布主要受构造裂隙控制。

（5）**岩株**：为一种规模较大的侵入体，出露面积小于 $100km^2$，在平面上往往近于圆形。亦有呈不规则状者，与围岩接触面较陡立，有些岩株在深部往往与岩基相连，是岩基的突起部分。呈岩株形态产出的多为酸性岩类。

（6）**岩基**：这是不整合侵入体中最大的一种，出露面积一般大于 $100km^2$，也常有达几千平方千米的，平面上常为不规则形状。大多数岩基由酸性岩类组成，主要分布于褶皱带的隆起部位，延伸方向常与褶皱轴向一致，与围岩呈斜交，界限明显。

上述各种产状形态综合图示见图 4-12。

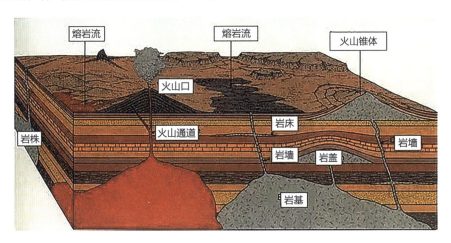

图 4-12　岩浆岩产状立体示意图

（四）火成岩类型与特征

由于火成岩由岩浆冷凝、结晶形成，因此火成岩的最基本性质之一是结晶度和矿物晶粒的大小。岩浆喷发至地表或侵入至地壳浅部（近地表 3m 内）所形成的岩石，因为冷凝速度快，往往全部呈玻璃质或半晶质（即玻璃物质与结晶物质共存）或隐晶质（矿物粒径小于 0.3mm），构成火山岩或浅成侵入岩。若岩浆侵位深度大，也就是在各种深成环境（地壳 3km 以下）中结晶形成的岩石，呈不同粒度的全晶质，构成深成侵入岩。因此，火山岩和侵入岩是火成岩的两大基本产出类型。

无论是在野外进行地质考察还是在室内进行岩石学研究，火成岩分类的基本准则是：①组成岩石的矿物种类及相对含量。②全岩的化学成分，特别是 SiO_2、Na_2O、K_2O 等氧化物质量分数。两准则往往结合使用。某些情况下，当根据矿物含量确定的岩石名称与根据化学成分所得名称不一致时，则服从前一准则进行岩石定名，但对隐晶质至玻璃质的火山岩或侵入岩定名时，岩石的化学分类原则往往起主要作用。常见的重要火成岩类型及其特征见表 4-4。

表 4-4　常见火成岩类型及其特征

岩类	火山岩—侵入岩	响岩—霞石正长岩	粗面岩—正长岩	流纹岩—花岗岩	英安岩—花岗闪长岩	安山岩—闪长岩	玄武岩—辉长岩	科马提岩—橄榄岩
化学成分	SiO_2	50%~60%	50%~60%	>70%	62%~72%	52%~62%	45%~52%	<45%
	Na_2O+K_2O	10%~16%	7%~13%	7%~11%	5%~8%	3%~6%	2%~6%	<2%
	Na_2O与K_2O关系	—	—	一般$K_2O>Na_2O$	$Na_2O>K_2O$	$Na_2O>K_2O$	$Na_2O>K_2O$	$Na_2O>K_2O$

根据以上的准则并加以综合，将岩浆岩分成如下几种主要类型：①超基性岩类：橄榄岩—科马提岩；②基性岩类：辉长岩—玄武岩；③中性岩类：闪长岩—安山岩；④酸性岩类：花岗岩—流纹岩；⑤碱性岩类：正长岩—粗面岩；霞石正长岩—响岩。

花岗岩是地球上分布最广泛的侵入岩，由石英、碱性长石和斜长石组成，它由硅铝质岩浆以强烈注入（扩熔）形式侵入于固态地壳之中而形成，这一侵入过程卷入了围岩块体（即岩浆的顶蚀作用），也可能使上覆岩石陷落下来，以此开辟花岗岩侵入体的空间。由于侵入的硅铝质岩浆是炽热的，可能引起围岩的热变质。花岗岩是人们最常使用的建筑石料，由花岗岩建造的房屋，在数百年之内不会损坏。此外，大多数金属矿产（如Pb、Zn、Ag、Au、Cu、Fe、Sn、Li、Be、Ta、Nb等）都与花岗岩侵入体有关。

花岗伟晶岩是具伟晶结构的浅色脉岩，其主要成分与花岗岩相似，但暗色矿物含量较少。次要矿物有白云母、锂云母、电气石、石榴子石、绿柱石等。矿物颗粒粗大，常具有石英和长石穿插的文象结构。伟晶岩脉在空间分布较广，也常成群出现，并富集成各种有重要经济价值的矿产。我国伟晶岩分布广泛，全国各地均有发育，遍及很多省区，如四川、新疆、湖南、广西、辽宁等地都可见到。与花岗伟晶岩有关的矿产可达40种以上，都是现代工业需要的重要资源，其中多为稀有金属矿产，如锂（Li）、铌（Nb）、钽（Ta）、铍（Be）以及稀土元素如钇（Y）、锆（Zr）和放射性元素铀（U）等。非金属矿产有水晶、白云母及长石等。

玄武岩是地球上分布最广泛的火山岩，月海和地球上的海洋洋底几乎全部由玄武岩构成。玄武岩主要由斜长石和辉石组成。它由炽热岩浆喷发到地表固结形成。这一过程称火山作用。

当火山的喷发通道呈裂隙状（线状），则火山喷发相对地比较宁静，称裂隙式喷发。从裂隙中喷发出来的岩浆构成"火幕"（即幕布式岩浆屏障），例如1963年夏威夷喷发的玄武岩火幕高达180余米。如果火山通道呈管状，则因它的中心喷发口比较小，喷发强度就比较大，构成猛烈的火山爆发，喷出的炽热岩浆和热气流往往对人类和自然界造成巨大而突然的灾害。玄武岩一词，引自日文汉字"玄武岩"，因在日本兵库县玄武洞发现黑色致密岩石而得名。中文"玄武"两字，代表中国古代神话中的北方之神，意为黑色的龟蛇鳞甲之像。这些含义，与玄武岩的黑色、具多边形柱状节理等特点有一定程度吻合。

各种岩浆岩中矿物成分变化图解见图4-13。

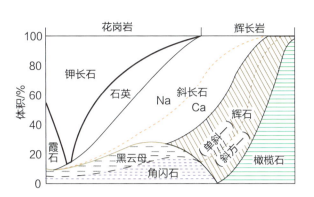

图 4-13　各种岩浆岩中矿物成分变化图解

第七节　沉积岩

沉积岩是在地表或接近地表条件下，由风化作用、生物作用或某种火山作用形成的产物，经搬运、沉积和石化作用所形成的岩石（碎屑岩），或者由于溶液在正常地表温度下沉淀而形成的岩石（化学岩）。沉积岩虽只占地球外壳（地表下 4～5km 以上浅处）总重量的 3%，但却构成地表岩石面积的 75%。因此，从总体上看，沉积岩呈薄层状分布于地球表面，是地球历史演变的重要记录者。

沉积岩和有用矿产关系甚为密切。在沉积岩形成过程中，一些有用物质也随之形成，形成各种沉积矿产，例如铁、锰、磷、铝、石油与天然气、煤及盐岩等。有些沉积岩本身就是矿产，如石灰岩、白云岩等。因此，研究沉积岩具有重要的实际意义和理论意义。

一、沉积岩的形成过程

沉积岩是地质作用的产物。它的形成经过风化作用、搬运作用、沉积作用和成岩作用四个阶段（图 4-14）。

（一）风化作用

地壳上已形成的岩石（岩浆岩、变质岩和沉积岩）遭受物理、化学及生物等风化作用，从而改变了它的物理和化学性质，形成了大量机械破碎物质及可溶物质。这些风化的产物，构成了沉积岩的主要物质来源。另外，火山喷发物质、有机物质及宇宙物质等，也是沉积岩的物质来源的一部分。

（二）搬运作用

风化作用的产物，被介质（风、流水、冰川等）将它从原地搬运到沉积地区的过程，称为搬运作用。搬运方式可分为机械搬运和化学搬运两种。搬运能量是由介质及介质本身条件所决定的。如流水的搬运能力与其流速有关，水流速度大，搬运能力就强，搬运的碎屑物质粗大而量多，搬运的距离也较远；如果水流速度小，搬运能力则较弱，仅能对细小的碎屑物质进行搬运，搬运的距离也不会太远。

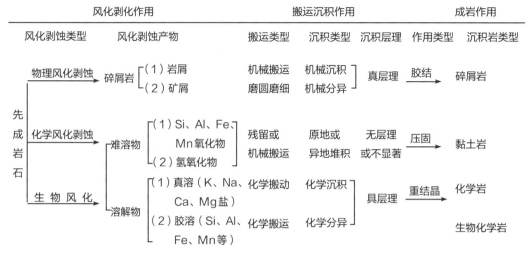

图 4-14 沉积岩形成过程

（三）沉积作用

风化产物在被搬运过程中，由于种种原因，介质搬运能力减弱或介质条件发生变化，使被携带的物质从介质中分离出来，堆积在适当的低洼场所，称为沉积作用。

地壳表层不断遭受风化剥蚀，较低洼的江、河、湖泊和广阔的海洋则不断地接受沉积。其中海洋是最主要的沉积区。它沉积了各种类型的沉积物，形成许多种沉积岩。

沉积作用主要是通过三种方式进行的：

1. 机械沉积作用：母岩风化的碎屑物质，在各种介质的机械搬运过程中，因碎屑物质颗粒大小、密度、形态的不同，被搬运的距离也不一样。一般是颗粒粗、密度大、磨圆差的，其搬运距离较小；颗粒细、密度小、磨圆好的，搬运距离较大。这种作用使机械沉积发生分异现象，称机械沉积分异作用（图 4-15）。

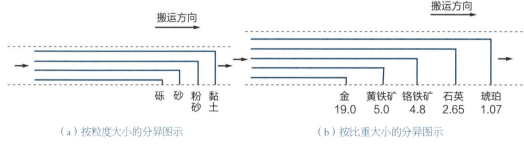

（a）按粒度大小的分异图示　　　　　　　　（b）按比重大小的分异图示

图 4-15 机械沉积分异作用

2. 化学沉积作用：化学沉积作用主要在海洋、湖泊等稳定环境中进行。按溶解物质的特点可分为胶体溶液沉积和真溶液沉积两种。

（1）胶体溶液沉积作用：呈胶体状态搬运的元素，有 Si、Al、Fe、Mn、P、S、C 等，常见的胶体化合物有 Al_2O_3、Fe_2O_3、SiO_2、MnO、$CaCO_3$、黏土矿物及磷酸盐矿物等。胶体颗粒极小，介于 $1\mu m$ 到 $100\mu m$ 之间。胶体颗粒表面带电，由于颗粒较小，一般在河流中可经过长期搬运，当遇到适当物理化学环境时介质条件变化，发生胶凝作用。

（2）真溶液沉积作用：溶解物质呈单个分子或离子状态均匀分布在水中，形成真溶液，一般 Na、K、Ca、Mg 等元素多呈真溶液状态。当水分蒸发，溶液浓度增大，达到过饱和状态时，便开始沉积。从真溶液中沉积形成的矿物和岩石有石盐、石膏、石灰石等。

真溶液中物质的沉积作用受很多因素的影响，主要是受物质的溶解度、溶液的性质、pH值、Eh值、CO_2含量、温度、压力等因素控制。这些因素是互相制约、互相影响的，只有在适当的条件下，才能形成化学沉积岩。

（3）化学沉积分异作用：真溶液和胶体溶液在沉积过程中，受各种因素的影响，按一定顺序析出，从而形成一系列不同的化学沉积岩。其沉积分异顺序一般为氧化物→磷酸盐→硅酸盐→碳酸盐→硫酸盐及卤化物（图 4-16）。

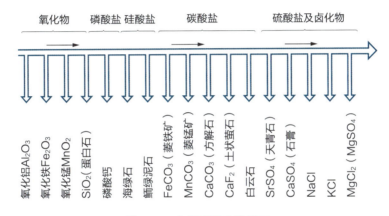

图 4-16　化学沉积分异图示

3.生物及生物化学沉积作用：某些沉积岩和沉积矿产与生物活动有密切关系。由于生物在其生命活动过程中，从周围介质中吸收一定量的物质组成其骨骼或有机体，生物死亡后，就堆积成岩石。例如某些石灰岩、磷块岩以及硅藻土、白垩等，煤和石油也是由生物形成的矿产。

（四）成岩作用

松散的沉积物，经过压固脱水、胶结及重结晶作用之后，转变成坚硬的沉积岩，这个过程称为成岩作用。

二、沉积岩的成分

沉积岩的化学成分随岩性和颗粒大小，有很大变化。平均氧化物质量分数是 SiO_2 58%，Al_2O_3 13%，CaO 6%，（$FeO+Fe_2O_3$）6%，CO_2 5%，还有少量 MgO、K_2O、Na_2O 等。这一平均值，可设想为砂岩（以 SiO_2 为主）、页岩（富 Al_2O_3）和灰岩（CaO 和 CO_2 为主）的综合。

几乎全部（89%以上）沉积岩由约 20 种矿物组成，它们通常被分为碎屑矿物和化学矿物两大类。最重要的碎屑矿物是石英和黏土类矿物，其次是长石和云母。它们是原岩的组成和风化程度的指示。例如，石英对长石的比率越高，指示母岩受化学风化越强烈，因为石英是稳定矿物，而长石是不稳定矿物。主要的化学矿物是碳酸盐（即方解石、文石、白云石和菱铁矿），其次是燧石、石膏、硬石膏等。它们反映沉淀析出时水溶液的性质（海水、半咸水或淡水）、氧化—还原电位（Eh）、酸碱度（pH）以及压力和温度。它们的成因尚有争论，一般认为是生物活动和化学活动综合作用的结果。沉积岩中自生矿物是指沉积后形成的化学沉淀矿物，最常见和最普遍的是石英、方解石和白云石。此外，黏土矿物也是碎屑矿物，在沉积过程中，易与周围介质中碱和碱土金属进行阳离子交换，从而不同于源区母岩中原始的黏土矿物。

三、沉积岩的分类

沉积岩的分类见图 4-17。

图 4-17　沉积岩的分类

第八节　变质岩

一、变质岩的形成及变质作用

由原先存在的岩石（火成岩、沉积岩或早期变质岩），在温度、压力、应力发生改变以及物质组分加入或带出的情况下，发生矿物成分、结构构造改变而形成的岩石即为变质岩。这种改造过程称为变质作用，一般发生在固态条件下。例如主要由于应力引起矿物碎裂或韧性变形（伴有局部重结晶）的过程，称为动力变质作用，代表岩石是碎裂岩和糜棱岩；侵入体边部围岩物质，受侵入体影响而温度升高发生重结晶的过程，称为接触变质作用或热变质作用，代表岩石如辉石角岩、斜长角闪石角岩等；在大区域范围内，主要由于温度、压力（两者往往相互关联）普遍升高而引起的变质过程，称为区域变质作用，代表岩石如绿片岩、斜长角闪岩、麻粒岩。除此之外，还有退化变质作用（矿物组合适应温度和压力的下降而发生新的变化）、交代变质作用（相对于原岩来说，在变质过程中有组分的带入和带出）、复变质作用（多于一次变质事件的作用）和热液变质作用（在较高温度、压力下，有水参与的变质作用）。变质岩的结构构造是固态条件下矿物重结晶的结果。花岗变晶结构是无优势形态和无择优取向的粒状静态重结晶的产物；鳞片变晶结构、柱状变晶结构和纤维变晶结构，是片状、板状、条状、杆状矿物的择优取向，它们在标本上构成片理和叶理构造；斑状变晶结构是粒度较小矿物中有相对较大的变质成因的斑晶，残余结构是指从早先岩石中留存下来的变晶结构，它往往与原岩的残留矿物有关。对这些结构的研究至关重要，有益于原岩的识别。原岩为岩浆岩，经变质作用后形成的变质岩，称为正变质岩；原岩为沉积岩，经变质作用后形成的变质岩，称为副变质岩。

变质岩在地壳上分布广泛，从前震旦纪至新生代的各个地质时期都有分布。特别是占整个地质历史五分之四的前寒武纪地层，绝大部分由变质岩所组成。变质岩构成的结晶基底广泛分布于世界各地，它们常呈区域性大面积地出露，也可呈局部出现。如我国辽宁、山东、河北、山西、内蒙古等地均有大量分布。古生代以后形成的变质岩，在我国不同省区的山系也有广泛的分布，如天山、祁连山、秦岭、大兴安岭以及康藏高原、横断山脉、东南沿海等地，均可见有不同时期的变质岩。

变质作用在形成变质岩的过程中，还可形成一系列的变质矿床，如铁、铜、滑石、磷、刚玉、石墨、石棉等。因此，研究变质岩的形成和分布规律，对于发现和开发矿产资源以加速国民经济发展，是具有重大意义的。

二、变质作用类型

根据地质环境和变质作用的主要因素，可将变质作用划分为如下四种类型。

（一）区域变质作用

这是一种变质因素复杂、规模巨大、具有区域性特点的变质作用，多与地史上强烈的地壳运动和岩浆活动有密切关系。它是综合因素引起的，变质程度较深，常完全失去原来岩石的面目，形成许多类型的变质岩及有用矿产。

（二）接触变质作用

当岩浆侵入时，由于温度和气成热液的影响，在围岩接触带附近，围岩成分、结构、构造发生改变的一种变质作用。根据作用的特性又分为以下两种。

1.热接触变质作用

以热力（温度）作用为主，是岩浆侵入围岩时所散发的热能，使接触带附近围岩中的矿物发生重结晶、重组合，以及引起岩石结构、构造改变的一种作用。

2. 接触交代变质作用

除受温度影响外，同时还有岩浆所析离出的挥发分及热液对围岩发生交代的作用，使接触带附近的侵入体和围岩在化学成分、矿物成分、结构和构造等方面都发生变化，这种作用称为接触交代变质作用。

（三）动力变质作用

在地壳运动所产生的定向压力作用下，岩石发生变形、破碎乃至产生动力变质矿物的作用，称为动力变质作用。这种作用一方面可以产生片理，另一方面将岩石压碎形成碎裂岩石。

（四）混合岩化作用

在前震旦纪变质岩系中，常出现混杂有花岗质成分的岩石，并具有区域性分布的特点。这种现象是在区域变质作用基础上，由于地壳内部热流升高，产生深部热液和局部重熔熔浆，渗进、交代、贯入变质岩中形成混合岩，这种作用叫混合岩化作用，又称超变质作用。

三、常见的变质岩

（一）区域变质岩

1. 板岩

板岩是原岩为泥质、粉砂质岩石和中酸性凝灰岩，经低温和应力作用形成的一种低级变质岩，岩性致密坚硬，呈板状构造。板岩与页岩相似，但硬度高于页岩。

2. 千枚岩

千枚岩比板岩变质程度稍高，出现绢云母、绿泥石、石英、长石等矿物，颗粒很细，具千枚状构造，丝绢光泽显著。

3. 片岩

片岩是常见的区域性变质岩，属于低中级变质产物，分布极为广泛，其原岩类型较多，有超基性岩、基性岩、各种火山岩及泥质岩石等。已全部重结晶，具鳞片变晶结构和明显的片理构造，主要由片状、柱状矿物如云母、绿泥石、阳起石、辉石、角闪石及石英、长石等组成。

4. 片麻岩

片麻岩的原岩可以是黏土岩、砂质岩和中酸性岩等。它是经较深的区域变质作用而产生的，颗粒较粗，呈等粒变晶或斑状变晶结构，具明显的片麻状构造。片麻岩主要由长石、石英、黑云母、角闪石、辉石等组成，有时含有石榴石、矽线石、蓝晶石、石墨等变质矿物。

5. 变粒岩

变粒岩多为粉砂岩、硅质页岩、泥质砂岩及凝灰岩经区域变质作用而成。矿物成分以长石、石英为主，二者含量大于70%，其中长石大于25%；暗色矿物（黑云母、角闪石、辉石）次之，含量一般在30%以下。组成岩石的矿物颗粒直径一般小于1mm，且大小均匀，呈细粒等粒状结构、块状构造。

6.石英岩

石英岩由石英砂岩经变质而成，组成岩石的成分几乎全为石英，仅有微量的长石、云母等矿物，具等粒变晶结构，块状构造，岩石致密坚硬。

7.斜长角闪岩

斜长角闪岩主要由斜长石和角闪石组成，含量各半，可含石榴石、石英等，从细粒到粗粒，片麻状、块状或条带状构造。

8.麻粒岩

麻粒岩主要由斜长石和辉石组成，以含有紫苏辉石等高温矿物为特征，可含少量石榴石、角闪石、黑云母、石英等，岩石粒粗色暗。

9.铁镁质暗色岩类

铁镁质暗色岩类主要由暗色矿物组成，如橄榄石岩、辉石岩、角闪石岩。

10.榴辉岩

榴辉岩由富镁的石榴石和含钠的绿辉石组成，尚可有蓝晶石、金红石等。其产状有三：①金伯利岩中的包体榴辉岩；②深变质相的榴辉岩；③高压变质地体中的榴辉岩。

11.大理岩

大理岩是由碳酸盐类岩石（石灰岩、白云岩等）经变质后发生重结晶而形成的，具等粒变晶结构。常见颜色为白、灰白、浅红等各种颜色。当石灰岩中含有杂质时，重结晶后产生若干新矿物（如石墨、硅灰石、蛇纹石等），形成不同颜色的大理岩，如石墨大理岩、硅灰石大理岩、蛇纹石大理岩等。

区域变质岩分布面积广，在时间上，从太古界至新生界都有强弱不同的表现，特别是太古界、元古界大多都由区域变质岩所构成。如我国山东泰山、山西五台山、中条山、吕梁山、河南嵩山、辽东半岛以及秦岭等地，均由大面积区域变质岩组成，喜马拉雅山也有区域变质岩的分布。

区域变质岩中常有丰富的矿产。它的规模一般较大，种类多，常具有重要经济意义，如铁、铜、金、铀、磷、硼、菱镁矿、云母、石墨和石棉等一些金属和非金属矿产，均可产于区域变质岩。

（二）接触变质岩

1.角岩

角岩主要为泥质岩石经热变质作用而形成，常分布于接触带中，颜色一般为暗灰色或灰黑色，具角岩结构或变斑晶结构，呈致密坚硬的块状构造。变斑晶为红柱石、堇青石等，还可有石英、黑云母及磁铁矿等。

2.矽卡岩

矽卡岩是中酸性侵入体与碳酸盐类岩石接触时，发生交代作用形成的岩石。矿物有石榴子石、辉石、绿帘石等，还有少量硅灰石及磁铁矿等。

矽卡岩常和各种金属矿产关系密切，如Fe、Cu、Pb、Zn、W、Sn、Mo等。我国湖北大冶铁矿、安徽铜官山铜矿及辽宁杨家杖子钼矿等都是矽卡岩型矿床。因此常把矽卡岩作为上述多种金属矿产的重要找矿标志。

（三）动力变质岩

1.构造角砾岩

位于构造带中的原岩受应力作用，破碎成带棱角的碎块再重结晶形成的岩石，称构造角砾岩。

2.碎裂岩

碎裂岩主要在具有刚性的花岗岩、砂岩中发育。在较强的应力作用下，岩石受挤压破碎产生不同方向的裂纹，统称为碎裂岩。

3.糜棱岩

糜棱岩形成于断裂破碎带，是原岩经过强烈挤压破碎作用，原岩结构、构造已全部破坏变质的一种岩石。原岩被研磨粉碎，颗粒大小及颜色不同，常形成明显的条带状构造。一般是断裂构造的产物，它的分布和延展情况与大断裂带常常是密切相关的。因此研究动力变质岩，可以帮助确定断裂带的存在和断裂的性质，这对研究地质构造、找矿、水利设施及工程建筑等都有重要意义。

（四）混合岩

混合岩是混合岩化作用的产物。混合岩常与区域变质岩相互伴生。混合岩化过程中，形成了多种类型的金属和非金属矿产，如铁、铜、金、铀、云母、刚玉、石墨、磷灰石等。

自然界存在地壳物质的循环。岩浆岩由于地壳运动上升至地表，在外力地质作用下形成沉积岩，前两类岩石又可因温度压力升高转变为变质岩，如此循环往复，构成了地壳发展演变的过程（图4-18）。

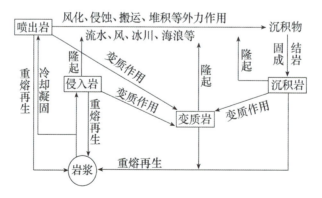

图 4-18　岩浆岩、沉积岩和变质岩之间的相互转变

练习题

1.宝石级别的矿物通常具有哪些与一般矿物不一样的物理性质？
2.侵入岩和喷出岩中的矿物有何区别？
3.变质岩与岩浆岩及沉积岩之间的主要区别是什么？

思考题

1.晶体和非晶体的根本区别是什么？
2.为什么有这么多不同类型的岩浆？为什么岩浆会从深处上升到地球表面？
3.当洪水或泥石流发生时，从上游到下游其所携带的岩石颗粒的大小、形状、分选和磨圆度等是如何发生变化的？

参考文献

[1]　邱家骧.岩浆岩岩石学[M].北京：地质出版社,1985.
[2]　徐夕生,邱检生.火成岩岩石学[M].北京：科学出版社,2010.

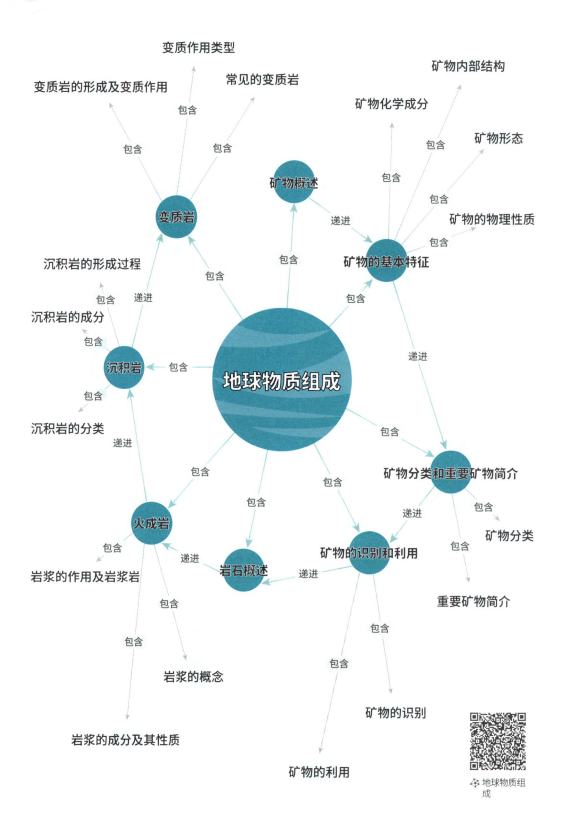

变质作用类型

变质岩的形成及变质作用

常见的变质岩

矿物内部结构

矿物化学成分

矿物形态

包含

包含

包含

矿物概述

包含

包含

变质岩

递进

包含

矿物的基本特征

包含

矿物的物理性质

沉积岩的形成过程

包含

递进

沉积岩的成分

包含

沉积岩

包含

地球物质组成

递进

包含

包含

沉积岩的分类

递进

矿物分类和重要矿物简介

包含

包含

火成岩

包含

矿物的识别和利用

矿物分类

岩浆的作用及岩浆岩

递进

岩石概述

递进

包含

包含

重要矿物简介

岩浆的概念

包含

岩浆的成分及其性质

包含

矿物的识别

矿物的利用

🔗 地球物质组
成

第五章

生命演化与地质年代

　　地球是一个有着约 46 亿年历史的充满活力的行星。在这么长历史的演化过程中，地球经历了大陆的漂移、海洋的打开和关闭、山脉的隆起和夷平、气候的震荡变化、冰川的扩张和消退，同时地球也见证了生活在这个行星上的多姿多彩的生命世界。这一章将简要展示地球科学家们如何探究地球所经历过的丰富多彩的生命世界以及如何给地球装个"钟"给地球计时。

第一节　化石与生命演化

　　地球以其适宜的尺寸、与太阳之间的距离、表面温度和水、适应的氧气含量，孕育了 170 多万种生物。除了这些现今仍生存在地球上的生物之外，在地球漫长的历史中，也曾经生活着众多的生物，这些生物虽然现在已经灭绝，但却是生命演化历程中的重要部分，与现今的生物一起，构成了地球上生命演化过程的完整画卷。地球科学家们通过这些曾经在地球上生活过、但是现在已经灭绝的生物的化石来探究生命演化的历程。

一、化石

　　化石是指保存在岩层中的地质历史时期的生物遗体和遗迹。地质历史时期的生物通常被称为**古生物**，大体是指生活在全新世（距今约 1 万年）以前的生物，以区别于现代生物。化石必须是与古生物相联系的岩石。化石的定义蕴含着两层含义：一是必须与地史时期的古生物相关，而不是与现代生物相关的岩石；二是必须与生物相关，而不能是与生物无关的自然或人为作用形成的其他岩石。这就决定了人类历史以来的现代生物的遗体和遗迹不是化石；同时具有特定形态、纹饰、结构的岩石并不一定都是化石，有些自然条件下形成的与古生物活动无关的岩石，如波痕、交错层理、泥裂、雨痕、特定形态结晶的矿物等，这些都不是化石。

　　化石可以是由古生物遗体本身形成的，或者是古生物遗体在岩层中留下的印模和铸型，或者是古生物活动留下的痕迹形成的，这三种化石分别被称为**实体化石**、**模铸化石**和**遗迹化石**（图 5-1）。实体化石一般是由古生物的硬体部分形成的，如壳、骨骼、牙齿等；古生物的软体部分通常不能形成实体化石，但在一些很特殊的条件下也可能形成实体化石，如在非常寒冷的条件下被冻住、在非常干旱的条件下干尸化、被树脂包裹等。模铸化石不是古生物本身形成的，而是古生物遗体在岩层中留下的痕迹，包括由古生物软体的印痕形成的印痕化石、古生物硬体在岩层表面的印模形成的印模化石、古生物体结构形成的空间被沉积物充填固结后形成的核化石、古生物硬体部分溶解之后被后期的矿质填充形成的铸型化石。遗迹化石并不是由古生物的遗体形成的，而是古生物活动的有关遗迹，如洞穴、巢穴、足迹、爬痕、粪便等，这些对于研究古生物的生活习性和环境具有重要意义。

（a）实体化石（三叶虫）　　（b）模铸化石（植物印痕化石）　　（c）遗迹化石（虫迹）

图 5-1　主要化石类型

二、化石的形成与保存

对于生物来说，死亡是确定的，但是能保存下来形成化石的古生物却很少。古生物的遗体或遗迹在被沉积物埋藏后，在沉积物的成岩作用下被石化，从而形成化石。石化作用主要包括矿质充填、置换和碳化作用三种形式。一个古生物能否被石化形成化石并被保存下来，取决于时间、生物本身、生物死后的环境、埋藏、成岩作用等诸多条件。

古生物的遗体要形成化石，需要经过很长的地质时间的石化过程，因此需要长期的稳定条件使石化过程可以缓慢地进行。生物体的硬体由方解石、硅质、磷酸盐等组成，在成岩过程中较为稳定，这些古生物更易于石化成为化石；碳质有机物硬体在成岩过程中可以碳化，更易于成为化石。生物死后的环境也影响着生物能否保存为化石，在稳定的环境下与氧气、水和各种扰动隔离的条件更易于生物保存为化石；相反，高能水动力条件、氧化和腐烂、被动物咬食、被细菌扰动等条件下的生物难以形成化石。快速的埋藏作用使得生物体从氧化条件或扰动环境中隔离出来，更易于生物形成化石；上覆沉积物颗粒较细，或者是致密的化学沉积形成的沉积物，更利于生物保存为化石，相反，粗粒沉积物由于其间的孔隙度较大，不利于生物体与氧气和水隔离，因而相对更难使生物体形成化石。成岩过程中的压实作用较小且未经历严重的重结晶，有利于化石的完好保存。

化石的形成和保存有着上述严苛的条件限制，因此在地质历史时期曾经生活过的古生物，其中仅有很少数量和种类的古生物最终能形成化石并保存下来。这一事实决定了古生物化石记录的不完备性，在进行古生物学研究时，需要谨记化石记录的不完备性，从而避免得出片面的结论。

三、地球历史中的生命起源与演化

岩层保存的丰富的化石记录让我们得以揭示地球历史中生命世界及其演化历程的绚丽篇章。虽然在地球历史的长河中，生物界经历了多次的大绝灭事件，但整体看来，生物界表现为从有机分子向复杂生物体的演化过程（图5-2）。

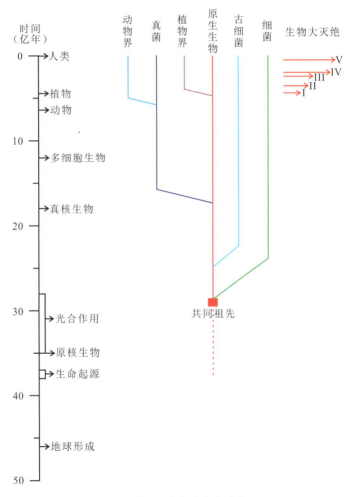

图 5-2 地球历史中生命的演化历程

（一）生命起源

生命的起源一直是包括科学界在内的所有人关注的议题。在近代科学产生之前，关于生命起源，一直流传着上帝造人或者女娲造人之类的各种神话和传说。这些神话和传说在近代科学兴起之后，逐渐被人们抛弃。在科学实证主义的影响下，科学家们开始思考从无机物向有机物并最终向早期生命转变的过程。苏联生物化学家奥巴林（Alexander Ivanovich Oparin）在他1936年出版的《地球上生命的起源》专著中将这个长期而复杂的过程划分为四个阶段，依次是从无机小分子生成有机小分子、从有机小分子生成有机大分子、从有机大分子生成有机多分子体系、从有机多分子体系演变为原始生命（Oparin，1936）。除了有机大分子体系演变为原始生命这一阶段现在还没有在实验室中重现之外，其他几个生命演化的阶段，均已经通过实验重现。

从无机分子生成有机小分子的实验以米勒实验最为著名（Miller，1953）。1953年，美国芝加哥大学的研究生米勒（S. L. Miller）在其导师尤利（H. C. Urey）的指导下，设计了该实验。通过在密闭真空的玻璃仪器中注入CH_4、NH_3和H_2等的混合气体，再通过烧瓶中的水煮沸从而加入H_2O气体，这些混合气体用来模拟早期地球上的原始大气；通过加装的正、负电极放电模拟早期地球的闪电，这些混合气体反应之后产物通过水蒸气冷凝带出收集。该实验和之后的改进实验可以产出多种组成蛋白质的氨基酸。这些实验表明，在早期地球大气和闪电的背景下，从无机分子产生有机小分子是完全可能的。

从有机小分子生成有机大分子的实验，中国科学家做出了突出的贡献。1965年，以钮经义为首的中国科学院上海生物化学研究所、中国科学院上海有机化学研究所和北京大学化学系的研究团队在世界上第一次成功开展了人工合成牛胰岛素的实验，成功获得了具有与天然牛胰岛素分子化学结构相同且具有生物活性的蛋白质有机大分子。该实验表明，从有机小分子产生有机大分子是完全可能的。

从有机大分子生成有机大分子体系（团簇体）的实验，主要由以苏联学者奥巴林为代表的科学家们完成。他们将蛋白质、多肽、核酸和多糖等有机大分子混合，在加热浓缩情况下，这些有机大分子浓缩为球状团簇体。团簇体具有类似于细胞膜的边界，团簇体内部具有完全有别于外部溶液的化学特征，可以与外部溶液实现物质和能量交换，可以表现出生长、分裂等一些生物现象。

（二）生命演化

地球上自出现原始生命至现在丰富多彩的生物圈大千世界，无论在生物门类、属种数量、生态类型和空间分布等方面都经历了巨大的变化。因此生物圈的形成和发展也经历了漫长和复杂的历史。地球历史上，生命的演化总体上经历了如下几个主要阶段。

地球历史中丰富多彩的古生物化石

1. 厌氧异养原核生物阶段

38亿年前出现的原始生物，根据当时的大气圈、水圈和岩石圈物理、化学条件，推测应属还原条件的厌氧异养原核生物类型，即还没有细胞核膜分异，不能自己制造养分，主要靠分解原始海洋中丰富的有机质和硫化物以获得能量，并营造自身（或称化能自养）。太阳系类地行星上如果存在生命，很可能也属于此类型。这种生物受到地表特殊环境空间分布的局限，不可能覆盖全球，地球生物圈没有形成。

2. 厌氧自养生物出现和生物圈初步形成

海洋中特殊部位有机物和硫化物的生产量是有限的，异养生物繁殖到一定程度就会面临"食物危机"。环境压力促进了生命物质的变异潜能，从而演化出厌氧自养原核生物新类型。尤其是能进行光合作用的蓝细菌，可以还原CO_2产生O_2，合成有机化合物；在生态方式上也转变为浮游于海洋表层，从而可以扩散到全球海洋和陆地边缘浅水带，标志着地球生物圈的初步形成。加拿大苏必利尔湖北岸距今20亿年前的燧石层中出现8属12种菌藻类微生物化石，就是该阶段的典型代表。

3.真核生物出现和动物界爆发演化

随着大气中氧含量逐渐增加，喜氧生物开始代替了厌氧生物的主体地位。由于有氧呼吸捕获能量的效率高出无氧呼吸约19倍，明显提高了新陈代谢速度，导致了细胞核与细胞质分化的真核生物新类型出现。真核生物出现了有性生殖、多细胞体型特征，并开始了动、植物的分异。我国燕山山脉的蓟县（今天津市蓟州区）串岭沟地区已经发现距今17.5亿年的真核生物，证明这次飞跃大约发生在距今18亿年前后（图5-2）。真核生物在全球的繁盛期大约在10亿年前。

地球上软躯体动物的首次爆发演化发生于6亿年前后（图5-2），最早发现于澳大利亚南部伊迪卡拉山，这类动物被称为伊（埃）迪卡拉动物群。它们的形态和水母（腔肠动物）、蠕虫（环节动物）和海绵（海绵动物）等相似，但这些裸露动物不存在摄食和消化器官，是一种营自养生活的特殊生物门类，根本不同于显生宙出现的动物类型。该动物群呈爆发式突然出现，延续不久又发生整体规模大量绝灭。

有壳动物的出现和突发演化，出现在5.4亿年前。1984年中国云南昆明附近的澄江地区发现了举世罕见的澄江动物群，被比喻为寒武纪生物大爆发事件。澄江动物群是由真正的节肢动物（三叶虫）、腔肠动物（水母）、环节动物（蠕虫）和其他门类组成，外形虽与伊迪卡拉动物群有些相似，但体腔内部器官结构明显不同，代表动物界演化进程中采取躯体立体增长和内部器官复杂化的另一途径。

4.陆生生物发育和全球生物圈建立

自从地球上出现生命以来，古代海洋一直是生物界生存、发展的摇篮和生活家园。但从距今4亿年前起began发生了重要转折，原始陆生植物（图5-2）和淡水鱼类在滨海平原和河湖、河口环境大量繁盛，开创了生物占领陆地的新时代。生物圈的空间范围也首次由海洋伸向陆地。至3.7亿年前，半干旱气候下河湖、水塘的周期性干涸，促进了某些鱼类逐渐演变为两栖类。距今3亿年前后，出现茂密高大的森林，而且能适应热带、亚热带至冷温带不同的气候条件，在地质历史上第一次出现成煤作用高峰期。与此同时，动物界中出现了通过羊膜卵方式在陆上繁殖后代的爬行类。在2.5亿年前后，全球范围古地理、古气候环境发生了显著变化。海洋中的动物界发生了最大的集群绝灭事件，陆地动、植物界也发生了重要变化，原先适应近水环境潮湿气候的两栖类和石松类、节蕨类等明显衰减，被更为进化的爬行类和裸子植物所取代。

5.爬行类和裸子植物天地

距今2.5亿年至65百万年阶段被称为裸子植物时代和爬行动物（尤以恐龙类最为著名）时代。我国四川盆地发现距今约1.6亿年的马门溪龙（一种素食的蜥脚类恐龙），身长达到22m，体重估计有30～40t。我国辽宁北票四合屯等地近年发现了侏罗、白垩纪之交世界上最丰富的原始鸟类动物群（孔子鸟等）。

中生代陆生爬行动物的另一个演变方向是重返海洋生活，出现了体型适合游泳的鱼龙、蛇颈龙等类型。

6.哺乳动物阶段和人类出现

距今 65 百万年左右，出现了地球内外圈层多种重大灾害事件，地球上生物界面貌又一次经历巨大变化。恐龙等爬行动物和浅海浮游生物（浮游有孔虫和超微化石藻）绝灭。从 65 百万年以来开始了以哺乳动物和被子植物为主宰的阶段。该阶段生物界演化中最重要的事件是距今 250 万年前后人类的出现（图 5-2）。

（三）生物大灭绝

生命演化的历程并不是一帆风顺的，除了前述的不断发展的历程之外，也经历了多次的曲折。这些曲折主要表现为地球历史上生物的灭绝事件，尤以其中的五次灭绝事件规模最为巨大（图 5-2），这种大规模的集群灭绝被称为生物大灭绝。

第一次大灭绝事件发生在距今约 4.44 亿年前（图 5-2），当时的海生无脊椎动物大规模集群灭绝。据古生物学统计，约 85% 的物种在这次大灭绝事件中灭亡。从灭绝种属的数量上看，这次大灭绝事件在五次大灭绝事件中排名第三。第二次大灭绝事件发生在距今约 3.65 亿年前（图 5-2），海洋生物在这次大灭绝事件中遭受了灭顶之灾，从灭绝种属的数量上看，这次大灭绝事件在五次大灭绝事件中排名第四。这两次大灭绝事件被认为与冰期和大规模海平面下降有关，对海生生物，尤其是低纬度的海生生物影响巨大，而深海生物所受影响相对较小，但另一方面却在客观上促使陆生生物逐渐占据了生物界的优势地位。第三次大灭绝事件发生在距今约 2.5 亿年前（图 5-2），这次大灭绝事件持续时间极短，但却是显生宙以来最大的集群灭绝事件，导致了约 96% 的海生生物种和约 70% 的陆生生物种的灭绝，其中包括人们熟知的三叶虫纲、四射珊瑚亚纲等的灭亡。从灭绝种属的数量来看，这次大灭绝事件在五次大灭绝事件中排名第一。这次大灭绝事件被认为可能与地球上的潘吉亚（Pangea）联合古陆的形成、大规模火山爆发等有关。潘吉亚联合古陆的形成，使得海岸线急剧减小，很多在大陆架浅海地区生活的海生生物失去了生存空间；海岸线的减小也促使了先前的大陆架暴露遭受风化剥蚀，有机质被氧化，消耗大量氧气并释出大量二氧化碳，海平面上升也影响到了陆生生物；氧气的大量消耗，也使得海洋发生缺氧事件，从而影响到了海生生物。第四次大灭绝事件发生在距今约 2.08 亿年前（图 5-2），持续时间极短，其影响遍及海生和陆生生物，导致超过约 20% 的科的生物集群灭绝，规模在五次大灭绝事件中排名第五。这次大灭绝事件可能与陨石撞击、火山爆发及其产生的气候变化有关。第五次大灭绝事件发生在距今约 0.655 亿年前（图 5-2），影响遍及陆生和海生生物，造成超过约 50% 的属、75% 的种的灭绝，其中包括人们熟知的恐龙、菊石的全部灭亡，其规模在五次生物大灭绝中排名第二。这次大灭绝事件被认为与陨石撞击及其造成的大规模火山喷发等效应有关。

四、进化论

地球历史上的生物界，虽然经历了曲折的灭绝事件，甚至是大灭绝事件，但整体上表现出从少到多、从简单到复杂、从低等到高等的进化过程。每次灭绝事件后，总会有一些更能适应新环境的生物能够保留下来或者新生出来，并产生生物界的飞跃性的大发展。这种生物的进化过程一般用进化论来解释。

进化是指生物从其起源以来经历的变化过程，具体来说即生物具有共同的祖先但是又不同于曾经生活过的祖先。进化论的思想虽然在古希腊和中世界也被提出过，但其集大成者是英国生物学家达尔文（Charles Robert Darwin），他在1859年发表的《物种起源》（*On the Origin of Species*）一书中对进化论进行了系统的阐述。达尔文和华莱士（Alfred Russel Wallace）认为**自然选择**是生物进化的机制，自然选择即"适者生存（survival of the fittest）"，包括如下要点：① 生物总体上拥有可遗传的变化，比如尺寸、速度、敏捷度、视觉敏锐度、消化酶、颜色等；② 一些变化相较于其他的变化更具有适应性，也就是说这些变化的形态使生物在获取资源和／或逃避天敌时更具有竞争优势；③ 这些具有适应性变化的生物更有可能存活下来并向后代传递这些适应性的变化。

此后，在现代生物学的推动下，形成了现代综合进化论。现代综合进化论强调了遗传和变异同时发生的重要性，认为进化是群体的而不是个体的现象，重申了自然选择在生物演化中的重要作用，同时也融合了突变论、种的形成、微进化和宏进化等理念。

第二节　地质年代

我们在研究历史时，时间非常重要，我们要么给历史一个按照历史事件发生的先后次序的时序标尺，要么给历史一个朝代时间，要么给历史一个具体的年代标尺。同样地，在研究地球的历史时，时间也同样重要，我们需要给地球历史上发生的地质时间一个地质年代。这种地质年代可以是地质事件发生的先后次序，可以是地质年代的"朝代"，可以是具体的年代标尺。地质年代就是指地球上各种地质事件发生的时代，它包含两方面含义，其一是指各地质事件发生的先后顺序，称为相对地质时间，其二是指各地质事件发生的距今年龄，称为绝对地质时间，也可以是地质年代纪年标尺，如显生宙、中生代、侏罗纪等的纪年方式。只有这两方面的结合，才构成对地质事件及地球、地壳演变时代的完整认识，地质年代表是在此基础上建立起来的。

一、相对地质时间

岩石是地质历史演变的产物，也是地质历史的记录者，无论是生物演变历史，还是构造运动历史、古地理变迁历史等都会在岩石中打下自己的烙印。研究岩石地层的相互关系可以帮助我们确定地质事件发生的先后次序，即相对地质时间。这些判定相对地质时间的方法和定律在地质学诞生早期就已经建立，但在今天仍然是被地质学家广泛应用而且非常有效的方法。

（一）地层层序律

地层是在一定地质时期内所形成的层状堆积物或岩石，包括沉积岩、火山岩以及由它们变质而成的变质岩。地层形成时的原始产状一般是水平的或近于水平的，并且总是老的地层先形成，位于下部，新的地层后形成，覆于上部。简言之，原始产出的地层具有下老上新的层序规律，这就是地层层序律或称叠置原理（图5-3）。它是确定地层相对年代的基本依据。原始水平地层被褶皱变形或被断层错断，那么褶皱和断层形成的时间应该晚于被褶皱或错断的最新地层的沉积时间，这就是原始水平律原理（图5-3）。

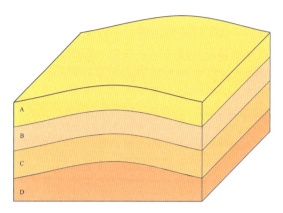

图 5-3　地层层序律与原始水平律，图中地层沉积年龄和褶皱时间
从老到新的顺序为 D > C > B > A > 褶皱

（二）生物层序律

生物的演变是从简单到复杂、从低级到高级不断进化和发展的。一般来说，地层年代越老，其中所含生物就越原始、越简单；地层年代越新，其中所含生物就越进化、越复杂。另一方面，不同时期的地层中含有不同类型的化石及其组合，而相同时期且在相同地理环境下所形成的地层，不论相距多远都含有相同的化石及其组合，这就是生物层序律（图5-4）。

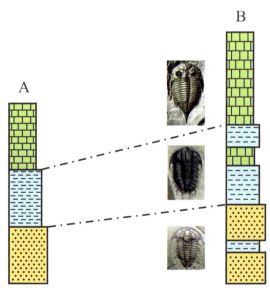

图 5-4　生物层序律，依据 A、B 两地地层中的古生物化石可以知道地层的
新老关系，并进行两地的地层同时性对比

（三）切割律或穿插关系

对于呈块状产出的岩浆岩或变质岩，它们不含化石，也不整层产出，因此它们相互之间或它们与成层围岩相对年代就不能用上述两种方法来确定。但这些岩石常常与层状岩石之间以及它们相互之间存在着相互穿插和切割的关系，它们之间的新老关系可以依据它们之间的切割或穿插关系来确定，即较新的地质体总是切割或穿插较老的地质体，亦即切割者新，被切割者老。如果沉积岩层中包含了侵入岩体的碎屑，那沉积岩的沉积晚于侵入岩体的侵入；相反，如果侵入岩体中包含了沉积岩的碎屑，那侵入岩体的侵入晚于沉积岩层的沉积（图5-5）。

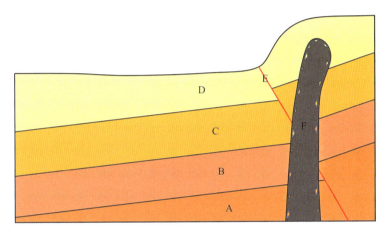

图 5-5　切割律或穿插关系，图中断层 E 的活动时间晚于地层 D 并早于侵入体 F

二、绝对地质时间

相对地质年代只表示了地质事件或地层的先后顺序，即使从古生物化石也只能大致了解它们的时代，要定量知道地质事件究竟发生在距今多少年，延续的时间有多长，地球形成的确切年龄是多少，则必须依赖于绝对年龄的测定。

1896 年，贝克勒尔（A. H. Becquerel）观察到含铀矿物（如沥青铀矿）能使封闭的照相底片感光（Becquerel，1896），这是一种只有 X 射线才能产生的作用，随后证明了铀能自然衰变，它以粒子和电磁辐射的形式放出能量（即放射性）。后来测定放射性衰变情况便成为确定地球及岩石形成时代的重要手段。

虽然每个元素的原子总是有相同数目的质子，但很多元素的原子中常含有不同数目的中子，它们被称为元素的同位素。例如铀有两个自然存在的同位素 U^{235} 和 U^{238}。235 和 238 代表铀的两个同位素的质量数，即原子里的质子和中子的总数。铀的同位素都有 92 个质子，但 U^{235} 有 143 个中子，而 U^{238} 有 146 个中子。

有些同位素是不稳定的，随时间将衰变成一种或多种同位素，每个同位素放射衰变过程的速率是恒定的，不受外界因素（如压力、温度）的影响，具有固定的衰变常数（λ）。一个同位素衰变为最初总量的一半所需要的时间称为该同位素的半衰期。

累积的衰变产物（也称子体同位素）与原始同位素（也称母体同位素）剩余量的比

值，在实验室里可以测得，因此可用来计算含有放射性矿物的岩石的年龄，称为同位素年龄或绝对年龄（t）。计算公式如下：

$$t=\frac{1}{\lambda}\ln(1+D/N)$$

式中：λ为衰变常数，D为子体同位素的原子数，N为t时剩余的母体元素原子数。

运用上述"原子钟"测定地质时代的前提是假设衰变速率不变，并假设放射性矿物的衰变产物没有发生丢失或加入。对短寿命的放射性同位素的实验室研究，证实了前述第一个假设的正确性。

放射性同位素的种类很多，大多数蜕变速率很快，即半衰期很短，无法用来测定地质年代。能够用来测定地质年代的同位素必须具备以下条件：（1）具有较长的半衰期，那些在几天或几年内就蜕变殆尽的同位素是不能使用的；（2）该同位素在岩石中有足够的含量，可以分离出来并加以测定；（3）其子体同位素易于富集并保存下来。

通常用来测定地质年代的放射性同位素见表 5-1。

表 5-1　常用稳定放射性同位素年代学方法

同位素		半衰期（年）	适用测年范围（年）	适用岩石／矿物
母体	子体			
U^{238}	Pb^{206}	4.5×10^9	$10^6 \sim 10^9$	中酸性岩／锆石
U^{235}	Pb^{207}	7.04×10^6	$10^5 \sim 10^9$	中酸性岩／锆石
Th^{232}	Pb^{208}	14×10^9	$10^6 \sim 10^9$	中酸性岩／锆石
Rb^{87}	Sr^{87}	48.8×10^9	$10^6 \sim 10^9$	岩浆岩和变质岩／全岩或钾长石、云母等矿物
K^{40}	Ar^{40}	1.3×10^9	$10^5 \sim 10^9$	岩浆岩和变质岩（部分沉积岩）／全岩或云母、钾长石、角闪石、海绿石等矿物
C^{14}	C^{12}	5.73×10^3	6×10^4	沉积物／炭屑、有机物

在上述放射性同位素中，K-Ar、Rb-Sr和U-Pb等，主要用以测定较古老岩石的地质年龄，而C^{14}的半衰期短，它专用于测定5万年以来的地质事件和大部分考古材料的年代。

根据放射性元素衰变速度恒定的原理来测定岩石形成的绝对年龄的方法，在运用中仍存在若干问题。如母体同位素含量与子体同位素含量有时不易精确测定，因为子体同位素可能因后来的地质作用而部分丢失，母体同位素也可能因各种地质作用而被混杂。且在一般矿物中上述放射性同位素的含量均很低。而测定的精度要求很高，测量时可能有人为的误差，等等。

据报道，目前所测得地球上最老的锆石矿物——澳大利亚Jack Hills的锆石U-Pb年龄为43.7亿年，最古老的化石——蓝绿藻的遗骸为35亿年。人们通过对地球上所发现的各种陨石物年龄测定，惊奇地发现各种陨石都具有相同的陨石年龄，大致在46亿年左右。从太阳系内天体形成的统一性考虑，可以认为地球年龄应与陨石相同。另外岩石是地球形成以后经地质作用形成的，地球年龄自然要比世界上最古老的岩石、矿物年龄要大，因此一般认为有46亿年。

三、地质年代表

在地质学诞生的早期，地质学家和古生物学家通过对全球各个地区新老不同的地层进行对比研究，特别是对其中所含的古生物化石和地层中不整合的对比研究，逐渐认识到地球和地壳在整个发展进程中，生物界的演化及无机界的演化均表现出明显的自然阶段性。于是，他们以地球演化的这种自然阶段性为依据，将地球的历史按照不同级别划分出若干阶段。此后，在同位素年代学兴起之后，配合同位素地质年龄的测定，地质学家得以按年代先后把地质历史系统性地进行编年，并配上绝对年龄，列出"地质年代表"（图5-6）。地质年代表的内容包括各个地质年代单位、名称、代号和绝对年龄值等，它反映了地壳中无机界（矿物、岩石）与有机界（动物、植物）演化的顺序、过程和阶段。

宙/宇	代/界	纪/系	生物界	时间（百万年）
显生宙	新生代	第四纪	古人类出现	现今
		新近纪	哺乳动物，被子植物大量繁盛	2.58
		古近纪		23
	中生代	白垩纪	被子植物	66
		侏罗纪	爬行动物	~145
		三叠纪	裸子植物大量繁盛	201.3
	晚古生代	二叠纪	裸子植物	251.9
		石炭纪	两栖动物	298.9
		泥盆纪	孢子植物大量繁盛	358.9
	早古生代	志留纪	鱼类，裸蕨植物	419.2
		奥陶纪	无脊椎动物，藻类	443.8
		寒武纪		485.4
前寒武纪	元古代	新元古代	软体多细胞无脊椎动物	541
		中元古代		1000
		古元古代		1600
	太古代	新太古代		2500
		中太古代		2800
		古太古代		3200
		原太古代		3600
	冥古代			4000
				~4600

图 5-6　地质年代表，时间据国际地层委员会 2021 年发布的国际时间地层表

（International Commission Stratigraphy，2021）

地质年代表中具有不同级别的地质年代单位。最大一级的地质年代单位为"宙"，次一级单位为"代"，第三级单位为"纪"，第四级单位为"世"，对应的地层单位分别称为"宇""界""系""统"。值得注意的是，据 2021 年发布的国际地层年代表（International Commission Stratigraphy，2021），原有的隐生宙被改为前寒武纪（中文翻译中尚未出现前寒武"宙"之说，此处沿用传统上的"前寒武纪"名称）。前寒武纪从老到新做下一级划分为冥古代、太古代、元古代，其中冥古代不做进一步划分；太古代进一步划分为原太古代、古太古代、中太古代、新太古代（中文翻译尚未出现原太古"世"、古太古"世"、中太古"世"、新太古"世"之说，此处沿用传统上的"原太古代"等名称）；元古代进一步三分，分别为古元古代、中元古代、新元古代（此处也沿用传统的名称）。显生宙划分为早古生代、晚古生代、中生代、新生代，其中早古生代进一步划分为寒武纪、奥陶纪、志留纪；晚古生代进一步划分为泥盆纪、石炭纪、二叠纪；中生代进一步划分为三叠纪、侏罗纪、白垩纪；新生代进一步划分为古近纪、新近纪、第四纪（原有第三纪的划分被废除）。各划分的年龄界限如图 5-6 所示。有趣的是，这些纪的名称，特别是早古生代至中生代中纪的名称，均来自有地域特色的地名、特色层系名称或古部落名称，反映了经典地质年代划分的层系所在地，也便于后来的研究者熟知原有划分所依据的层系所在地；这是地质学中通用的做法。

各个代、纪的延续时间不一，总趋势是年代越老者延续时间越长，年代越新者延续时间越短。造成这一情况的一个重要原因是年代越新者保留下来的地质记录越全、划分得越细致。此外，地质年代单位的划分也考虑到生物进化的阶段性，各年代单位时间跨度变短的现象说明生物的进化速度逐步加快，这也可能反映了地质环境演化速度的逐步加快。

地质年代表的建立，使地质历史演化过程的时间概念更准确，也更具全球可对比性，对开展全球的地质对比研究、总结地质历史规律、指导找矿、防治地质灾害起了重要作用。

练习题

1.地球历史上，生命的演化经历了哪些主要阶段？
2.判断相对地质时间的方法主要有哪些？
3.试着按从老到新的顺序说出显生宙有哪些纪。
4.可以用来给岩石确定绝对地质年代的方法有哪些？

思考题

1.地球上的生命是如何起源的?

2.地球上的生命为什么会发生大规模的群体灭绝事件和生命大规模爆发?

3.地球科学家如何为地球演化确定时间标尺?

参考文献

[1]　Becquerel A H. Sur les radiations emises par phosphorescence[J]. Comptes rendus de l'Academie des Sciences, Paris, 1896, 122: 420-421.

[2]　Darwin C. The Origin of Species[M]. New York: Literary Classics, INC, 1859.

[3]　International Commission on Stratigraphy, 2021. International chronostratigraphic chart[EB/OL]. [2022-10-10]. www.stratigraphy.org.

[4]　Miller S L. A production of amino acids under possible primitive Earth conditions[J]. Science, 1953, 117(3046): 528-529.

[5]　Oparin A I. Vozniknovenie Zhizni na Zemle[M]. Moscow and Leningrad: Akad. Nauk SSSR, 1936.

地球历史中的生命起源与演化

化石的形成与保存

化石

进化论

化石与生命演化

生命演化与地质年代

地质年代

相对地质年代

地质年代表

绝对地质时间

生命演化与地质年代

第六章

地球运作的方式：板块构造

第一节　大陆漂移学说

一、大陆漂移学说的提出

　　大陆是否存在大规模的漂移，早已是具有直观能力的人们所思索的问题。1620 年，英国人弗兰西斯·培根提出了西半球曾经与欧洲和非洲连接的可能性；1668 年，法国的普拉赛认为在大洪水以前，美洲与地球的其他部分不是分开的；1862 年，法国的巴肯（Bacon）就在地图上对大西洋两岸相似的部分作了标记。到 19 世纪末，奥地利地质学家修斯（Eduard Suess）注意到南半球各大陆上的岩层非常一致，因而把南半球大陆拼在一起，并推测存在一个单一大陆，称之为冈瓦纳大陆（Gondwana land）。最为系统地提出大陆漂移观点的是德国青年气象学家和地球物理学家魏格纳（A. Wegener）。魏格纳最初于 1912 年发表大陆漂移观点，1915 年进一步在《海陆的起源》一书中系统地论述了大陆漂移观点。他认为：地球在 2 亿年前曾经存在一个全球统一的联合古陆（Pangea, 亦称泛大陆），围绕联合古陆的广阔的海洋为泛大洋（图 6-1）。这一大陆自 2 亿年前开始破裂、分离、漂移，逐渐形成现代的海陆分布的基本格局。

图 6-1　两亿年前所有陆地拼合到一起的联合大陆可能的图形

（Hobart M. King，Geology.com）

魏格纳的大陆漂移说起初是从大西洋两岸非洲和南美洲的海岸线弯曲形状的相似性中得到启发，然后根据地层、古生物、地质构造、古气候等方面的证据而提出。大约是在1910年的圣诞节期间，魏格纳突然被大西洋两边海岸极度的相似和吻合所震惊，从而启发他思考大陆横向运动的可能性。魏格纳发现美洲和非洲、欧洲在地层、岩石、构造和古生物化石的分布方面均有密切联系。例如北美洲纽芬兰一带的褶皱山系与北欧斯堪的纳维亚半岛的褶皱山系遥相呼应，同属早古生代的加里东褶皱带；美国阿巴契亚山的海西褶皱带，其东北端没入大西洋，延至英国西部和中欧一带又出现；非洲西部的古老岩石分布区可以与巴西的古老岩石分布区相衔接，而且两者之间的岩石结构、构造也彼此吻合（图6-2）。魏格纳对此比喻说，如果两片撕碎了的报纸按其参差的毛边可以拼接起来，而且其上的文字也可以相互连接，那就不能不承认这两片破报纸是由一大张撕开而来的。

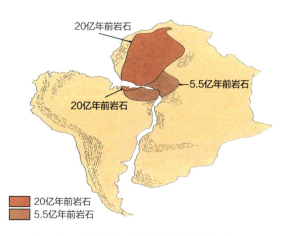

图 6-2　南美洲和非洲相连的独特岩石组合
（Tarbuck et al., 1984）

古生物学家早就发现，在目前远隔重洋的一些大陆之间，古生物面貌有着密切的亲缘关系。例如，中龙是一种营淡水生活的小型水生爬行类动物（图6-3），它既见于巴西石炭—二叠纪的淡水湖相地层中，也出现在南非的石炭—二叠纪同类地层中。但迄今为止，世界上其他地区都未曾找到过这种动物化石。又如舌羊齿植物化石，广布于澳大利亚、印度、南美、非洲等南方诸大陆的晚古生代地层中。为解释这些现象，古生物学家提出各种假说，如岛屿传递说、木筏运送说、陆桥说和大陆漂移说等（图6-4），其中"陆桥说"最为大家所接受。"陆桥说"设想在这些大陆之间的大洋中，一度有陆地把遥远的大陆联系起来，后来这些陆桥沉没消失了，大陆才被大洋完全分隔开来。然而，魏格纳却认为，各大陆之间古生物面貌的相似性，并不是因为它们之间有什么陆桥相联系，而是由于这些大陆本来就是直接连在一起的，到后来才分裂漂移开来。

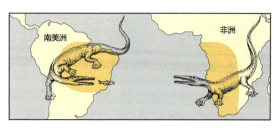

（a）　　　　　　　　　　　　　　　　　（b）

图 6-3　中龙化石轮廓（Tarbuck et al., 1984）

图 6-4　不同大陆中出现相同古生物种类的假说（Moores et al., 1995）

在魏格纳提出的漂移学说中，古气候的证据占有重要的地位，其中尤以古冰川的分布最具说服力。距今约 3 亿年前后的晚古生代，在南美洲、非洲、澳大利亚、印度和南极洲都曾发生过广泛的冰川作用，有的还可以从冰川的擦痕判断出古冰川的流动方向。从冰川遗迹分布的规模与特征判断，当时的冰川为发育在极地附近的大陆冰川，而且冰川的运动方向是从岸外指向内陆，反映古冰川不是源于本地。要解释这种古冰川的分布及流向特征，过去一直是地质学上的一道难题。但是，正是这些特征，却为大陆漂移学说提供了强有力的证据。在大陆漂移学说看来，上述出现古冰川的大陆在当时曾是连接在一起的，并且处在南极附近，冰川中心位于非洲南部，古大陆冰川由中心向四方放射状流动，这就很合理地解释了古冰川的分布与流动特征。

二、大陆漂移学说面临问题与再次兴起

大陆漂移学说虽然在 1922 年曾轰动一时，但魏格纳当时认为"硅铝质的大陆漂移在硅镁质的洋壳之上"，这一大陆漂移机制与地球物理资料不符，并且古生物学的证据也不足，因而遭到了英国著名地球物理学家杰弗里斯（H. Jeffreys）等的强烈反对与抨击。杰弗里斯认为"大陆漂移似乎需要巨大的、几乎无法想象的动力，它远远超过魏格纳本人提出的潮汐力和极地漂移力"。因此，到 20 世纪 30 年代，大陆漂移学说几乎销声匿迹。直到 20 世纪 50 年代，大规模的深海调查和古地磁学的发展，使"大陆漂移"论在新的事实基础上再度活跃进来。

地球周围存在着地磁场，地质历史时期的地球周围也同样存在着地磁场，称为古地磁场。岩石在其形成的过程中因受当时古地磁场的磁化可以获得磁性，磁化的方向与古地磁场方向一致。例如岩浆岩在其冷凝的过程中，当它冷却经过居里温度点时，岩浆中的一些

铁磁性矿物就会顺当时的地磁场方向排列而发生磁化，当岩浆冷凝成岩后这种磁性就保存下来；沉积岩在沉积和固结成岩的过程中，由于一些铁磁性矿物颗粒受当时地磁场影响发生顺磁力线方向的定向排列，也会获得较弱的磁性（图6-5）。这种岩石在形成过程中所获得的磁性称为天然剩余磁性。这种磁性一经形成便具较强的稳定性，可一直保存到今天。借助于岩石的剩余磁性，我们可以追溯岩石自形成以后所发生的漂移运动情况。

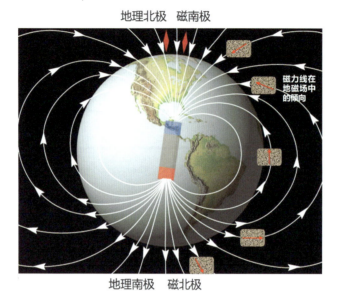

图 6-5　岩石在地磁场中磁化

（底图引自于 https://image 2.Slicleserve. com/4133838/earth-s-magnetic-field-1.jpg）

　　在20世纪50年代，英国著名学者布莱克特和朗科恩等测定了大批的岩石剩余磁性资料，并根据剩余磁性的古地磁要素，求出某一时代岩石标本所在地的古纬度以及相应的古地磁极的位置。他们发现，在一些地区或大陆，所测得的古纬度往往与目前所处的纬度有很大的差别，说明这些地区或大陆曾发生过大规模的水平位移，这就为大陆漂移提供了重要证据。如果假设大陆固定于目前的位置上不动，把大陆上不同时代的岩石剩余磁性得出的磁极位置都标在地图上，发现地质时代越古老，古地磁极的位置偏离现代磁极的位置就越远，把各时代的古地磁极连起来即可得出该大陆的古地磁极的迁移轨迹。但实际上地磁极是基本上位于地理极附近不动的，极移曲线本身反映了大陆漂移的路线。在任何地质历史时期，某一个极性（N或S）的古地磁极只可能有一个，但古地磁研究表明，不同的大陆岩石测出了不同的极移轨迹，这说明了这些大陆之间必定发生过相对位移。图6-6所示是分别根据欧洲大陆和北美大陆岩石测出的两条极移曲线，这两条曲线在现代相交于一点，随着时代变老两者偏离越远，为了把北美的极移曲线与欧洲的重合，就必须将北美大陆向东退回30个经度左右，这时大西洋消失，北美大陆与欧洲拼贴在一起，这就恰好恢复了魏格纳大陆漂移学说所提出的联合古陆的情况。

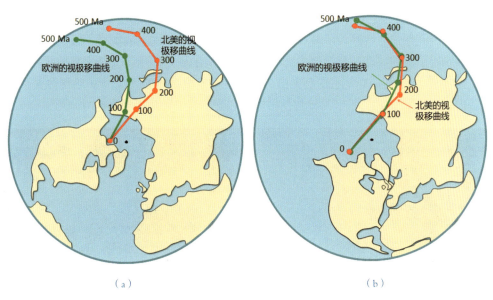

图 6-6 北美大陆和欧洲大陆极移曲线图（Steven & Karla, 2019）

随着计算机技术的发展，人们对大西洋两岸轮廓进行了计算机拼接。英国学者布拉德等借助电子计算机发现大西洋两岸沿 915m 的等深线实现了十分完美的拼接，为验证大陆漂移学说提供了最形象的证据。此外，南极洲及其他大陆发现的古生物、地层、构造新资料等也都进一步证实了大陆漂移的存在性。尽管到了 20 世纪 50 年代末期至 60 年代初，大陆漂移学说衰而复兴，然而，对大陆漂移的机制问题依然悬而未决。这期间，海底地质与地球物理的研究飞速发展，终于为大陆漂移机制的解决带来了曙光。

第二节 海底扩张学说

一、海底扩张学说的提出

第二次世界大战结束以后，西方各国出于军事、资源与能源等方面的考虑，开展了广泛的海底地形与地质调查。科学家们利用回声测深等高精度的水深测量方法研究海底地形并绘制出精确的海底地形图；用重力、地震、地磁及地热等地球物理勘探方法研究海底的地质构造特征等。新成果与新资料，为海底扩张学说的建立创造了条件。

（一）全球大洋中脊及中央裂谷系的发现

自从 19 世纪 70 年代英国"挑战者"号调查船环球考察以来，人们就发现北大西洋中部有一条海底山系；但直到 1925—1927 年，通过德国"流星号"的回声测深工作，才确定了整个大西洋纵列着一条长达 17000km 的大洋中脊。1956 年，美国学者尤因（M. Ewing）和希曾（B.C. Heezen）进一步指出，世界各大洋都有大洋中脊存在。这条洋底山系在太平洋、印度洋、大西洋、北冰洋内连续延伸，成为环球山系，总长度约 64000km（图6-7）。它是世界上最长的山系，无疑也是地球上最重要的构造单元之一。在洋中脊轴部常发育有平行洋脊的巨大的中央裂谷，谷深可达 1000 ~ 2000m，谷壁陡峭，实际上是一系列向谷内陡倾的张性断裂。裂谷宽数十至百余公里，窄的谷底宽度不过几公里。这种张性断裂作用造成的谷地，显示洋中脊附近存在巨大的张力作用。大洋中脊轴部具有很强的构造活动性，常发生浅源地震及火山活动，并且有高的地热流异常（平均热流值可达 2 ~ 3HFU），反映洋中脊轴部是地热的排泄口和深部岩浆物质上涌的地方。

图 6-7　全球大洋中脊的分布（Tarbuck et al., 1984）

（二）海沟与两类大陆边缘的发现

海底地形的探测另一重要方向是海沟。深海海沟主要见于太平洋及印度洋东北部边缘，沿大陆边缘的岛弧或海岸山脉线状延伸（图 6-8）。海沟的横剖面多呈 V 字形，沟底深度一般大于 6000m，深者可达 10000m 以上（如马里亚纳海沟深达 11033m），若计海沟沟底与岛弧或海岸山脉的相对高差，则可达 13000m 以上。所以海沟附近是地球上高差最为悬殊的巨型地形单元。海沟附近是最强烈的构造活动带，例如，沿太平洋边缘的海沟及其附近，形成著名的环太平洋火山带与地震带。

大陆边缘是指大陆与大洋盆地的转换地带，包括大陆架、大陆坡、大陆隆以及海沟等海底地貌—构造单元，平行于大陆—大洋边界延伸千余至万余千米，宽几十至几百千米。大陆边缘现分布于各大洋周围，但在地质历史时期中它分布在古大陆与已经消失的古大洋之间的边界地带。大陆边缘可分为被动大陆边缘和主动大陆边缘（图 6-8）。被动大陆边缘又称大西洋型大陆边缘或稳定大陆边缘，是构造上长期处于相对稳定状态的大陆边缘，其地壳是洋壳到陆壳的过渡。被动大陆边缘由宽阔的大陆架、较缓的大陆坡以及平坦的大陆隆（陆基）组成。它没有海沟俯冲带，也没有强烈地震、火山和造山运动；它以生成巨厚的浅海相沉积、岩浆活动微弱和地层基本上未遭变形而与主动大陆边缘形成鲜明对照。陆基是大陆坡与深海平原之间的过渡区，坡度十分平缓，由巨厚的浊流、等深流和滑塌沉积物组成，可形成许多海底复合扇。主动大陆边缘又称太平洋型大陆边缘或活动大陆边缘，是具有沟—弧—盆体系的大陆边缘，从大洋到陆地具有如下结构：大洋—海沟—增生楔—弧前盆地—岛弧—弧内盆地—弧后盆地或弧后前陆盆地。主动大陆边缘是地球上火山和地震最活跃的地区，也是地球上地形高差最大、热流值变化最急剧、重力负异常最显著的地带，具有独特的沉积、构造、岩浆和变质作用过程。

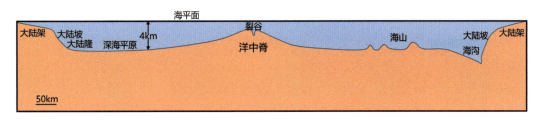

图 6-8　被动大陆边缘与主动大陆边缘

（三）海山链和与洋中脊垂直断裂带的发现

海底地形调查还发现了大量海山链和破碎带。大洋中有无数高于海平面的火山岛屿，例如夏威夷群岛位于太平洋的中部；除了那些高出海平面的岛屿外，回声探测仪还探测到了许多海山（孤立的海底山脉），它们曾经是火山，但现在已不再喷发。海洋岛屿和海山通常呈链状出现，但与深海沟接壤的火山弧不同的是在海山链末端只有一个岛屿在发生火山喷发。此外，调查显示海底被垂直断裂带分割成小块，这些断裂带与洋中脊大致成直角，有效地将洋中脊分割成小块。

（四）洋壳组成的新认识

在大洋地区开展深地震探测始于 20 世纪 50 年代。大西洋地区的第一个深地震测深剖面就发现大洋地壳厚度只有大陆地壳的三分之一。大洋地壳厚度薄的特征后来被各个大洋的资料所证实。整个洋底地壳可分为三层结构，第一层为沉积层，其厚度总体较薄，平均不过 0.5km 左右，而且在远离洋中脊轴的地方逐渐变厚；第二层为火山岩层，上部为低钾的大洋拉斑玄武岩，下部为辉绿岩；第三层为大洋层，主要为辉长岩和蛇纹石化橄榄岩。而且通过深海采样发现洋壳基本上不包含大陆上常见的花岗岩和变质岩，洋壳只含有玄武岩和辉长岩等基性和超基性岩类，因此洋壳在组成上与大陆地壳有根本的不同。至 20 世纪 60 年代开展深海钻探以前，通过在大洋裂谷及断裂带的基岩崖壁处采样，在洋底尚未发现比侏罗纪更老的岩石。如果大陆和海洋的位置是固定不变的，洋底的年龄就应当与大陆一样老，在洋底也应当存在大量古老的沉积岩或褶皱山系，但事实却完全相反。这都说明洋底地壳形成较新。但从古生物演化史以及大陆褶皱山系中的大量古老海洋沉积岩来看，地表的海水或海洋无疑在很久以前就已经出现。由此推测，洋壳发生着新旧更替，古老的洋壳已经消失，现在的洋壳是后来形成的。

（五）大洋中脊高热流值的发现

热流即热量从地球内部上升到海洋底部的速度，在海洋的每个地方都不一样。相反，在洋中脊下面上升的热量似乎比其他地方更多。这一观测结果使地质学家们推测，岩浆可能会上升到洋中脊轴下方的地壳中，因为这些炽热的熔融岩石可能会将热量带入地壳。

（六）全球地震分布规律的发现

第二次世界大战结束后，当显示海洋地区地震分布的地图出现时，地质学家就意识到这些地区的地震不是随机发生的，有些地震带沿着海沟，有些沿着洋中脊轴部，还有一些沿着垂直洋中脊的断裂带。由于地震确定了岩石破裂和移动的位置，地质学家认识到这些地震特征正是地壳运动发生的地方。

20世纪50年代末，在研究了上述观察结果之后，赫斯（Hess）意识到，洋底沉积物的整体厚度薄意味着洋底可能比大陆年轻得多，而远离洋中脊的沉积物厚度的逐渐增加意味着洋脊本身的年龄可能要比海底深部洋壳的年龄年轻。如果是这样的话，那么在洋中脊上一定形成了新的海底，因此海洋可能会随着时间的推移而变宽。地震与洋中脊的联系也暗示了海底在洋中脊处正在张裂和分裂；而沿着洋中脊轴的高热流的发现为这个谜题提供了最后的答案，高热流暗示了洋中脊下方存在熔融岩石。

1962年，美国地质学家赫斯（Hess）和迪茨（Dietz）首先提出了海底扩张学说。海底扩张学说认为，大洋中脊顶部乃是地幔物质上升的涌出口，上升的地幔物质就冷凝形成新的洋壳，并推动先形成的海底逐渐向两侧对称地扩张。随着热地幔物质源源不断地上升并形成新的洋底，先形成的老洋底不停地向大洋两侧缘扩张推移，洋底移动扩展的速度大约是每年几个厘米。

海底扩张可以有两种情况。一种是太平洋型，从大洋中脊新产生的大洋岩石圈，把老的大洋岩石圈向两侧推挤到大陆边缘的海沟处，并沿海沟分别俯冲到两侧陆壳板块之下，消失于上地幔软流圈中（图6-9）。另一种是大西洋型，洋中脊新生的大洋岩石圈向两侧推挤时，只是推动美洲大陆和非洲大陆向东西两侧移动，其间并没有发生俯冲消减作用（图6-9）。

海底扩张学说的提出被证明是走向板块构造论之路的重要一步。

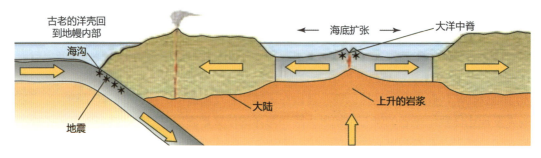

图6-9　赫斯（Hess）和迪茨（Dietz）关于海底扩张的基本模型（Marshak，2008）

二、海底扩张学说的新证据

假设要上升到理论的地位必须要有证据。在海底扩张学说提出后的短短几年时间里，新的研究成果不断涌现，这些成果进一步验证了海底扩张学说。海底扩张学说的证据来自两个主要方面，第一个是海底磁异常条带，第二个是海底年龄分布的确认。

（一）海底磁异常条带

20世纪50年代早期，人们对于洋底磁场的认识还十分模糊，当时有的学者根据有限的资料认为洋底磁场是平滑的。核子旋进磁力仪的出现，使得海上磁测工作迅速开展，至20世纪50年代后半期，英国学者梅森（R. Mason）首先发现东北太平洋洋底存在着条带状（或线形）的磁异常（图6-10）。这种独特的条带状磁异常与陆上不大规则的磁异常有着显著的区别。

海底条带状磁异常的强度一般是数百伽马，在中脊轴部强度较大，向两翼强度减小。它们大体上平行于大洋中脊的轴线延伸，正异常和负异常相间排列，常对称地分布于大洋中脊轴部的两侧。单个磁异常条带的宽度约数公里到数十公里，纵向上绵延数百公里以上，在遇到洋底断裂带时被整体错

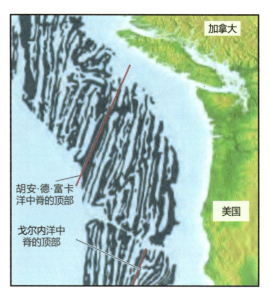

图6-10　东北太平洋洋底磁异常
（Marshak，2008）

开。虽然磁异常条带被切断错开了，但断裂带两侧地磁异常剖面的起伏情况仍可以追溯对比。

对于洋底的条带状磁异常，人们曾提出种种解释。有人认为这是洋底岩石磁性强弱不同所引起，强磁性的岩石引起了正异常，相邻弱磁性的岩石则引起了负异常；还有人提出正异常与充填于一系列平行延伸的海底谷地中的磁化熔岩流有关；或主张太平洋东北部的线性磁异常是高磁性岩石沿裂隙充填的结果。但事实上，正负相间的磁异常条带出现在相同岩性的洋底上，它们的展布与海底地形也无对应关系。上述假说都无法解释洋底磁异常条带全球性分布的格局。

1963年，英国青年学者瓦因和马修斯（Vine & Matthews，1963；Vine，1966）提出，海底磁异常条带不是由海底岩石磁性强弱不同所致，而是在地球磁场不断倒转的背景下海底不断新生和扩张的结果（图6-11）。高温的地幔物质不断沿大洋中脊轴部上涌冷凝形成新的海底，当它冷却经过居里温度时，新生的海底玄武岩层便会沿当时地球磁场的方向被磁化（图6-11）。随着海底扩张，先形成的海底向两侧推移，在中脊顶部继续不断地形成新的海底；如果这个时候地磁场发生转向，则这时形成的海底玄武岩层便在相反的方向上被磁化（图6-11）。这样，只要地磁场在反复地转向，海底又不断地沿中脊轴新生和扩

张，那就必然会形成一条条正向磁化和反向磁化相间排列的海底条带，这些磁化方向正反交替的海底岩石地块应平行于中脊顶峰延伸，并由中脊轴部向两侧推移。每次地磁场转向都在同时形成的海底上打下了标记，扩张着的海底实际上像录音磁带那样记录了地磁场转向的历史。正向磁化的海底部分加强了那里的地磁场强度，形成了正异常；反向磁化的海底部分则抵消了一部分地磁场强度，形成了负异常。所以正负交替的磁异常条带实际上是由磁化方向正反交替的玄武岩质海底部分所引起的。

（二）深海钻探成果

深海钻探工作开始于 1968 年，在几年的时间里，著名的深海钻探船"格罗玛挑战者"号在世界各大洋进行了广泛的钻探和取样，取得了丰硕的成果。深海钻探证实，深海沉积物由洋脊向两侧从无到有，从薄到厚，沉积层序由少到多，最底部沉积物的年龄愈来愈老，并且与海底磁异常条带所预测的年龄十分吻合，深海钻探所采得的最老沉积物的年龄不老于

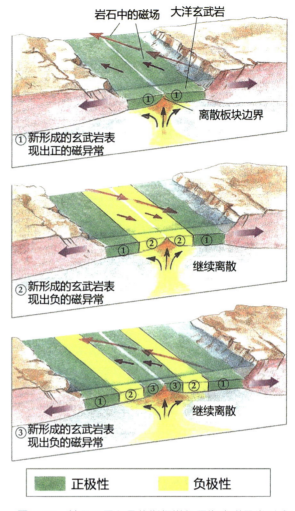

图 6-11 基于瓦因和马修斯假说解释海底磁异常形成的模型（Tarbuck et al., 1984）

1.7 亿年（中侏罗世），因此深海钻探成果令人信服地证实了海底扩张理论。随着深海钻探在全球各大洋的展开，人们取得了更为精确的洋底年龄分布。

第三节　板块构造学说

1915 年，魏格纳提出了大陆漂移理论，为板块构造理论播下了种子；到 1962 年赫斯（Hess）和迪茨（Dietz）提出了海底扩张学说，导致了种子的萌发。特别是 20 世纪 60 年代中期海底磁异常条带等一系列振奋人心的发现，使得海底扩张学说取得了稳固的地位。到了 1968 年前后，地球科学家麦肯齐（Mckenzie, 1969; Mckenzie & Mogan, 1969）、摩根（Mogan, 1968）、勒皮雄（Lepichon, 1968）和威尔逊（Wilson, 1965）等将海底扩张学说发展成为板块构造理论。他们阐明了板块的概念，描述了板块边界的类

型，计算了板块运动，将板块构造与地震和火山联系起来，展示了板块运动如何产生火山带和海底山链，并定义了过去板块运动的历史。

板块构造学说归纳了大陆漂移学说和海底扩张学说所取得的重要成果，并及时地吸取了当时对地球上部圈层——岩石圈和软流圈所获得的新认识，从全球的统一角度，阐明了地球运动和演化的许多重大问题。因此，板块构造学说的提出，被誉为地球科学的一场革命。板块构造学说的基本思想是：（1）固体地球上层在垂向上可划分为物理性质显著不同的两个圈层，即上部的刚性岩石圈和下垫的塑性软流圈；（2）刚性岩石圈在侧向上可划分为若干大小不一的板块，它们漂浮在塑性较强的软流圈上作大规模的运动；（3）板块的边界可以分为三种类型；（4）板块内部是相对稳定的，板块的边缘则由于相邻板块的相互作用而成为构造活动性强烈的地带；（5）板块之间的相互作用从根本上控制着各种地质作用的过程，同时也决定了全球岩石圈运动和演化的基本格局。

一、岩石圈板块的概念

在第三章中的分析中，地球科学家将地球内部划分为几层。如果根据化学成分来区分圈层，通常称之为地壳、地幔和地核。但是，如果根据它们力学性质来区分圈层，就有岩石圈和软流圈这两个名称。岩石圈由地壳和上地幔的最上层部分组成。它的力学行为是刚性的，具有一定的弹性。软流圈则是塑性的、由温度更高的地幔组成，在外力作用下可以发生非常缓慢的流动。大陆岩石圈与大洋岩石圈厚度不同。大陆岩石圈平均厚度为150km，年龄老的大洋岩石圈平均厚度为100km左右，位于洋中脊的新大洋岩石圈只有7～10km厚。岩石圈形成了地球相对坚硬的外壳，岩石圈发育有许多大的"断裂"，这些"断裂"将岩石圈分割成不同的碎片，这些岩石圈碎片称为岩石圈板块，或简称为板块，这些"断裂"被称为板块边界。

二、板块的边界类型及板块的划分

板块边界的存在是划分板块的依据。板块的边界常常以具有强烈的构造活动性（包括岩浆活动、地震、变质作用及构造变形等）为标志。从板块之间的相对运动方式来看，可将板块边界分为三种基本类型。

（一）离散型板块边界

离散型板块边界相当于大洋中脊轴部，其两侧板块相背运动（图6-12）。离散型板块边界受拉张而分离，软流圈物质上涌，冷凝成新的洋底岩石圈，并添加到两侧板块的后缘上。故离散型边界也称为建设性板块边界。该边界上往往具有高热流值和浅源地震。这类边界主要分布于大西洋中脊、印度洋中脊和东南太平洋中脊（图6-13）。

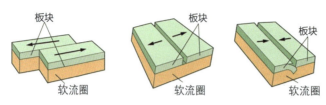

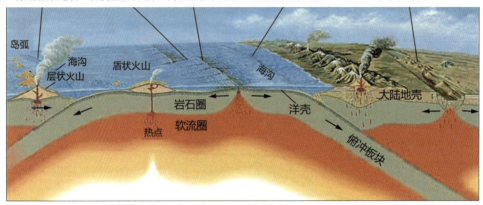

图 6-12　板块边界的三种类型（Thinglink.com）

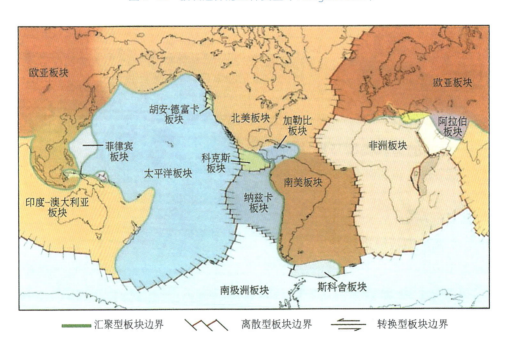

汇聚型板块边界　　　　离散型板块边界　　　　转换型板块边界

图 6-13　全球主要板块的分布（侯泉林，2018）

（二）汇聚型板块边界

汇聚型板块边界相当于海沟及板块碰撞带，其两侧板块相向运动，在板块边界造成对冲、挤压或碰撞。汇聚型边界又可进一步划分为俯冲边界和碰撞边界（图 6-14）。

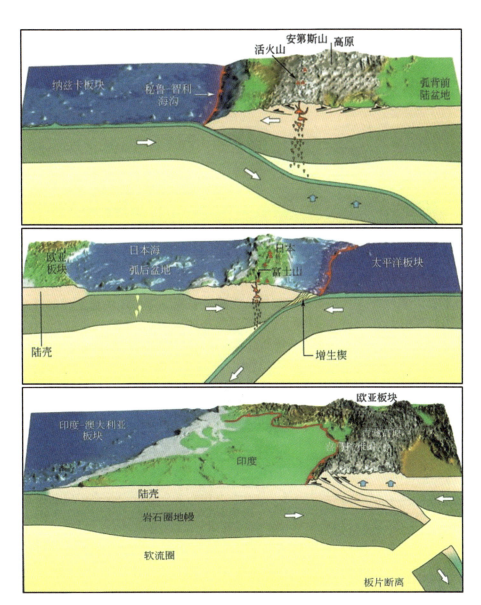

图 6-14 俯冲边界（洋—洋俯冲型和洋—陆俯冲型）和碰撞边界（Frisch et al., 2011）

1.俯冲边界

俯冲边界相当于海沟或贝尼奥夫带。海沟主要见于太平洋及印度洋东北部边缘，沿大陆边缘的岛弧或海岸山脉线状延伸（图 6-12）。海沟附近是最强烈的构造活动带，例如，沿太平洋边缘的海沟及其附近，形成著名的环太平洋火山带与地震带。在环太平洋地震带中，地震震源深度变化具有明显的规律性，在海沟附近都是浅源地震，离海沟较远出现中源地震，在更远的大陆内部则出现深源地震，最深达 720km；而且震源排列成为一个由海沟向大陆方向倾斜的带，其倾角一般 45°左右（图 6-15）。海沟附近的这种震源排列形式是 20 世纪 50 年代美国学者贝尼奥夫发现的，故称为贝尼奥夫地震带。贝尼奥夫地震带是在大陆边缘连续分布着由浅源地震（震源深度 0～70km）、中源地震（震源深度

70～300km)、深源地震(震源深度300～700km)所构成的地震带(图6-15)。这一地震带的存在表明沿着大陆边缘的海沟,存在着倾向大陆的、正在活动的巨大断裂带。1954年,贝尼奥夫把太平洋中的倾斜地震带解释为大洋块冲入上覆大陆块的一个斜面,在后来提出的板块构造学说中,这种解释被发展成系统的板块俯冲概念。

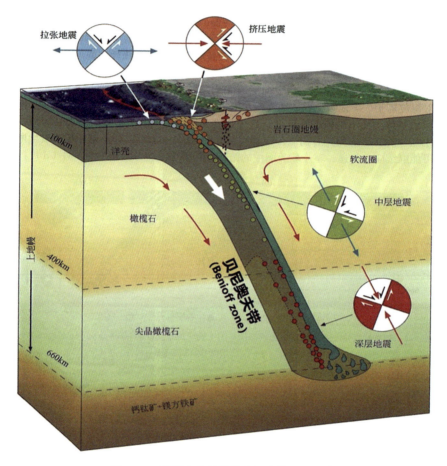

图6-15 贝尼奥夫地震带(侯泉林,2018)

俯冲边界又包括两类:①洋—洋俯冲型(西太平洋型),主要见于西、北太平洋边缘,指大洋板块沿海沟俯冲于与大陆以海盆相隔的岛弧之下;②洋—陆俯冲型(安第斯型),主要见于太平洋东南的南美大陆边缘,指大洋板块沿陆缘海沟俯冲于山弧之下(图6-14)。

2.碰撞边界

碰撞边界又称地缝合线。当大洋板块向大陆板块不断俯冲时,大洋板块可逐渐消亡完毕,最后位于大洋后面的大陆板块与仰冲大陆板块之间发生碰撞并焊接成为一体,从而形成高耸的山脉并伴随有强烈的构造变形、岩浆活动以及区域变质作用(图6-14)。现代板块碰撞边界的典型例子是阿尔卑斯—喜马拉雅山构造带,其中喜马拉雅山部分的碰撞边界沿印度河—雅鲁藏布江分布,称印度河—雅鲁藏布江缝合线,它是印度板块与欧亚板块的碰撞边界。

（三）转换型板块边界

转换型板块边界两侧板块相互剪切滑动，通常既没有板块的生长，也没有板块的消亡，是相当于转换断层。它一般分布在大洋中，但也可以在大陆上出现，如美国西部的圣安德烈斯断层，就是一条有名的从大陆上通过的转换断层。

洋脊被一系列横向断层切割，断层长度可达数千公里，断层两侧洋脊被明显错断，错距可达数百至千余公里。断裂带多已成为很深的沟槽，从海底地貌图上看得十分清楚（图6-7）。这种巨大规模的横向断层早在20世纪50年代即已发现，曾被认为是一般的平移断层，并用以证明地壳中存在着巨大规模的水平运动。但事实上它的意义不仅在此。加拿大学者威尔逊（Wilson，1965）指出，这种横断中脊的断裂带不是一般的平移断层，而是自中脊轴部向两侧的海底扩张所引起的一种特殊断层，威尔逊称之为转换断层。转换断层具有不同于一般平移断层的特征（图6-16）。首先，如果是平移断层，则随着时间的推移，断层两侧的洋脊将越离越远；但如果是转换断层，虽然中脊轴两侧海底不断扩张，断层两侧洋中脊之间的距离并不一定加大。其次，如果是平移断层，错动是沿整条断裂线发生的；而转换断层，相互错动仅发生在两侧中脊轴之间的段落上，在该段落以外的断裂带上，断层两侧海底的扩张移动方向和速度相同，其间没有相互错动。最后，转换断层中相互错动段的错动方向，恰好与平移断层中把洋脊错开的方向相反，这一点是转换断层和平移断层的最重要区别。

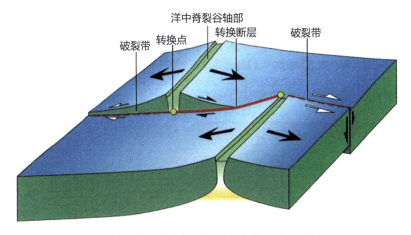

图6-16　脊—背转换断层模式（侯泉林，2018）

上述几类板块边界在全球的分布及相互连接勾画出了全球岩石圈板块的轮廓（图6-13）。1968年法国地球物理学家勒皮雄（Le Pichon）将全球岩石圈划分为6大板块：欧亚板块、非洲板块、印度板块（或称大洋洲板块、印度—澳大利亚板块）、太平洋板块、美洲板块和南极洲板块。此后，在上述6大板块的基础上，人们将原来的美洲板块进一步划分为南美板块、北美板块及两者之间的加勒比板块；在原来的太平洋板块西侧划分出菲律宾板块；在非洲板块东北部划分出阿拉伯板块；在东太平洋中隆以东与秘鲁—智利海沟及中美洲之间（原属南极洲板块）划分出纳兹卡板块和科克斯板块；此外还划分出胡安—德富卡板块及斯科舍板块。这样，原来的6大板块最后增至14个板块。

三、热点与板块运动

位于太平洋中北部的夏威夷海岭是一个无震海山链，除夏威夷岛因火山活动发生地震外，这个岛链基本上不发生地震而有别于发生海底扩张、多震的大洋中脊。1963年，加拿大地质学家威尔逊（Wilson）最早提出热点这个概念来解释无震海山链上的火山中心，认为热点即是来自地幔深部上升的热物质喷射到地表的表现。威尔逊提出，引起热点火山的热源位于板块下方软流圈之下的地幔中，当板块在其上方移动时，这个热源在地幔中的位置保持相对固定，板块运动缓慢地将火山带离热源；最终，火山死亡，一个新的火山在热源上方形成。这个过程持续进行，沿着与板块运动平行的方向产生了一连串线性分布的死火山。这一连串线性分布的火山轨迹后来被称为热点轨迹。如果热源持续很长时间，热点轨迹可以长达数百公里甚至数千公里，且火山的年龄逐渐由老变新。如夏威夷岛是现在正在喷发的活火山，其西北方向的一系列火山岛屿年龄逐渐变老（图6-17）。热点概念的提出从另一个方面论证了板块是运动的。

威尔逊的热点假说提出几年后，美国地质学家摩根（Morgan）提出，热点下面的热源是地幔柱，地幔柱物质向上运动，直达岩石圈的底部。摩根认为地幔柱起源于地幔深处的核—地幔边界上方。在这个模型中这种深地幔柱的形成是因为地核上升的热量使地幔底部的岩石变暖。被加热的岩石发生膨胀、密度降低，最终变得有足够的浮力，可以像热气球一样穿越上覆地幔上升。当地幔柱中的岩石到达岩石圈底部时，它会发生部分融熔并产生岩浆，并侵入岩石圈直至在地球表面喷发。在地幔柱理论背景下，当上覆岩石圈板块在一个固定的地幔柱上运动时，热点轨迹就形成（图6-17）。

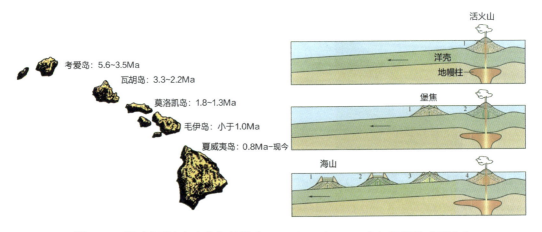

图6-17　夏威夷群岛各岛屿年龄图（Tarbuck et al.，1984）与地幔柱成因模式
（侯泉林，2018）

尽管热点火山活动的地幔柱模型似乎是合理的，计算机模型可以很容易地模拟其形成过程，但并不是所有的地质学家都接受这个模型，因为地幔柱是很难看到的，即使利用最先进的地球物理手段对地幔进行成像。因此，一些地质学家提出了另一种模型，即一些（或全部）热点火山下方的地幔柱起源于上地幔的浅层，或者地幔柱根本不存在。如果地

幔柱不存在，什么过程会导致热点的形成？它们可能形成于特殊软流圈区域之上岩石圈裂缝，软流圈的熔融可以产生特别大量的岩浆沿裂缝上升。尽管有不同的解释，热点的地幔柱成因解释是占主导的。

四、板块运动的驱动机制

板块是运动的，但板块运动的驱动机制或驱动力，目前还是一个尚未解决的问题。板块构造理论提出时，认为板块运动的驱动机制是地幔对流，目前地幔对流可能有两种模型：地幔对流模型和超级地幔柱模型。但是，地球科学家又提出了两种新的力——洋中脊推力和俯冲板片拉力。

（一）地幔对流模型和超级地幔柱模型

许多人主张板块运动的驱动机制可能是地幔对流，认为地幔中由于温度差或密度差的存在可引起物质的缓慢移动，热的、轻的地幔物质上升，冷的、重的物质下沉，这样连接起来就构成了一个个的对流环。在上升流处形成大洋的扩张脊；在下降流处则形成海沟和俯冲带；在两者之间，则由软流圈顶部发生水平向流动的物质拖曳刚性岩石圈表层随之一起运动；每一个大型的板块，相应地有一个对流循环系统。这一模型可以通过实验来模拟。科学家把染色的水放入装满高密度、高黏度的葡萄糖浆容器，然后在底部缓慢地加热，这时在糖浆中开始出现上升的水柱，水柱细长，水柱的顶部则出现球形的冠顶。与此相应，在容器周边部分形成方向相反的下降流，形成一种自然对流循环。后来有些学者又用不同黏度的油、甘油、糖浆做了类似的模拟试验，得出与前者相同的结果。事实上我们在日常生活中烧开一锅水或粥时，都可以看到这种现象。学者们分析认为热扰动可以使下地幔底层物质黏度降低，流动性增强，在热梯度的驱动下，所有受热扰动作用的高温低黏度物质向热边界层最低处汇集，然后随着温度升高而形成地幔上升热流。关于对流环的规模，目前主要有两种观点，一种认为对流环能穿透整个地幔厚度；另一种则认为下地幔黏性太大，恐不足以引起对流，对流主要是限于上地幔软流圈中（图6-18）。

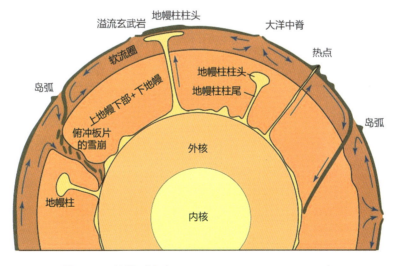

图6-18 地幔对流（Hamblin & Christiansen，2003）

初看起来，地幔对流对板块驱动机制的解释是十分精彩的，但事实上仍然存在不少问题。首先，在密度、黏度都很大的地幔中究竟能不能发生如此大规模的物质对流？即便能发生对流，其对流的速度是否能达到或超过板块运动的速度？这些问题目前尚未获得确切的事实依据，也没有成功的数学或物理模拟实验来验证。因此，有些学者不赞成将地幔对流当作板块运动的主要驱动机制。

超级地幔柱模型是由Fukao和Maruyama在1994年提出的一种地球内部物质运动方式和全球动力学假说。起源于核幔边界的、直径达数千千米的超级地幔柱是大陆裂解和海底扩张的基本动力。他们认为当前全球共有两个巨型热地幔柱，分别位于南太平洋和非洲下面；除上升的热地幔柱外，在亚洲大陆之下还存在一个由俯冲物质在上、下地幔边界堆积形成的巨型冷地幔柱，它是大陆聚合的驱动力。冷地幔柱到达核幔边界，引起热扰动和热物质上涌。巨型热地幔柱和冷地幔柱相辅相伴出现，构成了现代地球物质热对流的主要方式。

（二）洋中脊推力和俯冲板片拉力

对于对流模型，地球科学家逐渐认为软流圈内的对流确实发生，但并不直接驱动板块运动。换句话说，由于温度差异，热软流圈确实在一些地方上升，在另一些地方下沉，但这种流动的特定方向并不一定与板块运动的方向一致。因此，地球科学家提出了新的假设，认为有两种力：洋中脊推力和俯冲板片拉力（图6-19），强烈地影响着板块的运动。沿着洋中脊轴的海底表面比邻近的深海平原的海底表面要高，海床表面整体向远离洋中脊轴部的方向倾斜。因此，重力作用下促使洋中脊轴部岩石圈推动离洋中脊轴部较远的岩石圈发生运动。而大洋板块岩石圈开始俯冲下沉到地幔中时，它就会对后面的岩石圈板片产生拉力，拉动后面的岩石圈板片发生运动，这种拉力就是俯冲板片拉力。

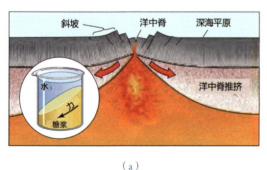 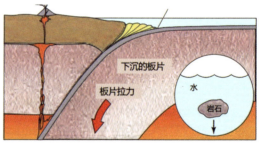

（a）　　　　　　　　　　　　　　（b）

图6-19　洋中脊推力和俯冲板片拉力（Marshak，2008）

练习题

1. 为什么地质和地球物理学家最初对魏格纳的大陆漂移学说持怀疑态度？
2. 在教材中提到，对横跨大洋中脊的海洋磁异常，在英国青年学者瓦因和马修斯在 1963 年提出他们的假说之前有不同的学者提出了他们对磁异常的解释，请你分析一下其他人的解释为什么不合理。
3. 请结合你掌握的知识，分析一下我们可以用哪些方法来测量板块的运动速度。

思考题

1. 试想一下，随着板块的演化，太平洋最终是什么样的结局？美洲大陆与欧亚大陆最后会是什么样？
2. 从魏格纳的大陆漂移学说到赫斯和迪茨提出的海底扩张说，你在地球科学的科学研究方法（方式）上能得到什么启示？
3. 世界屋脊青藏高原的形成与什么有关？其形成又是如何影响环境和气候的？

参考文献

[1] Benioff H. Orogenesis and deep crustal structure, additional evidence from seismology[J]. Geological Society of America Bulletin, 65: 385-400.

[2] Frisch W, Meschede M, Blakey R. Plate Tectonics: Continental Drift and Mountain Building[M]. London and New York: Springer-Verlag Berlin Heidelberg Press, 2011: 1-217.

[3] Hamblin W K, Christiansen E H. Earth's Dynamic Systems (10th Edition)[M]. New York: Pearson Education, 2003.

[4] Hess H H. History of ocean basins[J]. Petrologic Studies: A Volume to Honor A. F. Buddington, 1962: 599-820.

[5] Lepichon X. Sea floor spreading and continental drift[J]. Journal of Geophysical Research, 1968, 73(12): 3661-3696.

[6] Marshak P. Earth: Portrait of a Planet[M]. New York: W. W. Norton & Company, 2008.

[7] Mckenzie D P. Speculations on the consequences and causes of plate motions[J]. Geophysical Journal of the Royal Astronomical Society, 1969, 28: 1-32.

[8] Mckenzie D P, Morgan W J. Evolution of triple Junction[J]. Nature, 1969, 224: 125-133.

[9] Moores E M, Twiss R J. Tectonics[M]. New York: W. H. Freeman and Company, 1995.

[10] Morgan W J. Rises, Trenches, Great Faults, and Crustal Block[J]. Journal of Geophysical Research, 1968, 73(6): 1959-1981.

[11] Steven E, Karla P. Physical Geology[M]. Victoria: BCcampus, 2019.

[12] Tarbuck E J, Lutgens F K. The Earth[M]. Columbus: Bell & Howell Company, 1984.

[13] Vine F J, Matthews D H. Magnetic Anomalies over Oceanic Ridges[J]. Nature, 1963, 199: 947-949.

[14] Vine F J. Spreading of the ocean floor: New evidence[J]. Science, 1966, 154(3755): 1405-1415.

[15] Wilson J T. A possible origin of the Hawaiian Islands[J]. Canadian Journal of Physics, 1963, 41: 863-870.

[16] Wilson J T. A new class of faults and their bearing on continental drift[J]. Nature, 1965, 207(4995): 343-347.

[17] 侯泉林. 高等构造地质学（第一卷: 思想方法与构架）[M]. 北京: 科学出版社, 2018.

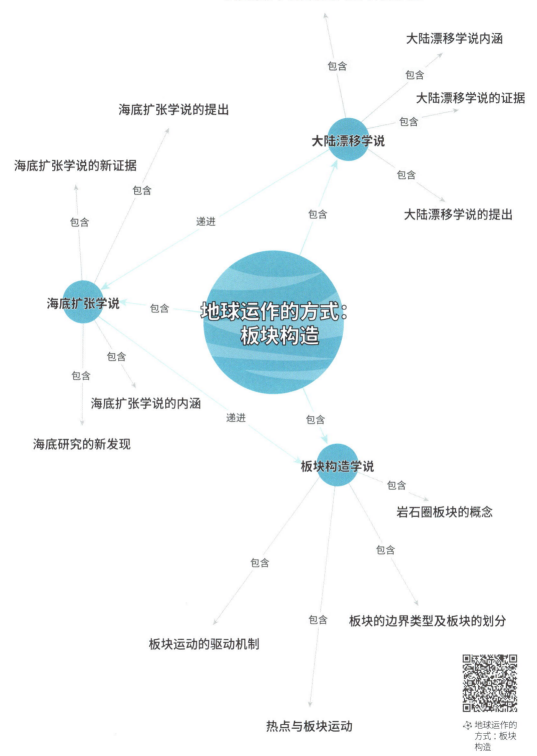

大陆漂移学说面临的问题与再次兴起

大陆漂移学说内涵

海底扩张学说的提出

大陆漂移学说的证据

海底扩张学说的新证据

包含

大陆漂移学说

包含

包含

递进

包含

包含

大陆漂移学说的提出

地球运作的方式：板块构造

海底扩张学说

包含

包含

海底扩张学说的内涵

海底研究的新发现

递进

包含

板块构造学说

包含

岩石圈板块的概念

包含

包含

板块运动的驱动机制

包含

板块的边界类型及板块的划分

热点与板块运动

地球运作的
方式：板块
构造

CHAPTER 7
造山作用与地壳变形

　　板块构造学说提出板块的边界由于相邻板块的相互作用而成为构造活动性强烈的地带，地震、火山和各种构造活动发生在板块边界上。人们经常将海拔8848.86m的珠穆朗玛峰称为"世界之巅"，因为它位于南亚的喜马拉雅山脉，比地球上任何一座山峰都要高。它的形成与印度板块和欧亚板块正在发生的碰撞造山作用有关，是形成在正在活动的汇聚型板块边界上。地质学家对山脉有一种特殊的迷恋，因为它们提供了地球上最明显的动态活动迹象之一。山脉的形成过程不仅使地壳表面发生大规模的隆升，而且在挤压、拉伸或剪切的作用下使岩石发生强烈的变形。变形产生地质构造，包括节理（裂缝）、断层、褶皱和片理。

第一节　造山作用

　　地球上的山体不是孤立地出现的，而通常是作为线性山脉的一部分。 对解释山脉的起源和分布的科学尝试可以追溯到地质学的诞生，但要解释山脉的起源和分布，只有板块构造理论出现后才成为可能。山脉的形成是由于汇聚型板块边界的俯冲、裂谷作用、大陆碰撞，以及局部的转换断层运动所造成。

　　造山作用的概念起源于早期地质学家对地球表面山脉成因的思考。Boue（1874）提出山脉的形成是构造原因引起的。吉尔伯特（Gilbert，1890）把大地构造运动分为造山运动和造陆运动，指出造山作用（或造山运动）就是形成山脉的过程。显然，早期地质学家就已经把造山作用理解为以山脉为结果的一种构造作用。斯蒂勒（Stille，1919）提出，造山作用是指改变岩石组构的幕式过程；这个过程产生一些肉眼能看到的构造变动，如断层、褶皱、逆冲构造等。最明显的证据就是"角度不整合"。1940年，斯蒂勒又把造山运动定义为岩石组构在有限的空间和时间范围内发生的强烈变形事件（Sengor，1990）。

　　1990年，Sengor在"25年后的板块构造与造山作用研究"一文中，在分析了吉尔伯特和斯蒂勒等的造山作用定义之后，提出了一个关于造山作用的新定义：造山作用是汇聚型板块边缘大地构造作用的总和（Sengor，1990）。而造山带是汇聚型板块边缘大地构造作用下挤压应力场中形成的带状地质体，具有汇聚型板块边缘的岩石构造组合，其中包含两层含义：一是大洋岩石圈俯冲阶段形成的各类带状地质体，如环太平洋周边的一些山脉，包括安第斯（Andes）山脉、落基（Rocky）山脉；二是大洋岩石圈俯冲殆尽，两侧大陆发生碰撞形成的带状地质体，如喜马拉雅山脉、阿尔卑斯山脉和阿巴拉契亚山脉等。其中，有些造山带可能并不表现出高耸的山脉（如乌拉尔山），因此造山带并不与大的高程和陡坡的地貌特征有必然联系。前者称为俯冲造山作用（subduction orogeny），后者称为碰撞造山作用（collision orogeny）。造山作用和造山带的这种隶属板块构造理论体系的定义，较前板块构造时期的定义更为明确与合理。

从以上分析可以看出，山脉和造山带是不同的概念，具有不同的科学内涵。山脉是地貌学、地理学名词，强调的是现时状态和形貌特征，关键是具有一定的高程和陡坡；造山带是地质学名词，强调的是板块汇聚作用的动态过程，关键是具有汇聚型板块边缘的岩石构造组合，包括俯冲造山带和碰撞造山带，可以是高山，也可以是被夷平后的平原。因此，山脉与造山带是既有交集又彼此不可包容的两个不同的概念。

板块构造理论问世以来，造山带和造山作用一直是地球科学研究的重要对象和中心问题。造山作用不仅记录了地质历史的主要部分，而且产生了许多记录造山作用的物质；造山带中不仅包含有大陆地壳的很多信息，往往还包含了很多下部地幔的信息；造山带还保存了已消失的大洋中的各类残余物质，因此造山带是地质研究中信息量最大的地区。

第二节　应力、应变与变形

造山运动引起岩石的变形（拉伸、挤压、剪切、弯曲和扭转），进而形成地质构造。为了获得视觉上变形的感受，让我们先来看一下塔里木盆地周边的构造变形情况。

图 7-1 是塔里木盆地北部库车褶皱冲断带的依奇克里克背斜，其核部地层为早白垩世舒善河组，古近纪库姆格列木群不整合覆盖在舒善河组之上。1958 年石油公司开始钻探依奇克里克背斜构造，并于当年发现依奇克里克油田。依奇克里克油田是在塔里木盆地发现的第一个油田，也是塔里木石油勘探史上的第一座里程碑。新中国成立后，塔里木盆地的石油勘探始于中苏石油公司时期的 1951 年。后来的 4 年间，动用地质、重力、磁力、电法等 15 个勘探队在喀什坳陷和库车坳陷进行油气区域勘探，并在喀什背斜等 5 个构造上钻探了 7 口深井和 4 口地质浅井，可是只在个别探井见到少量原油和天然气，未获得工业性油气流。1954 年底，中苏石油公司工作结束，全部野外勘探队伍撤离塔里木盆地，留下了壮志未酬的遗憾，也留下了许多有价值的地质资料和重要线索。1955 年 1 月 1 日，中苏石油公司移交中国，更名为新疆石油公司。1956 年 7 月 1 日，撤销新疆石油公司，成立新疆石油管理局，重新恢复南疆塔里木盆地的石油勘探工作。1956 年春天，沟壑里的流水还在冰封下安睡，一辆辆满载年轻野外地质队员的卡车已碾过天山皑皑白雪，来到库车以北的南天山山前探区，经过半年多对库车盆地依奇克里克地区的地质勘查，他们发现并落实了依奇克里克构造圈闭，在附近还发现了油砂和沥青，认为可以进行钻探。1958 年初夏，新疆石油管理局乌鲁木齐地质调查处决定在依奇克里克背斜构造钻探依奇克里克 1 号井。1958 年 10 月 9 日，是个值得深深铭刻于新疆石油乃至中国石油工业史的重要日

子，依奇克里克 1 号井在钻至 468m 时喷出工业性油流。初期每天喷出 120～140t 原油。56 万平方公里的塔里木盆地，第一次展现"地下原油见青天"的壮观景象。依 1 井用它激情飞扬的油龙宣告塔里木盆地石油勘探"零"的突破。

图 7-1　塔里木盆地北缘依奇克里克背斜（陈汉林摄）

　　图 7-2 为塔里木盆地西南部的七美干地区的两期构造变形叠加的平面图和剖面图（新生代剥蚀前）。从图中可以看出塔西南地区经历了两期构造变形，第一期是发生在晚三叠世时期，导致了白垩系之下的古生代地层发生变形，形成了剖面下部的褶皱和断层；第二期变形发生在新生代时期，导致上部白垩系背斜形成，同时导致下部的古生代地层的进一步变形。

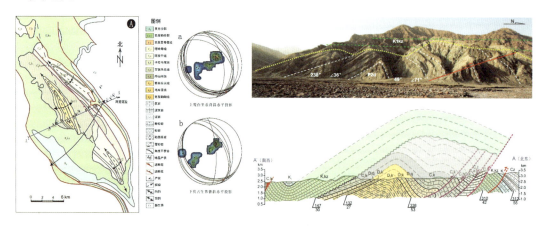

图 7-2　塔里木盆地西南部的七美干地区的两期叠加构造变形（陈汉林等摄制）

注：照片和剖面图不是同一位置

一、变形概述

　　物体受到力的作用后，其内部各点间相互位置发生改变，称为变形。变形可以是体积的改变，也可以是形状的改变，或两者均有改变。有的学者将物体位置的变化和方位的变化也包括在变形的范围。

物体变形方式有五种：拉伸、挤压、剪切、弯曲和扭转（图7-3）。

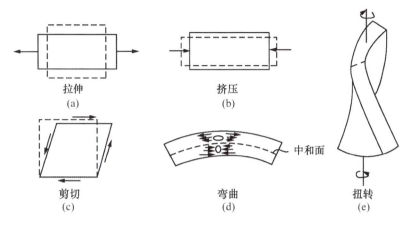

图 7-3　变形的方式（李忠权和刘顺，2010）

物体在力的作用下发生变形，由于受力方式、边界条件和材料力学性质不同，变形也不相同。按变形后的形状，可概括为两种变形类型：均匀变形和非均匀变形。

均匀变形：岩石的各个部分的变形性质、方向和大小都相同的变形称为均匀变形。其特征是：原来是直线，变形后仍然是直线；原来是互相平行的直线，变形后仍然互相平行；原来是平面，变形后仍然是平面；原来是相互平行的平面，变形后仍然互相平行。

非均匀变形：岩石各点变形的方向、大小和性质发生变化的变形称为非均匀变形。弯曲和扭转属非均匀变形。

地质学讨论的岩石变形，大部分是非均匀变形，如褶皱。但是，在讨论岩石变形时，常将整体的非均匀变形近似地看作若干连续的局部均匀变形的总和。

二、应变

物体变形的程度用应变来量度，即以其相对变形来量度。应变分为线应变和剪应变。

线应变是指物体内某方向单位长度的改变量。例如，一杆件在纵向拉伸下的变形，设杆件原始长度为 l_0，拉伸变形后的长度为 l，杆件绝对伸长 $\Delta l = l - l_0$，纵向线应变（ε）为：$\varepsilon = \Delta l / l_0$。

纵向线应变可用百分数表示。实验表明，在简单拉伸作用下，不但有纵向变形，而且有横向变形。杆件除纵向伸长外，还有横向缩短。实验还证明，在弹性变形范围内，一种材料的横向线应变与纵向线应变之比的绝对值为一常数。

初始相互垂直的两条直线变形后，它们之间直角的改变量（ψ）叫角剪应变。它的正切函数称剪应变 γ，数学表达式为：$\gamma = \tan\psi$。

在均匀变形条件下，通过变形物体内部任意点总可以截取这样一个立方体，在其三个互垂直的截面上都只有线应变而无剪应变，即有伸长或缩短，而截面所夹的直角没有改变。这一个相互垂直截面上的线应变称为主应变，这一个平面称主应变面，三个主应变方向称为应变主方向或主应变轴。平行于最大伸展方向者称为最大应变主方向λ_1，或最大主应变轴A；平行于最大压缩方向者称为最小应变主方向λ_3，或最小主应变轴C；介于两者之间者称为中间应变主方向λ_2，或中间主应变轴B。其他方向上，既有线应变，又有剪应变，将出现相应的不同力学性质的构造形态。

三、变形类型

岩石与其他固体物质一样，在外力作用下，一般都经历了弹性变形、塑性变形和脆性变形三个阶段。岩石的这三个变形阶段虽然依次发生，但不是截然分开，而是彼此过渡的，由于岩石力学性质不同，不同岩石的三个变形阶段长短和特点也各不相同，如脆性岩石的塑性变形阶段就短，而韧性岩石的塑性变形阶段则长。

弹性变形：岩石在受到外力作用时可以暂时改变形状，当引起应变的外力消除时又会变回原来的形状，这种变形称为弹性变形。地震波的传播就是地壳内岩石具有弹性变形的一个表征。但必须指出，岩石发生的纯粹弹性变形很少留下痕迹，因而对研究地质构造没有多大的现实意义，仅在地震研究、工程建设等方面具有一定意义。

塑性变形：岩石随着外力继续增加，变形继续增强，当应力超过岩石的弹性极限时，即使将应力解除，变形的岩石也不能完全恢复原来的形状，这种变形称为塑性变形。

脆性变形：任何岩石的弹性变形和塑性变形总是有一定限度，当应力达到或超过岩石的强度极限时，岩石内部的结合力遭到破坏，就会产生破裂面，岩石失去连续完整性，这种变形叫作脆性变形。强度极限又称破裂极限，是指使固体物质开始破坏时的应力值。

韧性变形：当岩石在断裂前塑性应变超过10%的变形。

岩石在不同的变形过程中到底发生了什么？岩石是固体，其中的化学键就像小弹簧，把原子连接在一起。在弹性变形过程中，这些键会拉伸和弯曲，但不会断裂；在脆性变形过程中，许多键立即断裂，岩石不能再粘在一起；而在塑性变形过程中，一些键断裂，但新的键很快形成，因此岩石在改变形状时不会分离成碎片。

为什么地球内部的岩石表现出不同的变形？其取决于以下因素。

温度：温度对变形影响比较大，许多岩石在常温常压下是脆性的，随着温度的升高，岩石的强度降低，弹性减弱，韧性显著增强，因而有利于发生韧塑性变形。可以用蜡烛做个比喻，把蜡烛放在冰箱里冷冻，然后把它的中部按在桌子的边缘——蜡烛很容易折断成两半；但如果你先在烤箱里加热蜡烛，当你把它压在桌子上时，它会有韧性地弯曲而不会折断。

压力：岩石在地球深处承受着巨大压力下，岩石所处的深度越大，围压也越大。这种压力一方面增强了岩石的韧性，另一方面大大地提高了岩石的强度极限，弹性极限也有所增加。因此，地球深部的岩石比地表附近岩石更有韧性，压力有效地防止岩石碎裂。

速率：变形速率快会使岩石的脆性变形加强，而变形速率慢会使脆性物质发生塑性的变形。长时间缓慢持续施力，使物体破坏所需的应力远比迅速施力使之破坏所需的应力大得多。当岩石受到缓慢的长时间外力的作用时，质点有充分时间固定下来，于是产生了永久变形；当快速变形时，质点来不及重新排列就破裂了，所以就呈现出脆性变形的特征。

成分：某些岩石类型比其他岩石更软，例如膏盐岩可以在花岗岩发生脆性变形的条件下发生塑性变形。

考虑到地球内部的压力和温度都随着深度的增加而增加，地质学家发现在典型的大陆地壳中，岩石在 10～15km 以上表现得较脆性，而在 10～15km 以下表现得较韧性，因此称这个深度为脆性—韧性转换带。

不同的变形方式形成了不同的构造类型，脆性变形形成的构造为脆性构造，包括节理和断层；而韧性变形形成的构造为韧性构造，包括褶皱和片理。

第三节　褶皱与断裂

一、褶皱

褶皱是岩层受力变形产生的连续弯曲，其岩层的连续完整性没有遭到破坏，它是岩层塑性变形的表现（图 7-4）。褶皱是地壳中一种最常见的地质构造，褶皱的形态多种多样，复杂多变；褶皱的规模差别极大，大的宽达几十公里、延伸长达几百公里，也可出现在个别露头上或手标本上，甚至可形成显微褶皱构造。研究褶皱的形态、产状、分布和组合特点及其形成方式和时代，对于揭示一个地区地质构造的形成规律和发展史具有重要意义。

图 7-4　塔里木盆地西北缘西南天山褶皱冲断带内褶皱构造（陈汉林摄）

（一）褶皱的基本要素

褶皱的组成部分称为褶皱的要素。为了正确描述和研究褶皱构造，必须弄清褶皱的各个组成部分及其相互关系。褶皱要素主要有核、翼、转折端、枢纽、轴面等（图7-5）。

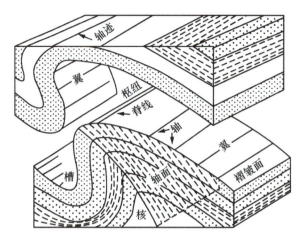

图 7-5　褶皱要素示意图（李忠权和刘顺，2010）

核：泛指组成褶皱中心部分的岩层。褶皱的核部范围是相对的，当地层被剥蚀后常把出露在地面上位于褶皱中心部分的地层称为核。

翼：褶皱核部两侧的岩层称为翼。相邻的两个褶皱之间共有一个翼。

转折端：从褶皱一翼向另一翼过渡的弯曲部分称为转折端。它是连接两翼的部分，其形态多为圆滑弧形，有时也呈尖棱状、箱状或扇状。

枢纽：组成褶皱的岩层的同一层面上最大弯曲点连线叫枢纽。枢纽可以是直线，也可以是曲线或折线。枢纽的空间产状可以是水平的、倾斜的或直立的。

轴面：连接同一褶皱的各岩层枢纽所构成的面，也可以叫作枢纽面。它是一个抽象的面，一般可把轴面看成平分褶皱两翼的对称面。轴面可以是平面，也可以是曲面；其空间产状可以是直立的，也可以是倾斜的或者水平的。

轴迹：轴面与地面或任一平面的交线。

脊线或槽线：背斜或背形的同一褶皱面的各横剖面上的最高点为脊，它们的连线称为脊线。对于向斜和向形来说，槽线则是最低点的连线。

（二）褶皱的基本类型

褶皱的形态是多种多样的，而其基本类型有两种（图7-6）：一种是岩层向上弯曲，其核心部位的岩层时代较老，外侧岩层较新，称为背斜；另一种是岩层向下弯曲，核心部位的岩层较新，外侧岩层较老，称为向斜。风化剥蚀的破坏，造成向斜在地面上的出露，其特征是：从中心向两侧岩层从新到老对称重复出露（图7-6左侧）；

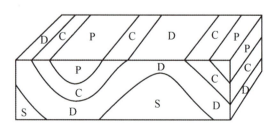

图 7-6　背斜和向斜在平面上和剖面上的表征（李忠权和刘顺，2010）

而背斜在地面上的出露特征却恰好相反，从中心到两侧岩层从老到新对称重复出露（图7-6右侧）。如褶皱岩层的新老层序不明，或者褶皱的变形面不是层面而是其他构造面，则将向上弯曲的褶皱面称为背形，向下弯曲的称为向形。背斜形成的上拱及向斜形成的下凹形态，经风化剥蚀后，并不一定与现在地形的高低一致，地形上的高低并不是判别背斜与向斜的标志。

褶皱的基本类型虽然只有两种，但褶皱的具体形态却多种多样，为了便于描述和研究褶皱的形态，可以根据褶皱的某些要素进行形态分类。如按照褶皱轴面产状可分为以下4种类型（图7-7）。

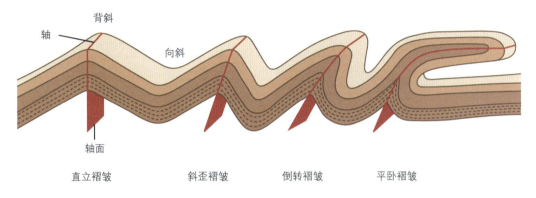

图 7-7　根据轴面产状划分的褶皱类型（2015 Encyclopaedia Britannica，Inc.）

（1）直立褶皱：轴面近于直立，两翼倾向相反、倾角大小近于相等（图7-8（a））。

（2）斜歪褶皱：轴面倾斜，两翼岩层倾向相反、倾角大小不等（图7-8（b））。

（3）倒转褶皱：轴面倾斜，两翼岩层朝同一方向倾斜，倾角大小不等。其中一翼岩层为正常层序，另一翼为倒转层序。

（4）平卧褶皱：轴面及两翼岩层产状均近于水平，其中一翼岩层正常，另一翼为倒转层序（图7-9）。

（a）

（b）

图 7-8　英国海边的（a）直立褶皱和（b）斜歪褶皱（陈汉林摄）

又如，根据褶皱面弯曲形态，可将褶皱描述为：

（1）圆弧褶皱：褶皱面呈弧形弯曲（图7-10（a））。

（2）尖棱褶皱：两翼平直相交，转折端呈尖角状（图7-9（b）、图7-10（b））。

（3）箱状褶皱：两翼陡而转折端平直，褶皱呈箱状，常常具有一对共轭轴面（图7-11、图7-12）。

（4）扇状褶皱：两翼岩层均倒转，褶皱面呈扇状弯曲。

（5）挠曲：缓倾斜岩层中的一段突然变陡，形成台阶状弯曲。

（a）   （b）

图7-9　英国海边的（a）平卧褶皱和（b）尖棱状平卧褶皱（陈汉林摄）

（a）   （b）

图7-10　英国海边的（a）圆弧褶皱和（b）尖棱褶皱（陈汉林摄）

图7-11　塔里木盆地北缘东秋里塔格箱状背斜（陈汉林摄）

图 7-12　英国海边的箱状褶皱（陈汉林摄）

（三）褶皱构造的形成时代

褶皱的形成时代，通常是根据区域性的角度不整合的时代来确定。基本原则是褶皱的形成年代为组成褶皱的最新岩层年代之后与覆于褶皱之上的最老岩层年代之前。如图 7-2中下部的古生代地层褶皱形成时代是晚二叠世（P_{2d}）之后，早白垩世（K_{1kz}）之前。

随着地震勘探资料在构造变形分析中的广泛引用，与褶皱发育过程同期发育的生长地层被广泛地应用于构造变形研究，它是精确确定褶皱形成时间的重要依据。

二、断裂

岩石受力作用超过岩石的强度极限时，岩石就要破裂，形成断裂构造。断裂包括节理和断层两类。岩石破裂并且两侧的岩块沿破裂面有明显滑动者称为断层；无明显滑动者称为节理。

（一）节理

节理构造分布极为广泛，几乎到处可见（图 7-13）。但在不同地区、不同的地质构造部位以及不同类型的岩石中，节理的发育程度是不同的。根据节理形成的力学性质，可将节理分为剪节理和张节理两类。

（a）   （b）

图7-13 一组共轭的（a）剪节理和（b）张节理（陈汉林摄）

剪节理是由剪应力产生的破裂面，具有以下主要特征（图7-13）：①剪节理产状较稳定，沿走向和倾向延伸较远。②剪节理面较平直光滑，有时具有因剪切滑动而留下的擦痕。③剪节理两壁一般紧闭或壁距较小，较少被矿物质充填，如被充填，脉宽较为均匀，脉壁较为平直。④发育于砾岩和砂岩等岩石中的剪节理，一般切割砾石和胶结物。⑤典型的剪节理常常组成共轭X型节理系（图7-13）。

张节理是由张应力产生的破裂面，具有以下主要特征（图7-13）：①张节理产状不甚稳定，延伸不远。②张节理面粗糙不平，无擦痕。③张节理多开口，常常被矿脉充填成楔形、扁豆形及其他不规则形状。脉宽变化较大，脉壁不平直。④在砾岩或砂岩中的张节理常常绕砾石或粗砂粒而过。⑤张节理有时呈不规则的树枝状、各种网络状，有时也具一定几何形态，如追踪X型节理的锯齿状张节理、单列或共轭雁列式张节理等（图7-14）。

图7-14 英国海边泥质灰岩中的雁列式张节理（陈汉林摄）

（二）断层

断层是岩层或岩体顺破裂面发生明显位移的构造。断层在地壳中广泛发育，是地壳中最重要的构造之一。区域性巨型断层不仅控制或影响区域地质构造的结构和发展，而且常常控制和影响区域成矿作用；现代活动性断层直接控制地震活动并影响工程建筑的稳定性。断层的研究具有重要的理论和实践意义。

1.断层要素及断层位移

断层的基本组成部分称断层要素。它包括断层面和断盘（图 7-15）。

断层面：被错开的两部分岩石沿之滑动的破裂面称断层面。断层面的产状用走向、倾向和倾角表示，其测量与记录方法同岩层产状。断层面可以是水平的、倾斜的或直立的。其形状可以是平面，也可以为曲面或台阶状。有时断层两侧的运动并不是沿一个面发生，而是沿着由许多破裂面组成的破裂带发生，这个带称为断层破碎带或断裂带。

断盘：断层面两侧相对移动的岩块称作断盘。当断层面倾斜时，断盘有上、下之分，位于断层面以上的断块叫上盘，位于断层面以下的叫下盘。断层面为直立时，往往以方向来说明，如称为断层的东盘或西盘（在图件上也有称左盘或右盘）。如按两盘相对运动来分，相对上升的断块叫上升盘，相对下降的断块叫下降盘。上升盘与上盘不一定一致。

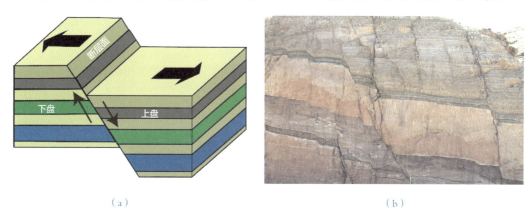

（a）　　　　　　　　　　　　　　　　　（b）

图 7-15　断层要素

断层两盘岩石沿断裂面的相对错动称为断层位移。断层位移的距离可以在断层两盘上选择一定的标志（对应点或对应层）来计算。断层面上相应点被错开的实际距离称为总滑距。由于在断层面上很难找到相互错开的对应点，因此常用断层两盘的对应层（标志性岩层或地层）错动来估算断层位移距离。被错断岩层在断层两盘上的对应层之间的相对距离称断距（图 7-16）。

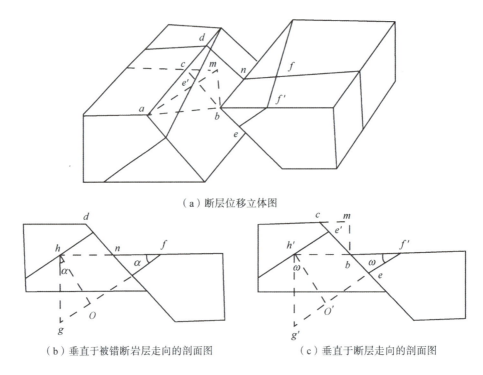

（a）断层位移立体图

（b）垂直于被错断岩层走向的剖面图　　　　　　（c）垂直于断层走向的剖面图

图 7-16　断层滑距和断距（李忠权和刘顺，2010）

ab: 总滑距；*ac* 走向滑距；*cb*: 倾斜滑距；*am*: 水平滑距；*hO*: 地层断距；*h'O'*: 视地层断距；*hg*=*h'g'*: 铅直地层断距；
hf: 水平地层断距；*h'f'*: 视水平地层断距；*α*: 岩层倾角；*ω*：岩层视倾角

2.断层的基本类型

按断层两盘相对运动特点，断层可分为以下三种基本形态类型。

正断层：上盘相对下降、下盘相对上升的断层称为正断层（图 7-15、图 7-17）。正断层的断层面常常较陡，倾角一般在 45°以上，断层线也比较平直，它通常是在拉张和重力作用下形成的。一系列正断层构成的断层体系往往形成地堑和地垒系统。

逆断层：上盘相对上升、下盘相对下降的断层称为逆断层（图 7-18）。逆断层的倾角有陡有缓，如果断层面倾角小于 30°，常称为逆掩断层或逆冲断层。逆断层一般是在较强的水平挤压力的作用下形成的。

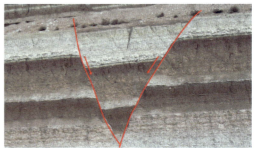

图 7-17　正断层野外照片（陈汉林摄）

走滑断层：两盘沿断层面走向相对水平错动的断层称为走滑断层或平移断层（图7-19）。走滑断层根据两盘相对滑动方向分为左行（或左旋）和右行（或右旋）两类：观察者位于断层一盘，看对面另一盘向左侧滑动者称左行（图7-19），向右侧滑动者称右行。平移断层的倾角通常很陡，甚至是直立的，断层线延伸较平直。这种断层多是在水平剪切力偶或水平挤压力的作用下形成的。

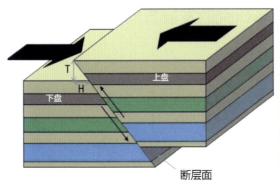

图 7-18　逆断层模型与野外照片（陈汉林摄）

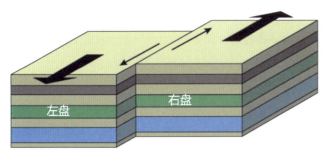
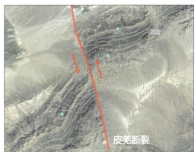

图 7-19　走滑断层模型与塔里木盆地皮羌断裂遥感影像

3.断层形成时代

断层的形成时代主要根据断层与地层的切割关系来确定。如果断层切过了一套地层，则断层的形成时代应晚于这套地层中最新的地层时代；当断层又被另一套地层所覆盖时，则断层的形成时代要早于上覆地层中最老的地层时代（注意：这里是被上覆地层所覆盖，而不是指没有断穿上部地层）。

当然，除了上述的断层与地层切割关系之外，还可以利用生长地层方法、断层面的热年代学方法等对断层进行定年。

4.脆性断层与韧性断层

岩石在地表表现为脆性，随着向地下深处温度、压力等物理状况的变化，岩石也由脆性逐渐转变为塑性。因此，岩石破坏显示出两个层次，浅层次表现为脆性破裂，形成脆性断层，即一般所称呼的断层；在较深层次至深层次，则形成韧性断层，或称韧性剪切带。

韧性剪切带是地壳或岩石圈中由于剪切变形以及岩石塑性流动而形成的强烈变形的线状地带。韧性剪切带中没有明显的破裂面，但两侧岩石可发生明显的剪切位移，韧性剪切带内部及与围岩之间的应变均呈递进演化的关系。脆性断层和韧性断层之间还存在着过渡型式。所以从区域角度分析，脆性断层和韧性断层构成了断层的双层结构。

第四节　地壳变形研究的发展方向

一、断层与褶皱的关系：断层相关褶皱理论

褶皱与断层是自然界最为常见的构造样式，无论是在野外露头上，还是在勘探地震资料中常常看到断层和褶皱相伴而生。但是，褶皱体现为岩石的连续塑性变形，断层是岩石不连续的脆性破裂变形，这种脆性和塑性构造在空间并存的现象看起来很不协调。岩石怎么能在脆性破裂的同时发生塑性弯曲呢？早期，关于断层和褶皱之间并存的一种解释是构造在不同的时期在不同的压力和温度下形成的。例如，野外露头看到的褶皱形成于早期的地壳深处，形成之后由于地壳抬升剥露到地壳的浅部，后期再遭受另一次构造运动而在褶皱部位形成断层。很显然，这要求断层切割早期形成的褶皱，与褶皱没有几何关系；此外卷入褶皱和断层变形的地层时代相对要比较老，其形成之后要经历过至少两次构造运动。但是在自然界中很多发生断层和褶皱的地层非常新，没有经历过多次的构造变形；而且从断层和褶皱的空间与几何关系分析发现这两种构造的形成是相互关联的。

大量的地表地质露头、地震反射剖面与探井资料表明，大多数褶皱起源于下伏断层倾角的变化，或是断层滑动量向褶皱位移的逐渐传替。Rich（1934）在研究阿巴拉契亚山低角度逆掩断层时首先提出断层转折褶皱的概念。Suppe（1983）将断层和褶皱之间的关系定量化，建立了断层形态与褶皱形态之间的几何学关系，以及断层滑动与褶皱发育的运动学模型。这种定量关系成为前陆褶皱冲断带构造解释以及正演与反演模拟技术中平衡剖面方法的重要基础。此外，对于逆冲断层端点处的褶皱也陆续建立了相对完善的断层传播褶皱的几何学与运动学模型和断层滑脱褶皱的几何学与运动学模型。从而，对于自然界常见的三种断层相关褶皱类型，都建立了较为成熟的几何学与运动学模型，形成了较为系统的断层相关褶皱理论。断层相关褶皱理论是20世纪80年代以来构造地质学取得的最重要的进展之一。

根据断层性质可将断层相关褶皱分为与逆（冲）断层相关的断层相关褶皱和与正断层相关的断层相关褶皱。

（一）与逆（冲）断层相关的褶皱

在挤压的前陆地区，褶皱和逆（冲）断层常常紧密伴生，关于褶皱和逆（冲）断层的关系即褶皱作用和冲断作用何者居主导地位一直有两种观点。第一种观点认为在褶皱和逆冲断层的形成中，褶皱作用占主导地位，褶皱变形由弱而强直至形成断裂。第二种观点认为逆冲岩石在沿断层滑动过程中，当从一个低层位断坪经断坡爬升到高层位断坪时，在断

坡处形成以背斜为主的褶皱（Rich，1934），即断层转折褶皱。

20世纪80年代以来，John Suppe等系统地建立了逆（冲）断层相关褶皱理论，包括断层转折褶皱、断层传播褶皱和断层滑脱褶皱。

1.断层转折褶皱

断层转折褶皱是由于断层转折弯曲，断层上盘岩石在下伏断层转折部位发生运动时形成的褶皱。上盘岩石以形成膝折带式褶皱来调节滑断层面的滑动（图7-20）。断层转折褶皱作用沿固定在下盘断层转折处的活动轴面发生，当地层在活动轴面处发生褶皱以后，将沿上部断层段发生平移。不活动轴面与断层面的交点，表示断层滑动刚刚发生时断层下盘断层转折处的质点颗粒的位置。它与活动轴面界定的膝折带的宽度与断层滑动量成正比。

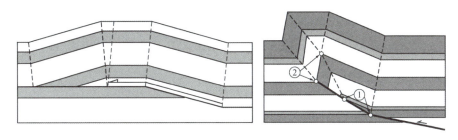

图7-20　断层转折褶皱（Suppe，1983）和断层传播褶皱几何学模型（Suppe & Medwedeff，1990）

2.断层传播褶皱

逆（冲）断层由深部层位向浅部层位扩展时褶皱作用吸收了位移滑动量，断裂变形被褶皱变形所取代，在其前锋断层端点处形成断层传播褶皱（图7-20）。断层传播褶皱的基本特征：①形态不对称，前翼陡窄、后翼宽缓；②向斜"固定"在断层端点处；③随深度加大褶皱越来越紧闭，浅部通常表现为不对称箱状背斜，深部逐渐过渡为尖棱状褶皱；④背斜轴面的分叉点与断层端点在同一地层面上；⑤背斜轴面在断面上的终止点和断层转折点之间的距离即是断层的倾向滑动量；⑥断层滑动量向上减小，至断层端点处变为零。

3.断层滑脱褶皱

断层滑脱褶皱也称滑脱褶皱，它是在一个或多个滑脱层之上形成的收缩背斜（Dahlstrom，1990）。其形成往往与滑脱层底部或滑脱层中存在的一条或多条层平行断层的运动有成生关系，当受到水平挤压外力作用时，沿与层面平行的断层位移传递到上盘地层中形成的褶皱即为滑脱褶皱。这类褶皱与冲断层断坡无直接关系，而与滑脱断层之上的分布式变形有关（图7-21）。滑脱褶皱有4个基本特征：①在滑脱层之下或之中往往存在一条或多条底部滑脱断层；②底部滑脱层在褶皱核部发生加厚；③滑脱层之上的能干岩层在变形过程中厚度、长度不变；④同生长地层向褶皱顶部厚度减小，褶皱翼部呈扇状旋转。

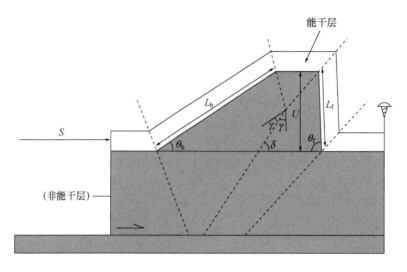

图 7-21　断层滑脱褶皱几何学模型（Poblet et al., 1997）

（二）与正断层相关的褶皱

在张性构造环境中的正断层活动也能造成断层相关褶皱。与之有关的大部分褶皱的枢纽与断层的走向平行或近于平行，一般局限于紧邻断层面的区域，如滚动背斜的形成是向上弯曲铲式正断层的运动所造成的（图 7-22）。由于铲式正断层的运动在上、下盘之间形成了一种潜在的空隙，随后上盘岩层在重力作用下弯曲垮塌进入空隙，形成滚动背斜。滚动背斜的几何形态受断层面及上盘岩层充满潜在空间机制的控制。

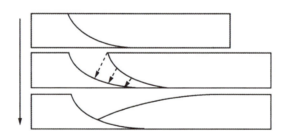

图 7-22　滚动背斜形成过程（李忠权和刘顺，2010）

二、地壳变形研究的前沿领域

（一）地质构造的三维定量分析

现今构造地质学的发展方向逐渐由定性向定量、二维向三维转换。地质学家对复杂构造变形的几何学、运动学以及动力学研究的精度和准确度都取决于准确的三维构造模型。三维构造模型是地质构造三维建模的核心内容，主要揭示地质构造的几何形态和拓扑关系。此外，随着油气等资源勘探的深入，需要构建裂缝预测的动力学模型以及油藏模拟的地质模型，其基础都是三维构造模型。

地质构造的三维建模充分利用地质学家的空间想象能力，通过建立地质体之间的空间约束关系，利用三维可视化技术，从思维模型到地质模型到数字化模型，将理论模型抽象化（图7-23）。三维构造模型为属性模型的建立提供构造格架约束，揭示构造的几何学形态和地质对象的宏观拓扑关系。只有建立完整、准确的三维构造模型，才能够更好地建立和表达其他各类地质模型。三维构造建模对地质解译、地震反演、构造恢复等实际工作起到基础的核心作用。随着地质基础理论、勘探技术以及计算机图形软件技术的不断发展，三维地质建模在许多地质领域发挥着越来越重要的作用，但同时也提出了更高的要求，使其能解决更加复杂的地质问题，能够更精细地刻画地质构造。

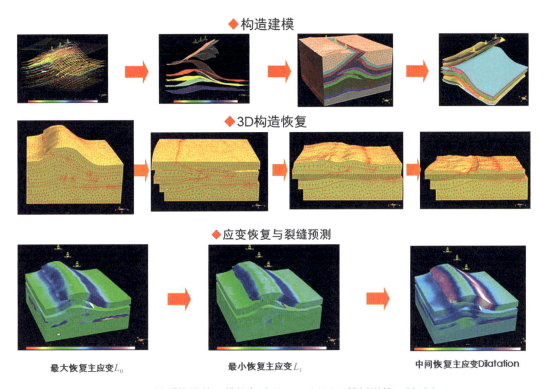

◆ 构造建模

◆ 3D构造恢复

◆ 应变恢复与裂缝预测

最大恢复主应变L_0　　　最小恢复主应变L_1　　　中间恢复主应变Dilatation

图7-23　地质构造的三维恢复（Shaw，2005；管树巍等，2010）

（二）构造变形的物理模拟与数值模拟

自然界的地质环境很复杂，构造变形研究需要采用高度简化的地质模型来研究复杂的地质问题。根据具体研究对象建立合适模型，构造物理模拟及数值模拟可以通过准确的边界条件和参数设置，定量地分析构造变形特征，是研究定量构造变形过程与变形机制的重要方法。物理模拟通过真实材料在实验室再现真实变形过程，而数值模拟则由数学公式表达出物理参数和动力学原理，并通过电脑程序来迭代计算。物理模拟由于采用真实材料，所以本质上是三维的构造模拟。而数值模拟可研究的参数则不受真实材料限制，并且可以高效地模拟过程的应力、应变和能量的变化。两种模拟手段各有千秋，可以互相印证补充。

1.构造变形的物理模拟

构造变形的物理模拟工作最早可以追溯到两个世纪之前。第一个阶段主要是形态学上定性的研究，以James Hall在1815年通过水平挤压叠置的布料和羊毛毡模拟了褶皱形成的工作为开端。随后不同学者采用相同的实验思路但是不同的实验材料，如湿黏土、砂和牛皮纸等来代替真实地层模拟褶皱与断层的形成，也渐渐关注到不同的模拟材料本身的物性参数对实验结果的影响。第二个阶段由定性阶段进入了定量研究阶段。提出了模拟实验相似性原则来作为实验设计基础，限定实验结果的意义和适用范围。模拟相似性原则强调实验室中缩小了构造的空间尺度和变形过程的时间跨度，并定义了几何学、运动学、动力学三个方面的相似作为相似模拟的理论基础，这标志着物理模拟经由定性阶段的形态学研究进入了定量研究阶段，并基本建立了物理模拟的理论基础。第三个阶段则是新分析技术广泛应用阶段。技术包括粒子成像测速技术（particle imaging velocity，PIV）用于对复杂构造应变的监测；高精度的CT扫描成像可以轻易实现整个模型无损内部透视，解决了PIV分析技术的应用受限在模型实验表面无法透入实验模型内部的缺陷，解除了之前只能在实验结束后进行传统切片才能获得内部结构的限制；激光扫描技术可以准确刻画模型表面地形抬升与沉降，精度可达毫米级。

到目前为止，大多数物理模拟都是在正常（地球）重力场中进行的，自然原型和实验模型的重力是相同的。由于地质构造变形过程的时空跨度巨大，因此通常采用性质相似的实验材料开展相关物理模拟实验。根据相似理论，在常重力条件下开展地质构造物理模拟实验时，一般会采用黏度和天然岩石相差很大的硅胶等实验材料，并经常会因各种因素得不到有效抑制而存在显著的随机误差，这种现象已被全球同类实验室的基准测试所证实。在涉及流变作用过程中，作为体力的重力作用就显得十分重要，超重力离心机物理模拟可以使用更黏稠的材料，增加模型的复杂性和准确性。在超重力条件下，通过提高实验模型与自然地质原型之间的重力加速度比值，可以选择更接近实验原型的相似材料，进而有效解决各种因素干扰这一常重力条件下普遍存在的难题；另外，超重力构造物理模拟实验装置可以解决涉及岩石流变（例如地幔柱上涌、软流圈对流、下地壳流动和岩浆及膏盐地层底辟等）问题的构造过程模拟方面存在的局限。因此，利用超重力离心机设备开展超重力条件下的物理模拟实验变得十分必要，特别是涉及浅层脆性变形与深层韧性流变相互作用的构造变形过程及动力学机制方面，可以为解决大陆岩石圈重大基础理论问题提供创新性研究手段。

2.构造变形的数值模拟

随着计算机的发展，数值模拟技术突飞猛进，在科学研究和工程技术中得到广泛应用。数值模拟具有快捷、安全和低成本的优势，已经与理论分析和科学实验形成鼎足而立之势，并称为当代科学研究的三大支柱。

数值模拟是基于数学、物理和化学等学科的基本理论，通过数值计算和图像显示，研究工程问题、物理问题甚至各种自然问题。数值模拟是研究小到几米、大到数百千米构造的有力工具。与构造物理模拟相比，数值模拟可以得到更多的系统内部的信息（如应力、应变等），并且可重复性高，边界条件设置更容易。而且，在数值模拟中研究单一变量对结果的影响更方便、准确，通过调整材料的力学参数可以得到自然界观察到的真实的构造现象。而数值模拟中，理论上有无数种材料可供选择，一般是通过大量数值试验得出相对可靠的数种到数十种材料。地质体可以被看成连续介质或者不连续介质，相应的数值模拟方法就分为连续介质方法（如有限元、有限差分、边界元等）和非连续介质方法（如离散元）。连续介质力学的最基本假设是"连续介质假设"，认为真实的流体或固体所占有的空间可以近似地看作是由连续的、无空隙的"质点"充满。有限元法（finite element method）、有限差分法（finite difference method）、边界元方法（boundary element method）属于连续介质力学方法；而离散元法（discrete element method）属于非连续介质方法力学方法，其基本思想是将颗粒材料内部细观尺度的单个离散颗粒视为一个离散单元。通过材料的差异流变和对不连续节点的特殊处理，可以将连续介质方法扩展到非连续介质方法的研究中。例如，在研究地壳运动时，可以对模型物性结构做一定的简化处理，来解决非连续性问题；此外，断裂实际上是微观过程导致，连续介质力学很难预测自然界突然发生的断裂。

练习题

1.山脉和造山带是同一个概念吗？请举例说明。
2.地震主要发生在脆性变形构造域还是塑性变形构造域？为什么？
3.脆性变形和韧性变形的区别是什么？受控于什么样的因素？

思考题

1.地球内部的变形方式是一样的吗？如果不一样，请谈谈有什么不一样，为什么不一样？
2.构造变形是如何影响到人们的生活的？
3.请结合所学的构造变形知识，介绍你家乡、学习地和某个旅游地的构造变形现象。

参考文献

[1] Boue A. Uber den Begriffe und die Bestantheile emer Gebirgskette, besoaders uber die sogenannten Urkettent, sowie die Gebirgssysteme - Vergleichung der Erde und Mondes Oberflache[J]. Sitzber. Akad. Wiss. Wien. ,1874, 69(1):237-300.

[2] Dahlstrom C D A. Geometric constrains derived from the law of conservation of volume and applied to evolutionary models for detachment folding[J]. AAPG Bulletin, 1990, 74(3): 336-344.

[3] Gilbert G K. Lake Bonneville USGS Monogr[M]. No.1. Govt. Printing Office. Washington D. C. ,1890: 342.

[4] Poblet J, McClay K, Storti F, Munoz J A. Geometries of syntectonic sediments associated with single-layer detachment folds[J]. Journal of Structural Geology, 1997, 19: 369-381.

[5] Rich J L. Mechanics of low-angle overthrust faulting as illustrated by Cumberland thrust block, Virginia, Kentucky, and Tennessee[J]. AAPG Bulletin, 1934, 18(12): 1584-1596.

[6] Shaw J H, Connors C, Suppe J. Seismic interpretation of contractional fault-related folds: An AAPG Seismic Atlas[M]. Tulsa: American Association of Petroleum Geologists, 2005.

[7] Sengor A M C. Plate tectonics and orogenic research after 25 years: A Tethyan perspective[J]. Earth-Science Reviews, 1990, 27(1-2): 1-201.

[8] Stille H. Die Begriffe Orogenese und Epirogenese[M]. Z. Dtsch. Geol. Ges. Monatsber, 1919, 71:164-208.

[9] Suppe J. Geometry and kinematics of fault-bend folding[J]. American Journal of Science, 1983, 283: 684-721.

[10] Suppe J, Medwedeff D. Geometry and kinematics of fault propagation folding[J]. Eclogae Geologicae Helvetiae, 1990, 83(3): 409-454.

[11] 管树巍, Plesch A, 李本亮, 等. 基于地层力学结构的三维构造恢复及其地质意义[J]. 地学前缘, 2010, 4: 130-150.

[12] 李忠权, 刘顺. 构造地质学[M]. 3 版. 北京: 地质出版社, 2010.

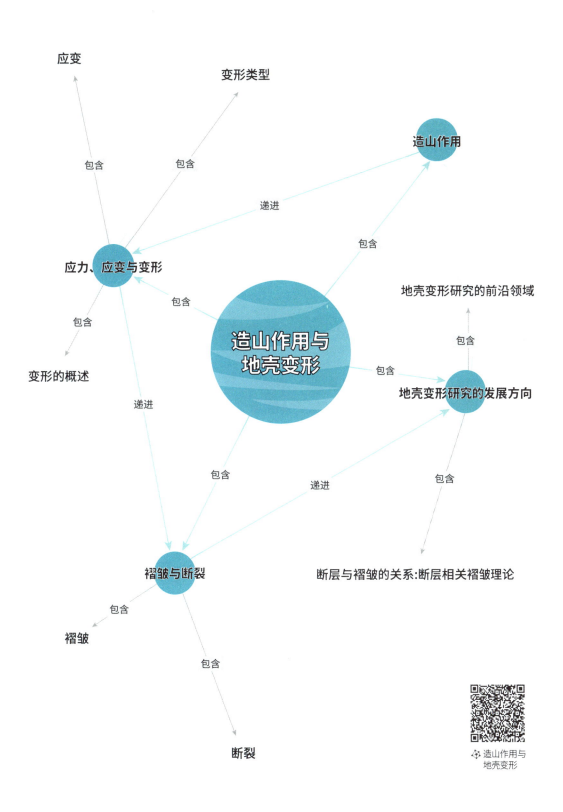

应变

变形类型

造山作用

包含

包含

递进

应力、应变与变形

包含

地壳变形研究的前沿领域

包含

包含

变形的概述

造山作用与
地壳变形

包含

地壳变形研究的发展方向

递进

递进

包含

褶皱与断裂

包含

断层与褶皱的关系:断层相关褶皱理论

褶皱

包含

断裂

造山作用与
地壳变形

CHAPTER 8

动态地球的活动：地震与火山作用

地球自诞生以来所自带的能量（主要是地球内部热冷却释放的能量和放射性元素衰变产生的能量）（Lay et al., 2008）驱动地球内部的圈层运动。这种动态的演化过程使得地球充满活力，也促发了各种常见的自然现象，比如人们所熟知的地震与火山活动。

第一节　地震活动

一、地震的定义、成因与类型

地震是地球内部能量的快速释放所导致的振动或颤动，是地球运动的一种特殊形式。

引起地震的原因有很多，包括①地球内部岩石的突然断裂、②火山喷发、③海底滑坡、④地面塌陷或山体崩塌、⑤行星撞击地球和⑥人为地震（如原子弹和氢弹等核试验爆炸）等所致震动。这里的第一种地震也称为构造地震，是人们最常接触到的地震。我们知道，地球的运动是长期的、缓慢的，所以不易被人感觉到。一旦地球运动所积累的地应力超过了岩石受力强度，岩石就会发生断裂而引起构造地震。构造地震规模最大，数量最多，活动频繁，延续时间长，影响范围广，破坏性最强，分布与活动断裂带有关，约占地震总数的90%。

地球内部发出振动的地方为震源，它在地面上的垂直投影点为震中，两者间的距离为震源深度（图8-1）。按照震源深度，地震可分为浅源地震（深度0～70km）、中源地震（深度70～300km）和深源地震（深度>300km）。一般破坏性地震的震源深度不超过100km。目前能探测到的地震大多是浅源地震，尤其是中上地壳内部；但也

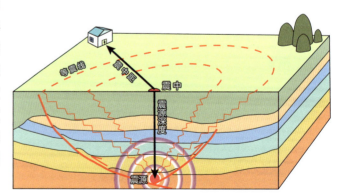

图 8-1　地震有关的基本概念示意图（包括震源、震源深度、震中及震中距和等震线）

有部分地震发生于上地幔甚至下地幔，如2015年日本小笠原群岛7.9级地震及其余震可深达751km，为目前仪器所记录到的最深地震（Kiser et al., 2021）。

二、地震波与震源定位

地震所涉及的地球振动以弹性波的形式把能量向外传播，这种弹性波称为地震波。地震波能够穿透地球内部，因此它是我们了解地球内部结构的一种非常重要的研究对象和工具。

地震波包括体波（body wave）和面波（surface wave）。其中体波在地球内部传播，又分为纵波（pressure wave，即P波）和横波（shear wave，即S波）；而面波在地球表面传播，分为洛夫波（Love wave，即L波）和瑞利波（Rayleigh wave，即R波）。

在地壳中，纵波传播速度主体在5～7.6km/s，横波传播相对较慢，在2～4km/s（Condie, 2021；Mooney et al., 1998）；表面波在地表传播速度则更慢，但由于表面波的波长较长，振幅较大，因此自身所携带的能量相对较大，对地面建筑物可能产生的破坏也最严重。

地震发生所产生的纵波与横波的速度差异（图8-2），可以用来确定地震发生的位置（即震源）。如图8-3所示，每个地震仪台站的震波图可以确定地震发生后纵波和横波先后到达该台站的时间，结合这两种波的传播速度，我们可以确定该台站离震源的距离（D_1）。利用分布相对较远的三个台站可以同时得到各台站与震源的距离（D_1，D_2，D_3），以这三个距离为半径画三个圆，则其交点就是震源位置。记录到该地震的地震台站越多，则震源的定位越准确。

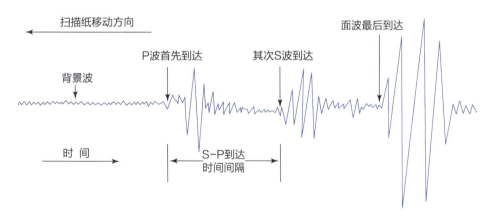

图8-2　地震波图指示地震发生后P波、S波和面波到达地震观测站的时间及振幅

关于利用地震仪判定震源位置，东汉天文地理学家张衡于公元132年发明了世界上第一台地震观测仪器——候风地动仪（图8-4），以确定地震发生的方向。地动仪有八个方位（东、南、西、北、东南、西南、东北、西北），每个方位上均有口含龙珠的龙头，每条龙头下方分别放置一只蟾蜍。如有一方发生地震，则该方向龙口所含龙珠落入蟾蜍口中，其他龙口中的龙珠不动，据此推测地震发生方向。公元134年甘肃陇西发生地震（冯锐和俞言祥，2006），千里之外的东汉都城洛阳无感觉，但地动仪却测到了，都城学者开

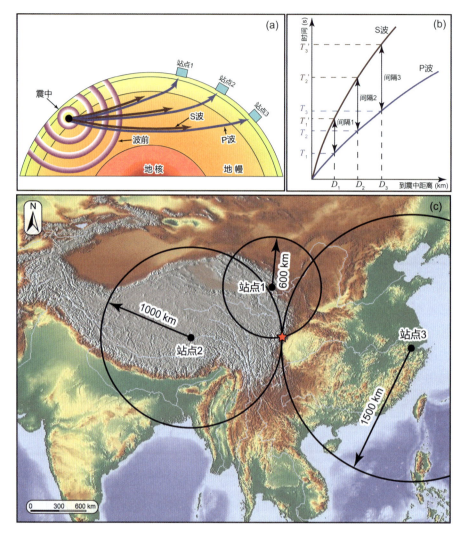

图 8-3 震源定位（利用 P 波、S 波的时间差及它们的传播速度确定震中与观测站的距离）
底图数字高程模型（Digital Elevation Model, DEM）数据源于地理空间数据云（http://www.gscloud.cn/search）

始不信，但几天后驿差上报陇西地震事实，于是朝廷内外都叹服地动仪的奇妙。张衡候风地动仪的发明是世界上最早对地震的科学性认识，即地震是远方传过来的地面振动（冯锐等，2006；陈颙，2018）。虽然对候风地动仪的复原还存在争议，但它证实了中国在世界地震研究方面所作出的重要历史贡献。

张衡地动仪复原与
科学质疑精神

三、地震的大小：震级与烈度

（一）地震震级

地震的大小可以通过地震发生所释放的能量反映出来。为了定量化对比不同地震的大小，Charles Richter 根据美国加州地区地震仪记录，于 1935 年建立了基于震波图数据的地震震级经验公式（Richter，1935），后来被称为里氏震级。该震级公式为：

$$M_L = \log_{10} A - \log_{10} A_0\,(\delta) = \log_{10} \frac{A}{A_0\,(\delta)} \qquad (8\text{-}1)$$

这里 M_L 是当地震级，A 表示地震仪所记录到的震波图最大振幅，A_0 表示由震中距离（δ）决定的经验校正参数。如图 8-5 所示，对于同一个地震仪所记录的震波图，一个 $M_L \sim 6$ 级地震的波幅是 $M_L \sim 5$ 级地震的 10 倍。

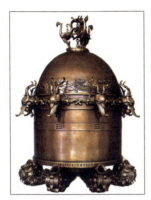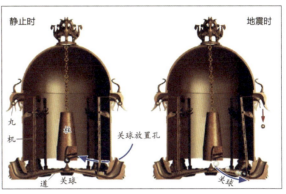

图 8-4 张衡发明的候风地动仪及其内部结构复原模型（冯锐版）

图片来源：冯锐及中国数字科技馆

（https://www.cdstm.cn/knowledge/kpwk/lswm/201906/t20190605_916811.html）

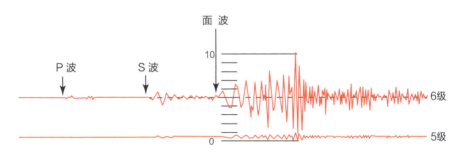

图 8-5 同一地震仪所记录的震波图，对比显示 6 级地震波最大振幅是 5 级地震的 10 倍

（数据来自 K.Mackey）

Richter 还建立了从局部地区震波图经验关系定量描述里氏震级大小的方法。如图 8-6 所示，先从震波图测定最大波幅（此例为 23mm），然后测定 S 波与 P 波的时间差（此例为 24s）以对应震中距，将这两个数据标定在确定好的竖直刻度线的对应位置，最后将这两个数据点连线，其与中间震级刻度线的交点即为震级大小（此例为 5 级）。

后来地震学家们又建立了针对体波和面波的震级计算公式。其中面波震级与能量的关系为：

$$\log_{10} E = 11.8 + 1.5 M_s \qquad (8\text{-}2)$$

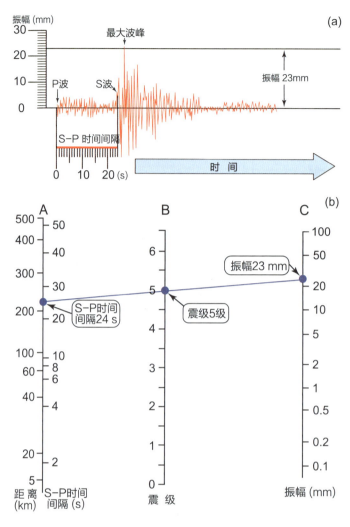

图 8-6 确定里氏震级（据 Richter，1958 修改）

其中 E 的单位为尔格（1尔格 $=10^{-7}$ 焦耳），M_s 为面波震级。从公式（8-2）可以看出，地震震级每增加一级，释放的能量增加 $10^{1.5} = 31.6 \approx 32$ 倍（表8-1）。如果地震震级相差 2 倍，则能量相差 $10^{1.5 \times 2} = 10^3 = 1000$ 倍。地震能量量级如何理解呢？简单举例来讲，1945 年美国扔在日本广岛的原子弹（相当于 1.5 万吨 TNT 炸药）的能量相当于 6.27×10^{13} 焦耳，或一次 6 级地震所释放的能量，那么 2008 年汶川 8 级地震的能量则相当于 1000 个广岛原子弹的爆炸能量。

表 8-1　地震释放能量对比原子弹爆炸能量

震级	TNT炸药相当能量（吨）	相当原子弹爆炸数量	地震实例
6.0	15000	1	2021年泸州地震
7.0	480000	32	1996年丽江地震
7.6	3765000	251	1976年唐山地震
8.0	15000000	1000	2008年汶川地震

现今国际最通用的地震震级为矩震级（Moment Magnitude，代号M_w），其公式为：

$$M_w = \frac{2}{3}\log_{10} M_0 - 10.7 \qquad (8\text{-}3)$$

这里M_w代表矩震级，而M_0代表地震矩，等效于地震发生时释放的能量。从实际物理含义上讲，M_0的计算公式为：

$$M_0 = \mu A D \qquad (8\text{-}4)$$

其中，μ为地震剪切模量（MPa，或N/m^2），A是地震破裂面积（m^2），即断层破裂面的长宽之积，D是断层破裂滑动量（m）。

什么是地震破裂？

（二）地震烈度

地震烈度是反映地震大小的另一个量度，是指地震在地表（对象包括人、房屋建筑、公共设施及地面等）所产生的破坏程度。其大小与震级、震源深度及当地地质条件（沉积物、地形、构造环境等）有关。对于同一地震，离震中越近，烈度越大；震源深度越浅，对地表破坏越大（表8-2）；而距震中等距离的地方，离地震破裂距离、地质条件和房屋结构材料等的不同，地表破坏程度也可能不同，靠近断层破裂带，烈度可能要大。判断地震烈度大小可根据人的感觉、物品震动、建筑物受破坏情况及地面出现破坏现象等因素来综合考虑。我国使用十二度烈度表（表8-3）。

表8-2 地震震级、震中烈度与破坏关系表

震级分类	震级	震中大致烈度	震中反应
巨震	≥ 8	X～VIII	严重至完全毁坏
大震	7~8	IX～X	严重破坏
强震	6~7	VII～VIII	中度至重度破坏
中强震	4.5~6	V～VII	小到中度破坏
有感地震	3~4.5	III～IV	人有震感，可能有微破坏
微震	≤ 3	≤ II	几乎无感，无破坏

数据来源：http://www.bjnews.com.cn/news/2019/04/14/567612.html。

表8-3 中国地震烈度表（2020年国家标准）

烈度	房屋震害程度	人的感觉	其他震害现象
I	无	无感	
II	无	室内个别静止中的人有感觉，个别较高楼层中的人有感觉	
III	门、窗轻微作响	室内少数静止中的人有感觉，少数较高楼层中的人有明显感觉	悬挂物微动
IV	门、窗作响	室内多数人、室外少数人有感觉，少数人睡梦中惊醒	悬挂物明显摆动，器皿作响

续表

烈度	房屋震害程度	人的感觉	其他震害现象
V	门窗、屋顶、屋架颤动作响，灰土掉落，个别房屋墙体抹灰出现细裂缝，个别檐瓦掉落	室内绝大多数、室外多数人有感，多数人睡梦中惊醒，少数人惊逃户外	悬挂物大幅度晃动，少数架上小物品、个别顶部沉重或放置不稳定器物摇动或翻倒，水晃动并从盛满的容器中溢出
VI	少数轻微破坏至中等破坏，多数基本完好	多数人站立不稳，多数人惊逃户外	少数轻家具物品移动，少数沉重器物翻倒；个别梁桥挡块破坏、拱桥主拱圈裂开、桥台开裂；个别主变压器跳闸；个别老旧支线管道有破坏；河岸和松软土地出现裂缝，喷砂冒水；个别砖烟囱轻度裂缝
VII	少数中等破坏至严重破坏和毁坏，多数轻微破坏至中等破坏	大多数人惊逃户外，骑自行车的人有感觉，行驶中的汽车驾乘人员有感觉	物品从架子上掉落，多数沉重器物翻倒，少数家具倾倒；少数梁桥挡块破坏，个别拱桥主拱圈出现明显裂缝、变形及少数桥台开裂；个别变压器套管破坏、瓷柱型高压电气设备破坏；少数支线管道破坏、局部停水；河岸出现塌方，常见喷水冒砂，松软土地上多现地裂缝；大多数独立砖烟囱中等破坏
VIII	少数中等破坏至严重毁坏，多数中等破坏和严重破坏	多数人摇晃颠簸，行走困难	除重家具外，室内物品大多数倾倒或移位；少数梁桥梁体移位、开裂及多数挡块破坏，少数拱桥主拱圈开裂严重；少数变压器套管破坏，少数瓷柱型高压电气设备破坏；多数支线管道及少数干线管道破坏，部分区域停水；干硬土地上出现裂缝，普见喷砂冒水；大多数独立砖烟囱严重破坏
IX	少数严重破坏至毁坏，多数中等破坏至严重破坏、毁坏	行动的人摔倒	室内物品大多数倾倒或移位；个别梁桥桥墩局部压溃或落梁，个别拱桥垮塌或濒于垮塌；多数变压器套管破坏、少数变压器移位，少数瓷柱型高压电气设备破坏；各类供水管道破坏、渗漏广泛发生，大范围停水；干硬土地上多处出现裂缝，可见基岩裂缝、错动，滑坡、塌方常见；独立砖烟囱多数倒塌
X	大多数严重破坏、毁坏至绝大多数毁坏	骑自行车人会摔倒，处于不稳状态的人会摔离原地，有抛起感	个别梁桥桥墩折断，少数拱桥垮塌；绝大多数变压器移位、脱轨，套管断裂漏油，多数瓷柱型高压电气设备破坏；供水管网毁坏，全区域停水；山崩和地震断裂出现；大多数独立砖烟囱破坏或倒毁
XI	绝大多数毁坏		地震断裂延续很大；大量山崩滑坡
XII	几乎全部毁坏		地面剧烈变化，山河改观

注：本表据中国地震烈度表国家标准（GB/T 17742—2020），文字略有删减。原文出处链接：http://std.samr.gov.cn/gb/search/gbDetailed?id=AB005698E0673F2EE05397BE0A0A6C0B。

地震烈度记录可以帮助地震、地质学家推断历史时期的地震大小。根据历史记录描述，人们可以将与同一历史地震有关的地面破坏程度信息界定当地的地震烈度，再将同一地震烈度的地区用线条连接起来，形成等震线图（图8-7）。再结合现今地震大小及等震线图的经验关系及地震破裂数值模拟，并将历史地震实际烈度观测与模拟预测值进行对比，来推测历史地震震级。

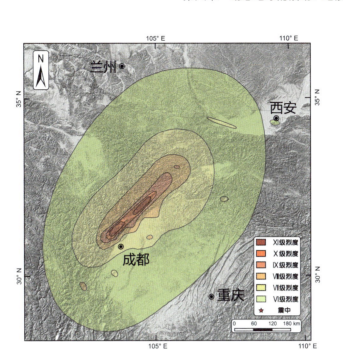

图 8-7 汶川地震等震线图

DEM 底图据地理空间数据云 SRTMDEM 90 m（http://www.gscloud.cn/search）

四、地震发生的频率与周期

地震学家古登堡和里克特通过统计 20 世纪早期的地震，于 1949 年提出了地震震级及其发生频率的经验关系（Gutenberg and Richter，1949），即古登堡—里克特定律（Gutenberg-Richter Law，简称 G-R 定律）。该定律被描述为：

$$\log_{10} N = a - bM \tag{8-5}$$

这里 M 和 N 分别为地震震级及该震级每年发生的地震数量，a 和 b 为不同地区不同类型地震的经验常数。因此，地震震级与其数量对数呈现为负线性关系（图 8-8）。通过 G-R 定律还可以看出：

（1）大地震虽然释放的能量较大，但其发生的频率较低；

（2）具有同样震级差的地震发生数量之比为一常数 10^b。

据美国地质调查局基于有仪器记录的地震统计[①]，全球每年发生的 9 级以上地震 < 1 次，8 级地震 1 次左右，7 级地震 18 次左右，6 级地震 150 次左右，5 级地震 1500 次左右，4 级地震 1 万次左右，3 级地震 10 万次左右，2 级地震 100 万次左右。

对于产生地震的单个断层，或者单个断层的某些区段来讲，大地震的产生也可能呈现为特定的周期性。由于断层带应力的累积主要受控于岩石圈板块的持续运动，当累积的应力突破某处岩石的受力强度，便通过地震释放出相应震级的能量，使断裂带应力恢复到区

---

① 数据网址：https://www.usgs.gov/programs/earthquake-hazards/earthquake-magnitude-energy-release-and-shaking-intensity

域背景应力水平；经过特定的时间，这个应力再次累积到岩石的屈服强度，便产生下一次相当的地震，那么这个特定的时间可以称为地震的复发周期。比如，研究表明，2008年汶川8级地震的一支发震断层——北川—映秀断裂产生8级左右的大地震平均复发时间在3000年以内（Ran et al.，2013）；而美国圣安德烈斯断层的某些区段产生破坏性大地震的周期可能短至130～150年（Sieh and Jahns，1984；Sieh et al.，1989）。当然，随着研究的深入，某些断层或者断层的某些区段的破坏性地震复发周期也许并没有规律性（Weldon et al.，2004）。

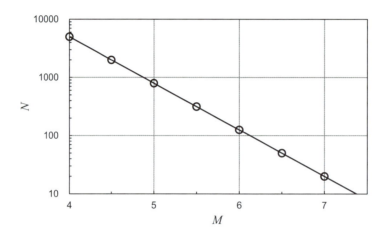

图 8-8　中国大陆 1970—2000 年发生的地震震级 M 及其频率 N 关系（G-R 关系）

其中 $a=6.9$，$b=0.8$

（数据来源：http://www.ceic.ac.cn/）

五、地震的分布（板块构造背景、世界及我国地震分布）

世界上的地震主要分布在岩石圈板块或大陆内部地块边界，不仅为我们展现了动态地球活动的生动图像，也为板块构造学说的建立和陆内活动地块（张培震等，2003）的认识立下了汗马功劳。

（一）世界地震带的分布

全球地震主要分布在以下四大区域。

环太平洋带：主要环太平洋板块边缘的岛弧及海沟地带，属现代板块的俯冲带。即从南美的麦哲伦海峡沿南北美洲的西岸，通过阿留申群岛，经日本、中国台湾、菲律宾到新西兰。这是世界上地震活动最强的地带。全球80%的浅源地震、90%的中源地震和绝大多数的深源地震都集中在这个地带。从海洋到大陆方向震源由浅到深。

阿尔卑斯-喜马拉雅-印尼带：从墨西哥湾横跨大西洋，沿地中海、高加索、喜马拉雅山，然后到印尼与环太平洋带相汇合。每年地震占全球总数的15%，以浅震为主，仅有少量中、深源地震。该地震带亦称欧亚地震带，与古板块缝合线密切有关。

洋脊地震带：包括大西洋中脊、太平洋中隆、印度洋与北冰洋海底山脉。以大西洋与印度洋中脊地区最明显，地震类型均为浅源地震。

大陆裂谷系地震带：如东非裂谷、红海亚丁湾、死海裂谷系、莱茵地堑，均为浅源地震。

（二）中国地震带分布

中国位于阿尔卑斯—喜马拉雅—印尼地震带与环太平洋地震带之间，地震活动强度大、频度高，以构造地震为主，呈带状分布，与当地构造线方向一致。从东到西主要地震带有（图8-9）：

台湾及东南沿海地震带，属环太平洋地震带范畴，为地震最多地区。

郯城—庐江地震带，北起辽东半岛的营口，经渤海、郯城、庐江到黄梅，受郯城庐江大断裂活动的控制。

东北地震带，从北京燕山南经山西到渭河平原，呈S形。

南北地震带，北起贺兰山、六盘山，南越秦岭过甘肃文县，沿岷江南下经四川盆地西缘，直达滇东地区，总长2000km，为规模巨大的强烈地震带。

西藏—滇西地震带，属阿尔卑斯—喜马拉雅—印尼地震带范畴。

国际地震中心－全球地震模型（ISC-GEM）统计处理的1904—2017世界地震震中与震源深度分布

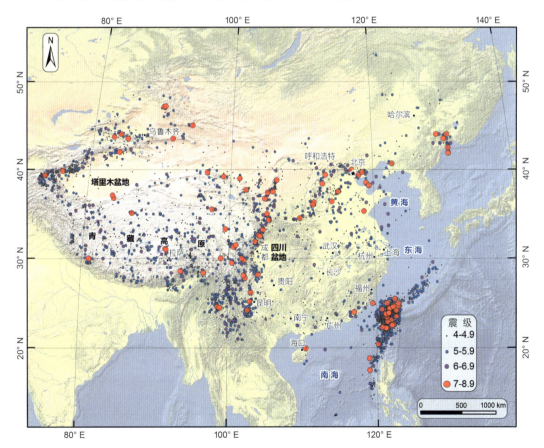

图8-9　中国地震震中分布图

DEM底图据地理空间数据云（http://www.gscloud.cn/search）；地震数据来源：中国地震台网（http://www.ceic.ac.cn/）

第二节　火山活动

一、火山定义、成因与类型

从严格定义上讲，火山是地下岩浆沿着一个或多个裂隙/通道喷出到地球（或其他行星）表面而形成的锥形（图8-10）、盾状和其他形状的山丘。这些火山有的位于陆地之上，也有很多位于海底，叫海底火山。

此外还有其他一些具有火山锥形和火山口，但是喷出物是岩浆之外的一些物质，我们称之为假火山。如果喷出物为泥，则称为泥火山（Mud Volcano，图8-11）；如果喷出物为含碳酸盐类的泉水，则称为泉华丘（Tufa Mound）。

火山按照活动性可以分成三类：活火山、死火山和休眠火山。

活火山（Active Volcanoes）：主要是指1万年以来活动过的火山。

死火山（Extinct Volcanoes）：过去1万年没有喷发历史，并且将来1万年不期望喷发的火山。

休眠火山（Dormant Volcanoes）：人类历史上喷发过，长期处在静止状态没有喷发，但在将来某个时候会喷发的活火山。

火山的"活"或"死"并无严格的科学标准，"死火山"可以复活，"活火山"也可以永远熄灭。关键的客观标准应该是火山下面是否存在活动的岩浆房系统。

二、火山地貌与分类

火山具有明显的地壳结构和地貌特征。在剖面结构上，它包括火山通道、火山口及火山锥（图4-10）。

（一）火山地貌

火山通道是火山喷发时与下面的岩浆相通的通道。火山喷发后，火山通道充填有熔岩和火山角砾岩，形成火山颈。

火山口是火山通道的出口，在火山锥的顶部或侧方较低洼，边缘很陡，火山物由此喷出。火山口积水形成的湖叫作火山湖。火山口直径一般小于1km。由于塌陷或爆炸产生的锅状火山口，叫作破火山口，直径8～12km。火山在多期次喷发后，可能造成在老而大的破火山口里出现小而年轻的火山口（图8-10）。

火山锥是火山喷发物堆积在火山通道周围形成的锥状地形；如果成群出现，则构成火山锥群。在地貌上，火山锥体表面发育的水系则为典型的放射状河流（图8-10）。

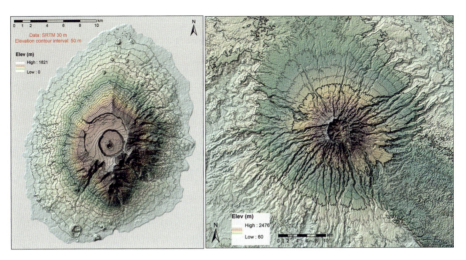

图 8-10　巴布亚新几内亚火山锥形及放射状水系地貌（注意：左边火山具有多个火山口）

DEM 底图据地理空间数据云（http://www.gscloud.cn/search）。

图 8-11　我国台湾高雄的泥火山（摄影：石许华）

（二）火山的分类

火山按照其构造背景成因，可分为汇聚板块边缘火山（如环太平洋汇聚板块边缘）、离散板块边缘火山（如大洋中脊）和热点型火山（如夏威夷火山）（于红梅，2018）。

在地貌上，根据火山的形状、大小、坡度和空间组成，火山可分为六种类型：裂隙式火山、盾状火山、熔岩穹丘、火山渣锥、复式火山、破火山口等（图 8-12）。这些地貌形成的控制因素包括火山物质的差异、喷发的方式、构造变形的影响，还有后期地表过程的改造。因此，与之相关的灾害程度也有不同。六种火山地貌类型描述如下。

（1）**裂隙式火山**（Fissure Volcano）：表现为线性的熔岩火山口，即熔岩沿地表狭长裂隙而喷出。地表坡度很缓，主要与玄武岩喷出有关。

（2）**盾状火山**（Shield Volcano）：山坡坡度较缓，一般 2°～3°，在近山顶处呈扁平状，形成一个整体向上凸起的形状，像盾牌一样，因此称为"盾状火山"，其体积一般超过 1000 km^3。该类火山几乎全部由玄武岩熔岩流组成。

（3）熔岩穹丘（Dome Volcano）：近圆形的突出体，地表坡度较前两种火山更陡，规模相对较小，一般由中酸性黏性岩浆从火山中缓慢流出产生，覆盖叠加形成。

（4）火山渣锥（Cinder Cone）：是一个陡峭的近圆形锥形体。锥体一般是对称的，高几十米到几百米，坡度 30° ～ 40°，大多数火山渣锥在顶部具有一个碗状的火山口。火山渣锥主要由松散的火山碎屑物（如火山渣、火山灰）堆积而成。

（5）复式火山（Composite Volcano）（也称为层火山，Strato Volcano）：呈圆锥形，其侧翼较陡，具有一个火山口，是最常见的火山类型，由黏滞度较高的熔岩层、火山喷发碎屑或火山灰层交互堆积而成。该种火山口也可能会塌陷成为破火山口。

（6）破火山口（Caldera Volcano）：一种特殊的火山口，由含气体的炽热黏滞度高岩浆在近地表爆发而后塌陷产生的火山口，在火山多期喷发时，可导致大火山口里面进一步发育小火山口（如图 8-10 左图）。若火山口有水累积则会形成火山口湖。该类型火山直径可长数十公里。

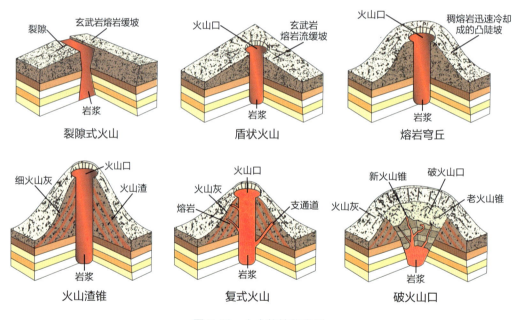

图 8-12　火山的地貌类型

（图片改自网站：https://nittygrittyscience.com/textbooks/forces-that-shape-the-earth/section-3-volcanoes-2/）

三、火山的喷发与火山物质

（一）火山喷发的形式

1.裂隙式喷发

岩浆沿着地壳上的巨大裂隙（断层）或按一定方向排列的雁行式裂隙（断层）溢出地表。故火山口不是圆形，而是一条条狭长的喷出口。熔岩一般属基性，含气体少，温度高，黏性较小，现代仅见于冰岛，也称冰岛型火山。这种裂隙式火山活动可能是古生代、中生代以至第三纪时期岩浆喷发活动的主要形式，常形成大面积覆盖的熔岩。如二叠纪峨眉山玄武岩几乎覆盖了我国西南三省交界的广大区域。又如张家口以北的第三纪汉诺坝玄武岩覆盖面积达 1000 多平方千米，厚约 300m。

2. 中心式喷发

岩浆由喉管状通道到达地表，这是现代活火山活动的主要形式。火山口常受两组裂隙（断层）交叉处控制。一般岩浆的酸度越高，气体含量越高，爆炸性也较高。

（1）宁静式（或称夏威夷型）：火山爆发时只有大量熔岩自火山口宁静涌出，无爆炸。熔岩多为黏性小、易流动、不易冷却凝固的基性熔岩。火山开始爆发之前，通常会出现很多警告性迹象，使人们有充裕时间撤离危险区。

（2）爆裂式（也称培雷型）：火山爆发时产生非常猛烈的爆炸，喷出黏性大、不易流动、含气体多、冷凝快的酸性熔岩。爆炸时大量的气体、火山灰、火山渣和火山弹喷射出来，有时熔岩会溢出火山口，但不会流得太远，如培雷火山 1902 年 5 月 8 日突然喷出发光云，高热（达 1100℃）气体和火山灰从火山中射出，形成高达 3962m 的烟云。热气经过其旁的安的列斯群岛马提尼克首都圣彼得城到达海中，使海水沸腾，城中 2.8 万居民除 2 人外全部遇难。

（3）中间式：介于宁静式与爆裂式之间，喷发时而宁静，时而猛烈，溢出的熔岩性质也有变化，喷出的气体和碎屑物相当多。大多数火山均属这一类型。如维苏威火山、帕里库廷火山、斯创博里火山等。这类火山喷发首先喷出大量气体与火山碎屑物，随后溢出熔岩，但流得不远。地下岩浆性质和气体含量作周期性变化，导致同一个火山在不同时期可能有不同类型喷发。如早期为猛烈式，后来变成宁静式，以后又可能变成猛烈式，呈周期性更替。当然不同火山更有可能属于不同喷发类型。

（二）火山喷出物

火山喷出物的化学成分很复杂，其物质状态可分气态、液态和固态物质三种。

气体物质，最常见的是水蒸气，占 60%～90%，此外还有 CO_2、CO、NH_3、NH_4Cl、HCl、Cl_2、S、N_2 等。喷气的成分与火山温度关系密切，当温度很高（大约 500℃以上）时，喷出物很少为水蒸气，多为 HCl、$NaCl$、KCl、$FeCl_3$ 等盐类的蒸气；温度为 360～500℃时，主要为 HCl、H_2S、H_2CO_3 等蒸气，并有少量水蒸气及硫黄；当温度为 100～300℃时，主要喷出物为 NH_4Cl 和 H_2SO_3 等；低于 100℃的喷出物主要为水和 CO_2。从空间上看，喷气孔离火山口越近，温度越高。从时间来看，同一喷气孔也有变化，如喷出物从氯化物转变为硫化物、二氧化碳，说明火山活动渐趋停息，相反则说明火山正开始活动。喷出的气体物质有相当部分由气体凝固直接升华堆积在火山口附近。

液体喷出物——熔岩。不同火山喷出的熔岩量大不相同，有的一次仅喷发数立方米的熔岩，有的一次喷出量可达几百万至几十亿立方米。如冰岛某火山一次喷发的熔岩长达 80km，宽 24km，厚 10～30m。按熔岩中 SiO_2 的含量百分比可分为酸性熔岩（$SiO_2 > 65\%$）、中性熔岩（$65\% \geqslant SiO_2 \geqslant 52\%$）和基性熔岩（$SiO_2 < 52\%$）。

固体喷出物——火山碎屑岩。部分来源于火山通道的凝固岩浆岩和通道四壁的围岩，部分为液体物质喷射到空中冷却凝固的产物。按大小可分为火山弹、火山渣、火山豆、火山砂和火山灰。距火山口越远，降落的火山碎屑物越细。火山渣和火山弹一般只落在火山口附近，而火山灰可以被风吹到很远的地方。

四、火山的分布

（一）世界火山的空间分布

世界上绝大多数火山分布于板块边界带，与全球地震带耦合密切（图8-13）。现今世界上已发现在全新世活动过的火山有约1350座，有更新世活动记录的有约1304座[①]。它们常成群并呈带状分布（图8-13）。

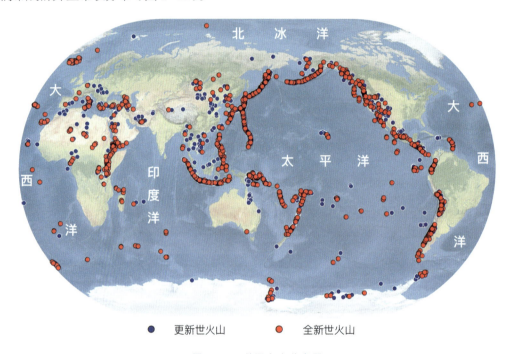

图8-13　世界火山分布图

DEM 底图据地理空间数据云（http://www.gscloud.cn/search）

（1）**环太平洋火山带**：从我国台湾—日本群岛—千岛群岛—堪察加—阿留申群岛—阿拉斯加，再转南经北美、南美到新西兰，最后到菲律宾绕太平洋一周，此带有一分支为安的列斯群岛、自安第斯山分出。

（2）**地中海—印尼火山带**：从地中海向东经高加索、喜马拉雅山到印尼到太平洋火山带会合，自巴尔干分出一分支东非裂谷系。

（3）**洋脊海山火山带**：主要包括太平洋、大西洋及印度洋等洋脊和大洋盆地中的海岭山脉地带。如夏威夷群岛火山、冰岛火山、佛德角群岛火山和亚速尔群岛火山等。

① Global Volcanism Program, 2013. Volcanoes of the World, v. 4.10.4. Venzke, E (ed.). Smithsonian Institution. Downloaded 30 Dec 2021. https://doi.org/10.5479/si.GVP.VOTW4－2013.

（二）中国火山的空间分布

中国的火山现今活动的较少，但第四纪火山很多，尤以东部地区为甚。其中活火山主要分布在如下地区（图8-14）：吉林长白山天池火山（1668年、1702年喷发）、黑龙江五大连池火山（1720年、1721年喷发）和镜泊湖火山（约1000年前喷发）、可可西里阿什火山（1951年喷发）、内蒙古阿尔山火山、琼北海口火山（约4000年前喷发）、腾冲火山群（1609年喷发）。

现在腾冲有最大的火山群和热海温泉，共有8大火山群，大小火山97座，火山锥、火山溶洞、火山口湖等景点星罗棋布，热泉、温泉成群。著名热泉——大滚锅泉水温度高达98℃。黑龙江德都县五大连池火山的喷发，开始于1719年，但大量熔岩喷发在1720—1721年。这次喷发很猛烈，据记载："……烟火冲天，其声如雷，昼夜不绝，声闻五、六十里，其飞出者皆黑石硫黄之类，经年不断，热气逼人三十里……"由于玄武质熔岩堰塞河谷形成风景优美的五大连池。另外，我国台湾地区的大屯火山群之七星山也是一座活火山。

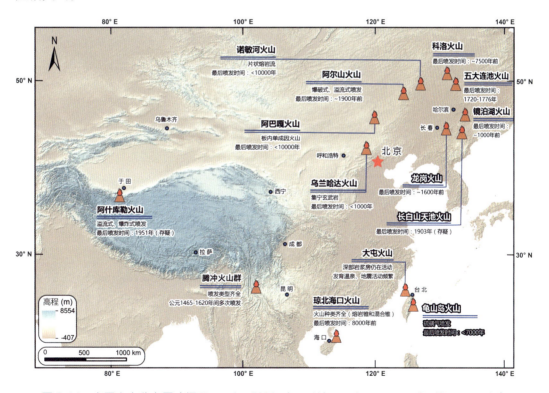

图8-14　中国火山分布图（据 Xu et al.，2021；http://data.volcano.org.cn/?c=i&a=tectonic）

DEM底图据地理空间数据云（http://www.gscloud.cn/search）

练习题

1.如何利用地震波确定震中位置?
2.中国的地震带主要分布在哪些区域?
3.火山的爆发性与哪些因素有关?
4.火山的喷发物有哪些?

思考题

1.地震与火山活动所释放的能量受哪些因素控制?
2.在板块运动之外,地震和火山的活动性是否还可能受外动力作用(甚至是太阳系其他行星运动)影响?
3.太阳系其他行星是否存在地震和火山活动? 如果存在,其发生机制与地球上的有什么区别?
4.我们如何了解地质历史时期的地震与火山活动?

参考文献

[1] Condie K C. Earth as an evolving planetary system[M]. 4th ed. New York: Academic Press, 2021: 397.

[2] Gutenberg G B, Richter C F. Seismicity of the Earth and Associated Phenomena[M]. Princeton: Princeton University Press, 1949: 273.

[3] Kiser E, Kehoe H, Chen M, et al. Lower Mantle Seismicity Following the 2015 Mw 7.9 Bonin Islands Deep-Focus Earthquake[J]. Geophysical Research Letters, 2021, 48(13): e2021GL093111.

[4] Lay T, Hernlund J, Buffett B A. Core-mantle boundary heat flow[J]. Nature Geoscience, 2008, 1(1): 25-32.

[5] Mooney W D, Laske G, Masters T G. Crust 5.1: A global crustal model at 5° x 5°[J]. Journal of Geophysical Research B: Solid Earth, 1998, 103(1): 727-747.

[6] Ran Y K, Chen W S, Xu X W, et al. Paleoseismic events and recurrence interval along the Beichuan–Yingxiu fault of Longmenshan fault zone, Yingxiu, Sichuan, China[J]. Tectonophysics, 2013, 584: 81-90.

[7] Richter C F. An instrumental earthquake magnitude scale[J]. Bulletin of the Seismological Society of America, 1935, 25(1): 1-32.

[8] Richter C F. Elementary Seismology[M]. San Francisco: W.H. Freeman and Company, 1958: 768.

[9] Sieh K E, Jahns R H. Holocene activity of the San Andreas fault at Wallace Creek, California[J]. Geological Society of America Bulletin, 1984, 95(8): 883-896.

[10] Sieh K, Stuiver M, Brillinger D. A more precise chronology of earthquakes produced by the San Andreas fault in southern California[J]. Journal of Geophysical Research: Solid Earth, 1989, 94(B1): 603-623.

[11] Weldon R, Scharer K, Fumal T, et al. Wrightwood and the earthquake cycle: What a long recurrence record tells us about how faults work[J]. GSA Today, 2004, 14(9): 4-10.

[12] Xu J, Oppenheimer C, Hammond J O S, et al. Perspectives on the active volcanoes of China[J]. Geological Society, London, Special Publications, 2021, 510(1): 1-14.

[13] 陈颙. 院士谈减轻自然灾害：地震灾害[M]. 北京：地震出版社，2018: 66.

[14] 冯锐，俞言祥. 张衡地动仪与公元 134 年陇西地震 [J]. 地震学报，2006(6): 654-668.

[15] 冯锐，朱涛，武玉霞，等. 张衡地动仪的科学性及其历史贡献 [J]. 自然科学史研究，2006, (S1): 1-15+78.

[16] 于红梅. 火山分类 [J]. 城市与减灾，2018, 5: 12-17.

[17] 张培震，邓起东，张国民，等. 中国大陆的强震活动与活动地块 [J]. 中国科学：D 辑，2003, 33(B04): 12-20.

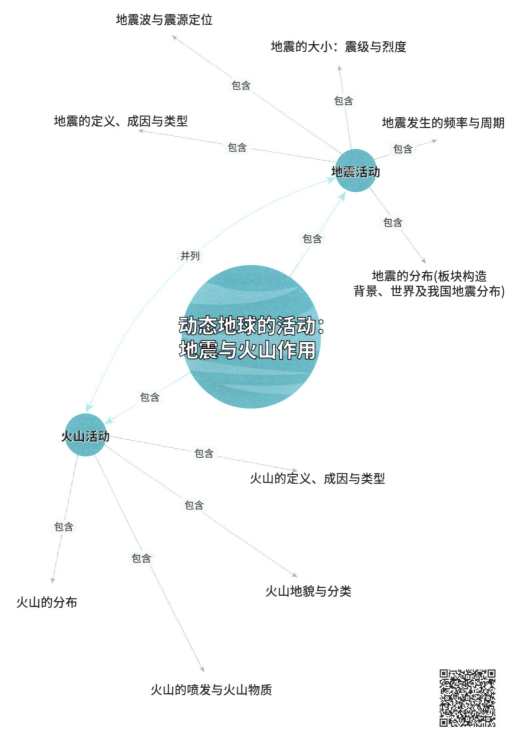

地震波与震源定位

地震的大小：震级与烈度

地震的定义、成因与类型

地震发生的频率与周期

包含

包含

包含

包含

地震活动

并列

包含

包含

动态地球的活动：
地震与火山作用

地震的分布(板块构造
背景、世界及我国地震分布)

火山活动

包含

火山的定义、成因与类型

包含

包含

包含

火山的分布

火山地貌与分类

火山的喷发与火山物质

动态地球的
活动：地震
与火山作用

第九章

CHAPTER 9

金属与非金属矿产资源

第一节 概　述

矿产资源是人类文明的物质基础。人类生活中方方面面的生产生活用品都直接或间接来自矿产资源。实际上，整部人类文明史就是一部不断开发和利用矿产资源的历史。从石器时代、青铜器时代、铁器时代直至现代信息化时代，几乎人类所有重要的文明时代都与代表性矿产密切相关。

进入 21 世纪，发达国家对矿产资源的持续高位需求、发展中国家工业化的不断推进以及全球化程度的不断提升，同时低碳发展、新能源革命和数字经济已经逐渐成为全球主要国家和经济体发展的主旋律。因此，预计未来数十年全球对矿产资源的需求将继续保持高速增长。如何应对和满足可持续发展的重大资源需求以及持续安全供给，一直是全球关注的焦点之一，不仅事关国计民生和国家安全，而且关系到世界经济发展和政治格局。

矿产资源是指经过地质成矿作用，使埋藏于地下或出露于地表，并具有开发利用价值的自然矿物或有用元素含量达到具有工业利用价值的岩石和矿石资源。

按其物理状态矿产资源可分为固体矿产（如铁、煤等）、液体矿产（如石油、矿泉水等）和气体矿产（如天然气等）三大类。

按其主要用途的不同，矿产资源又大致可分为：①金属矿产，如铁、铜等；②非金属矿产，如硫、磷等；③能源矿产，如煤、石油、天然气等；④水资源，包括地表水与地下水；⑤旅游地学资源，如地貌、洞穴、地质遗迹等地质和自然生态旅游资源。

本章着重介绍金属与非金属矿产资源。

一、矿产资源有关概念与术语

矿床：是在一定地质作用下形成的，在质和量上符合当前开采利用水平要求的有用矿物的聚集地段。矿床由矿体和围岩两个基本部分组成。

矿体：是矿床的核心部分，是有一定的几何形态、规模和产状的矿物或岩石的自然聚集体。一个矿床可由一个矿体也可由大小不等的几个矿体群组成。矿体存在于围岩中，围绕矿体周围的岩石，即围岩。矿体又由矿石和脉石两部分组成。

矿石是矿体中能提取的有用矿物部分，主要包括具有经济价值的金属和非金属矿物；

其余部分叫脉石，主要包括脉石矿物指与矿石矿物相伴生的、当前还不能利用或不被利用的矿物。例如，矿体所含的围岩角砾或低矿化围岩残体等。

品位：是指矿石中金属或有用组分的单位含量。它是衡量矿石质量的主要标志。金属矿产一般用所含金属元素或氧化物的重量百分率来表示，而贵重金属则用每吨矿石所含金属元素的克数即 g/t 来表示。工业品位是指在当前科学技术及经济条件下能供开采和利用矿段或矿体的最低平均品位。例如，金矿为含 Au 5g/t；铜矿为含 Cu 0.4% ~ 0.5%；铁矿含 Fe 25% ~ 30% 等，否则，限于当前技术或经济条件，则难以开采利用。

你知道矿石与岩石的联系和区别吗？

储量：指矿床规模。这也要有相应的要求。富矿，规模可小一点；贫矿，要求具有的规模足够大。

二、矿产资源的分类

矿产资源的分类方法很多，较常用的是成因分类和工业分类。

（一）矿床的成因分类

矿床学中应用最广的是成因分类，即根据形成矿床的地质作用、成矿作用进行分类。所谓成矿作用是指分散的有用元素迁移并在特定地质环境下富集成矿的作用。矿床和岩石都是在相应的地质作用下形成的矿物集合体。因此矿床成因分类和岩石成因分类相类似，且可互相对应，主要包括如下几类：

岩浆矿床：各类岩浆通过结晶作用与分异作用，使分散在其中的成矿物质得以聚集而形成的矿床。

热液矿床：火成岩侵入形成的汽水溶液即热液，在周围的岩石循环时，会溶解围岩中的金属离子形成含矿热液，当环境条件改变（压力更低、温度更低、酸度不同或含氧量不同）时沉淀为矿石，就形成了热液矿床。当矿石在裂缝中沉淀时，形成脉状矿石；当它们在孔隙中沉淀时，则分散在整个岩石中，形成浸染状矿石。

海底块状硫化物矿床：沿洋中脊分布的热液喷口（黑烟囱）喷出热液，热液与海水混合后冷却，热液中溶解的组分沉淀为沿喷口分布的块状硫化物形成的矿床。

次生富集矿床：在地壳上部，地下水通过溶解矿石并带走含矿离子，在流入另一个环境时，会沉淀析出新的矿石，从而形成次生富集矿床。

沉积矿床：地表条件下，成矿物质被水或风、冰川、生物搬运到水体内沉淀聚积而形成的矿床。

（二）矿产资源的工业分类

矿产的工业分类是依矿产的性质及在工业上的主要用途进行分类的。该分类在工业、商业及其他方面运用很广。表 9-1 展示的是当前众多分类中的一种。

金属矿产：指通过采矿、选矿和冶炼等工序，从中可提取一种或多种金属单质或化合物的矿产。它是钢铁、有色金属等原材料工业的物质基础。按金属元素的性质和主要用途，金属矿产可细分为黑色金属矿产（如铁、锰、铬、钒、钛等）、有色金属矿产（如铜、铅、锌、铝土矿、镁等）、贵金属矿产（如铂、钯、金、银等）、稀有金属矿产（如铌、钽、锂、铯等）、稀土金属矿产和分散元素矿产等。

非金属矿产：指能提取某种非金属或直接利用其物化或工艺性质的矿产。只有少数非金属矿产可以提取非金属元素或化合物，如硫、磷、砷等，而大多数非金属矿产是利用它的物化或工业特性。如金刚石主要用其高硬度、高折光率和色散性能；水晶是利用其光学和压电性能。非金属矿产大体上又可分为冶金辅助原料（如菱镁矿、萤石、耐火黏土等）、化工原料（如硫、磷、矿盐、钾盐等）、建材及其他非金属矿产（如石灰岩、高岭土、长石、石英等）和宝石、玉石非金属矿产（如各种宝石、玉石、玛瑙等）。

表 9-1　矿产资源工业分类

金属矿产	黑色金属矿产：铁（Fe）、锰（Mn）、铬（Cr）、钛（Ti）、钒（V）、镍（Ni）、钴（Co）、钨（W）、钼（Mo）等； 有色金属矿产：铜（Cu）、铅（Pb）、锌（Zn）、锡（Sn）、铋（Bi）、锑（Sb）、汞（Hg）等； 轻金属矿产：铝（Al）、镁（Mg）等； 稀有、稀土金属矿产：钽（Ta）、铌（Nb）、铍（Pe）、锂（Li）、锆（Zr）、铯（Cs）、铷（Rb）、锶（Sr）、铈（Ce）族金属（轻稀土）、钇（Y）族金属（重稀土）等； 贵金属矿产：金（Au）、银（Ag）、铂（Pt）、钯（Pd）、铱（Ir）、锇（Os）、钌（Ru）、铑（Rh）等； 分散元素矿产：锗（Ge）、铊（Ti）、镓（Ga）、铼（Re）、钪（Sc）、硒（Se）、碲（Te）、镉（Cd）等； 放射性金属矿产：铀（U）、钍（Th）等
非金属矿产	冶金辅助原料矿产（包括熔剂、耐火和陶瓷材料） 化工原料矿产（包括农用原料） 宝石、玉石矿产（包括工艺石料） 建筑材料矿产（包括技术矿物原料）
能源矿产	石油与天然气（包括非常规油气，如页岩气、煤层气、致密气、致密油等） 煤 泥炭 油页岩 干热岩

第二节　金属矿产资源

一、黑色金属矿产

（一）铁

铁在地壳中的平均含量为 5.10%。自然界含铁矿物约 300 多种，但在工业上被利用的仅有少数几种，如磁铁矿（含铁 72.4%）、赤铁矿（含铁 70%）、褐铁矿（含铁 48%～63%）、菱铁矿（含铁 48.4%）。铁在各个地质时代、各种地质条件下都可富集成矿，因此其成因类型繁多。

铁是工业发展的基础，是衡量一个国家工业发展程度的标志之一。我国的钢铁工业自改革开放以来有了突飞猛进的发展，2000 年以后，中国逐渐成为世界钢铁消费中心，钢铁生产和消费量均跃居世界首位。

（二）钒和钛

钒大都呈分散状态，主要矿物有钒云母、钒钾铀矿、绿硫钒矿及钒钛磁铁矿等。钒的单独矿床，工业要求含 V_2O_5 0.5%～0.7%，钒作综合利用时则要求含 V_2O_5 0.1%～0.5%。钒通常与铬、镍、钼、锰等一起生产特种合成钢，用于切削工具、发动机、舰船、航天、军工等工业部门以及化学工业。高强度钢中含钒可达 5%，美国 80% 的钒用于钢铁工业。我国不仅是世界第一大钒资源国，也是第一大生产国和消费国，在国际钒市场占有重要地位。

钛的工业矿物主要是金红石和钛铁矿。钛及钛的合金具有密度小、强度高、耐腐蚀、抗高温等特点，在现代工业特别是航天工业中被大量应用，是优良的金属构件材料，具有战备金属地位，可用在化学工业中制造反应塔、蒸馏塔、海水淡化装置。钛在颜料、油漆、造纸、塑料等工业部门的用量大。

（三）锰

自然界已发现的含锰矿物约 150 种，但是主要的工业矿物是软锰矿、硬锰矿，其次是菱锰矿和锰方解石。

锰是钢铁工业的重要原料之一，它既是生产各种牌号合金钢的基本元素，又是炼钢过程中所需的脱氧剂和脱硫剂，是钢材中除铁以外用量最大的元素，有"无锰不成钢"之称。锰钢具有特殊的强度和韧性，是机械制造及其他重工业的基础材料。此外，还应用于轻工业（用于电池及印漆等）、化学工业（制造各种含锰盐类）、农牧业（化肥及杀菌剂等）、建材行业（陶瓷和玻璃的褪色剂和着色剂）以及国防工业等各个领域。因此，锰矿资源是国民经济建设的重要战略物资。

（四）镍

镍的主要工业矿物有镍黄铁矿、针硫铁矿、红砷镍矿、暗镍蛇纹石等。最主要的成因类型有岩浆熔离型铜—镍硫化物矿床及风化壳型镍矿床。一般工业要求矿石中含镍不低于0.5%。矿石中常伴生有铜、铬、铂、钴等元素，可以综合利用。

镍是重要的战略物资。约有一半以上的镍用于制造不锈钢和合金结构钢，这些钢材广泛用于军工、航天、原子能等工业领域。

（五）钨

在已知的 18 种钨的自然化合物中，只有下列 4 种矿物具有工业意义，即黑钨矿、白钨矿、钨锰矿和钨铁矿。钨铁矿床最低开采品位为含 WO_3 不小于 0.2%。中国是世界上钨矿储量最丰富的国家。

钨具有熔点高、硬度大、化学性质稳定、导电性好、抗磁性和耐腐蚀性高等优良特性，因此可用于制作硬质合金、钻头、高精密刀片、超硬磨具、枪械等，广泛应用于航天、汽车、建筑等领域。目前全球钨约 55% 用于硬质合金的冶炼，约 23% 用于生产超耐热不锈钢，约 14% 用于轧制成品，约 8% 用于其他。目前最主要的应用领域为汽车行业、钢铁行业、能源产业等。近年来，新型钨基材料如高性能硬质合金（超细、纳米、耐磨等）、超硬材料等发展迅猛，带动了钨的需求增加。由于钨的优良特性和不可替代性，世界各国相继把钨列入战略性矿产目录。

二、有色金属矿产

（一）铜

铜是一种与人类有着密切关系的有色金属，在金属的材料消费中仅次于钢铁和铝，是社会经济发展中不可或缺的基础物质。铜及其合金因易加工、耐腐蚀，具有良好的导电性、导热性、延展性、抗张性，在电气、机器制造、交通、化工、国防、冶金及轻工等工业部门得到广泛应用。

铜的工业矿物有黄铜矿、斑铜矿、辉铜矿等。铜矿主要成因类型有热液交代矿床、沉积变质矿床和岩浆熔离矿床。近年来，随着经济的快速发展，我国精铜产量和消费量均居全球首位。

（二）铅、锌

铅、锌的主要工业矿物是方铅矿、白铅矿及闪锌矿、菱锌矿。一般铅的最低工业品位为 0.7% ～ 1%，锌为 1% ～ 2%。铅、锌矿床中常含有银、镉、铟、镓、硒等，可综合利用。主要矿床成因类型有沉积改造型、热液型、矽卡岩型和火山沉积型。

铅、锌是重要的工业原料，其全球金属消费量排名仅次于铁、铝、铜。铅在国防、颜料、玻璃、医药等工业部门或X射线技术、原子能技术及印刷技术等方面有广泛用途。锌在机器制造、运输、无线电、玻璃、颜料等工业部门及镀铁、照相、铸造等技术方面均有广泛用途。

（三）锡

含锡的独立矿物有 50 种，主要的锡矿物有 20 多种，具有经济意义的主要为锡石，其次为黄锡矿。原生锡矿最低可采品位是 0.2%。矿床中常含有铜、铅、锌、钨、铋、钼等可综合利用。我国是全球最大的锡资源储量国和产量国，也是全球最大的锡消费国。

锡是人类发现和利用最早的金属，它与铜在人类历史中创建了一个重要文明时代——青铜时代。自古以来，锡被用于制造食品容器，因此，A.E.费尔斯曼曾将锡称作"制造罐头盒的金属"。锡是一种重要的基础金属材料，被许多国家列为战略矿产。未来随着 5G、半导体和电动汽车等产业的迅速发展，锡的需求量将会进一步加大，锡矿资源的保障需求越来越重要。锡合金焊料使用量最大，接近世界锡消费量的一半，主要用于电子工业行业焊接；其次是锡化工行业（工业催化剂、阻燃剂、稳定剂和杀虫剂等）；马口铁生产也需要大量的锡，马口铁具有强度大、可加工性强、可焊接、无毒及耐腐蚀等特性，在食品饮料包装、照明工程、玩具制造和厨房用具等方面广泛应用；此外，锡可以用来提高锂离子电池的续航时间，在新能源等电池领域也有比较广泛的应用。

三、轻金属矿产

（一）铝

铝是地球上存在最多的一种金属。在所有元素中，它仅次于氧与硅，居第三位。铝及其合金因重量轻、坚韧性强、导热、导电，用途广泛，在建筑、交通、电子电力、机械、日用品、包装材料等方面都有广泛的应用。

1827 年德国化学家维勒在实验室第一次制备出了金属铝；1886 年，美国大学生霍尔和法国大学生埃罗各自独立地研究出电解制铝的方法，这一方法开创了人类大规模工业化生产铝和应用铝的历史，并沿用至今。人类使用金属铝的历史较为短暂，仅有一百多年，但在这短暂的一百年间，全球铝资源的开发利用发展迅猛，全球铝产量在 1956 年开始超过铜的产量，从此在有色金属产量中一直高居首位，在所有金属产量和用量中仅次于钢铁，居第二位。

自然界有很多含铝矿物，但可以被商业化提取铝资源的原料只有铝土矿。铝土矿通常是指以三水铝石、一水软铝石或一水硬铝石为主要矿物，赤铁矿、针铁矿、高岭土、蛋白石、石英、金红石、锐钛矿等为次要矿物所组成的集合体。铝土矿质量要求含 Al_2O_3 35% ～ 40%，铝硅比值（Al_2O_3/SiO_2）≥ 2.6。矿床中常含镓、钒、钛、铌、钍等元素。

（二）镁

菱镁矿按矿床成矿条件分为晶质菱镁矿、隐晶质菱镁矿。晶质菱镁矿以白色和浅肉红为主，多为放射状、粒状、块状集合体。我国是世界上镁资源较为丰富的国家，具有世界上最大的镁化合物生产能力。

四、贵金属矿产

（一）金

金的最主要工业矿物是自然金（其中常含银 4% ～ 5%），其次是金银矿（含金 50% ～ 80%，含银 15% ～ 50%）等。

金是人类最早发现和利用的金属之一，主要用作货币和装饰品；20 世纪 50 年代以后，也广泛用于工业上。金具有高度的化学稳定性、良好的导电性、导热性和延展性，因此与银、铜的合金常用于高级仪器、仪表、电子、航天工业中。在国际上常以黄金代表货币价值，因此一个国家的黄金储备量是经济实力的象征之一。我国是黄金第一大产量和消费国，2007—2017 年连续 11 年矿山金产量世界第一，2013—2017 年连续 5 年黄金消费世界第一。

（二）银

银是一种贵金属，比较常见的是用其制成的饰品。

银还有特殊的杀菌功能。银在水中能分解出银离子，而银离子具有惊人的杀菌能力，只要十亿分之几毫克的银，就能净化 1 升水，因此，在当今的航天飞行中，银已成为可贵的净水剂，现在许多客机上给旅客的饮用水，多数也是用银净化的。普通的抗生素，仅能杀死 16 种不同的病原体，而用银制的抗生素，却能杀死 650 种以上的不同病原体，它几乎是"无菌不杀"。据测验结果，伤寒菌在银表面上只能存活 8 小时，白喉菌也只能存活 3 天。

银的主要工业矿物有自然银、辉银矿、锑银矿等。在工业中以照明业用量最大，其次在电气、电子及航天、原子能部门也有很大用途。

五、"关键矿产"与"三稀"金属矿产

近年来，国际上提出"关键矿产"的概念。关键矿产是指人类社会发展到关键阶段、在关键场合发挥关键性作用的矿产资源（王登红等，2019；毛景文等，2019）。这是一个在不同国家、不同时段、不同场合会给出不同界定的动态概念，如铜和锡开启了青铜时代，铁开启了农耕文明时代，锗和硅开启了微电子时代和信息时代（王登红等，2019）。今天，国际上的关键矿产主要是指对新材料、新能源、信息技术、航空航天、国防军工等新兴产业具有不可替代且有重大用途的一类金属元素及其矿床的总称（翟明国等，2019）。这些关键矿产大致包括了稀有、稀土、稀散金属（简称"三稀"金属）、稀贵金属（铂族金属）和部分在我国被称为有色金属而国际上公认属于稀有金属的 Sb、Sn、Co、Ti、V 等，稀有气体和部分非金属矿产也涵盖在内。"三稀"金属矿产主要包括铌、钽、铍、锆、稀土元素、铯、锗、铊、钪、镓、铼、铷、硒、碲等。

我国历来用"贵如黄金"来形容某些价格贵的东西，实际上，黄金并不是最贵的金属，除铑、铂、铱等金属比黄金贵外，锎的价格比黄金贵 100 万倍。我国是世界"三稀"金属矿产主要的生产国和出口国。"三稀"金属矿产必将在我国科技创新领域发挥越来越重要的作用。

第三节　非金属矿产资源

一、非金属矿产的特点

非金属矿产是指除金属矿产和能源矿产之外，所有具有工业价值、可供开采利用的天然矿物与岩石。实际上还包括一些公认为金属矿物，但又被当作非金属矿产利用的部分矿产，如赤铁矿、钛铁矿、铬铁矿和锰矿等。

随着科学的进步、工业的发展、人类生活水平的提高，人们对非金属矿产的开发利用得到迅速的发展。非金属材料代替金属材料的领域正在不断扩大，可以说人们的衣、食、住、行的改善和现代化在很大程度上将依赖于非金属矿产资源的开发利用，一个新的"石器时代"已经开始。非金属矿产开发利用程度也是国家经济发展成熟的标志，各国都很重视非金属矿产资源的开发利用。

二、建材原料

石材是各种建筑工程使用量最大的材料，按其用途可分为三类，即一般建筑石料、装饰性建筑石材和天然轻质骨料。

（一）一般建筑石料

凡具一定块度、强度、稳定性和可加工性的天然岩石，均可用作一般建筑石料。自然界中的岩浆岩、沉积岩和变质岩只要在物理技术性质上符合工业指标要求，均可作为石料

开发。这里不是利用其中的某种元素，而是利用岩石的整体物理性能。这包括岩石的块度、孔隙度、吸水率、饱水度、硬度、耐磨性、耐酸性、力学强度、软化性及耐冻性等。

根据其物理特性，岩料可分为：机械强度高、耐侵蚀的硬质石料，如岩浆岩类及其他硅酸盐岩、石英岩等；机械强度较低、可加工性较好的软质石料，如沉积岩中石灰岩、白云岩和变质岩中的板岩、大理岩等。

根据石料的物理技术性质及其具体用途可分为铺面石（块石、板石），铺路石（边缘石、方块石、条石），水利工程、桥墩、港口、堤坝等用的石料（条石、轧石），房屋及地面工程建筑用的石料（轧石、碎石），屋顶片石（板岩）等。

（二）装饰性建筑石材

这类石材具有美丽的色泽和花纹，常加工成板材，作建筑物室内外的饰面材料。按组分及物性，常见的有两类：①大理石，主要是碳酸盐类岩石，硬度较小，属软质石材；②花岗石、硅酸盐类岩石，硬度大，属硬质石材。

（三）天然轻质骨料

随着城市建筑向高层、超高层方向发展，建筑用材多使用加气混凝土、轻质骨料混凝土、石膏制品等轻质建材。骨料是混凝土和灰浆中起骨架及充填作用的粒状材料，过去常用砾石、精砂等，现改用轻质骨料物质。一种是工业上的副产品如炉渣、煤灰，另一种是天然产出的岩石和矿物，主要有浮石、火山渣、膨胀黏土、珍珠岩和蛭石等。浮石和火山渣可直接利用，而膨胀黏土、珍珠岩和蛭石还需人工预热，焙烧膨胀以后才能利用。轻质骨料容量小、隔热、隔音性能好，具防火抗震性能，并有耐冻、抗腐蚀、吸水少、热膨胀系数低、化学惰性大，以及容易与水泥胶结的特点。

三、农用非金属原料

非金属矿产在农业上主要用于土壤改良、生产农肥与农药载体三个方面。据统计目前世界上用于农牧业的非金属矿产有30余种，而我国对于农用非金属矿产的开发应用尚处于探索阶段。这与我国非金属矿产资源优势很不相称。

发展农业离不开农肥与农药，农肥主要有磷肥、钾肥、氮肥和镁肥等。磷肥可称得上植物的生命元素，磷肥原料主要有磷灰石、鸟粪土和蓝铁矿；钾肥是提高植物产量、质量的重要元素，钾肥原料主要是钾盐，其次是明矾石、钾长石、霞石、海绿石和黄钾铁矾等；氮肥有钠硝石，是植物的营养元素，泥炭是比较经济的氮肥；镁肥是植物叶绿素的重要成分，镁肥原料有镁盐、菱镁矿、白云岩、蛇纹岩和橄榄岩等。

农药原料有硫矿（包括自然硫、黄铁矿、白铁矿、磁黄铁矿）和砷矿（包括毒砂、雄黄和雌黄），还有石盐、萤石、重晶石、毒重石等。用硫、砷等可制成多种杀虫药剂。

另外，利用一些矿物和岩石作畜禽饲料的添加剂，是值得开拓的新途径。

四、陶瓷及玻璃工业原料

（一）陶瓷工业原料

陶瓷是我国古代五大发明之一，中国的陶瓷生产有极悠久的历史与光辉的成就，所使用的原料主要是硅酸盐类矿物，主要有黏土矿物、长石和石英。

黏土类矿物原料是含水铝硅酸盐矿物的混合体，自然界黏土矿物很少呈单矿物出现，通常是数种黏土矿物混合共生在一起，而形成不同类型的黏土。最常见的黏土矿物有高岭石类、蒙脱石类和伊利石类。

长石类矿物原料是不含水的碱金属或碱土金属铝硅酸盐矿物。长石主要类型有钾长石、钠长石等。长石类矿物原料在陶瓷生产中主要作熔剂，是不可缺少的原料，用量仅次于黏土，是制作坯体和釉料的基本组分。

石英类矿物原料是生产陶瓷的基本原料之一，其化学成分为 SiO_2，是构成陶瓷的主要成分，常用的石英原料有脉石英、石英岩、石英砂岩和石英砂。

另外陶瓷工业还有辅助原料，如滑石、硅灰石、方解石和白云石及少量萤石、硅藻土等。

（二）玻璃工业原料

玻璃产品主要为平板玻璃和器皿玻璃两类，均属钠钙硅酸盐玻璃。硅质原料是生产玻璃的主要原料，包括石英砂、石英砂岩、石英岩和脉石英，其质量取决于它们的化学成分、矿物成分和颗粒组成等因素，其用量约占玻璃原料总量的 2/3。硅质原料仅仅提供了玻璃成分中 SiO_2 的来源，生产中所需的 CaO、MgO、Al_2O_3、Na_2O、K_2O 系列要靠配料来解决，常用配料有碳酸盐岩（包括灰岩、白云岩及菱镁矿）、长石（铝硅酸盐矿物）、芒硝（硫酸盐矿物）和萤石（做助熔剂）。

五、化工原料与冶金辅助原料

（一）化工原料

作为化工原料的非金属矿产分布广、种类多，现介绍主要的几种矿物资源：

磷灰石：含磷氧化物，除年产量的 85% 以上用于制造磷肥之外，还作为化工原料制造黄磷、红磷、磷酸、五氧化二磷、五硫化二磷、三氯化磷、五氯化磷、磷酸铵、磷酸钙及磷酸钠等。其用途较广，用于医药、农药、电镀、染料、食品、油脂、营养剂、饲料、肥皂、洗涤剂等。

硫和以硫元素为主要成分的矿物：如自然硫、黄铁矿。硫产量一半以上被用以制作肥料、农药和硫酸原料，其次用于亚硫酸气和二硫化碳（后者主要在制造人造丝和人造短纤维棉时用作溶剂）。硫常用于制作医药品。

硼砂：白色鳞片状硼矿物结晶体，应用于化工制品中较多，如医药、化妆品、洗涤剂、涂料、润滑剂、干燥剂、印刷油墨等。

重晶石：即硫酸钡，和硫化锌混合可制成多种产品，如涂料、化纤消色剂、焰火、炸药、照明弹、化妆品、颜料和药品等。

石灰岩：在化工中石灰岩是制造纯碱、碳化钙、碳化钾、氢氧化钾等的原料。

蛇纹石：含镁硅酸盐岩，质软有润滑感，化工中主要用作水溶性磷肥、混合磷肥原料，还可制作过磷酸镁等。

毒砂：含砷硫化物，化工中制成砷酸（性剧毒），用作农药（杀虫剂）、医药（除梅毒剂）、防腐剂和颜料。

萤石：氟化钙在化工上是提取氢氟酸的主要原料，氢氟酸制成的化学制品（氟化钠、酸性氟化铵等），被用作冷却剂、喷雾驱动剂。

（二）冶金辅助原料

钢铁工业和部分有色金属工业在冶炼过程中离不开某些辅助原料，如菱镁矿、白云石、萤石、石灰岩等。菱镁矿用于制作熔炉炉衬、炉壁的耐火镁砖和铬镁砖；白云石可制作碱性耐火砖，冶炼中能促进脱硫和矿渣分离；萤石用作炼钢、炼铝的熔剂。炼钢加入萤石可提高炉渣流动性，使炉渣便于排除。炼铝加入萤石，可使熔解温度由2000℃下降到900～1000℃；石灰岩也可用作熔剂。

六、矿物药资源

用矿物治病在我国医药文献上很早就有记载。据统计，秦汉时代成书的我国最早的药物学专著《神农本草经》所记载的365种药物中，属于矿物类的药物就有46种。明代伟大的医学家、药物学家李时珍1578年写成的药学巨著《本草纲目》，总结了我国历代药用矿物知识，书中所列1892种药物中就有222种矿物药（包括岩石、化石）。

不同矿物药含有不同元素，它们对人体健康起着重要的作用。如某一种元素缺乏或过剩就会引起疾病，矿物药即可起到调节作用。矿物药有些可以直接煎服，如石膏、滑石、麦饭石等，但大多数要经提炼加工后才能口服或外敷。

主要矿物药按化学成分分类见表9-2。

表9-2 矿物药分类简表

类型	药物名（矿物名或岩石名）
汞类	1.水银（水银）2.朱砂（辰砂）
铅类	1.黑锡（方铅矿）2.密陀僧（铅黄）
铁类	1.皂矾（水绿矾）2.磁石（磁铁矿）3.代赭石（磁铁矿）4.禹余粮（褐铁矿）5.自然铜（黄铁矿）6.蛇含石（褐铁矿结核）7.滑石（滑石）
铜类	1.胆矾（胆矾）2.绿青（孔雀石）3.扁青（蓝铜矿）4.紫铜矿（斑铜矿）
砷类	1.雄黄（雄黄）2.雌黄（雌黄）3.白砒石（毒砂）4.砒霜（砷华）
钙类	1.长石（硬石膏）2.理石（纤维状石膏）3.黄石（方解石）4.软石膏（石膏）5.龙骨（古哺乳类动物骨）6.龙齿（古哺乳类动物牙齿）7.石灰（石灰石）8.钟乳石（钟乳石）9.花蕊石（含蛇纹石）10.石燕（石燕）11.白垩（白垩）12.鹅管石（珊瑚）13.寒水石（南方用方解石，北方用红石膏）
钠类	1.石盐（盐岩）2.芒硝（芒硝）3.玄明粉（无水芒硝）4.月石（硼砂）
铝类	1.赤石脂（多水高岭土）2.白石脂（高岭土）3.明矾（明矾石）4.甘土（蒙脱石）5.金礞石（云母片岩）
硅类	1.滑石（滑石）2.青礞石（绿泥石片岩）3.白石英（石英）4.云母（白云母）5.阳起石（阳起石棉）6.海浮石（浮石）7.不灰木（角闪石石棉）8.金精石（蛭石或黑云母）9.玛瑙（玛瑙）10.玉屑（软玉）
其他	1.金箔（黄金）2.银箔（白银）3.硫黄（自然硫）4.琥珀（琥珀）5.硇砂（硇砂）6.无名异（软锰矿）7.炉甘石（菱锌矿）8.锡矿（锡石）9.紫石英（萤石）10.石脑油（石油）11.黄土（黄土）12.麦饭石（粗面岩）

七、宝石和玉石资源

宝石和玉石是重要的非金属矿产资源之一。它包括大量矿物晶体和矿物集合体（岩石）。宝（玉）石经切割、琢磨、雕刻，可成为高档首饰和精美工艺品，甚至成为价值连城的艺术珍品。有的宝石具有独特的物理、化学性质，已成为现代工业与国防建设不可缺少的贵重原料。因此宝（玉）石具有重要的经济价值。自然界矿物和岩石中可以作为宝（玉）石原材料的大约有200种，其中特别珍贵的只有20余种。

（一）宝石

宝石主要为单矿物，一般透明，颜色鲜艳，质地晶莹，光辉灿烂，硬度极高，又极罕见，因此特别贵重。宝石的"宝"字强调它的价值极高，等于或超过贵金属的价格，一颗优质的宝石晶体价格可高达几万美元甚至几十万美元。有的金刚石、红宝石和祖母绿属稀世珍宝，甚至成为"国宝"。宝石主要用来制造高贵的装饰品，如戒面、胸针、坠子、项链、皇冠以及博物馆陈列展品。宝石按价值可分为四级（表9-3）。名贵的宝石有"七皇一后"："七皇"是钻石（金刚石）、红宝石（红刚玉）、蓝宝石（蓝刚玉）、祖母绿（绿色绿柱石）、猫眼石（金绿宝石）、高档翡翠（硬玉）和欧泊（贵蛋白石），"一后"是珍珠。

表9-3　宝石的级别

级别	主要宝石
I	金刚石，祖母绿，红宝石，蓝宝石
II	翠绿石，橙色、绿色、粉红色宝石，贵蛋白石，翡翠
III	翠榴石，尖晶石，白色变彩蛋白石，海蓝宝石，黄玉，蔷薇辉石，电气石
IV	贵橄榄石，锆石，紫锂辉石，月光石（冰洲石），日光石（铁正长石），紫水晶，黄水晶，黄色、红色、绿色和粉红色绿柱石，镁铝榴石，铁铝榴石，绿松石，绿玉髓

（二）玉石

质地细腻、光滑滋润，颜色典雅诱人，半透明或微透明，坚韧抗碎，硬度4～7，组构特殊，适宜于雕琢加工的隐晶质单一矿物集合体或多矿物集合体的岩石统称为玉石。玉石具有如下特征：

（1）颜色：五彩纷呈、丰富多彩。单色的玉石常以红、绿、紫、黄色为最佳，黑、白、灰、褐色次之，杂色玉石中以白杂以红色、绿杂以褐色为上品。白色如雪、黑色像漆、黄如柠檬、紫如茄子、红似枣皮、绿如翡翠都是中国玉石极品的好颜色。

（2）光泽：软玉多为蜡状光泽而硬玉多为油脂光泽，也有丝绢光泽和珍珠光泽。光泽必须透出润的质感。

（3）透明度：玉石绝大多数都半透明和微透明，透明度差则质地较差。

（4）质地：质地细腻即具有致密的隐晶质结构或具显微晶粒细微结构。致密者属于佳品。

（5）硬度：一般在4～7度，少数为3度，玉石硬而不脆，具坚韧性。

（6）杂质包裹体：玉石多为单矿物集合体或多矿物集合体，如混入一些金属矿物（如硫化物）的包裹体则质量降低。但青金石中含黄铁矿晶体才更好，因为青金石中的金星主要表现在黄铁矿晶体。

（7）**裂隙、绵纹**：玉石的裂隙和绵纹（内部"暗伤"裂纹），会不同程度地降低玉石质量。

（8）**玉石的块度**：最小块体一般为 $5cm \times 4cm \times 3cm \sim 20cm \times 15cm \times 5cm$，越大越好。

练习题

1. 试述矿产资源的分类。
2. 简述矿石、宝（玉）石和岩石的区别与联系。
3. 举例说明矿产资源开发利用与人类社会发展的关系。

思考题

1. 随着全球经济的发展，矿产资源开发利用问题已经不仅仅是技术、经济问题，而且还涉及复杂的环境、地缘政治博弈等诸多问题，请思考如何保障我国经济社会发展运行所需要的矿产资源安全。
2. 请思考如何使一个国家的资源优势变为发展优势，从资源大国走向资源强国。
3. 请结合课程学习，谈谈你对绿水青山就是金山银山理念的理解和看法。
4. 假设若干年后地球上的矿产资源已无法满足人类社会发展需求，如何应对？请谈谈你的思考。

参考文献

[1] 毛景文, 袁顺达, 谢桂青, 等. 21 世纪以来中国关键金属矿产找矿勘查与研究新进展[J]. 矿床地质, 2019, 38 (5): 935-969.

[2] 王登红, 孙艳, 代鸿章, 等. 我国"三稀矿产"的资源特征及开发利用研究[J]. 中国工程科学, 2019, 21(1): 119-127.

[3] 杨树锋. 地球科学概论[M]. 2 版. 杭州: 浙江大学出版社, 2001: 75-94.

[4] 翟明国, 吴福元, 胡瑞忠, 等. 战略性关键金属矿产资源: 现状与问题 [J]. 中国科学基金, 2019, (2): 106-111.

我国矿产资源开发
和利用情况

我国古代探矿和
开发简史

我国宝玉石资源
简介

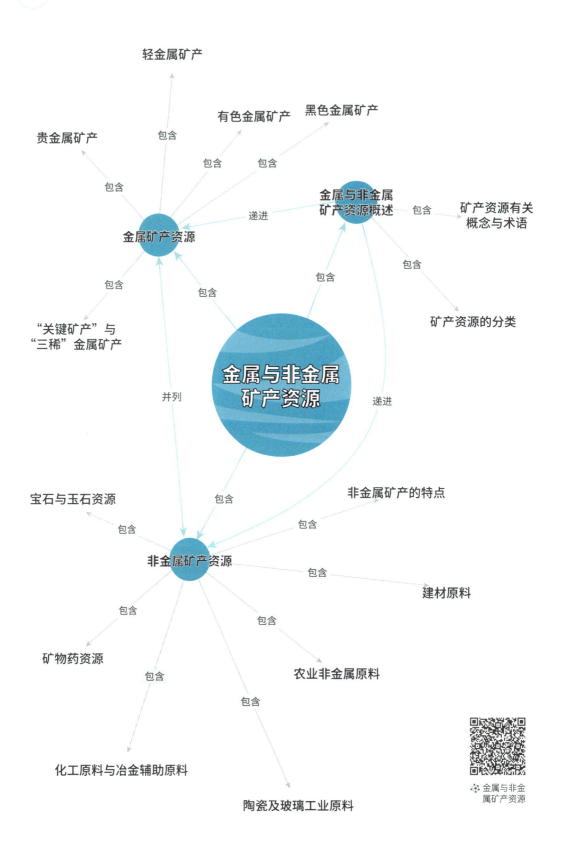

金属与非金属矿产资源

第十章

CHAPTER 10

能　源

　　能源是指直接或经转换提供人类所需的光、热、动力等任一形式能量的载能体资源。迄今为止我们人类使用的能源绝大多数来自地壳中的有机质，生物的大量繁衍是地球上能源的主要来源。这种通过地质沉积作用形成并保存下来的有机质，绝大多数是分散不集中的，集中分布的只有煤、石油、天然气、油页岩、泥炭等。如果假设地壳中所有沉积岩的总厚度为 1km，那么其中有机质约占 20m，煤占 5cm，石油仅占 0.01cm，说明有机质的总量虽然较大，但能转化为煤和石油的只是极其微小的一部分。不过，正是这极其微小的一部分却满足了目前人类社会所需的大部分能源。

　　能源是人类文明发展的动力。人类远古时期的祖先为了生存，最初仅仅是从自然界中获取食物和水。但是今天，每个人所使用的能源是其通过食物获取能量的 20 倍，一些发达国家的居民甚至可以高达 100 倍以上。世界能源历史上一次又一次的重要突破和飞跃，实际上也是整个人类社会发展进程中的一个个里程碑。在 18 世纪以前，人类大部分的能源需求是通过燃烧生物质（通常是柴薪）来实现的。18 世纪中叶，人们发现煤炭等化石燃料潜藏着巨大的能量，并通过蒸汽机将化石燃料产生的热能转化为机械能，迎来了第一次工业革命；20 世纪人类开始进入了石油与电力的时代，而电力也主要是通过化石能源转化而来的。进入 21 世纪，人类已经掌握了核能技术，并试图发展多种可再生能源。

第一节　石油与天然气

一、石油与天然气概述

　　石油和天然气是目前全球最重要的一次能源，现代工业化社会高度依赖石油和天然气相关产品的供应。

　　我国常用的"石油"一词取自宋代沈括的《梦溪笔谈》一书，该书也是世界上对这种能源较早命名和描述的文献。

　　石油和天然气都属于碳氢化合物构成的能源，主要由碳原子和氢原子组成的链状或环状分子。由于碳氢化合物分子大小不同，其黏度（流动能力）和挥发性（蒸发能力）方面差异显著。因此，小分子组成的碳氢化合物黏度低，挥发

想知道沈括在《梦溪笔谈》中对"石油"是如何记载的吗？

性强，大分子则黏度高，挥发性弱。

在室温条件下，石油表现为黏稠的液态，是一种存在于地下岩石孔隙介质中的由各种碳氢化合物与杂质组成的油脂状天然可燃有机矿产。其成分包括烷族、环烷族和芳香族碳氢化合物，并含溶解状态的沥青以及少量有机质、氧化物、硫化物和氮化物等。石油的主要组成元素有碳（84%～87%）、氢（11%～14%）、氧、氮和硫等（1%～4%）。

天然气，通常为气态，主要由小分子的气态碳氢化合物组成，如甲烷、乙烷、丙烷、丁烷，有时还含低沸点液态碳氢化合物，如戊烷、己烷等，主要组成元素为碳（65%～80%）和氢（12%～20%），少量氮、氧和硫及其他微量元素。

此外，沥青矿床是一种天然产出的更大分子的碳氢化合物矿床。在室温条件下通常为固态，其与石油、天然气在成因上和空间位置上紧密伴生。烷族固态碳氢化合物称为地蜡，而环烷族固态碳氢化合物称为地沥青。

二、石油与天然气成因

关于石油和天然气的成因，学术界主要存在"有机成因"和"无机成因"两种学说。前者认为地质历史时期海洋或湖泊中的浮游生物等经过漫长的演化形成，后者则认为是由地壳内部本身的碳元素在高温高压条件下经过多种物理化学反应而生成，与生物无关。虽然这两种学说依然还有争论，但是世界上99%的油气田都分布在沉积岩地区，而且在沉积物中都含有构成石油的各种烃类化合物。所以，一般认为全部的石油和绝大部分的天然气都是有机成因的。

石油和天然气的最大来源是从浮游生物细胞中抽提出的有机质。世界上几乎所有的海洋或湖泊中都生长着浮游生物，但并不是所有海洋或湖泊里的沉积物都能生成大量的石油和天然气。即使是富含浮游生物残骸的沉积物，也只有在满足一定的地质条件下，才会最终转换成石油和天然气。因此，了解石油与天然气的形成过程和机理，对于寻找和勘探油气就显得十分重要。

一般地，石油和天然气的形成主要包括如下几个过程。首先，在沉积的海洋和湖泊中必须有大量的浮游生物生活（图10-1），类似今天很多湖泊浮游藻类勃发等富营养化现象；其次，当浮游生物大量死亡后，不被海洋或流水冲走，同时在静水环境中和细粒的黏土一起沉积和埋藏起来，并且不被细菌分解或者氧气所氧化，从而形成黑色的富含有机质的软泥（图10-1）；最后这些富含有机质的软泥被上覆持续堆积的沉积物所埋藏而保存下来。这些富含有机质的泥岩，就被称为烃源岩或者生油岩。由于地层的温度随着地层埋深增大而增大（即地层存在地温梯度），当温度小于50～90℃时，这一阶段主要是将有机物转化为称为"干酪根"的蜡质分子（图10-1）。随着岩石埋深继续增加，当温度上升到90～160℃时，干酪根分子就会热裂解生成石油和天然气，这个过程被称为生烃作用（图10-1）。通常，石油可以大量存在的温度上限为160℃。如果温度继续升高，石油会进一步裂解成天然气小分子，当温度超过250℃时，碳氢化合物会失去所有的氢原子，只剩下纯碳的石墨。石油大量生成的温度区间称为生油窗。生成天然气的温度范围比石油大，这个温度区间称为生气窗。

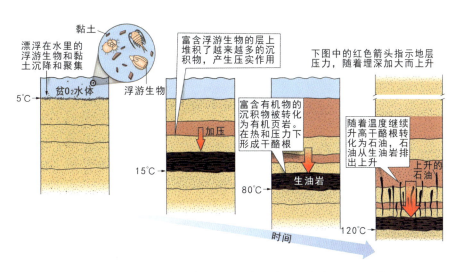

图 10-1 有机质沉积后不断埋藏增压升温，在适当温度区间生成石油和天然气并向上运移

（引自 Marshak and Rauber，2017）

三、经典油气地质理论

当烃源岩形成埋藏并经历了生油（气）窗的热演化阶段，就会生成大量的石油和天然气。经典的石油地质理论认为，烃源岩孔隙度和渗透率极低，无法储集油气。那么烃源岩热演化中不断生烃增压，同时在上覆地层重力负载的联合作用下，油气会从烃源岩中排出，在浮力作用下上升并向孔隙度和渗透率更高的上覆储集岩运移和聚集，而地下大量的石油和天然气大多数是储集在胶结程度较低的砂岩储层孔隙（图 10-2）中。由于天然气分子更小、密度更低，当它们同时存在时，会出现下油上气的密度分层结构（图 10-3）。

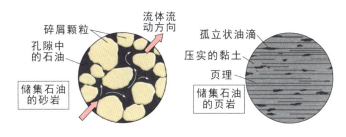

图 10-2 砂岩和页岩的孔隙度和渗透率存在显著的差异（引自 Marshak and Rauber，2017）

"圈闭理论"是经典油气勘探地质理论的核心架构之一。该理论认为，生成的油气进入储集岩后，还需要有"圈闭"才能聚集和保存下来。所谓"圈闭"就是能够储集油气的场所，它需要同时具备 3 个核心要素，即储集层、盖层和遮挡条件（图 10-3）。一个完整的圈闭应在三要素的空间配置下，形成统一的油、气、水界面，圈闭的油气储量可以按照圈闭的面积、闭合高度和孔隙度等进行计算。按照遮挡条件不同，如背斜、断层、盐岩体刺穿和岩性尖灭等，会形成背斜圈闭、断层圈闭、盐岩穹隆圈闭和地层圈闭等类型，进而发育相应的油气藏（图 10-4）。

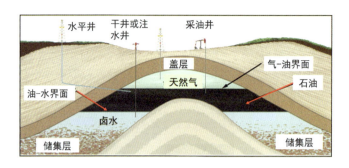

图 10-3　圈闭的组成要素及其形成的油气藏特点（引自 Marshak and Rauber，2017）

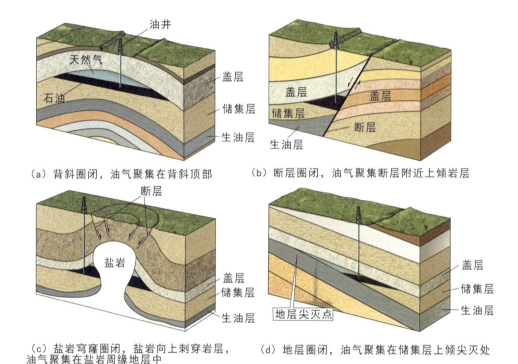

（a）背斜圈闭，油气聚集在背斜顶部　　　（b）断层圈闭，油气聚集断层附近上倾岩层

（c）盐岩穹窿圈闭，盐岩向上刺穿岩层，　　　（d）地层圈闭，油气聚集在储集层上倾尖灭处
　　　油气聚集在盐岩周缘地层中

图 10-4　常见圈闭类型及其油气藏特点（引自 Marshak and Rauber，2017）

四、非常规油气及其对经典油气地质理论的突破

非常规油气，指用传统技术无法获得自然工业产量、需用新技术改善储层渗透率或流体黏度等才能经济开采、连续或准连续型聚集的油气资源。越来越多非常规油气资源的发现和研究，对经典油气地质理论也提出了巨大的挑战，即非常规油气无须运移到储集岩或者圈闭就能聚集形成的油气藏（图 10-5）。这些油气资源不仅规模大，而且完全可以实现商业化开采。

目前已发现的非常规油气资源类型主要有（图 10-5）：

油页岩：由一套富含有机质的页岩组成，页岩中形成了干酪根，但没有达到使干酪根向石油和天然气转化的温度。

沥青砂：孔隙中含有非常黏稠且无法流动的油（称为沥青）的砂岩。这种砂岩是由于原来的油气藏烃类小分子挥发或被微生物吞噬，只剩下了大分子的残留物形成的。

页岩油：烃源岩中的干酪根转化为石油但却未能排出的石油。

页岩气：烃源岩已经进入大规模生气窗阶段，这些生成的烃类大多以天然气小分子的形式吸附在页岩微米—纳米级孔隙之中。

致密砂岩气：简称致密气，分布于深埋藏盆地致密砂岩中的天然气，含气层上倾部位不是岩性或盖层封堵，而是被含气饱和度较高的地层水封堵，形成"水下气"，而不是一般的"水上气"。

致密油：是指夹在或紧邻优质生油层系的致密储层中，未经过大规模长距离运移而形成的石油聚集，是与生油岩系共生或紧邻的大面积连续分布的石油资源，储集层岩性主要包括致密砂岩、致密灰岩和碳酸盐岩。

煤层气：是与煤伴生、共生的气体资源，指储存在煤层中的烃类气体，以甲烷为主要成分。

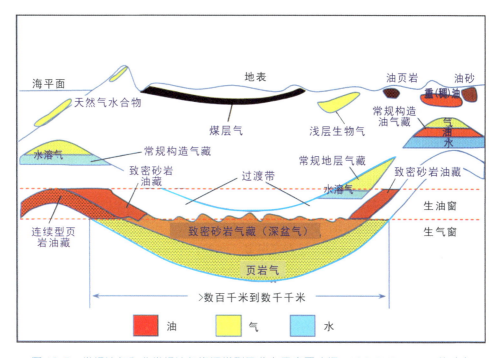

图 10-5 常规油气和非常规油气资源类型及分布示意图（据 AAPG-EMD，2014 修改）

非常规油气的成功勘探和开发，突破了经典油气地质理论中的许多认识局限，主要体现在 5 个方面（据贾承造，2017）：①连续型油气聚集，层状储集体可储存油气且大面积连续分布，没有明显的圈闭界限，打破了传统圈闭成藏的概念；②致密储集层中发现纳米级孔喉系统，突破了传统的储集层界限，打破了页岩、致密砂岩基本无储集空间的认识局限，开辟致密砂岩、致密碳酸盐岩和页岩等非常规油气储集层新类型；③非常规油气源储一体，致密储集层、泥页岩本身具有盖层功能，不需要盖层封堵；④非常规油气聚集，其运聚动力少数为浮力作用、多数为非浮力作用，油气运聚并不遵循传统的生烃灶、运聚系统、汇聚域的油气系统模式，源内成藏表明残留烃也可成为有效资源；⑤非常规油气生烃层系，控制油气大面积连续分布，局部"甜点区"富集，突破了传统区带聚集概念，非常规油气分布受原型盆地生油岩层系、相带控制，多数分布在盆地斜坡、中心等构造部位。因此，非常规油气对经典油气地质学在圈闭、储集层、盖层、资源分布、富集规律等方面都产生了重要突破。

王进喜与铁人精神

非常规油气的发现，不仅使世界石油工业从常规向非常规战略发展产生重要影响，而且为油气地质学理论创新带来了全新的发展机遇，将推动油气地质基础研究向"全过程生烃、全类型储集层、全成因机制、全种类油气资源"的转变，促进油气地质学理论体系的新发展与重构（贾承造，2017）。

大庆油田与大庆精神

中国石油工业的创业壮举

第二节　煤

煤，又称煤炭，主要是由有机残体和少量矿物质在一定地质条件下沉积形成的固体可燃岩石，是名副其实的"工业粮食"。煤与石油的来源不同，前者主要是由从木本植物中提取的碳组成的，后者是由埋藏的浮游生物遗骸中提取的碳氢化合物组成的。碳（60%～96%）、氢（1%～12%）、氧（2%～20%以上）、氮（1%～3%）及少量硫、磷等组成的高分子碳氢化合物是煤的有用成分，一般由硅、铝、铁、钙、镁、钾、钠等元素组成的矿物质及少量水是煤中的有害物质。在有些煤矿中铀、锗、钒等元素可达到工业要求而被综合利用。通常利用工业分析和元素分析两种方法来测定和评价煤质。煤的工业分析包括测定煤的水分、灰分、挥发分及由计算得出固定碳等项目；煤的元素分析系指专门测定和研究煤中的有机部分的组成元素含量等。此外，在工业上还需测定煤的工艺性质，如发热量、黏结度等。

一、煤的形成

煤是在各种地质因素综合作用的情况下形成的。要形成具有工业价值的煤层，须具备聚煤条件和成煤作用两个基本条件。

（一）聚煤条件

植物遗体堆积成煤的首要条件是必须有茂盛的植物，另一个条件是已死亡的植物应与空气隔绝，以免遭受完全氧化、分解和强烈的微生物作用而被彻底破坏。一般认为沼泽地区是最适宜的环境。因为沼泽地有充足的水分，不仅有利于植物生长，而且为植物遗体的保存创造了条件。水体使植物遗体与空气隔绝，这样就妨碍了喜氧细菌的生存，从而使植物遗体免遭分解破坏，得以不断堆积。例如晚石炭世的潘吉亚超大陆形成时期（图10-6），按照古板块恢复，当时的北美、欧洲、西伯利亚和中国华北等古大陆正好位于热带和亚热带等气候潮湿炎热的气候带，沼泽植被异常茂盛，这也是现今全球该时期大量的煤田主要分布在这些地区的重要原因。

图 10-6　聚煤地质环境条件与晚石炭世全球成煤沼泽分布区复原图

（引自 Marshak and Rauber，2017）

（二）成煤作用

从植物遗体的堆积到形成煤层的转化过程称为成煤作用。这是一个漫长而复杂的变化过程，通常分为以下两个阶段（图 10-7）。

1.泥炭化和腐泥化作用阶段

高等植物的遗体暴露在空气中或堆积在沼泽浅部的多氧条件下，由于大气、氧和喜氧细菌的作用，会遭受一定的氧化和分解。但随着植物遗体的不断堆积和埋藏深度的增加，则逐渐与空气隔绝，氧化环境转变为还原环境。在厌氧细菌的作用下，使氧化分解产物之间及分解产物与植物残体之间发生复杂的生物化学变化，形成多水和富含腐殖酸的腐殖质，这就是泥炭。从植物堆积到形成泥炭的作用，叫泥炭化作用。低等植物藻类和浮游生物死亡后沉到水底，在与空气隔绝的还原环境中，在厌氧细菌的作用下，富含脂肪和蛋白质的生物遗体分解，最后转变为含水很多的絮状胶体物质——腐殖胶。腐殖胶再经脱水、压实即形成富含沥青质的腐泥。从低等植物及其他生物遗体沉积到形成腐泥的作用，称为腐泥化作用。

2.煤化作用阶段

在泥炭和腐泥形成后，随着地壳不断下降，在温度升高、压力增大的影响下，逐渐转入成煤的第二个阶段，它包括成岩作用和变质作用两个亚阶段。

煤的成岩作用阶段：当泥炭或腐泥被泥沙等沉积物覆盖后，在上覆沉积物的静压力作用下，泥炭、腐泥逐渐失水、压实、固结，挥发分相对减少，含炭量相对增高，泥炭和腐泥分别逐渐转变成褐煤和腐泥褐煤。这一作用过程，称为煤的成岩作用阶段。

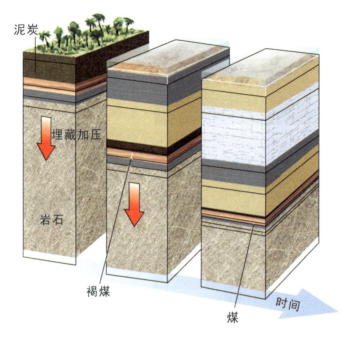

图 10-7 植被埋藏后泥炭成煤示意图

（引自 Marshak and Rauber，2017）

煤的变质作用阶段：当褐煤层沉降到更深处时，受到继续升高的温度和不断增大的压力的作用，褐煤的内部分子结构、物理性质和化学性质发生变化，如颜色加深、光泽增强、挥发分减少、含炭量增高等，结果褐煤就逐渐转变为烟煤、无烟煤。这一变化过程就是煤的变质作用阶段。

二、煤炭资源的分布、开发与利用

地球上的煤炭资源非常丰富，是能源宝库中十分可贵的物质财富。全球约有 80 个国家拥有煤炭资源，聚煤盆地达到 2900 余个，但是分布不均衡。全球煤炭资源主要集中在北半球北纬 30°～70°，特别是北半球的中温带和亚寒带地区，煤炭资源占比高达 70%。全球煤炭资源主要分布在三大聚煤带中：①欧亚大陆聚煤带：由西向东分别为英国—德国—波兰—俄罗斯—我国华北地区；②南北美洲聚煤带：北美洲中部至南美洲；③环澳大利亚聚煤带。其中，亚太地区占全球总储量的 42%，北美洲占 24%，欧亚大陆占 18%。

煤炭的形成具有一定的时限性，并不是地质历史的任何时期都有煤炭形成。地球上的煤田虽然分布普遍、储量丰富，但绝大部分只形成于几个地质年代中，其中古生代的石炭纪、二叠纪，中生代的侏罗纪，以及新生代的古近纪，是地史上最主要的聚煤期。

煤是人类最早使用的能源之一。人类知道使用煤炭，已有 2000 多年的历史。煤炭矿区开采一般分为井工煤矿和露天煤矿（图10-8）。如今，煤作为工业动力燃料，广泛用于火力发电、交通运输和冶金等方面；在许多地区，煤是最重要的民用生活燃料；煤又是重要的化工原料，通过焦化、加工等过程，可以得到许多重要的化工原料及化工产品，如煤气、煤焦油、氮肥、农药、塑料、合成纤维等上百种产品；氧化煤、褐煤和泥炭可以制造腐殖酸类肥料；煤燃烧后的煤渣可制耐火砖或煤渣砖，还可作水泥的配料；有些煤层含有镓、锗、铀等稀有或放射性元素，可供综合利用。可见合理地开发利用煤炭资源是十分重要的。

图10-8　内蒙古伊敏露天煤矿开采区（章凤奇摄）

煤炭作为能源也存在一些不利因素：①煤炭发热量较石油低，运输不便，对其他工业渗透作用不如石油强；②煤的转化技术虽已取得很大进展，但是大规模利用在经济上不合算；③在煤炭的开采、利用和燃烧过程中，容易造成对环境的破坏与污染。

由此可见，极为丰富的煤炭资源是人类的宝贵财富。然而，煤的使用和开采也面临许多挑战。因此，人类正在不断地研究更有效、更合理地利用煤炭资源的方法。其中，解决对环境的破坏和污染等问题是一个十分重要的方面。

第三节　核　能

一、核能的起源与发展

1938年德国科学家奥托·哈恩、斯特拉斯曼与奥地利女物理学家梅特涅发现了铀核的分裂现象，为人类进入原子能时代打开了大门。70 多年来核科学技术迅速发展，应用日益广泛。

原子能已成为人类新的重要能源。由于它首先被应用于制造核武器，在人们的心目中，"核"成为一种可怕的怪物。美洲的三英里岛、欧洲的切尔诺贝利核电站的核泄漏事件，使世界上又掀起了一阵反核浪潮，在人们的心中留下了核恐惧的阴影。因此，很有必要把核能与核科技为人类现代生活中各个方面所做的贡献阐述清楚，使核科技得到更广泛和迅速的发展，为人类做出更有益的贡献。

当前，核能的和平利用正在蓬勃发展，特别是核电站的建设，许多国家视其为实力的象征而置于很重要的地位。预计到 21 世纪末，核电将达到世界发电总量的 1/3，22 世纪初将超过 1/2。

自 1954 年世界第一座核电站运行以来，核电技术日趋成熟，它运行安全，经济实用，清洁卫生，所以世界各国竞相发展核电工业。自 1966 年以来世界核电站整机容量以年平均 25.5% 的速度递增。截至 2018 年底，全球 450 座在运核反应堆的总发电容量达到 396.4GW，占全球发电装机容量的 5.6%。核电作为一种高效、绿色、安全的能源，在世界能源结构中占据重要的地位。

核能发电能量大，利用率高，经济效益好。与火电相比，核电虽建设投资较大，但燃料费用低，核燃料运输也方便，成本比火电低 20% ~ 30%。我国核电建设有自行设计的浙江海盐县秦山核电站和中外合资兴建的广东大亚湾核电站。浙江秦山核电站于 1991 年开始发电，实现中国核电"零的突破"；广东大亚湾核电站 2 台机组已于 1993 年建成。30 多年来，中国核电经历了从无到有、从小到大，再到自主建设和引进消化吸收再创新同步进行，实现了三代核电技术设计自主化、重要关键设备国产化。中国核能行业协会统计报告显示，2018 年我国共 44 台商运核电机组，总装机容量 4464.516×10⁴kW，占全国电力总装机容量的 2.35%；全年核发电为 2865.11 亿千瓦时，约占全国累计发电量的 4.22%，全年核电设备平均利用小时数为 7499.22 小时，设备平均利用率为 85.61%。与燃煤发电相比，核发电相当于减少燃烧标准煤 8824.54×10⁴t，减少排放二氧化碳 23120.29×10⁴t，减少排放二氧化硫 75.01×10⁴t，减少排放氮氧化物 65.30×10⁴t。预计到 2050 年我国核电装机容量将达到 150 ~ 500GW。

当前，科学家们正在研究受控核聚变技术。浩瀚的海洋是核聚变反应的能源宝库，如果把海水中的全部氘用来进行核聚变，所产生的能量足供人类使用几百万年。所以核聚变能被人们誉为地球上的"太阳"，各国正在不惜代价竞相研究核聚变技术。据估计，热核试验反应堆可望于 22 世纪初投入运转，我国现已具备进一步参与国际核聚变研究和竞争的能力。一旦核聚变反应堆研究成功并转入正常运行，将意味着人类在地球上创造了一个"太阳"。

二、世界和我国的铀矿资源及供需情况

截至 2019 年，全球成本小于 260 美元/千克铀的合理确定的（reasonably assured resources，以下简称"RAR"）铀资源量（RAR）为 481.5×10⁴t，推断的铀资源量

（Inferred）为 317.3×10^4t。铀资源量排名前 5 的国家分别是澳大利亚、加拿大、哈萨克斯坦、纳米比亚和尼日尔，其资源量之和占全球总资源量的 65%。其中澳大利亚RAR铀资源量为 140×10^4t，占全球资源量的 29%；加拿大RAR铀资源量 59.3×10^4t，占全球资源量的 12.3%；哈萨克斯坦RAR铀资源量为 43.5×10^4t，占全球资源量的 9%。我国RAR铀资源量为 13.7×10^4t，占全球铀资源量的 2.8%，居世界第 11 位。

全球铀产能主要集中在哈萨克斯坦、加拿大、澳大利亚和纳米比亚，这四个国家的铀产量占全球铀产量的 77.9%，世界铀产能集中度非常高。哈萨克斯坦 2019 年铀产量为 22808t，占全球产量的 42.5%，其在世界铀资源供应体系中占据最为重要的位置。铀的生产形式主要有原地地浸、井下开采、露天开采和从铜金矿的副产品回收。目前占主导地位的开采方式是地浸砂岩型铀矿开采，占全球铀产量的 55%，主要分布在哈萨克斯坦和澳大利亚；其次为井下开采和露天开采，占全球铀产量的 39%，露天开采的铀矿主要分布于纳米比亚和尼日尔；作为副产品回收的矿床主要分布于南非和澳大利亚，占全球铀产量的 7%。

2009—2019 年全球铀需求量波动于 $62552 \sim 68640$t，峰值出现于 2010 年。2011 年 3 月日本福岛核事故发生后，全球核电发展的进程总体放缓，当年全球铀需求量降至 62552t。福岛核事故后，铀资源需求的增量主要来源于中国和印度等发展中国家，中国对铀资源的需求已从 2010 年占全球需求的 4% 增长到 2019 年的 14.4%，目前已成为世界第二大铀资源需求国。

第四节　地热资源

地球是一个庞大的热库，其内部贮藏着数字惊人的热能。这种热能比地壳中所蕴藏的煤、石油、天然气等能源矿产的有效热能要大得多。有人曾对地热总能量做了如下估算：若以地下储存的全部煤所释放出的热能为 100% 计，那么石油仅为煤的 3%，目前能用的核燃料为煤的 15%，而地热能则为煤的 1.7 亿倍。因此，充分利用地热资源是今后发展能源的重要途径之一。

由于地球的内部温度很高，所以有不少的热量不断向外散失，单位面积在单位时间内向外散失的热量叫作热流值。全球平均的地壳热流量测定值约 6.20×10^{-6}J/（cm^2·s），大陆的平均值约为（7.08 ± 3.73）$\times 10^{-6}$J/（cm^2·s）；海洋则为（6.87 ± 0.46）$\times 10^{-6}$J/（cm^2·s）。但是地壳热流量在各个地区是很不同的，比平均值高的一些地区就称之为地热异常区。有人推测，地壳下面超过 6km 深处，地热就普遍存在。在目前的条件下，人们主要利用水和蒸汽（尤以水为主）为媒介（即地下热水和高温高压蒸汽）将热带到地表上来供人们应用。所以，通常所说的地热，也可简单理解为地下热水。

天然的地下热水和蒸汽是如何产生的呢？它有三种生成方式，即岩浆、来自地内变质作用和"天水"渗流到地下被加温而生成。

自然界所见的热水和蒸汽，实际上往往是上述三种成因方式形成的混合物。事实告诉我们，地表各处的热流量差别很大。产生地热的地质环境，有些类似于储油构造，即首先要有一个储水层，下部不渗失水，上部有一个封闭的保温盖层，使其中的地热保持高温高压的状态。其次，要有构造裂隙作地下热水运移的通道。

地热资源是一种开发成本低且清洁的庞大能源，在国民经济各部门都有广泛的用途。工业上可用于造纸、纺织、制水泥、制革和发电，或者直接从地下热水中提取某些有用组分作为化工原料；农业上可用于灌溉和养殖；日常生活中，用地下热水洗涤和取暖；医疗卫生方面，利用地下热水含有的某些矿物质来治疗一些疾病。

我国地热资源的勘探开发工作进展也很迅速。据《中国石油报》报道，经过中国地质调查局评价，全国 336 个地级及以上城市浅层地热能年可开采资源量折合 7 亿吨标准煤，全国水热型地热资源量折合 1.25×10^{12}t 标准煤，年可开采资源量折合 19×10^8t 标准煤，埋深在 3000～10000m 的干热岩资源量折合 856×10^{12}t 标准煤。中低温水热型地热能资源占比达 95% 以上，主要分布在华北、松辽、苏北、江汉、鄂尔多斯、四川等平原（盆地）以及东南沿海、胶东半岛和辽东半岛等山地丘陵地区，可用于供暖、工业干燥、旅游和种植养殖等；高温水热型地热能资源主要分布于西藏南部、云南西部、四川西部和台湾地区，西南地区高温水热型地热能年可采资源量折合 1800 万吨标准煤，发电潜力 7120MW，地热能资源的梯级高效开发利用可满足四川西部、西藏南部民族地区约 50% 人口的用电和供暖需求。

地热利用的经济效益逐步提高。中国地热能直接利用以供暖为主，其次为康养、种养殖等。中国地热资源丰富，以中低温地热资源为主，主要分布沉积盆地内，如渤海湾盆地、松辽盆地、鄂尔多斯盆地等，高温地热资源主要分布在中国西南部，如藏南、滇西、川西等地区。2018 年，全国地热资源利用量仅占一次能源消耗总量的 0.6%，而每年中国地热可开采量达 26×10^8t 标准煤（不包括干热岩），占一次能源消费的 56%。开发利用明显不足，发展空间和潜力巨大。从地热资源赋存条件和开发潜力看，水热型地热资源的开发利用仍是中长期发展目标，高温地热和增强型地热系统的综合开发利用是未来发展方向。

练习题

1.简述石油的成因。
2.非常规油气资源的发现会对油气工业发展产生哪些影响？
3.简述煤炭的成因。
4.试述天然气与石油、煤炭等形成演化的关系。

思考题

1. 美国石油地质学家华莱士·伊·普拉特在《找油的哲学》书中有句名言："首先找到石油的地方是在人们的脑海里。"石油与天然气明明是埋藏在地下深处的能源，为什么说首先要在人们头脑中找到呢？结合课程学习，谈谈你是如何理解的。

2. 化石能源是地球上的不可再生能源。近五十年来，随着人类不断开采，石油、天然气和煤炭等资源不是越来越少，相反好像是越来越多，你是如何看待这个问题的？

3. 结合全球目前的能源结构与发展现状，谈谈如何保障我国未来的能源供给安全。

4. 地球上海洋面积占全球面积的 3/4，请思考海洋有哪些潜在能源？开发的挑战是什么？

参考文献

[1] Marshak S, Rauber R. Earth Science: The Earth, The Atmosphere, and Space[M]. New York: W. W. Norton & Company Ltd., 2017.

[2] American Association of Petroleum Geologists, Energy Minerals Division (AAPG-EMD). Unconventional Energy Resources: 2013 Review[J]. Natural Resources Research, 2014, 23: 19-98.

[3] 贾承造. 论非常规油气对经典石油天然气地质学理论的突破及意义[J]. 石油勘探与开发, 2017, 44(1): 1-11.

[4] 杨树锋. 地球科学概论[M]. 2 版. 杭州: 浙江大学出版社, 2001: 95-105.

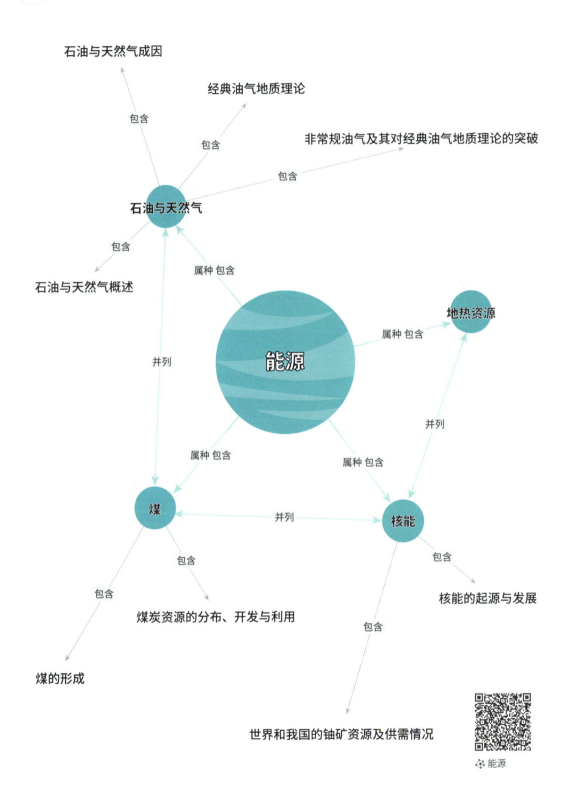

石油与天然气成因

经典油气地质理论

非常规油气及其对经典油气地质理论的突破

包含

包含

包含

石油与天然气

包含

石油与天然气概述

属种 包含

地热资源

属种 包含

能源

并列

属种 包含

属种 包含

并列

煤

并列

核能

包含

包含

核能的起源与发展

包含

煤炭资源的分布、开发与利用

煤的形成

世界和我国的铀矿资源及供需情况

能源

表层地球科学

第十一章

大气基本特征

大气是围绕地球表层的一层薄薄的气体。可以说，地球上大气的存在，赋予了地球以生命。人类的呼吸需要大气，声音的传播也需要大气。如果没有大气层的保护，地球上的白天将变得异常炎热，夜晚将变得异常寒冷，地球将不宜居。大气圈的主要变量有温度、降水、蒸发、风、压强等。这些变量的不同时空分布在很大程度上决定了大气圈的结构特征，也决定了地球上的天气和气候特征及其变化。大气圈、水圈、岩石圈、冰冻圈和生物圈组成气候系统。气候系统是一个复杂系统，各圈层之间不间断地交换物质、能量和动量，包含复杂的非线性相互作用和反馈。气候系统的时空演变决定了地球气候的分布特征和演变。

第一节 大气组成成分

一、早期大气成分

地球形成于约 46 亿年以前。在漫长的地球环境演变过程中，地球大气的组成成分发生了很大的变化。早期地球大气的主要组成成分是氢气（H_2）和氦气（He），也包括甲烷（CH_4）和氨气（NH_3），称为"一次大气"。一次大气逐渐从地球表面逃逸到太空。地球演化过程中，通过火山喷发、板块运动等过程，大气成分不断循环和更新。火山喷发释放出大量的水汽和 CO_2，还有少量的氮气（N_2）、氢气（H_2）、一氧化碳（CO）、硫化氢（H_2S）和甲烷（CH_4）。大气中有了大量的水汽后，凝结成云，然后通过降水逐渐形成湖泊、河流和海洋。随后，大量的 CO_2 溶于海水。经过复杂的化学和生物过程，大量的大气 CO_2 被封存在碳酸钙沉积岩中。随着大气中水汽的凝结和大气 CO_2 浓度的降低，大气逐渐充满了化学活性较弱的 N_2。

大气层中大量氧气（O_2）的出现是地球系统演化的重要事件。太阳射线通过光解作用将水汽分解为 H_2 和 O_2。这个过程造成大气中 O_2 浓度增加，但是速度非常缓慢。大气中 O_2 的增加促进地球上植被的生长。同时，植被生长通过光合作用利用 CO_2 和 H_2O，生成 O_2。24 亿～22 亿年前，大气中的 O_2 开始不断累积。24 亿年前，大气中 O_2 的浓度只有现在的 0.01%；到 19 亿年前至少增长到现在的 1%～3%。大约在距今几亿年前，大气 O_2 浓度达到现在的水平。氧气增加的同时，臭氧层也开始形成。臭氧层的形成，使地球生物免受过量紫外线辐射的危害。

二、现代大气成分

地球大气层经过数十亿年的演化过程，形成了现在的大气层。现代大气是各种气体组成的混合气体，一般用体积百分比浓度代表大气中的各种气体浓度（表11-1）。现代大气中，N_2占78.1%，O_2占21%，其余1%包括惰性气体和痕量气体。氩气（Ar）占0.93%。剩下的气体不到0.1%，包括CO_2、CH_4、一氧化二氮（N_2O）、臭氧（O_3）、氯氟烃（CFCs）等。这些体积比浓度不到0.1%的气体，对地球气候有重要影响。N_2和O_2的成分基本稳定，说明它们的源汇基本平衡。大气中的N_2主要由动物和植物的分解产生。同时，大气中的N_2被固氮微生物所吸收。大气中的O_2主要来源于植被的光合作用。同时，有机物的分解和呼吸作用消耗O_2。惰性气体的浓度稳定。痕量气体的浓度变化较大。特别是工业革命以来的化石燃料燃烧等人类活动，造成痕量气体浓度变化，影响全球气候。

大气中水汽时空分布差异很大。水汽在地球系统中起着重要的作用。首先，水汽是产生云和降水的必要条件。其次，水汽相变产生大量的潜热。潜热是大气能量循环的重要组成部分。另外，水汽作为重要的温室气体，对地气系统能量平衡起着重要的作用。

表11-1　近地面大气主要成分

大气成分	体积混合比	
	%（百分之一）	ppm（百万分之一）
氮气（N_2）	78.1	
氧气（O_2）	21.0	
氩气（Ar）	0.93	
水汽（H_2O）	0～4	
二氧化碳（CO_2）		410
甲烷（CH_4）		1.9
一氧化二氮（N_2O）		0.3
臭氧（O_3）		0.04

CO_2作为另外一种重要的温室气体，在气候系统中起着重要的作用。持续的大气CO_2浓度观测起始于1958年夏威夷Mauna Loa观测站。通过格陵兰和南极冰盖冰芯里的大气气泡分析，可以推断出冰期和间冰期的大气CO_2浓度。许多代用资料，包括植被气孔、浮游植物、苔类植物、古土壤、硼同位素等也可以被用来重建地质时期的大气CO_2浓度。大气中CO_2的自然源主要是火山喷发，人为源主要是化石燃料燃烧和土地利用。大气CO_2的汇主要是陆地和海洋的吸收。在几十万年以上的时间尺度，岩石风化作用在吸收大气CO_2中起到重要的作用。工业革命前的大气CO_2浓度约为280ppm（百万分之一）。工业革命以来的200多年间，主要由于化石燃料的利用，加上森林砍伐，大气CO_2浓度持续上升。2019年，大气年平均CO_2浓度达到410ppm，比工业革命前增长了46%。这个CO_2浓度在过去的至少200万年是最高的。

CH_4 和 N_2O 也是重要的温室气体。大气 CH_4 的主要自然源有湿地、白蚁的生物活动、动物（如牛）的消化过程、海洋释放等。人为源主要有化石燃料燃烧、采煤过程、稻田、生物质燃烧、垃圾填埋等。CH_4 在大气中主要的汇是与大气中的 OH 自由基发生氧化反应，还有一小部分被土壤吸收。2019 年，大气中 CH_4 浓度为 1866ppb（十亿分之一），比工业革命前增加 156%。N_2O 的自然源主要来自土陆地和海洋；人为源主要来自农业和废水、生物能源燃烧、化石燃料利用。N_2O 主要的汇是大气中的化学过程。2019 年，大气中 N_2O 的浓度为 332ppb，比工业革命前增加了 23%。目前大气 CH_4 和 N_2O 的浓度在过去的至少80 万年是最高的。

O_3 主要集中在大气的平流层（约 $10 \sim 50km$），通过氧分子和氧原子的化学作用生成。在平流层中的 O_3 吸收太阳紫外线，对动植物和人类起保护作用。在近地表的对流层，O_3 在大气中通过一系列复杂化学过程形成，是光化学烟雾的主要组成成分，造成大气污染。同时，O_3 也是温室气体。大气中的 CFCs 全部为人类活动产生，主要来源于制冷剂和清洁电气部件的溶剂等。传输到平流层的 CFCs 会破坏平流层中的臭氧，造成臭氧层空洞。CFCs 同时也是温室气体。

在大气中还存在悬浮的微小固态和液态颗粒，称为气溶胶。气溶胶的来源很多，包括被风扬起的细灰和微尘、海水蒸发形成的海盐、森林火灾产生的烟、火山喷发的火山灰等自然源；也包括化石燃料燃烧、交通运输和工业活动等人为源。气溶胶在大气中起着凝结核的作用，水汽在气溶胶表面凝结形成云。同时，很多气溶胶也是污染物，对人体健康造成危害。根据组成成分的不同，气溶胶对气候影响不同。例如，硫酸盐气溶胶通过散射太阳光起冷却作用；而黑碳气溶胶通过吸收短波辐射通常起升温作用。

第二节 温度和热力过程

一、大气温度空间分布特征

温度是一个关键的大气变量，表示物体分子热运动的剧烈程度。地表和大气温度随空间（纬度、经度、高度等）和时间（日、季节、年等）而分布不同。温度的时空变化对地球的天气气候和地球的宜居性有重要影响。

地球表面的年平均大气温度在赤道附近最高，由赤道向两极递减。地表温度的季节变化在北半球的中高纬度大陆尤其明显，季节变化幅度可以达到 $50 \sim 60°C$。海表温度的季节变化要小很多，季节变化的幅度在 $5°C$ 左右。这主要是因为海洋具有巨大的热容量，使得海洋可以有效地存储热量。

大气温度在不同的高度显示不同的分布特点。可以根据大气温度的不同垂直分布特征，将大气分为以下几层（图 11-1）。

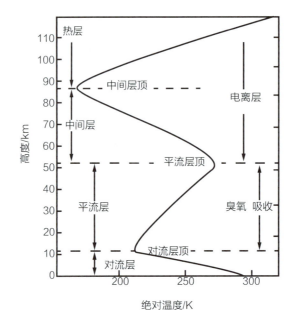

图 11-1   根据大气垂直温度廓线变化划分的大气垂直分层

（1）**对流层**：从地表到大约 10km 高度的大气。这一层是大气运动最活跃的地区，我们熟知的天气现象都发生在这一层。对流层的高度随纬度和季节变化，在赤道地区的夏季，对流层可以高达 20km；在极地的冬季，对流层的高度可以低至 7km。在对流层，全球平均大气温度从地表的约 15℃ 下降到对流层顶的约 -55℃。在这一层，大气对流运动强烈，暖空气上升，冷空气下降。正是对流层大气的上升和下降运动，才造成了千变万化的天气现象。在对流层中，大气温度以平均 6.5℃/1000m 的速率（温度递减率）下降。在一些情况下，对流层中的大气温度随高度增加而升高，产生"逆温"。

（2）**平流层**：从对流层顶向上到约 50km 高度的大气是平流层。平流层的温度随高度逐渐上升。平流层温度随高度上升的主要原因是臭氧层的存在。臭氧通过吸收太阳光的紫外线加热平流层。平流层中臭氧的最大浓度约为 25km，但是平流层最高温度出现在约 50km。这是由于平流层高层的臭氧浓度虽然相对较少，但是那里的紫外线辐射强烈，并且，高层大气密度小，相对较少的太阳辐射能量可以使大气迅速升温。在平流层中，由于温度随高度增加而上升，大气垂直混合受到抑制，对流作用弱。

（3）**中间层**：从平流层顶向上到约 85km 高度的大气是中间层。中间层只有很少的臭氧，吸收的太阳能量很少。因此，中间层的大气温度随高度增加而下降。在约 85km 处达到最小值（约 -80℃），这是整个大气层的最低温度。

（4）**热层**：从中间层顶向上到约 500km 高度的大气是热层。在这一层大气中，氧气分子吸收太阳辐射，加热大气。热层仅有整个大气 1% 的大气分子。因此，很少的太阳辐射吸收就可以造成大幅度的升温。这一层的太阳辐射能量很大程度上取决于太阳活动的剧烈程度，因此，热层的温度有很大的日变化。

（5）**逃逸层**：从热层顶到约 10000km 的高度的大气是逃逸层。这一层的大气非常稀薄，很多大气分子脱离了地球的重力作用，逃逸到太空。在约10000km的高度，大气浓度和外太空的大气基本一样。

在热层以下，湍流混合作用强烈，大气各组分通过湍流混合，随高度基本均匀分布（78%的N_2和21%的O_2）。因此，从大气成分来划分，对流层、平流层和中间层可以统一称为均匀层。热层以上以分子扩散为主，湍流作用弱，热层中的大气分子和原子碰撞很少。重的气体（N_2和O_2）向上扩散速度慢，处在低层，轻的气体（H_2和He）向上扩散速度快，处在高层。因此，热层也被称为非均匀层。中间层的上部和热层也可以统称为电离层。电离层受太阳辐射对大气原子和分子的电离作用，对无线电波的传播有重要作用。

二、气候系统能量平衡

大气和地表温度受到地气系统能量平衡的约束。从地气系统整体来看，能量收入是到达地气系统的太阳短波辐射，能量支出是从地气系统逃逸到太空的长波辐射。

太阳辐射是地气系统的主要能量来源。太阳内部持续进行着热核聚变反应，并以电磁波的形式向空间辐射能量。根据韦恩位移定律，最大辐射波长和温度成反比。

太阳表面温度约为6000K，太阳辐射能量最大的波段约0.5μm。地球表面平均温度约为288K，地球辐射的波长主要集中在$5\sim25$μm，能量最大的波段约为10μm。因此，地球辐射通常称为长波辐射，太阳辐射通常称为短波辐射。

"太阳常数"通常被用来表示进入地球大气层顶太阳辐射能量的强度，即在日地平均距离，大气上界垂直于入射太阳光线的单位面积单位时间内接收的太阳辐射能量。严格意义上讲，太阳常数不是一个"常数"，而是会随着太阳活动（例如太阳黑子、日珥等）的变化而变化。目前通用的太阳常数值为1368W/m²。

如果仅仅考虑太阳短波和地球长波辐射的平衡，地球黑体有效辐射温度为255K（-18℃），正是因为水汽、CO_2等温室气体的存在，大气对地球起着保温作用，维持目前地球表面的平均温度在288K（15℃）左右。作为一个例子，金星的大气中含95%的CO_2，温室作用极其强烈，表面温度达到480℃。

地球黑体有效辐射温度

除了短波和长波辐射，大气中的能量传输过程还包括热传导、对流和潜热。热传导指的是热量在物质中分子间的传输。大气中热传导的作用较弱。对流通过流体的运动传输热量。例如，地表受热大气上升通过对流运动向上传输热量。热传导和对流输送的热量可以统称为感热。潜热是指水在相变过程中所吸收或放出的热量。例如，冰融化成水和水蒸发成水汽时都需要吸收热量。水汽凝结为液态水释放热量。辐射、传导、对流、潜热这些热力过程共同决定了地气系统的能量平衡和温度。

图11-2显示了地气系统全球年平均的能量平衡。年平均而言，地气系统、地表和大气处于准能量平衡状态。在大气层顶，年平均接收341W/m²的太阳辐射，为了便于分析和比较，把这个量当作100个单位。地气系统一共向太空反射和散射30个单位的太阳辐射，其中大气和云反射23个，地表反射7个。地气系统一共吸收了70个单位的太阳辐射。对于地气系统来说，能量收入为吸收的太阳短波辐射；能量支出为放出的长波辐射。吸收的太阳短波辐射为70个单位，其中大气吸收23个，地表吸收47个；逃逸到太空的

长波辐射也为 70 个单位，其中 49 个单位的长波辐射来自大气，12 个单位的长波辐射来自透过大气窗区的地表长波，9 个单位的长波辐射来自云。

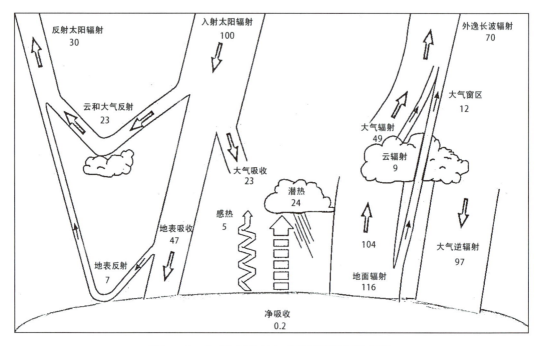

图 11-2　全球年平均地气系统能量平衡示意图

在大气层顶的入射太阳辐射通量为 341W/m²。为了便于比较，以此为 100 个单位，所有能量通量都以此为基准进行了标准化。数据来源于 Trenberth et al. (2009)。

对于地表而言，能量收入为吸收的太阳短波辐射和大气向下的长波辐射；能量支出为放出的长波辐射、热传导和对流输送热量以及蒸发潜热。其中，地表从大气接收的长波辐射（97 个单位）大约是地表吸收的短波辐射（47 个单位）的 2 倍，充分说明温室气体对地表的保温作用。对于大气而言，能量收入为吸收的太阳短波辐射和地表向上的长波辐射，能量支出为向上放出到太空的长波辐射和向下放出到地表的长波辐射。大气从地表吸收的能量（包括长波辐射、热传导、对流和潜热，共 133 个单位）是大气吸收太阳辐射能量（23 个单位）的近 6 倍。因此，大气的主要热量来源是地表。

综上所述，地气系统从太阳辐射获得能量，然后通过地气系统的能量交换过程达到能量平衡。在年平均的时间尺度上，地气系统基本处于能量平衡状态。工业革命以来，主要通过化石燃料燃烧排放出温室气体，人类活动已经扰动了这个能量平衡，使得更少的长波辐射逃逸到太空，更多的长波辐射滞留在地气系统，造成气候变暖。

以上讨论的是全球平均的地气系统能量平衡。地气系统接收和放出的能量存在很大的区域和季节差异。首先，不同区域在大气层顶接收到的太阳辐射量取决于纬度、季节和白天的具体时间。年平均而言，大气层顶接收到的太阳辐射由赤道向两极递减。其次，大气和地表吸收的太阳辐射很大程度受到反照率的影响。反照率代表反射的太阳辐射量和入射的太阳辐射量之间的比值。不同的物体表面有不同的反照率。例如，水面的反照率约为 10%，森林的反照率为 10% ~ 30%，冰面的反照率为 30% ~ 40%，新雪的反照率可以达到 75% ~ 95%。大气和地表的总反照率称为行星反照率。地气系统平均行星反照率为 30%。作为比较，金星的行星反照率为 78%，火星的行星反照率为 17%，月球的行星反照率为 7%。结合反照率分布和入射大气层顶的太阳辐射分布，地气系统在大气层顶吸收的太阳辐射从赤道向两极递减（图 11-3）。

大气层顶向上放出的长波辐射依赖于地表和大气的温度。极地和云顶的温度低，放出的长波辐射少；少云温暖的地表放出的长波辐射多。因此，在炎热的沙漠和少云的热带海洋地区，放出的长波辐射较多；相反，在极地和由大量云层覆盖的热带地区，放出的长波辐射较少。从纬度平均上看，地气系统在大气层顶放出的长波辐射从赤道向两极递减，但是递减的幅度比太阳辐射递减的幅度小（图 11-3）。

从图 11-3 可以看出，低纬度地区吸收的太阳辐射大于逃逸到太空的长波辐射；中高纬度地区吸收的太阳辐射小于逃逸到太空的长波辐射。约 38°S 到 38°N 之间的地区净辐射通量为正，38°S 以南和 38°N 以北的地区净辐射通量为负。但是，中高纬度地区并没有变得越来越冷，热带地区也没有变得越来越热。这是因为大气和海洋环流将热量不断从赤道输送到两极。大气和海洋环流的热输送阻止了局地能量收支不平衡引起的某地温度越来越热或越来越冷的情况。

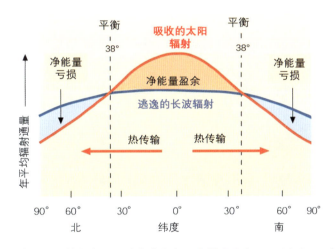

图 11-3　大气层顶的辐射通量随纬度分布示意图（改自 Donald Ahrens（2008））

在中低纬度，地气系统吸收的太阳辐射大于逃逸到太空的长波辐射，净辐射能量为正。在中高纬度，地气系统吸收的太阳辐射小于逃逸到太空的长波辐射，净辐射能量为负。大气和海洋环流将净多余能量从热带传输到两极。

第三节　水汽和水循环过程

一、大气水汽分布特征

广义上讲，大气中的水汽含量可以用大气湿度表示。大气湿度有以下几种不同的表示方法。

（1）**绝对湿度**：单位体积大气中的水汽含量，通常用g/m^3表示。抬升或下降的大气气团体积会随着周围大气压力的变化而变化。因此，即使水汽含量不发生变化，绝对湿度也会发生变化。因此，一般不用绝对湿度代表大气中的水汽含量。

（2）**比湿和混合比**：比湿是气团内水汽的质量和气团质量（水汽质量加上干空气质量）的比值。混合比是气团内水汽的质量和干空气质量的比值。比湿和混合比的单位都是g/kg。比湿和混合比不会随着气团的体积变化而变化。只要气团中的水汽含量不变，比湿和混合比就不会发生变化。因此，比湿和混合比通常被用来表示大气中的水汽含量。

（3）**水汽压**：大气中水汽的含量也可以用水汽压来表示。根据道尔顿分压定律，气团内的总气压等于气团内各个气体的气压之和。因此，水汽压越大，代表气团中的水汽含量越大。

（4）**饱和水汽压**：在给定的温度下，大气中水和水汽达到相对平衡时的水汽压。饱和水汽压随大气温度的升高快速升高。

（5）**相对湿度**：相对湿度是实际水汽压与同温度下饱和水汽压的比值。相对湿度一般用百分比表示。相对湿度受到大气温度和水汽含量的影响。在水汽含量不变的情况下，温度越高，饱和水汽压越大，相对湿度越低；在温度不变的情况下，水汽含量越大，相对湿度越高。

水汽随纬度和高度变化很大。近地表的大气比湿从赤道到两极递减。年平均而言，赤道附近的大气比湿约为极地大气比湿的10倍。在温暖潮湿的热带地区和低纬洋面上，低空水汽的比湿可达4%。而干燥的沙漠地带和极地，水汽含量仅为0.1%。但是，由于极地的温度低，因此极地的相对湿度和热带相当。另一方面，大气比湿随大气高度快速下降。在2km的高度，大气比湿下降为近地表的50%；在5km的高度，大气比湿下降为近地表的10%。

二、气候系统水循环

水循环对地球的自然生态系统起着重要的作用，也在气候系统中起着重要作用。大气受热上升，大气中的水汽发生凝结，产生云和降水。水汽是最重要的温室气体，在"自然"温室效应（非人为因素造成的温室效应）中起到约一半的保温作用。地表吸收太阳辐射产生的加热作用约一半被蒸发冷却所抵消。水汽在凝结过程中释放的热量对大气热力结构和环流有着重要的影响。

地球中最大的水源在地幔中。如果不考虑地球深部，地球上97%的水源在海洋中，2%的水源在冰川和冰盖，不到1%的水源是地下水，大气中的水源只占约0.001%。大气中水汽的滞留时间约为9天，说明水汽通过蒸发和降水在大气和海陆之间快速交换。

图11-4为全球地表水循环示意图。地球表层的水在大气、海洋、陆地、河流、冰川之间循环，循环过程中水在固态—液态—气态之间转换。通过太阳辐射加热，海水中大量的液态水蒸发为水汽。液态水蒸发为水汽后，随大气环流在大气中进行水平和垂直传输。水汽在抬升运动中，气块降温，饱和水汽压降低，空气中的水汽达到饱和，水汽凝结。在凝结核存在的情况下，水汽在凝结核上凝结为云滴。当云滴增长到足够大时，就会以降水

的形式降落到地面。水汽的传输对于陆地水循环尤为重要。全球陆地上的降水有约三分之一是来自海水的蒸发。陆地上的降水一部分被植被截留，一部分通过土壤和岩石的缝隙渗入地下，形成地下水。剩余部分以地表径流的形式由陆地输送到海洋。陆地上的液态水通过地表土壤的蒸发、植被的蒸发、植被的蒸腾（植被根茎吸收的水分向上传输后通过叶面气孔释放）等方式向大气输送水汽。陆地的蒸发和蒸腾占全球总蒸发量的约 30%，剩下的水汽蒸发都来自海洋。

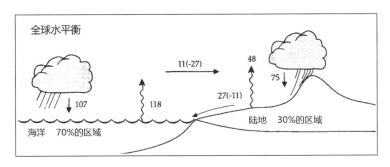

图 11-4　全球水循环示意图（修改自 Dennis Hartmann，2016）

注：单位为 cm/a。陆地和海洋面积不同，因此，取决于参照主体（陆地或海洋），由大气传输和地表径流传输的水量数值大小不同。小值代表以海洋为主体的值。

　　全球来看，蒸发量的最大值出现在副热带地区的海洋。这是因为副热带地区太阳辐射强，而且大气相对干燥，近地层的信风带也促进了蒸发。赤道地区虽然太阳辐射强，但是风速较小，大气水汽压接近饱和。因此，赤道地区的蒸发比副热带小。从副热带到两极，蒸发量随纬度增加减少，极地附近趋于零。全球降水量分布的局地性强。同一纬度不同地区的降水差异也很大。例如，赤道西太平洋的降水丰富，但是赤道东太平洋的降水较少。副热带地区总体降水较少，但也包括降水较多的东亚沿海，也有降水极少的中亚和北非等地。从纬圈平均来看，降水在赤道辐合带附近达到最大值，南北半球副热带地区出现两个极小值，在南北半球中纬度地区又出现两个极大值，然后随纬度增加减少，极地附近趋于零。蒸发和降水的差值对于局地的淡水收支有着重要意义。海洋表面的盐度与降水和蒸发的差值密切相关。在赤道地区，降水大于蒸发，海表盐度较低；在副热带海洋，降水小于蒸发，海表盐度较高。

第四节　大气中的力和大气环流

一、作用于大气的力

　　由于重力的作用，大部分的大气都在近地面。大气质量的 73.9% 集中在 10km 以下，98.8% 集中在 30km 以下，99.9% 集中在 50km 以下，99.999% 集中在 90km 以下。高度越高，空气越稀薄，所以大气的密度随高度快速下降。大气压是指单位面积上大气柱的重量。大气中任意一点的气压可以用这一点以上的大气柱总质量来衡量。因此，大气压力随着大气高度而降低。气压的基本单位为Pa（帕斯卡）。1Pa等于$1m^2$面积上受到 1N（牛顿）的压力，即$1Pa=1N/m^2$。为了方便，通常用百帕（hPa）来表示气压，$1hPa=100Pa$。在海平面高度，大气压通常接近 1000hPa；在约 1.5km 的高度，大气压降为 850hPa；在约 5.5km 的高度，大气压降为 500hPa；在约 9km 的高度，大气压降低为 300hPa；在 50km 的高度，大气压降为 1hPa。因为大气密度随高度的增加而减小，因此，越到高空，气压随高度增加而降低的速度越慢。

大气运动具有多尺度的特征，受到多因子的影响。总体说，大气运动受到质量守恒、能量守恒、动量守恒等基本规律的约束。控制大气运动的基本力有气压梯度力、地转偏向力、惯性离心力、重力、摩擦力。

气压梯度力是由于大气压的分布不均匀引起的，包括垂直气压梯度力和水平气压梯度力。空气微团的垂直气压梯度力和空气微团自身的重力平衡，称为静力平衡。水平气压梯度力正比于水平气压梯度，从高压指向低压。地表受热的不均匀造成了水平气压的不均匀分布。设想两个同样的气柱，初始时具有同样的地表温度和同样的气压。假设其中一个气柱增暖，一个气柱冷却。增暖的气柱大气分子运动加剧，气柱垂直膨胀；冷却的气柱大气分子运动减弱，气柱垂直收缩。在同样的大气高度，暖气柱气压高，冷气柱气压低，气压梯度力使空气从高压流向低压。由于暖气柱上空的大气流向冷气柱，暖气柱空气质量减少，地表气压降低；冷气柱上空空气不断聚集，地表气压增加。因此，在地表，空气由冷气柱流向暖气柱。由此，由于地表加热的不均匀，在地表和大气形成了一个闭合的环流。气压梯度力是导致大气水平运动的原始动力。气压梯度力与气压梯度成正比，与两点间的距离成反比，也和大气密度成反比。

如果大气只受水平气压梯度力的作用，风应该从高压吹向低压，但是实际上，风速往往与等压线平行。产生这种现象的主要原因是地球自转产生的作用于运动空气微团的惯性力，称为地转偏向力，又称科里奥利力。地转偏向力是影响旋转坐标系中大尺度运动的很重要的一个力。地转偏向力与气团的运动方向垂直，在北半球指向运动方向的右侧，在南半球指向运动方向的左侧。地转偏向力的大小与空气微团相对速度的大小成正比。相对速度为零时，地转偏向力为零。在两极地转偏向力最大，在赤道地转偏向力为零。所以，赤道附近的气流基本沿水平气压梯度力方向运动。

当空气沿着曲线运动的时候，会受到一个离开曲率中心向外的力，这个力由于空气为保持其惯性方向运动而产生，称为惯性离心力。地球是个近似椭球体，空气微团所受的重力是地心引力与离心力的合力。地心引力约为离心力的千倍，因此，重力的大小与地心引力相差不大。重力在赤道最小，随纬度增加而增大，极地达到最大。在45°纬度海平面的重力加速度值为$g=9.806m/s^2$。

摩擦力也是大气中一个重要的力，在低层大气运动中起着重要的作用。摩擦力包括外摩擦力和内摩擦力。下垫面对空气运动的阻碍作用称为外摩擦力，也称地面摩擦力。近地表大气受到外摩擦力的方向与大气的运动方向相反，大小与空气的运动速度成正比，同时，下垫面越粗糙，外摩擦力越大。另一方面，如果大气内部各气层气流方向或者风速强度不同，乱流作用会在气层之间产生内摩擦力，使气流的速度和方向发生改变。内摩擦力分为分子摩擦和湍流摩擦两部分。分子摩擦由分子黏性力产生，这是由于流速不同的流体之间，分子不规则运动引起的分子动量交换作用在流体界面的应力；湍流摩擦由于湍流应力产生，这是由于流速不同的流体之间湍流运动引起的湍流动量交换作用在流体界面上的应力。大气中分子黏性力相对于湍流应力要小很多。摩擦力的大小随高度增加而减小，近地面（地面向上 30 ~ 50m）的摩擦力的影响最为显著。1 ~ 2km 的高度，摩擦力的影响变得很小。这个高度以下称为行星边界层，以上称为自由大气层。

以上四种力在不同情况下对于空气运动影响的相对重要性不同。通常，水平气压梯度力是空气运动的原动力。气团如果做近似直线运动，可不考虑惯性离心力的影响；在自由大气中的空气运动，可以不考虑摩擦力的影响。赤道附近的空气运动，可不考虑地转偏向力的影响。

二、大气运动基本特征

在自由大气中，气压梯度力和地转偏向力平衡下产生的水平直线运动称为地转风。地转风的方向平行于等压线，在北半球，背风而立，高压在右，低压在左。地转风的大小与水平气压梯度成正比，与地理纬度和空气密度成反比。当气压梯度一样时，高纬地区地转风将比低纬地区小。然而，高纬地区的气压梯度通常比低纬地区大，因此，高纬地区的风速通常比低纬地区大。在同一地区、同一气压梯度力，地转风随高度增加而增大，这是因为空气密度随高度增加而减小。

地转风代表了自由大气中风压场之间的基本关系，是大尺度空气运动的最简单近似。但是，现实大气中的等压线不是直线，更多是弯曲的，空气运动通常是曲线运动。因此，空气运动还受到离心力的作用。空气运动受到气压梯度力、地转偏向力和离心力的影响，产生梯度风。在北半球，围绕低压的空气呈逆时针旋转，为气旋式梯度风，而围绕高压的空气呈顺时针旋转，为反气旋式梯度风。在南半球，这种关系正好相反。在赤道地区，由于地转偏向力很小，风基本沿着气压梯度方向，从高压吹向低压。

在大气边界层，摩擦力的作用不容忽视，地表风受到气压梯度力、地转偏向力和摩擦力三力平衡的影响。气流受摩擦力影响将减速，地转偏向力也相应减小，地转偏向力与摩擦力的合力与气压梯度力平衡。风不再近似平行于等压线，气流穿越等压线吹向低压一侧，与地转风向之间产生一个夹角。在北半球，背风而立，高压在右后侧，低压在左前侧。在边界层弯曲等压线的气压场中，风速比自由大气的梯度风风速小。在北半球气旋中，空气按逆时针向低压中心辐合，在反气旋中，空气按顺时针向外辐散。现实大气中，气旋和低气压相关联，水平范围很大，通常有 1000km。气旋的强度一般用其中心气压表示，中心气压越低，气旋越强。地面气旋的中心气压值通常为 970 ~ 1010hPa。反气旋和高气压相关联，水平尺度一般比气旋大。例如，冬季亚洲大陆的反气旋，可以占据整个亚洲大陆的 3/4。地面反气旋的中心气压一般在 1020 ~ 1040hPa。

大尺度大气运动呈准水平特征。在几百千米到几千千米的空间尺度上，水平风速为每秒十几米左右，垂直风速约每秒 1 ~ 10cm，比水平风速约小三个量级。然而垂直运动在大气中起着重要作用，造成云和雨的形成和发展。气团垂直运动可以由热力作用产生，当气团比周围空气暖时，气团上升，产生热力对流；当气团比周围空气冷时，气团下降。除了热力作用，气团垂直运动也可以由水平气流的辐合辐散、锋面强迫抬升和地形抬升等动力作用引起。

三、大气环流基本特征

在全球尺度，产生大气环流的根本原因是赤道和两极之间的温度差。可以通过理想化大气环流模型理解全球尺度大气环流的基本特征和成因。首先考虑一圈环流模型。在一圈环流模型中有几个基本假设：①地球表面都被海洋覆盖，忽略海洋和陆地的不同热力性质；②太阳光始终直射在赤道，忽略大气环流的季节变化；③地球不自转，忽略地转偏向力。在这样的理想化假设下，赤道地区因为净热量收支为正而加热，空气上升，在赤道上空产生高压，地表产生低压。由于赤道上空空气堆积，气压高于极地上空，在气压梯度力的作用下，赤道上空的气流向两极运动。作为补偿，低空气流从两极流向赤道。这样在南北半球各形成一个闭合的单圈径向环流。通过这样的径向环流，赤道地区的多余热量向两极输送。这个环流被称为哈德莱（Hadley）环流。

在一圈环流的基础上，保留地球表面都被海洋覆盖和太阳光始终直射在赤道的假设，但允许地球自转，考虑地转偏向力。这样的模型称为三圈环流模型（图 11-5）。从北半球看，在这个三圈环流模型中，赤道地区的热空气上升，到达对流层顶后向北极运动，由于地转偏向力的存在，流向北极的气团偏向右方，到达 20°N ~ 30°N 时，气流变为自西向东的纬向环流，阻止低纬高空的大气继续向北极运动。高空不断辐合的大气在约 30°N 的纬度带下沉，在近地面形成副热带高压系统。空气在下沉过程中不断增温。因此，副热带高压地区少云炎热，世界上的主要沙漠（例如撒哈拉沙漠）均处于副热带高压区。副热带高压的一部分近地表大气流回赤道，由于地转偏向力的作用，在北半球这些风是从东北吹来，在南半球这些风是从东南吹来，统称为信风。在赤道附近，东北信风和东南信风辐合，形成赤道辐合带。同时在副热带与赤道之间的径圈剖面上形成类似于一圈环流模型中的单圈环流，因此通常被称为哈德莱环流。

从副热带高压北上的空气在运动过程中，受到地转偏向力的影响，形成盛行西南风的西风带。同时，在北半球，从极地低层流向低纬的冷空气在地转偏向力的作用下，形成盛行东北风的极地东风带。极地东风带和西风带在大约 60°N 附近汇合，形成极锋。从副高北上的暖空气沿极锋爬升，到高空分别向北和向南流动。向北流动的一支气流在北极下沉，形成极地环流圈，向南流动的一支气流在副热带地区与信风环流上空向北流动的气流辐合，形成一个中纬度环流圈。在这个三圈环流模型中，赤道和极地之间形成三圈经向环流。在近地面形成 4 个气压带：赤道低压带、副热带高压带、副极地低压带、极地高压带。和 4 个气压带关联的是南北半球各 3 个纬向风带：低纬度信风带、中纬度西风带、极地东风带。三圈环流模型刻画了大尺度大气运动的基本特征，揭示了赤道和两极的温度差和地转偏向力在大尺度环流中的关键作用。在现实世界中，海陆分布和地形等作用进一步影响了大气环流的分布。

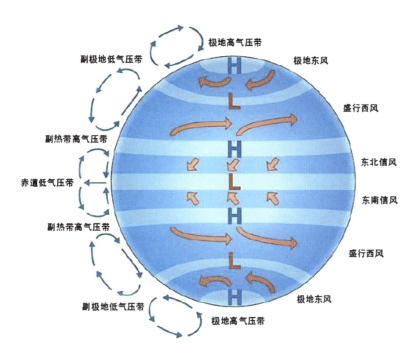

图 11-5 三圈环流示意图

　　海陆热力性质的差异产生了季风。简单说，季风指的是大范围地区的盛行风向随季节改变的现象。季风系统类似于大尺度的海陆风系统。例如，夏季，大陆受热，近地面空气受热上升，近地面形成低压；海洋上气温低于大陆，近地面形成高压，近地面风从海洋吹向大陆，从海洋到陆地的风带来充沛的水汽。冬季，大陆迅速冷却，近地面形成高压；海洋气温高于大陆，近地面形成低压，近地面风从大陆吹向海洋。亚洲季风区（包括南亚和东亚）是世界上最典型的季风区之一。这是因为亚欧大陆面积广大，亚洲紧邻印度洋和太平洋，海陆热力对比和季节变化强烈，所以海陆热力性质差异形成的季风在亚洲最典型，也最强盛。亚洲季风可以分为南亚季风系统和东亚季风系统，这两个系统既相互独立，又相互联系。季风系统在世界上的其他地区也存在，例如澳大利亚、非洲和美洲。中国是世界上受到季风影响最显著的国家之一。广大区域冬夏风向交替显著，夏季风来自海洋，带来充沛的水汽，气候湿热，多雨。冬季风起源于西伯利亚高压，带来寒潮。

　　大气基本要素包括气温、气压、湿度、风、降水等，它们的时空分布和变化决定了天气和气候的基本状况和演变。这些大气要素受到大气能量守恒、质量守恒、水汽守恒和动量守恒的制约。基于这些物理制约，可以用数学方程的形式表征这些大气变量的演变规律。这些方程包括表征动量守恒的水平运动方程和垂直运动方程、表征能量守恒的热力学方程、表征质量守恒的连续方程、表征水汽守恒的水汽方程以及联系温度、气压和密度的理想气体状态方程。仅仅通过这些方程还无法求解大气状态。例如，大气加热率依赖于大气中复杂的能量传输和平衡过程，包括短波和长波辐射的传输、感热和潜热通量传输等。大气中的云和降水过程需要通过求解复杂的对流、凝结、云微物理和降水过程得到。另外，摩擦力的求解也涉及复杂的地表和大气相互作用和湍流过程。因此，大气圈是一个复杂的非线性系统，对大气圈的演变规律及其与地球系统其他圈层相互作用的认知涉及复杂的物理、化学和生物过程。

第五节 大气污染

大气中一些微量气体和气溶胶粒子达到一定浓度后，会对人类和动植物健康造成不利影响，危害大气环境。大气污染物包括自然源和人为源。自然源包括风吹起的沙尘、火山喷发产生的火山灰、森林火灾产生的烟尘、植物与动物腐烂产生的气体等。人为源是形成大气污染的主要原因。人为活动造成的污染可以分为静止污染源和移动污染源。静止污染源来自发电厂、办公楼、住宅区等；移动污染源来自机动车、船只、飞机等。污染物可以分为一次污染物和二次污染物。一次污染物是从污染源直接生成并排放到大气中的。例如，化石燃料不完全燃烧和汽车尾气排放的一氧化碳是重要的一次污染物，会通过阻碍血液输氧，对人类健康造成极大危害。二次污染物是一次污染物和大气中其他成分（比如大气氧化剂、OH自由基、臭氧等）发生化学反应后生成的污染物。如一次污染物SO_2在空气中氧化成硫酸盐气溶胶。

大气中悬浮的颗粒物，即气溶胶，是大气中的一种主要污染物。气溶胶会影响人的呼吸系统和心脏，也会降低空气能见度。直径小于$10\mu m$的颗粒物称为PM10。PM10被人吸入后，会积累在呼吸系统中，引发许多疾病。直径小于$2.5\mu m$的颗粒物称为PM2.5或细颗粒物。PM2.5对人类的健康危害尤其大。PM2.5活性强，一般附带有毒害物质（例如，重金属、微生物等），在大气中的停留时间长，输送距离远，因而对人体健康和大气环境质量的影响更大。这些大气中的颗粒物不仅仅是污染物，它们对局地和全球气候也有重要的影响。一方面，取决于气溶胶的化学成分和大小，它们会反射或吸收太阳光，也会吸收长波辐射。另一方面，它们通过充当云的凝结核，影响云的反照率、云微物理过程和降水过程，从而影响气候。

SO_2是一种无色的气体，主要来源于化石燃料燃烧。火山喷发也产生SO_2。SO_2对于人体健康有很大的危害。SO_2在大气中很快通过氧化反应，生成硫酸盐气溶胶。氮氧化物（NO和NO_2）也是重要的污染物，主要来自微生物活动、生物氧化分解、火山喷发、雷电、平流层光化学过程、化石燃料燃烧等。另一方面，硫氧化物和氮氧化物也是形成酸雨的主要因素。挥发性有机物是一类主要由碳氢化合物组成的有机物。在室温下，它们以固体、液体或气体形式存在。挥发性有机物通过自然源（例如植被）和人为源（工业废气、汽车尾气等）排放。一些碳氢化合物，例如苯、甲苯及甲醛等会对人体健康造成很大的伤害。

光化学烟雾是一种重要的大气污染。汽车、工厂等污染源排入大气的碳氢化合物和氮氧化物等一次污染物在紫外线作用下发生光化学反应。光化学反应会产生大量的臭氧、醛类和其他有毒物质，混合在一起形成浅蓝色的光化学烟雾。光化学烟雾危害人体健康和植物生长，并且降低大气的能见度。

在不同大气高度的臭氧起着不同的作用。在近地表，O_3是光化学烟雾的主要成分，是一种二次污染物。但是，平流层中的O_3吸收太阳光紫外线，使我们免受过多紫外线辐射的危害。

污染物在大气中形成以后的扩散过程主要受到气象条件的影响，包括风、湍流、大气温度垂直分布等。风速越大，大气稀释污染物的效率就越高，局地污染物的浓度就会降低。空气的上升运动也有利于污染物的扩散。反之，大范围的空气下沉运动会抑制大气污染的扩散。因此，局地大气污染状况受到污染源和当地气象状况的共同影响。

练习题

1.地—气系统的热量平衡如何在全球和局地尺度上实现？包括哪些关键过程？
2.海洋和陆地的水循环平衡主要包括哪些关键过程？
3.大气温度随高度的变化分布有何特征？原因是什么？

思考题

1.大气圈与地球系统其他圈层的相互作用有哪些？这些相互作用如何影响地球气候？
2.地球上的大气圈与太阳系中其他行星的大气圈有何区别？原因是什么？
3.精确预测大气热力和动力过程及其时空演变规律的难点在哪里？

参考文献

[1] Dennis L Hartmann. Global Physical Climatology (second edition) [M]. New York: Academic Press, 2016.

[2] Donald C Ahrens. Meteorology Today (ninth edition) [M]. California: Brooks/Cole, 2008.

[3] Trenberth K E, Fasullo J T, Keith J. Earth's Global Energy Budget[J]. Bulletin of the American Meteorological Society (BAMS), 2009, 90: 311-323.

[4] 约翰·M.华莱士,彼得·V.霍布斯.大气科学（第二版）[M].何金海,王振会,银燕,等,译.北京:科学出版社,2008.

[5] 徐玉貌,刘红年,徐桂玉.大气科学概论[M].2版.南京:南京大学出版社,2013.

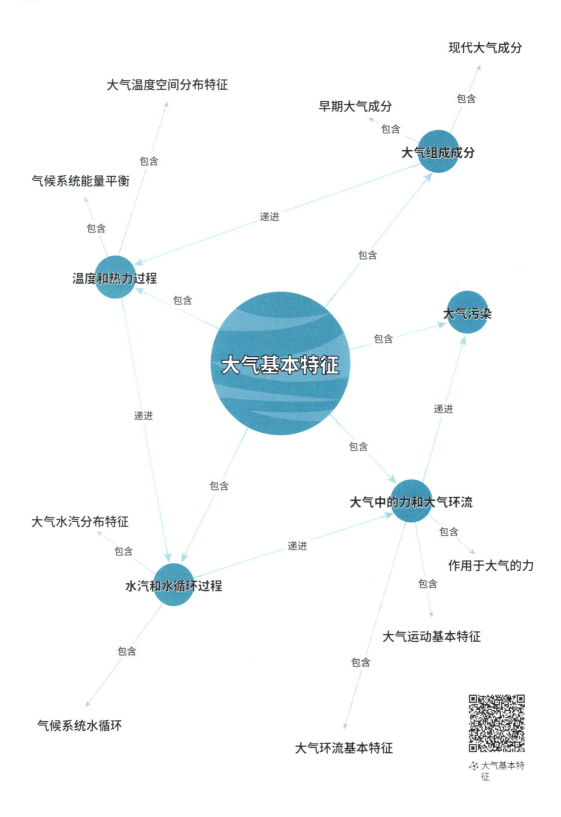

现代大气成分

早期大气成分

大气组成成分

大气温度空间分布特征

气候系统能量平衡

温度和热力过程

大气基本特征

大气污染

大气中的力和大气环流

作用于大气的力

大气水汽分布特征

水汽和水循环过程

大气运动基本特征

气候系统水循环

大气环流基本特征

大气基本特征

第十二章

CHAPTER 12

海洋的物理与化学过程

第一节 海洋的物理过程

人们探索海洋知识的动机是多方面的。例如：近岸水流和波浪影响船舶航道和堤防、防波堤及其他近海水工建筑物的建造，海洋的大比热容特性会对地球气候产生显著和控制性的影响。最为典型的是厄尔尼诺—南方涛动（EI Niño-Southern Oscillation, ENSO）现象，虽然这种现象仅出现在热带太平洋区域，但也对世界上大部分区域产生了长达数年的影响。为了了解它们之间的相互作用机制，掌握海洋运动和水体特征方面的知识至关重要，具体包含主要洋流的时空变化、变化的沿岸流、涨落潮以及风或地震引起的波浪等。其中海水的温度、盐度和密度对海洋的物理过程有着重要的影响，比如盐度会决定海水密度，继而影响海水的垂向运动；同时海水密度同样影响水平压力分布，也会影响水平运动。海洋的物理过程中还必须考虑海冰的因素，因为海冰有着特定演化过程，并对航行、海洋环流以及气候有很大影响。

海洋无疑是水在地球表层最大的储库，但是储库的大小并不完全清楚。比如大洋的平均深度，一百年前就确定是约 3800m，但是最新研究认为还不到 3700m（3682m；据 Charette and Smith，2010）。我们通常接触的是能够被风力驱动、有阳光进入的 200m 左右的上层，但这层"有光带"只占海水总量的 2%。在几百米的弱光带（twilight zone）之后直到 6000m 水深，是完全黑暗的大洋深层区，这才是大洋的主体，海水的滞留时间长达三千多年，称为深层水。深层水是全大洋密度最高的海水，现在最重的深层水来自南大洋，其次是来自北大西洋。近年来对深层水的研究集中在 6000 ～ 11000m 的大洋深渊带（hadal zone），也即大洋板块俯冲形成的深海沟区，最典型的就是西太平洋的马里亚纳海沟，那里的"挑战者深渊（Challenger Deep）"水深可达 10909m，是地球表面最深处。据统计，全球有 22 条深渊带，但总面积只占海洋的 1% ～ 2%。水深超过 5000m 的超深渊带有着特殊而神秘的物理、化学和生态环境，目前国际学术界组织了 HADES（Hadal Ecosystem Studies）计划进行超深渊区海洋的物理、化学和生态过程研究（Lee，2012），我国目前也正在积极进行相关科学考察和现场探索工作。

"奋斗者"拍摄的
深渊视频

一、海洋的盐度

海水是一种含有大部分已知元素的复杂溶液。一些成分在海水溶解物总质量中含量较高，如氯离子（55.0%）、硫酸根离子（7.7%）、钠离子（30.7%）、镁离子（3.6%）、钙离子（1.2%）和钾离子（1.1%）。不同地方海水溶解物的总浓度各不相同，但含量较高成分的比例则几乎不变。

海水中盐分的主要来源是河川径流携带的大陆风化物质。由于海水在海洋中循环一次的总时长最多为几千年，比地质风化的时长要短得多，因此溶解元素在海水混合的作用下，在海洋中分布得十分均匀。然而，不同地区海洋中的溶解盐类的总浓度仍然存在显著差异。造成这些差异的原因是海水蒸发及来自雨水和河流径流的淡水对海水的稀释。蒸发和稀释过程通常仅发生于海面。盐度最初被定义为每千克海水经过蒸发后留下的固体物质量（单位：g），这是Millero等（2008）在论文中描述的绝对盐度。例如，海水的平均盐度约为每千克海水中含35克盐类（单位：g/kg），表示为"$S=35‰$"或"$S=35ppt$"，读作"千分之三十五"。

基于Java Ocean Atlas搜集的气候资料，世界海洋的平均盐度是34.6‰，不同的大洋之间盐度有明显的差别。大西洋，尤其北大西洋，是含盐量最高的海洋，太平洋（不包括含盐量少于太平洋的北极区和南大洋）是含盐量最少的海洋。

（一）表面盐度

开阔大洋的盐度范围为33‰～37‰。较低的盐度值出现在河流径流量很大的近海岸以及寒冰融化的极地地区。较高的盐度值出现在高蒸发地区，如地中海东部（39‰）和红海（41‰）。北大西洋表面盐度最大（35.5‰），南大西洋和南太平洋盐度略小（大约35.2‰），北太平洋的盐度最小（大约34.2‰）。

尽管不像海表温度分布那样有较强的纬向性，海洋表面的盐度分布也是相对有纬向性的。海表盐度的分布是双瓣结构，其最大值分别在两个半球的亚热带，最小值在两个半球的热带和副极地区域。盐度的最大值仅出现在北纬60°以北（有相应的密度偏差），这是由于这些纬度地区的海水主要在北大西洋，是北大西洋整体较高的盐度和地理特征共同作用的结果。

由于净蒸发的作用，在亚热带水域，海洋表面盐度较高，并随着深度降低，在600～1000m水深处，盐度降低到最小值。在热带区域和南部亚热带环流的大部分区域，海表面的盐度通常略低于亚热带的主要地区。盐度在表层以下100～200m深处增加到最大值。在极地和高纬度海域，由于高降水量、径流以及季节性寒冰融化，海洋表面的盐度通常较低。

（二）深层水的盐度

在全球范围内，深层水的盐度变化范围相对较小，为34.65‰～35.0‰。其中南极底层水的含盐量最低，低于34.7‰。北欧海底层水含盐量最高，高达35.0‰。深层水的环境特征是相对均一的。这种相对的均一性，是因为高密水的来源种类少，以及水流动的较长距离和较长时间造成的。它们会相互掺混，并从上层向下层俯冲扩散。

（三）海洋盐度在海气耦合中的作用

近年来随着一系列国际大型的海洋观测计划（如TOGA、ARGO等）和海洋盐度卫星（SMOS等）的发射，科学家获取了大量的海洋表层盐度数据。通过研究发现，表层海水盐度的异常会引起温跃层和海表面温度的变化，进而影响海洋环流和海气相互作用，最终影响到全球的水循环过程。例如，Fedorov等（2004）的研究结果表明，表层海水的淡化过程会降低高低纬地区表层海水的密度梯度，减弱表层的风生环流，从而影响表层海水的向极输送。此外，海洋表层盐度的变异能改变海洋中混合层的厚度及垂向混合作用，诱发Spiciness过程（指盐度异常造成的密度改变会被异常的温度大大抵消的现象，通常情况下，正的盐度异常伴随着温度暖异常，负的盐度异常伴随着温度冷异常），使得海温发生异常，影响海气相互作用，最终会影响到海洋与大气之间的水分交换。例如，Zhang等（2009）利用海气耦合模式，研究了热带太平洋地区淡水通量对海气相互作用的影响，结果表明，因淡水通量引起的海表盐度变化，会使得混合层深度发生改变，上层海水变得稳定，次表层海水的混合和卷夹作用增强，这些海洋过程的作用最终增强了海表温度异常，继而反馈到大气耦合的大气系统中。盐度异常信号能够在温跃层中随着平均流或者是下沉流影响到遥远的海区，因此一个地区的海水盐度变化甚至可以通过相关作用影响到全球水循环过程。

系统的海洋盐度观测只是近20～30年才开始的，观测资料的匮乏严重限制了学者们对海洋盐度在全球水循环中的作用的研究，因而无法详细认识到全球各大洋不同深度盐度如何变化，以及会如何影响海洋表层及深层环流。而一些关键海区（如赤道印度洋、太平洋等）的盐度变化会如何影响大型的海气相互作用系统（如季风系统、厄尔尼诺等），也知之甚少。相对而言，海洋是慢过程，大气是快过程，大气这种快过程变化如何响应海洋盐度的这种慢过程变化是一个值得深入探讨的问题。

为了解决观测资料匮乏的问题，我们一方面需要加大对涉及海洋盐度的观测计划；另一方面通过分析盐度与其他要素的关系，尽可能地反演出比较可靠的长时间盐度资料。如盐度与全球水循环的强度有很好的相关关系，可以利用水循环强度的资料来反演长时间尺度的盐度资料。但是还要注意到大洋中表层海水盐度的差异主要是由于蒸发、降水、海冰的生成和融化造成的，而这些过程又是全球水循环中重要的环节，因此海洋盐度与全球水循环是一个相互耦合的过程。我们在研究分析中需要特别厘清海洋盐度对全球水循环的驱动机制和响应机制，并以此来改善数值模式。总之，详细了解海洋盐度在全球水循环中的作用需要科学界投入大量的人力、物力，需要科学工作者付出辛勤的劳动和智慧来解决这个科学难题。

二、海水的温度

海洋学家关注海面及深处的海水温度，是出于要了解水温物理学和生物学的结果。地理学家更感兴趣的是海水温度可能对沿海地区产生的直接影响，或者气团从洋面运动到陆地可能产生的间接影响。

人们采用温度自记器来测量海水表面的温度，自记器的温度计水银球安装在船舶的冷凝器入口中。测量深层海水温度的标准仪器，是扎在一根细钢丝上沉放下去的换向温度计。当仪器达到所要求的深度时，一拉仪器即发生转向，水银柱就断开，将仪器拖上海面时，上面所记录的温度保持不变。

（一）海面温度

海洋和大气在海洋表面相互作用，来自大气和太阳的表面驱动力决定了海面温度（sea surface temperature，SST）的整体模式。热带地区的高SST现象是由净热造成的，而高纬度地区的低SST现象是由净冷造成的。除简单的经向变化之外，海洋环流和大气外力的空间变化也使得SST的特征变得更为复杂。

SST范围在热带最温暖地区的略高于29℃到（海）冰形成地区的冰点温度（大约-1.8℃）之间，随季节变化而变化，在中纬度到高纬度地区尤为明显。

在亚热带地区，典型的温度分布为海表20℃，水深500m处8℃，水深1000m处5℃以及水深4000m处1～2℃。这些数值和温度剖面图的真正形状与纬度呈函数关系。

在海洋中的许多区域，密度与温度之间有很强的函数关系，并且有密度急剧增加的密度跃层和深海层。在降雨量和（或）径流量较大的区域（例如副极地和高纬度地区以及部分热带地区），在垂直密度结构方面，盐度比温度更重要。

（二）温跃层

温度随着水深的增加急剧减少，在水深下降几百米后停止，在深层或深海层（延伸到海底），温度在垂直方向上变化很小。其中有较高垂直温度梯度的地方（随着深度增加温度降低）称为温跃层。温跃层通常是一个密度跃层（高密度垂直梯度）。温跃层的深度范围，尤其是深度下限，通常很难恰当定义。然而，在中低纬度地区，温跃层总是出现在200～1000m深度范围，这被称为主要或永久性温跃层。在极地和副极地水域，海洋表层的水可能比深层水寒冷，在这些水域中不经常出现永久性温跃层，但通常会有盐跃层（高垂直盐浓度梯度）和相关的密度跃层。

三、海水的密度

海水密度十分重要，因为它决定了海水处于平衡状态的深度。海水在海面时密度最低，在海底时密度最高。密度分布同样与海洋中大尺度的地转或热盐环流有关。密度相同的海水之间的混合最为高效，因为发生于混合之前的绝热搅拌能保存位温和盐度，最终使密度也得以保存，分层海水之间的混合需要更多能量。在开阔大洋中，海水密度约为1021（海面）～1070kg/m³（压强为10000 dbar处）。

海洋的温度变化对海水密度变化的影响大于盐度变化对密度的影响程度。换句话说，温度在极大程度上控制了海水的密度变化。一个重要的例外是在高纬度地区和处于多雨的大气热带辐合区的热带海域，海洋表面的海水会由于大量降水或冰雪融化而导致盐度较低。

四、海洋环流的动力过程

表层水体以相当明显的方向所做的整体运动称为洋流，洋流运动的最终结果是形成称为环流的一系列循环系统或"环型"，也即海洋环流。海洋环流通常根据概念分为风生环流和温盐环流，亦称温盐环流或浮力驱动环流。

（一）风生环流

风力会产生波浪、惯性流和朗缪尔环流，在更长时间尺度则同时与科里奥利效应有关，由风驱动海表摩擦层产生的大规模环流与海流，称为风生环流。因此风生环流大致随着风的方向，以及季节性风的位置和强度而变化。但是，地球自转除影响风向外，往往使洋流发生轻微的偏斜，使得北半球向东北吹的风形成一个具有较明显东向分量的偏流。另外，陆地的形态也会影响洋流方向。如果一条洋流被迫流过岛屿之间的空隙，特别是当两侧的洋面有明显的差别时，洋流的速度便会增加，并形成一个"条带状洋流"，例如佛罗里达半岛和古巴之间的佛罗里达洋流。它从佛罗里达海峡流出，成为湾流，并沿北美洲东岸向北流动。佛罗里达洋流可能是世界上最强的大洋流之一，移动的水团深约 3.2km，并且几乎以每小时 5km 的速度流动。

（二）温盐环流

温盐环流与热力学过程（加热和冷却）、蒸发、降水、径流以及海冰的形成相关，与风生环流相比，温盐环流较弱并且流速较慢。在讨论温盐效应时，温盐环流通常与翻转环流相联系。盐度和温度的不同最终导致了全球各大洋中海水密度的不同，其中在北大西洋的格陵兰海和挪威海、南极洲的威德尔海和罗斯海的海水密度最大，下沉形成了大洋深层水；而在印度洋和中太平洋的海水密度最低，底层的海水上翻。全球各大洋海水密度的差异驱动形成了大洋温盐环流，时间尺度达到千年以上。虽然温盐环流中深层环流的流速很慢，但是却影响着海洋中 90% 的水体，对全球的热量和水分的输送有重要的意义。因此，温盐环流的异常也会带来全球气候系统的异常，如"新仙女木事件"就是因为北大西洋的温盐环流的中断导致了地球进入长达千年的冰期。

全球气候是一个复杂的动力系统，对这个复杂系统的临界点预测非常重要，但也极其困难，而温盐环流就是一个很重要的决定因子。Bond 等（1997）通过研究北大西洋深海岩心的证据表明，北大西洋的全新世事件（冰岛北部的冷的海水被输送到同英国纬度的海区，同时格陵兰上空的大气环流突然改变）是一个普遍的千年尺度气候循环，其在最后一次冰川期间的周期放大与北大西洋的温盐环流有关。在全球变暖的背景下，温盐环流愈发受到重视。Clark 等（2012）研究了 19000 年前（末次冰期）到 11000 年前（全新世初期）的古气候，这一段时间因为全球变暖，冰盖的减少导致全球平均海平面上升约 80m，并使得大陆和海洋生态系统释放了大量的温室气体（二氧化碳和甲烷）到大气中，大气和海洋环流发生变化，显著影响了全球水和热的输送和分布；最终的分析结果表明，有两个模型解释了大部分全球气候变化方差，其中第一模型与温室气体有很好的相关性，而第二模型则与大西洋经向翻转流有很好的相关性。也许，科幻电影《后天》里描述的场景，也即洋流变化导致全球变冷未必只是科幻。

虽然在数值模式中验证了温盐环流的存在，但由于缺乏有效可靠的大洋深层观测资料，温盐环流中还有很多关键性的问题并没有解决。温盐环流中深层水从高纬地区输送到低纬地区，但是海水从低纬地区返回到高纬地区的路径还不完全明确。有研究认为，从低纬到高纬的补偿流主要是由大洋表面的风生环流完成的，但有学者指出表面的暖水流输送的水体只有深层环流的30%。低纬到高纬的补偿流主要还是发生在大洋深层，但是具体的路径却并不清楚。此外，温盐环流具有年代际、百年尺度甚至千年尺度的变化，这些变化有何具体特征？不同尺度的变化又如何相互耦合并影响全球大洋内部的水循环及全球的气候系统？这些问题都急需更多的科学工作者投身其中，为科学界揭示完整的温盐环流过程及其影响。

（三）大西洋洋流

大西洋是世界第二大洋，占地球表面积的近20%，面积为7676.2万平方千米，平均深度3627m，最深处波多黎各海沟深达9219m。大西洋整体呈"S"形，以赤道为界被划分成北大西洋和南大西洋。此外，大西洋还有数个边缘海，较大的如地中海、加勒比海、北海、波罗的海、墨西哥湾等。风力驱动大洋环流和风力驱动热带环流主导着大西洋上层的输运过程。大西洋的大洋环流及其西边界流包括北大西洋（墨西哥湾流和北大西洋洋流）和南大西洋（巴西海流）的反气旋亚热带环流、北大西洋北部（东格陵兰流和拉布拉多流）的气旋副极地环流。副热带环流包括东边界流上升流系统。北大西洋的加那利海流系统和南大西洋的本格拉海流系统热带环流主要是纬向的（东西向），包括北赤道逆流和南赤道流，并且有低纬度西边界流（如北巴西海流）。

北大西洋北部上层水体向密度更高的中深层和深水层（经向翻转环流或温盐环流）的转变与深海环流相关，包括深海西边界流，大部分从海表到深层的最终转变发生在拉布拉多海和北欧海域。这种转变也影响了大西洋的海洋上层环流：它将北大西洋的墨西哥湾流和北大西洋洋流的向北输运量增加了约10%，并将热带和亚热带水域与副极地北大西洋相连接。该翻转环流导致了大西洋各纬度的北向净热传输，因为它将温暖的地表盐水向北引导，并在深处向南输运密度大、冷却的盐度相对低的海水。

在南部，大西洋与其他海洋通过南大洋相连。当南大洋从德雷克海进入南大西洋时，南极绕极流的副南极锋发展为马尔维纳斯（或福克兰）海流，在南美洲沿岸发生重要的北向输运，然后部分向南输运，在向东移动到印度洋并超越太平洋时，开始漫长而缓慢的南移。厄加勒斯洋流环绕非洲的南端将印度洋的温暖的表层水带入南大西洋。厄加勒斯流的大部分都折回到印度洋，但在这个过程中产生了许多涡，这些涡向西北移动进入大西洋，厄加勒斯流水域的一小部分也进入南大西洋的本格拉海流。来自南极洲的高密度底层水从威德尔海进入大西洋。

在北部，大西洋与北欧海域和北冰洋相连，而北欧海域与北冰洋在地形上被一条海脊所分离，此海脊从格陵兰延伸到冰岛，然后从冰岛绵延到法罗群岛和设得兰群岛。从大西洋到北欧海域的北向流注入挪威沿岸的挪威大西洋洋流中，该洋流向南回流到大西洋。回流区域发生在两个地点，一个是在东格陵兰洋流的淡水表层，另一个是通过戴维斯海峡进入拉布拉多海，并在格陵兰—设得兰群岛海脊中的三个海峡出现高密度的次表层溢流。这些溢流形成了北大西洋的高密度深层水和全球翻卷环流的大西洋分支的深层部分。另一个分支与南极洲的高密度水产生有关。

　　北大西洋的边缘海是大西洋重要的水团混合和转化的场所。亚热带西边界流流经美洲各国间的海域（加勒比海和墨西哥湾），然后再次返回北大西洋。地中海有一系列近乎完全分离的小海盆和自己的边缘海——黑海，每个都有独具特点的典型水团和环流的形成。地中海净蒸发量贡献了大西洋和太平洋海域之间观测到的盐度差异的三分之一。地中海的高密度水从直布罗陀海峡重返北大西洋。在大西洋西北部，拉布拉多海是造成经向翻卷环流的中层水形成的区域。

　　北大西洋北部及其邻近的海洋为全球海洋提供新的深层水（北大西洋深水）。当地的垂向对流水来源是拉布拉多海、地中海和北欧海域，由于当地的深层水及北大西洋北部的深层水相对较年轻，大约为数十年，与北太平洋深层和底层水数百年的年龄相比较，还是相对年轻的。

（四）太平洋洋流

　　太平洋是世界上最大、最深、边缘海和岛屿最多的大洋。它位于亚洲、大洋洲、南极洲和南北美洲之间。南北最长约 15900km，东西最宽约 19000km，总面积为 18134.4 万平方公里，平均深度为 3957m，最大深度为 10909m。太平洋的亚热带地区、北太平洋副极地地区和热带地区内有强有力的风生环流系统。在南部，太平洋环流流动到南大洋内，南大洋连接太平洋与其他海洋。在较低纬度处，太平洋也会通过印度尼西亚群岛内的海道与印度洋进行连接。非常浅的白令海峡则将太平洋与北极地区进行连接。

　　由于海洋之间净蒸发量/降水量的差异较小，太平洋是三大洋中盐度最低的海洋。与北大西洋相比，低盐度完全抑制了深层水的形成，并且削弱了北太平洋北部地区内中层水的形成。在全球范围内，太平洋是其中一个深层上升流发育的广阔区域，此类深层上升流使得在其他地方形成的深层水返回至中深层直至表面。由于其较弱的热盐环流，北太平洋海洋上层环流主要与风力作用相关。因此，对北太平洋和赤道太平洋背景下的风成环流的研究对其他大洋有重要的借鉴意义。

　　热带太平洋是年际气候模式厄尔尼诺—南方涛动（ENSO）的活动中心，厄尔尼诺—南方涛动通过大气"遥相关"作用对地球多数区域产生影响（在后续章节有详述）。

　　太平洋包含了众多的边缘海，它们大多沿太平洋西侧分布。印度尼西亚群岛的复杂海道使海水从热带太平洋区域分流到热带印度洋内。白令海北端的白令海峡允许少量北太平洋海水进入北极地区内，并进一步进入大西洋内。西北太平洋区域内的鄂霍次克海有着北太平洋区域内密度最大的海水，仅在中深层内存在，与北大西洋和南极地区内形成的大密度水体相比，此水体密度更小且产生的影响也更小。

　　太平洋的海表环流包括两半球内的副热带环流、北太平洋中的副极地环流以及遥远南部地区内的南极绕极流，北太平洋和南太平洋的西边界流分别为黑潮和东澳大利亚暖流。这些副热带环流的东边界流分别为加利福尼亚洋流和秘鲁洋流。北太平洋副极地环流的西边界流是亲潮/东堪察加海流。因为环流的复杂性和动力学，它们与中纬度风成环流的形成过程不同。热带环流还包括低纬度西边界流，即棉兰老流和新几内亚沿岸潜流。太平洋的深海环流由来自南大洋的深层西边界流的入流构成，此深层西边界流沿着深层海底高原和岛链从新西兰向北流动。许多深层水流通过南太平洋内的沙孟海道，然后进入热带海洋深层。深海流在太平西部穿过赤道，然后沿着西边界的深沟向北流动，流入北太平洋深层内。深海环流的"终点"到达东北太平洋，东北太平洋内有全世界最古老的深层海水，这被该区域内的碳 14 含量所证实。

流入的底部水体在太平洋的整个长度范围内生成上升流，主要发生在南太平洋和热带地区内。热量和淡水向下扩散改变了水密度，向上流动的深层水域创造了相对同质的大体积水团，我们将此类水团称为太平洋深海深层水，这些水流回到南大洋内，并在此处与印度洋深层水（形成方式类似）和北大西洋深层水（拥有完全不同的形成机制）汇合。在太平洋内，也存在从深层水域到更浅层（包括中间层和海洋上层）的上升流，它们从所有方向流出到这些层的不同部分：通过印度尼西亚海道到达印度洋，在澳大利亚周围向西南流动，向北通过白令海峡，向东通过德雷克海峡。

（五）印度洋洋流

印度洋是三大洋（太平洋、大西洋、印度洋）中最小的大洋。与大西洋和太平洋不同，印度洋没有北部高纬度水域，其水域只延伸到 25°N。其环流的南边界是南极绕极流，印度洋的南部和北部与大西洋和太平洋相连。同时，印度洋在低纬度地区通过印度尼西亚群岛与太平洋相连。在北部，印度洋在印度西部和东部存在两个较大的海湾：阿拉伯海和孟加拉湾。由于其构造史的复杂性，印度洋深处的海底地形比大西洋和太平洋复杂得多。许多深洋洋脊将与南大洋相连的深层环流划分为许多复杂的输运路径。

印度洋主要的上层洋流包括南印度洋的亚热带环流以及热带和北半球的季风环流。在 10°S ～ 12°S 附近，一股夹带了盐分较低的太平洋海水的纬向洋流（南赤道海流）穿过印度洋向西，将上述的两股洋流分割开来。该反气旋副热带环流和其他四个海盆的副热带环流类似。不同点在于其西边界流（厄加勒斯海流）越过非洲海岸，因而具有与西部边界不同的类型，并且其东边界流（利文流）流向南边。在热带和北印度洋，环流具有很强的季节性，由方向相反的西南和东北季风驱动。另外，阿拉伯海和孟加拉湾的环流由完全不同的海洋动力机制主导。含盐量大的阿拉伯海及其边沿海（红海和波斯湾）由蒸发作用主导，而含盐量小的孟加拉湾则由印度、孟加拉国和缅甸的主要河流的径流主导。热带印度洋的表层水是全球开阔大洋中最温暖的海水，通常超过 29℃。

印度洋的中层和深层运动机制与南太平洋相似，差异很大程度上是地形因素造成的。印度洋的主要不同是印度洋西北部红海的中层（深层）水体的来源有限。该水团与大西洋地中海溢流水类似，两者的含盐量都很高，因此中层和深层的"死"水含盐量较高，但是两者输运能力较低，因此对深层海水与上层海水的交换过程影响有限。

印度洋在全球翻转环流中是一个上升流海域，与太平洋类似。来自北大西洋和南极的近底水从南部进入印度洋，并形成一种复杂上涌模式，其中就可能包括印度洋深层水返回至南大洋以及上升至靠近海面处。参与全球环流的太平洋上层水体也穿过印度洋（印度尼西亚贯穿流或ITF），进入厄加勒斯流中，并最终进入大西洋。

（六）北冰洋洋流

北冰洋是一个由北美洲、欧洲和亚洲大陆包围的大洋，是一个实际上停滞、几乎封闭的水域。它在东侧通过浅的白令海峡与太平洋相连，西侧与北大西洋相接，水体交换很弱。北欧海是斯瓦尔巴特群岛以南和冰岛以北的区域。该区域是全球海洋中部分密度最大水体的转换和生产中心，北大西洋深层水中密度最大水体形成于此处，并且该区域是盐度较低的北太平洋海水和盐度较高的北大西洋海水的高纬度连接部分。

北冰洋与大西洋的最深层连接是通过弗拉姆海峡到达北欧海，弗拉海位于格陵兰和斯匹次卑尔根岛之间，海槛深度为 2600m。连接白令海和太平洋的白令海峡很狭窄，且海槛深度仅为 45m，但是通过它输入北冰洋的淡水含量很高。北极与北大西洋之间的连接还包括几个小的海峡，主要是内尔斯海峡（海槛深度 250m）和兰开斯特海峡（海槛深度 130m）。海水通过几个海峡穿过加拿大群岛到达巴芬湾然后进入大西洋。

（七）南大洋洋流

"南大洋"是围绕南极洲的广阔海洋区域，从太平洋、大西洋、印度洋或许多边缘海意义上考虑，它还不算一个正式的地理区域，因为它并未被陆地环绕。然而，南大洋的概念很重要，因为在南美洲和南极半岛之间的德雷克海峡的纬度范围没有南北边界（深水区除外）。因此，强劲的南极绕极流会持续向东绕南极洲流动，是南大洋大尺度环流中的主导环流。在上层海洋中，尽管在深层水和深海水体中地形为西边界流提供了边界，但德雷克海峡纬度地区没有西边界来支撑西边界流和风生环流。南极绕极流是海洋中与风系统，包括西风带以及东风带最近似的对应存在，因为大气层也没有边界。然而，南极绕极流最强劲的洋流大多位于德雷克海峡北部或南部。实际上它在德雷克海峡中只做短暂的停留，位于南极绕极流南部的南极洲海岸线包括两个主要的海湾：威德尔海和罗斯海。它们具有西边界，因此可以通过两边界流对局部风动环流提供支持。

南大洋的南部以南极大陆为界。它的北部"边界"尚不明确。可以将 60° S 处的南极条约约定界看成是政治意义上的南大洋北部边界，然而，南大洋海洋地理上的边界延伸到远远超过 60° S 以北的位置处。如果用南极绕极流的存在定义南大洋，它最北边的边界大约在 38° S 处，是南极绕极流可到达的最北边的位置。最新使用的定义将该区域延伸到 30° S 处，以完全涵盖向北到达各大洋中副热带锋的所有南大洋现象。

南极洲北部最狭窄的区域是德雷克海峡，位于南美洲和南极半岛之间。在此处以及和东部的斯科舍岛弧内的复杂地形，对南极绕极流的流动造成了最大的堵塞。两个较宽的区域为非洲南部和澳大利亚。在所有这三个区域内，向南流动的副热带西边界流（巴西海流、厄加勒斯海流和东澳大利亚海流）与南大洋环流相互作用。大洋中脊（如东南印度洋中脊）横穿南大洋，从而对穿过洋脊缝隙的南极绕极流有强力的引导作用。一些大的海底平原［凯尔盖朗群岛、坎贝尔和马尔维纳斯群岛（福克兰群岛）］使南极绕极流发生了偏转。在德雷克海峡的纬度，可以引起经向地转流的深层地形出现在德雷克海峡—斯科舍岛弧地区、凯尔盖朗海岭和新西兰南部的麦考利海岭。

由于南部的高纬度和海冰的形成，南大洋会沿南极洲海岸自产密度非常大的深层水和底层水。这些高密水汇入了海洋最深层并流向北部。

五、厄尔尼诺 / 拉尼娜—南方涛动（ENSO）

厄尔尼诺（El Niño）一词源自西班牙文，原意是"小男孩，圣婴"，描述的是冬季在秘鲁沿岸出现的由暖水代替原来的冷水的现象，与之相反的是拉尼娜现象（La Niña，西班牙文意为"小女孩，圣女"）。厄尔尼诺 / 拉尼娜现象是一种自然的气候变化现象，动态地集中在热带太平洋中。南方涛动描述的是热带太平洋东西方向海表面气压变化的跷跷板现象，在厄尔尼诺现象出现时，澳大利亚—印尼附近会出现异常高压，而东南太平洋会出现异常低压，拉尼娜现象出现时则相反。厄尔尼诺与南方涛动是热带太平洋年际变化的不同表现形式，是同一个事件的两个不同侧面，因此统称为 ENSO（El Niño-Southern Oscillation）（图 12-1）。ENSO 具有显著的 2～7 年周期，而厄尔尼诺和拉尼娜事件则对应于 ENSO 的暖、冷两种不同的位相，这种冷暖位相之间的振荡被称为 ENSO 循环。在此气候"循环"中，海洋和大气可以达到完全耦合。

厄尔尼诺现象发生的机制是（拉尼娜现象与之类似但反之）（图 12-1）：赤道太平洋在纬向方向存在沃克环流（Walker circulation），气流在西太平洋上升，在东太平洋下沉。由于季节内振荡（Madden-Julian oscillation）等原因存在，假如在西太平洋区域产生某个西风异常，异常西风与背景东风的共同作用会使海水辐聚下沉，温跃层（thermocline）变深。温跃层变深的信号以开尔文波（Kelvin wave）的形式向东传播，到达赤道东太平洋后，由于该地温跃层本身较浅，因此温跃层加深的信号作用非常显著，快速地引起赤道东太平洋海表面温度（SST）的升高。赤道东太平洋 SST 的上升又将进一步减弱沃克环流，使得西风异常得到加强，并使得赤道东太平洋持续升温，形成 Bjerknes 正反馈，最终产生了与正常年份不同的冬季暖水代替冷水的现象。厄尔尼诺的生命史大约为 20 个月，对应 ENSO 循环大约 40 个月；ENSO 循环中正、负异常的最大值都出现在冬季，因此具有季节"锁相"的特征；厄尔尼诺的成长速率远小于其衰减的速率，并且厄尔尼诺和拉尼娜现象之间具有不对称性。

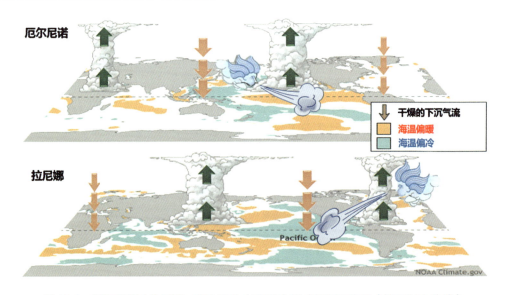

图 12-1　厄尔尼诺 / 拉尼娜—南方涛动（ENSO）形成机制示意图（据 NOAA 改编）

有时，厄尔尼诺/拉尼娜事件不仅会对海洋生态系统造成巨大甚至毁灭性的影响，尤其是对沿着南美海岸的地区，而且其波及范围也会北至加利福尼亚洋流系统。厄尔尼诺—南方涛动会对全球尺度范围内的气温和降水产生影响，通过大气的大尺度波进行传播，以及沿着太平洋东边界的开尔文波进行传播。厄尔尼诺现象出现期间的降水异常包括降水异常少的地区，这些地区容易受到干旱和火灾的影响，而降水量较大的地区也容易受到洪灾的影响。虽然不是处于热带地区，但美国的大气温度仍然受到了 ENSO 的影响。厄尔尼诺现象的鲜明特征包括：美国西北地区和高平原上的异常温暖现象，南部地区和佛罗里达州中的低温现象，西北地区、东部地区以及阿巴拉契亚山区中的异常干燥环境，以及穿过美国东南部地区加利福尼亚州中的潮湿环境。

历史上由于观测资料的缺乏，ENSO 被认为是秘鲁沿岸局地的气候现象。直到 1957 年多国联合调查开始，科学家发现 ENSO 在全球范围内有重要影响，ENSO 循环会导致全球多个国家出现极端的干旱或者洪水，是影响全球气候最重要的因素之一。随后 Jacob Bjerknes 在 1969 年提出了著名 "Bjerknes 正反馈" 机制，用来解释 ENSO 现象的发展，但无法解释 ENSO 的现象的消亡及冷暖位相的转换。1982—1983 年发生了几个世纪以来最严重的厄尔尼诺事件，造成全世界大约 1500 人丧生，经济损失近百亿美元，迫使人们加快、加强对 ENSO 的研究和预报。因此，1985—1994 年，国际上展开了为期十年的合作观测计划 TOGA（Tropical Ocean-Global Atmosphere），为理解和预测 ENSO 提供了重要基础。之后，关于 ENSO 机制的研究迎来发展，目前共有两大类观点：一种观点认为 ENSO 是海气耦合系统自身的、不稳定的、可以自持的振荡模态；另一种观点认为 ENSO 是由随机过程（比如季节内振荡[Madden-Julian oscillation]、西风爆发[westerly wind bursts]、赤道不稳定波[tropical instability waves]）诱导的稳定模态。其中，第一种观点下又主要有五种自持机制提出：延迟振子机制（the delayed oscillator）、"充电—放电" 振子机制（the recharge oscillator）、西太平洋振子机制（the Western Pacific oscillator）、"平流—反射" 振子机制（the advective-reflective oscillator）以及包含以上四种机制的 "一致" 振子机制（the unified oscillator）。2000—2009 年，科学家逐渐发现 ENSO 现象又至少可以明确地分为两种：当海温异常最大值的中心在赤道东太平洋时，称为东太平洋模态（Eastern-Pacific [EP] type）；当海温异常最大值的中心在赤道太平洋日界线附近时，称为中太平洋模态（Central-Pacific [CP] type），也称为 El Niño-modoki。关于 ENSO 机制的研究和预测、两种类型 ENSO 不同的气候效应以及 ENSO 在全球变暖背景下的响应是目前国际前沿的热点问题，需要进一步研究。

六、极地冰盖与冰山

（一）海水的冰点

海水中的盐分使海水的冰点在 0℃ 之下。在较低的盐度下（低于大多数海水的盐度），在结冰下沉前，水首先会达到最高密度，但仍然会保持液态。水体随后会发生翻转和混合，直到整个水体达到使其密度最高时的温度。

如果进一步冷却，表层水会变得更轻，翻转停止。水体从表面开始向下结冰，而更深层的水仍保持液态。当盐度大于 24.7‰ 时，水体在冰点出现时达到最高密度。因此，在结冰前，更多水体的周围温度必然继续下降，所以与淡水相比，海水的结冰有所延迟。

（二）极地冰盖

地球上的固态水又被称为"冰冻圈"，从地球系统宏观尺度讲，最重要的是两极的冰，包括大陆上的冰盖及其延伸到海上的冰架，以及海水结成的海冰。除去地下水不算，地球表面的淡水 90% 结成了冰，而且集中分布在南北两个极区，其中体积 3000 万立方千米的南极冰盖，比北极格陵兰冰盖大约大十倍，两者相加占全球冰盖的 97%。由表 12-1 可见，固态水的分布主要在大陆，有冰和雪分布的地区差不多占全球大陆面积的一半，而在海洋上所占面积的比例要小一个量级。

南北两极最大差别在于海陆分布：南极圈的核心是陆地，北极圈的核心是海洋，这种差异决定了两者不同的演化历史和气候影响。近来对于南北极冰盖认识的重大进展在于深部包括南极冰盖地下水流系统的发现和地质基底的认识，以及北冰洋海底冰碛地貌的水下探索。

表 12-1　地球表面固态水的地理分布（Vaughan et al., 2013）

陆地	占陆地面积 /%	海平面当量 /m
南极冰盖	8.3	58.3
格陵兰冰盖	1.2	7.36
冰川	0.5	0.41
永久冻土	9~12	0.02~0.10
季节冻土	33	—
季节雪覆盖	1.3~30.6	0.001~0.01
北半球河冰与湖冰	1.1	—
总计	52.0~55.0	约 66.1
海洋	占海洋面积 /%	体积 /km³
南极冰架	0.45	约 380
南极海冰：南半球夏季/春季	0.8/5.2	3.4/11.1
北极海冰：北半球秋季/冬春季	1.7/3.9	13.0/16.5
海底冻土	约 0.8	—
总计	5.3~7.3	—

南极洲以平均海拔 3500m 的横贯南极山脉（Transantarctic Mountains）和威德尔海（Weddell Sea）、罗斯海（Ross Sea）为界，分为东半球的东南极和西半球的西南极，东南极是个大陆，西南极由长条状的南极半岛和岛屿组成。东南极冰盖坐落在大陆之上，像座白色的高原，相对稳定；西南极的相当部分是在海水之上的冰架，容易消融，比如一百多万年前就曾经融化消失。以北冰洋为核心的北极冰盖更不稳定，通常所说的第四纪冰期旋回，指的就是北半球冰盖的大幅度消长。

（三）冰下水系

最值得注意的是南极冰下的水流系统。已经发现南极冰盖下面至少有200个冰下湖泊，它们之间可以有冰下河道相互连通，形成水网。南极冰下湖水的总量估计超过10000km³，相当于全球淡水湖水量的8%以上，如果平铺在南极表面，也会有1m深，其中最大的是"东方湖（Lake Vostok）"。这个压在4000m冰层下面的大湖面积为14000km²，水深800m，为世界第七大湖。比东方湖小的如90°E湖和苏维埃湖（Lake Sovetskaya），也都是800～900m的构造深湖。这些冰下湖泊可能均是在南极冰盖形成以前的地面湖，被埋在冰下而成（Priscu et al., 2008）。东方湖上方正是俄罗斯南极冰钻东方站的所在，冰芯的底层属于冻结的湖水，从冰芯分析结果看，东方湖里至少有微生物生存，如果东方湖果真是南极冰盖形成距今1400万年的地表湖，其中的微生物在约350个大气压和−3℃的低温中依靠化学能维持生命，其研究将具有极大的科学价值。至今俄罗斯科学家们还在反复努力，改进采样技术，以证实微生物的存在。

除了冰下湖泊之外，冰盖底下还有地下水。冰下的沉积物和基岩孔隙中都有地下水分布，估计冰下湖的总面积不会超过南极的1%，而冰下地下水却可以遍布整个南极大陆，相当于地球上一片最大的"湿地"，其含水量应超过冰下湖成百倍。一项重要的发现是冰盖下水系的活动能力。两个冰下湖的水可以相互流动，根据冰盖顶面卫星测高记录，有一次大约1.8km³的水在16个月里顺坡流到290km外，造成的湖面落差有4m之多。更大的冰下湖泄水事件发生在地质历史上。在无冰覆盖的横贯南极山脉发现一个50km长的基岩沟谷，600m宽、250m深，据推断是由14.4～12.4Ma期间的冰下湖水泄出所造成，当时流速应达每秒1.6×10^6～$22 \times 10^6 \mathrm{m}^3$，很可能与中中新世的气候突变有联系。

冰下的水流还可以和冰上的水流连成一个系统。格陵兰的冰盖比南极冰盖温度高，冰面上的融水可以顺着裂缝下渗，变为冰盖流动的润滑剂，从而成倍地加速流动，甚至提高一个数量级。湖面融冰水积成的湖泊，可以突然深入冰盖转入冰下，引起冰盖灾变式的事件。

极地冰下湖的发现，具有重大的环境意义。大陆冰盖是一个由液态水交织在固态水里面的动态系统，这种液态水可以由地热造成，也可以是基底冰盖形成时的"遗迹"，或者像格陵兰那样由表层融冰水下渗而来，但是都会增加冰盖的活动性。这类夹在岩石与冰盖之间的湖水，主要是因冰盖的形变而发生转移，而且总体来说向着海洋流出，有时也会发生突变性的"洪水"，不仅影响冰盖稳定性和海平面，还会因为湖水所含的微生物和化学成分而对大洋产生影响。

（四）冰架与海冰

冰架是冰盖在海上的延伸：巨大的南极冰盖在自身重力的作用下，从内陆高原向周边以几千条冰川的形式向沿海滑动，浮在海面上的部分就是冰架。南极冰架占南极冰盖总面积的10%，主要分布在西南极两边的罗斯海和威德尔海。和坐落在大陆上的东南极不同，西南极冰盖的相当一部分浸在海平面之下，整个西南极冰盖可以说是"漂"在海上，在"着地界线

冰下湖图件

（grounding line）"里面的是陆上冰盖，外面的就是冰架。这种海上冰盖很不稳定，加上西南极降雪量明显大于东南极，冰川向海洋的流速也快得多，因此无论对冰期旋回还是当前的全球变暖，西南极的反应都要强烈得多。冰消期冰盖崩解的时候冰架首当其冲，末次冰期以来的两万年间，西南极冰架的着地界线后退了 1300km。

现在的冰架主要在南极发育，北极只有较小的冰架。然而冰架能以每年 2500m 的速度移向海洋，冰架破裂落入海中就成为冰山，无论南北极周围都有冰山漂出。每年从格陵兰西部产生的冰山就有上万座，而南大洋的冰山产量更要高出一个量级，常常有几千米长、几百米高的巨大冰山出现。比如 2000 年从南极罗斯冰架上崩裂下来的 B15 冰山，面积 1.1 万平方千米，将近两个上海市那么大，可以产生重大的环境效应。冰山是冰海混杂堆积物的载体，在研究冰消期海洋过程中具有重要意义。

南极冰盖图

冰架的活动还会对海底地形进行改造。通过地球物理方法对海底地形进行高精度测量，结合浅地层和地震剖面，可以辨识冰架流动在海底隆起上留下的痕迹，再造冰盖的演变史，最为成功的是北极巴伦支海陆架上对末次冰消期历史的研究。北冰洋的水下研究揭示，北极冰盖亚洲部分在 14 万年前的 MIS 6 期范围最大，当时北冰洋的冰架逼近北极，范围之大可以与现在的南极相比；而此后的冰期逐次收缩，到末次冰期时范围最小，刷新了我们对北极冰盖历史的认识。

海洋上固态水的另一种形式是海冰。海冰占地球表面的 7%，占大洋表面的 12%，但是有显著的季节变化。海冰不但影响地表的反射率，而且影响大洋环流，近年来北冰洋海冰面积的缩小就产生了明显的气候效应。与冰山不同，冰山归根结底源自降落的雪冰，含有大气层水循环中同位素分馏的信息；海冰却是海水温度过低的产物，其形成过程不经过同位素分馏，因此很难在地质记录里找到海冰变化的证据。幸好生活在海冰地面的特殊硅藻能形成特殊的有机化合标志物，最近正成功地用于北冰洋海域的古海洋学研究，可望为再造海冰分布和盛衰提供证据。

北极科考

七、潮汐

海面的周期性上升或下降称为潮汐。在开阔的海洋中，高低潮之间的高差——潮差可能仅有半米，但是，在水浅的边缘海中，潮差能增大到 9m，在束狭的潮汐河口中可能超过 12m。在南安普敦平均高潮比低潮高出大约 3.7m，在泰晤士河河口的希尔内斯高出 5m，在伦敦桥高出约 7m，在利物浦高出 9m，在塞文河上的埃文茅斯高出 13m。已知最大潮差出现在加拿大东北部的芬迪湾，其入口处潮差仅约 2.5m，但其顶端附近有 21m 的记录，通常为 15～18m。另一方面，在一些部分封闭的海如地中海和波罗的海中，潮差却非常小。

在大西洋大部分水域，每个太阴日发生两次涨潮和两次落潮，间隔时间约为 12 小时 25 分，每一对高潮达到大约相同的高度，两个低潮的高度也大致相同。这些潮汐称为半日潮。

太平洋和印度洋大部分水域每日也有两次高潮和两次低潮，但振幅不同；它们在高潮时高度可能有差别，而低潮时却保持恒定不变，或者情况正好相反。这些潮汐称为混合潮。在几个特定的地区，特别是在墨西哥湾，在菲律宾群岛周围的水域，在阿拉斯加海岸附近和中国部分海岸附近，仅有一个每日潮，即每 24 小时有一次高潮和一次低潮。这些变化很难加以解释，因为引起潮汐的力在地球表面是相同的，但是，海洋的形状、陆块的位置、浅边缘海的性质是主要影响因素。

（一）风暴潮

海平面受当地风暴系统的影响而将水带到岸上。风暴来临时的大气压非常低，风力强劲。低压在风暴中局部升高海平面。风引起的大浪，在海岸上形成明显的增水现象，风也可以将水带到岸上。两者都导致当地海平面上升，这种现象称为风暴潮。

风暴潮的大小取决于风暴强度和海底坡度。对于远离海岸逐渐倾斜并存在浅水的陆架如北海地区，风暴潮等级可能非常大。当陆架深度梯度很大时，如北美西海岸地区，风暴潮与潮汐相差甚远。许多风暴潮过境时迅速且不明显，但是当发生风暴潮时恰好处于高潮阶段，它们可能是灾难性的。例如在 1953 年，强飓风与汹涌的大潮淹没了北海的低洼地区。

易受热带气旋影响的低洼地区，是风暴潮重灾区。在孟加拉国，1970 年波拉台风和 1991 年孟加拉国台风引起的风暴潮分别高达 10m 和 6m，造成了巨大的生命损失。卡特里娜飓风（2005）在墨西哥湾引起了高达约 9m 的风暴潮，是美国历史上最具破坏性的自然灾害。

（二）海啸

表面重力波可以由海底地形的剧变和其他大型突发事件（如水下滑坡、陨石撞击、海底地震和火山爆发）形成。如果在断层一侧的底部突然发生海底地震，会造成海水在与底部位移相同幅度的断层上方从顶部向底部转移。突然的海水位移将产生称为海啸的表面重力波。

海啸波长为数百至数千公里。因为这远远大于海洋深度，所以海啸是一个浅水波。因此，海啸在海洋中从一点传播到另一点的速度和时间由海洋深度确定。频率为 10 分钟到 2 小时左右。在深度为 4000 ~ 5000m 的开阔大洋，海啸速度为 200 ~ 220m/s（17280km/天），因此海啸只需花费一天时间就能穿过大型海洋盆地，如太平洋或印度洋。

在广阔的海洋区域中，海啸的传播几乎没有衰减。大部分能量集中在初始波群中。海啸最初抵达时，海平面可能上升或下降。峰顶的形状和缺口以及扩散，取决于地震引起的初始形变形状以及海底地形。

海啸传播动图

底部平坦的海洋中，理想海啸的所有能量最初分布在以地震为中心的圆圈周围。随着海啸的前进，圆半径增加，沿着圆周的单位长度能量减小。海啸在穿过深层地形部位时会发生折射和散射，导致一些地区的能量密度较低，而在其他地区较高。大洋中脊可以作为海啸波的波导管。

当海啸到达浅水大陆斜坡时，其波速减小，波向如其他表面重力波一样趋向垂直岸线。其部分能量可以从陆架反射，部分可以产生波浪。因为海啸波长很长，相对波峰很小。浅水海啸像激散波型一样，在其破碎期间抵达海滩之前，几乎没有能量损失。由于强度较大，海啸可以在短时间内（波浪期的一半时间，大约半个小时或更短的时间）淹没大片沿海地区。

第二节　海洋的化学过程

地球科学的发展已经从以固体地球（岩石圈、地幔、地核）为主体，演变到对大气圈、水圈、岩石圈和生物圈相互联系、相互作用的学科，也即地球系统科学。地球系统科学的诞生起源于 20 世纪 80 年代开始的全球变化研究，为了追踪人类排放碳的去向，科学界从大气、海洋到植被、土壤，来了次空前大清查。研究的结果，一方面引发了"全球变暖"这一影响至今的气候政治问题，另一方面也诞生了地球系统科学。其中，海洋本身的物理、化学过程以及海洋与大气圈、岩石圈的物质和能量交换是地球系统科学多圈层相互作用的关键部分。

地球表层的物质循环中，重要性能够和水并列的，就只有碳。碳元素是地球系统中最为重要的元素，存在形式最为复杂，它不仅是所有有机化合物和生命体的基础，也是地球上温室气体主要成分，还是所有矿物燃料和生物燃料的基础，因此碳的循环和水循环构成了地球表层跨圈层物质循环的两个关键。水循环本身，以及如何驱动气候过程，本质上属于物理过程；而碳循环主要是化学过程，比水循环具有更高的复杂性。

一、海洋碳库

海洋是个大碳库，通过表层的海气交换调控着大气 CO_2。在中、高纬度的海区吸收 CO_2，低纬度海区释放 CO_2（图 12-2），总体来算海洋每年吸收大气约 16 亿吨碳。放出 CO_2 的海面（如赤道大洋），偏偏是溶解无机碳的低值海区，而吸收 CO_2 的反而是溶解无机碳的高值区。原来表层海水的 CO_2 通量，主要取决于海水溶解度和生命过程（"溶解度泵""生物泵"），而海水溶解无机碳的含量，主要取决于物理过程，包括大洋环流和水文循环的影响。这些跨越圈层的过程具有不同的时间尺度，从而增加了碳循环研究的复杂性。

海洋对大气 CO_2 的吸收作用，可以形象地比喻为"泵"，具体有三种机制：溶解度泵、生物泵、碳酸盐泵。最直观的是溶解度泵，如果海面上大气 CO_2 的分压比表层海水的大，CO_2 就会溶解在海水里直到两者平衡。而冷水里 CO_2 的溶解度比暖水高，现在的北大西洋高纬区溶解了大量的 CO_2，因此这里是表层海水吸收最强的海域，又冷又咸的海水因密度过大而下沉，将溶解的碳带入深层海水。

生物泵通过海洋浮游植物的光合作用，每天从大气吸收的碳超过 1 亿吨。但是这些碳并不能直接进入深海，通常需要通过生源颗粒的沉降作用带入深海或沉积物中。另外，像颗石藻之类具有碳酸钙质骨骼的浮游植物，一方面通过有机质的形成从大气吸收 CO_2，另一方面其钙质骨骼的生成又会向大气释放 CO_2。因此，具钙质骨骼的浮游生物泵具有两重

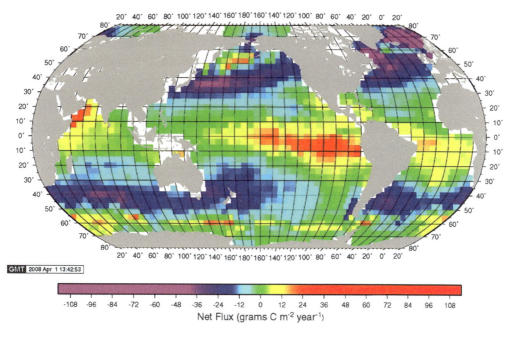

图 12-2 全球海—气 CO_2 通量分布图

（注：正值为海水放出 CO_2，负值为海水吸收 CO_2）（Takahashi et al.，2009）

性：有机碳泵（或者叫"软体泵"）吸收碳，而碳酸盐泵释放碳。

海洋和大气的碳交换并不都是生物的作用。CO_2 在海水里的溶解受多种物理因素控制，海水里的碳又会随海水的流动而运移，因此碳的海气交换不但有生物泵，还有物理泵，两者的结合决定着大气和海水之间的循环。

二、深层海的碳汇与碳源

同样都是海洋，表层和深层水的碳循环却有着根本的不同：表层水的碳是与大气交换，深层水的碳是和岩石圈交换，两者不在一个时间尺度上运作。表层水的溶解无机碳比中、深层水少 50 倍，可是表层水的碳循环以年、月计，深层水以千年计。表层和深层两个碳储库的成分和数量也大不相同，与大气交换的表层水，其碳储库不足海水总碳量的 1/50，真正的海洋碳储库在深水。海洋的碳库主要是无机碳，比有机碳多几十倍，与陆地完全不同。海洋与大气通过生物泵和溶解度泵进行碳交换，输入以无机碳为主，而输出则有有机碳和无机碳两种沉积，最后有一部分进入岩石圈以至于地幔。

因此，对深层海水来说碳循环的主要内容是碳酸盐的变化：深海海底碳酸盐的沉降和溶解属于千年以上时间尺度的缓慢过程，在冰期旋回中是海洋调剂大气 CO_2 的重要途径。当前大气 CO_2 增加造成的后果主要在表层海水，即 pH 下降带来的所谓"大洋酸化"，影响所及还是在表层海水里的珊瑚和翼足类的文石骨骼。

近些年来深海探索的一个重要发现是海底冷泉排放的碳。最为著名的是可燃冰，它是锁在冰的晶格里的天然气，所以学名叫天然气水合物。可燃冰是一种高度压缩的固态天然气，主要成分是甲烷，只有在低温和高压下才能形成，所以在千米上下的深海底里分布最广，分布范围可能占海洋总面积的 10%。甲烷可以是海底地层里的有机质在缺氧环境中由细菌分解而成，也可以来自地球深部。一旦海水温度上升或者压力减小，天然气水合物也会立刻分解而放出 160 倍体积的甲烷，尽管对于其总储量的估计差异悬殊，工业开采也尚待实现，但其无疑是新世纪重要的新能源。

海底可燃冰释出的甲烷在海水中上升、氧化，形成海底的冷泉，支持着化学合成的冷泉生物，形成冷泉碳酸盐结壳，并且影响着海洋的环境。冷泉活动在今天和地质历史上都起着重要的作用，由于冷泉碳酸盐的 $\delta^{13}C$ 值特别低，不难在地质记录里发现。海底释放碳的不仅有冷泉，还有热液。在北大西洋中脊的侧翼，深海蛇纹岩化造成的低温（90℃）热液口，就形成了碳酸盐质的"白烟囱"，可以高达数十米。

需要特别介绍的是海底热液支持的二氧化碳湖。深海热液区从深部释出的 CO_2 可以在海水的高压低温下形成水合物或者变成液态，从海底喷出。在冲绳海槽水深约 1400m 的热液口，早在 1990 年就发现除了黑烟囱外还有液态的 CO_2 从海底呈气泡状释出，与 3.5℃ 的冷海水接触后立即形成 CO_2 的水合物管。同样在西太平洋马里亚纳北弧，水深 1600m 的海底火山上，也有两种液体喷出，一种是 103℃ 富含 CO_2 的热液，一种是 <4℃ 富含珠滴的冷液，珠滴的 98% 由 CO_2 组成。这种种现象的根源在于海底有 CO_2 水合物覆盖在液态的 CO_2 之上，堪称海底的"二氧化碳湖"。

当然，甲烷和二氧化碳要在深海底下高压低温条件下才呈液态，这是在今天地球条件下的现象，如果放眼太阳系看外行星的一些卫星，那就是另一番景象。土星最大的卫星土卫六（Titan），表面温度 -180℃，甲烷、乙烷都呈液态，甲烷湖可以有地球上里海那么大的面积，只不过湖床不是岩石，而是固态的水冰，"湖水"的来源也是靠甲烷雨、乙烷雨注入湖盆，其特殊景色超越人的想象。

三、海洋碳泵

海气交换是调控大气 CO_2 浓度最有效的途径，深层海水又是表层系统最大的碳库，因此冰期时大气减少的 CO_2 应当到海洋去找。海洋最大的碳库是溶解无机碳（DIC），与海底的碳酸盐的堆积相结合，可以有效吸收大气 CO_2。海水里的 DIC 以三种化学状态存在：溶解的二氧化碳（CO_2）、碳酸根（C）和碳酸氢根（HC），三者的比例与海水的 pH 相关。大气 CO_2 浓度升高，表层海水溶解的 CO_2 增多，海水 pH 降低。比如 1750—2000 年两个半世纪里，人类活动的碳排放使大气 CO_2 增多，表层大洋海水的 pH 就从 8.2 降到 8.1，下降 0.1；如果人类排放不能遏制，2300 年 pH 有可能下降 0.7，这就是所谓"海水酸化"。海水的 pH 直接控制碳酸盐的溶解和沉积，"酸化"的海水可以促使碳酸钙溶解，首先威胁文石骨骼的生物如翼足类和一些造礁珊瑚。冰期时大气 CO_2 比间冰期下降约 90ppm，表层海水 pH 必然增高，于是碳酸盐沉积作用加强，将大气的 CO_2 送入海底沉积层；碳酸盐沉积超过一定阈值，海水的碳酸系统又会失去平衡而放出 CO_2，从而又回到间冰期状态。这种假说在 20 世纪 80 年代提出时受到学术界的广泛支持，可惜后来得到的地质证据却提出了异议。

分析古海水 pH 的方法，早期采用的方法是统计有孔虫壳体的保存，或者测算沉积物中碳酸盐的百分含量，但是这些方法都受到其他因素的干扰。后来发现B/Ca值或者B同位素的方法，大为改进了海水pH的定量技术。采用新方法得出的结果相当矛盾，有的根据南大洋实例认为冰期时全球表层海水pH有显著上升，有的从全球总体分析认为海水pH变化不大，后者的结论也得到全大洋碳酸盐沉积量统计的支持。总之，海水DIC调控冰期旋回中大气没有异议，但是这些无机碳的去处依然不明，有待取得广泛的古海水pH等数据加以揭示。

上述争议涉及的是碳在海洋内部的去处，而大气CO_2进入海水的生物泵，则已经查明主要在南大洋发生。进入冰期时，表层海洋通过生物泵吸收大气CO_2，送入深层海水，但究竟是哪部分海洋取走了CO_2呢？这就是南大洋。海洋生物泵作用的强弱，取决于营养盐的供应，而开放大洋表层水的营养盐主要来源是自下而上的深层水上涌。南大洋是世界大洋从中层到底层水的主要产地，也是世界大洋深层水回返表层的主要海域，因此既能长期维持高生产力、吸收大气CO_2，又能将碳送往海洋深部，是冰期旋回里海洋调控大气CO_2的主要渠道。

可见不同海区在冰期旋回的碳循环中的作用不同，不但在表层和深层海水之间，低纬和高纬、南半球与北半球的高纬海洋，在碳循环中的作用也都有根本的不同。低纬海洋接受太阳辐射量最大，高温的上层海水密度低，造成海水分层而和深部海水的交流受阻，温度较低的下伏海水难以将营养盐送上表层，因此生物泵的效率低下。相反，高纬海区是深部海水与表层交换的主要海域，生物泵效率高，吸收大气CO_2的能力较强（图12-3（a））。就在高纬海区内部，生物泵的效率也不相同；北大西洋高纬水能够直接和墨西哥湾暖流的低纬水交流，但是产生的深层水温度不够低，其密度不足以沉入大洋底部；只有南大洋形成的深层水温度最低，能够沉入海底进行全球范围的对流（图12-3（b））。

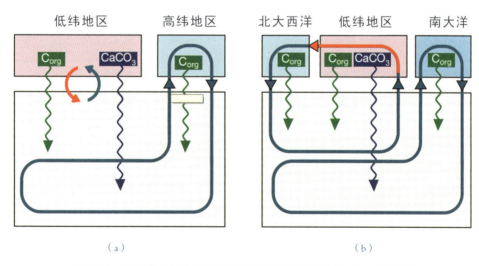

（a）　　　　　　　　　　　　　　　　（b）

图12-3　不同海区在大洋生物泵中的不同作用（Hain et al., 2014）

四、海洋碳酸盐沉积

海洋碳酸盐沉积是大洋碳储库演变历史最直接也是最简便的分析依据。不同时期碳酸盐沉积的特征，反映了海水化学的演变历程。今天大洋碳酸盐沉积以生物的钙质骨骼为主，其物质来源有二：一方面由陆地风化作用通过河流带入，另一方面依靠大洋中脊的热液作用供应。合起来每千年的供应总速率为 $0.11g/cm^2$，但是生物制成 $CaCO_3$ 骨骼沉降海底的速率是每千年 $1.3g/cm^2$，入不敷出，因此海水中 $CaCO_3$ 不饱和，需要靠深海海底的 $CaCO_3$ 溶解作用提供补充，保持平衡。深海碳酸盐溶解速率和沉积速率相等的深度，叫作碳酸盐补偿深度（carbonate compensation depth，CCD），该深度的界面（即碳酸盐补偿面）是深海沉积分布中一个最重要的界面。碳酸盐补偿面的深度变化，也是地质历史上碳循环演变的识别标志。

海洋碳酸盐沉积的演变，记录了碳循环转型的历程，而这种转型正是生物圈演化的反映。地质历史表明，大洋碳酸盐最初属于化学沉积，至多只有原核类的微生物参与其化学过程；然后发展到真核生物骨骼组成的生源沉积，生源沉积又从浅水底栖生物转到深海浮游生物。这里贯穿着地球系统中水圈和生物圈共同变化的经历，也是大洋碳酸盐补偿深度（CCD）在显生宙逐步加深的过程。这一方面是由于中、新生代钙质浮游生物繁盛，远洋碳酸盐供应增加；另一方面也是海平面下降、浅海面积减少的结果。据估算，海平面下降 1m，CCD下降 6m，而显生宙大陆逐渐北移，使得适于碳酸盐沉积的热带浅海面积减少。显生宙低纬（<30°）浅海面积减少的平均速率约为 $52.6×10^3km^2/Ma$，同期浅海碳酸盐沉积的面积也以约 $63.0 × 10^3km^2/Ma$ 的速率缩小，结果是生源碳酸盐沉积向深海转移。只有在转移之后，深海碳酸盐沉积的堆积和溶解，才成为地球表层系统碳循环的重要环节，出现了调控大气 CO_2 浓度的新型缓冲机制（汪品先，2018）。

生源碳酸盐沉积由浅海型向深水型的转折，是大洋碳循环的转型，可以比喻为海洋化学的"中生代中期革命"。有人将这三部曲简化归纳为三种模式：非生源沉积为主的"死亡大洋"（Strangelove Ocean）、浅水型的"贝壳大洋"（Neritan Ocean）和深水型的"白垩大洋"（Cretan Ocean）。三者分别相当于太古宙、古生代和中生代中期以来的海洋。因此，今天海洋碳酸盐沉积在碳循环中所起的重要作用，是地质历史上的新现象，只有当大洋化学演化到"白垩大洋"的阶段之后，才可以通过CCD溶跃面的升降，调剂海水和大气化学成分，才有深海碳酸盐对大气 CO_2 的响应机制，形成了地球表层系统中的一种负反馈。

需要注意的是，上述海洋碳酸盐沉积的演变，说的只是显生宙在生物圈作用下的海洋系统，地球早期并非如此。在大氧化事件之前的太古宙，还原条件下海水中有 Fe^{2+} 存在，阻止碳酸盐结晶，海水中过饱和的碳酸盐难以形成晶核产生微晶方解石，却有利于文石纤维的缓慢生长。当时的浅海碳酸盐台地上，文石和方解石能够直接在海底结晶，形成碳酸盐介壳，而不是像后来那样先要在海水里形成碳酸盐晶体再沉降海底。元古宙大氧化事件以后海水不再含 Fe^{2+}，纤维状文石不再形成，但当时繁盛的生物尚无矿物质骨骼，因此广泛发育的生物成因碳酸盐是叠层石——一种由微生物活动诱发的化学沉淀碳酸盐，标志着海洋碳酸盐沉积的第一次转型。寒武纪"生命大爆发"时众多门类的多细胞动物化石突然出现，生源碳酸盐沉积主要来自浅海的底栖生物；"中生代中期革命"之后，生源碳酸盐沉积由底栖生物的浅海型转向浮游生物的深水型，构成了大洋碳循环的又一次重要转型，方才形成了今天的海洋碳酸盐系统，及其在冰期旋回中发挥的作用。

练习题

1.海洋环流受到哪些因素的影响？
2.海啸与潮汐的区别是什么？
3.海洋生物泵如何影响碳循环？

思考题

1.海啸会带来巨大损失，那么海啸可以预报吗？对海啸监测有哪些手段？
2.碳循环是当前的一个热门话题，你知道地球深部和表层的碳循环有哪些方式？
3.人们正在不断开发海岸带，这些行为如何威胁到沿海地区的自然系统？

参考文献

[1] Bond G, Showers W, Cheseby M, et al. A pervasive millennial-scale cycle in North Atlantic Holocene and glacial climates[J]. Science, 1997, 278(7): 2402-2415.

[2] Charette M A, Smith W H F. The volume of Earth's ocean[J]. Oceanography, 2010, 23(2): 112-114.

[3] Clark P U, Shakun J D, Baker P A, et al. Global climate evolution during the last deglaciation[J]. Proceedings of the National Academy of Sciences, 2012, 109(19): E1134-E1142.

[4] Fedorov A V, Pacanowski R C, Philander S G, et al. The effect of salinity on the wind-driven circulation and the thermal structure of the upper ocean[J]. Journal of Physical Oceanography, 2004, 34(9): 1949-1966.

[5] Hain M P, Sigman D M, Haug G H. The biological pump in the past[J]. Reference Module in Earth Systems and Environmental Sciences, Treatise on Geochemistry (Second Edition), The Oceans and Marine Geochemistry, 2014, 8: 491-528.

[6] Lee J J. Ocean's deep, dark trenches to get their moment in the spotlight[J]. Science, 2012, 336(6078): 141-143.

[7] Millero F J, Feistel R, Wright D G, et al. The composition of Standard Seawater and the definition of the Reference-Composition Salinity Scale[J]. Deep Sea Research Part I: Oceanographic Research Papers, 2008, 55(1): 50-72.

[8] Priscu J C, Tulaczyk S, Studinger M, et al. Antarctic subglacial water: origin, evolution and ecology.//Vincent WF, Laybourn-Parry J (eds). Polar Lakes and Rivers—Limnology of

Arctic and Antarctic Aquatic Ecosystems[M]. Oxford: Oxford University Press, 2008.

[9] Takahashi T, Sutherland S C, Wanninkhof R, et al. Climatological mean and decadal change in surface ocean pCO_2, and net sea–air CO_2 flux over the global oceans[J]. Deep Sea Research Part II: Topical Studies in Oceanography, 2009, 56(11): 2075-2076.

[10] Talley L D. Descriptive physical oceanography: an introduction[M]. New York: Academic Press, 2011.

[11] Vaughan D G, Comiso J C, Allison I,et al. Observations: Cryosphere. //Stocker, T.F., D. Qin, G.-K. Plattner, M. Tignor, S.K. Allen, J. Boschung, A. Nauels, Y. Xia, V. Bex and P.M. Midgley (eds). Climate Change 2013: The Physical Science Basis. Contribution of Working Group I to the Fifth Assessment Report of the Intergovernmental Panel on Climate Change [M]. Cambridge: Cambridge University Press, 2013.

[12] Zhang R H, Busalacchi A J. Freshwater flux (FWF)-induced oceanic feedback in a hybrid coupled model of the tropical Pacific[J]. Journal of Climate, 2009, 22(4): 853-879.

[13] 孙鸿烈.地学大辞典[M].北京:科学出版社, 2017.

[14] 汪品先.地球系统与演变[M].北京:科学出版社, 2018.

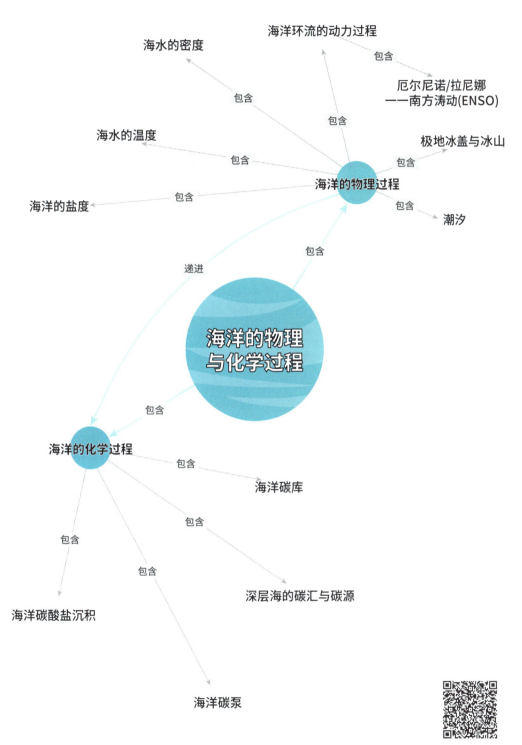

海水的密度

海洋环流的动力过程

包含

厄尔尼诺/拉尼娜
——南方涛动(ENSO)

包含

海水的温度

包含

极地冰盖与冰山

包含

包含

海洋的物理过程

海洋的盐度

包含

包含

潮汐

包含

递进

海洋的物理
与化学过程

包含

海洋的化学过程

包含

海洋碳库

包含

深层海的碳汇与碳源

包含

包含

海洋碳酸盐沉积

海洋碳泵

海洋的物理
与化学过程

CHAPTER 13

海底构造与矿产

地球表面 71% 的面积是海洋，海底是海洋—地壳—地幔系统中岩石圈和水圈的分界，是物质—能量跨圈层、跨物态交换的重要界面（汪品先，2020）。板块构造理论的建立，其关键证据来自对于海底的地球物理及深海钻探等研究成果（许靖华，1985）。整个海底可分为三大基本地形单元，即大陆边缘、深海盆地和大洋中脊。其中，大陆边缘为大陆与海底之间的过渡地带，大洋中脊是海底的扩张中心，而深海盆地则位于大洋中脊与大陆边缘之间，一侧与洋中脊平缓的坡麓相接，另一侧与大陆隆或海沟相邻。海底有高耸的海山、起伏的海丘、绵延的海岭、深邃的海沟、平坦的深海平原，还有丰富的矿产资源，如石油、天然气、可燃冰、多金属结核、富钴结壳、多金属硫化物等。海底不同的构造和地貌，是由洋壳生长导致海底扩张而形成的，该过程还形成了板块构造理论中大陆的漂移。本章将介绍海底的构造与地貌的基本特征，及其形成演化过程。

第一节　大陆边缘

大陆边缘是大陆和大洋之间的过渡带，是地球动力学研究的主要对象之一。根据大陆边缘的沉积组合、结构和形态特征，可分为主动大陆边缘和被动大陆边缘两种基本类型（图 13-1）。

一、主动大陆边缘

主动大陆边缘（active continental margin）又称活动大陆边缘，主动大陆边缘与汇聚型板块边界有关，是大洋板块向毗邻大陆俯冲消减的产物，有强烈的地震和火山活动。主动大陆边缘主要分布在太平洋东、西两侧。

主动大陆边缘从洋到陆包括海沟、弧沟间隙（含增生楔和弧前盆地）、岛弧（火山弧）和弧后盆地。在西太平洋地区，弧后区为地壳具有洋壳性质的宽阔的边缘海，火山弧在地貌上以岛链的形式出现在远离陆地的大洋中。在美洲西部地区，从科迪勒拉山到安第斯山，弧后区为宽度不大的陆相弧背前陆盆地，火山弧发育在大陆边缘之上，海沟位于海岸外不远处。因此，根据大陆和俯冲大洋的相对运动特点，主动大陆边缘又可以分为：①西太平洋型大陆边缘，典型结构为（海）沟—（火山）弧—（弧间/后）盆；②安第斯型主动大陆边缘，典型结构为（海）沟—（火山）弧—（沿岸）山脉（图 13-2）。

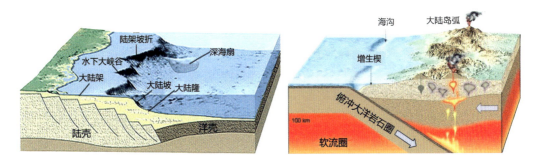

图 13-1　主动大陆边缘和被动大陆边缘示意图（Grotzinger and Jordan，2014）

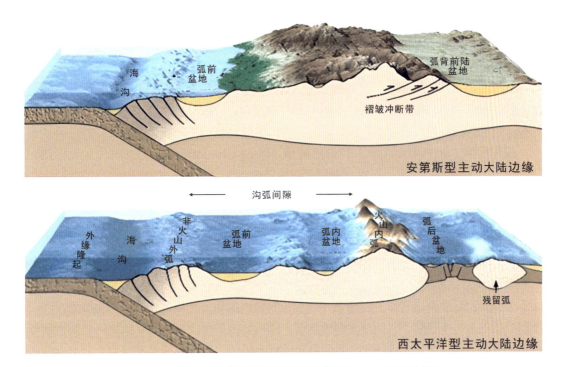

图 13-2　沟—弧—盆体系剖面示意图（据 Karig，1974 改编）

（一）西太平洋型大陆边缘

横越西太平洋型大陆边缘，地壳类型和厚度交替变化。海沟洋侧坡为典型的大洋型地壳；至海沟轴部，地壳厚度开始增大，大约在 7km（如琉球海沟）至 13km 左右（如千岛海沟）；至海沟陆侧坡，地壳厚度进一步增大；至岛弧地区可出现大陆型或过渡型地壳；进入弧后盆地或弧间盆地，地壳厚度复又减薄，多偏于洋壳性质、局部有变薄花岗岩层；至残留弧或大陆边缘地区，地壳厚度再度增大，在陆架和陆坡上出现大陆型或次大陆型地壳。

外缘隆起（outer rise or outer swell）：位于海沟洋侧边缘地带的宽缓隆起，是板块俯冲下弯导致后部挠曲的结果。地震反射剖面揭示，外缘隆起上多正断层和地堑构造，这与震源机制的分析结果一致，与板块弯曲部凸面表层遭受拉张作用有关。外缘隆起上除有浅源地震外，局部地区还可出现火山活动。外缘隆起平行海沟走向延伸，宽数百公里，高出相邻深海平原 300～500m。其靠洋侧较缓，靠海沟侧较陡。

海沟（trench）：是洋底最引人注目的地貌单元。俯冲的大洋板块遭受来自上覆板块的重压和推挤，在下沉时牵引洋底向下倾伏，从而形成了深邃的海沟。海沟的宽度在数十公里至一百公里左右，长数百至数千公里不等，深度一般在 6000m 以上，最深的马里亚纳海沟可达 10984m。

非火山外弧（outer arc）：也称第一弧，海沟陆侧较陡的内壁与其上较缓的岛弧斜坡之间有一明显转折，叫作海沟坡折（trench-slope break）。海沟内壁是板块俯冲造成的增生楔体发育的场所。当增生楔增长扩展时，海沟坡折呈现为纵长岭脊，局部可突露水面构成外弧。与火山成因的内弧相对，外弧是非火山性的，具低热流值，它是板块俯冲作用下各种沉积物、岩石混杂堆积的产物，或由较老基岩组成。许多岛弧是内、外弧均有发育的双弧型，如琉球弧，东侧较大的岛屿（冲绳岛等）属非火山性外弧，西侧小火山岛和海底火山构成火山内弧；伊豆—小笠原弧也为双弧，小笠原群岛组成外弧；小安德列斯弧外侧的巴巴多斯岛，苏门答腊、爪哇弧外侧的明打威群岛、帝汶岛均是增生的混杂岩体组成的外弧。但有些岛弧缺失非火山外弧，成为单弧，如克马德克弧。

弧沟间隙（arc-trench gap）和弧前盆地（forearc basin）：海沟坡折与伴生火山弧之间的无火山地带，叫作弧沟间隙。它位于火山前锋的大洋一侧，热流值偏低。在地貌上，弧沟间隙包括陆架、陆坡、深海阶地、海槽，局部有块断高地以至抬升的山脊。弧沟间隙内往往发育弧前盆地。弧前盆地的外侧是海沟坡折或外弧，可成为拦截沉积物的堤坝。

火山内弧（vocanic arc）：亦称第二弧，包括正在活动和不在活动的火山链。火山弧与海沟俯冲带相伴生，多呈现为伸长的岛链。火山弧地壳之下，往往是地震波速偏低、缺乏震源的异常地幔层。日本弧下，软流圈顶面几乎达到莫霍面。火山弧由火山深成岩系组成。火山弧上可发育以断层为界的张性盆地，叫弧内盆地，充填了火山碎屑地层陆相红层等。当弧内盆地淹于海下，可充填海相地层。弧内盆地的形成可能与岛弧地区岩浆活动所导致的表面拉张有关，亦可能代表弧间盆地发育的初始阶段。

弧后盆地（back-arc basin）：弧后地区有弧后盆地发育。弧后盆地后缘为残留弧，也叫第三弧。距大陆较远的弧后盆地，通常覆以薄层远海沉积，深海平原上有钙质软泥（浅于碳酸盐补偿深度的海区）、深海黏土等。火山碎屑沉积主要见于斜坡或残留弧陆侧斜坡。岛弧与大陆之间的弧后盆地沉积较厚。在弧后盆地的靠陆侧，可接受三角洲及浅水陆架沉积，大陆坡麓部则有成熟型浊流沉积及滑塌沉积，但弧后盆地中多有来自岛弧的火山物质。在弧后盆地近岛弧侧，停积了成分不成熟的浊流沉积及岛弧喷出的凝灰岩。若盆地规模较大，中部深海平原上可承受远海沉积物。有时，来自大陆的陆源物质可与来自岛弧的火山源物质及远海沉积成互层。

（二）安第斯型大陆边缘

与岛弧海沟系一样，安第斯型大陆边缘有海沟、贝尼奥夫带以及钙性火山活动，同属板块俯冲边界。但它还存在一系列不同于岛弧—海沟系的特点。

安第斯型大陆边缘的主要组成单元是海沟、大陆坡、山弧（火山链），后方无边缘海。海沟洋侧的外缘隆起发育良好，海沟与火山链之间也有弧沟间隙及弧前盆地出现。安第斯型大陆边缘陆架窄，陆坡较陡，地形高低悬殊。高约7000m的安第斯山与毗邻的深达7000m的秘鲁—智利海沟之间，为全球高差最大处。中生代的北美西缘属安第斯型大陆边缘，增生杂岩体（如弗兰西斯科统）相当发育。

横越安第斯型大陆边缘，由大陆向海沟方向，花岗岩层尖灭，地壳厚度减小。秘鲁—智利海沟是最典型的陆壳和洋壳之间的接合带。海沟西翼为大洋型地壳，地壳厚不过6～7km，东翼偏于陆壳结构，海沟轴部地壳厚约10～12km，从轴部向东，地壳厚度急剧增大，至安第斯山地壳厚达60～70km。

在安第斯型大陆边缘，贝尼奥夫带的倾角较缓，约30°，这是不同于西太平洋型大陆边缘的一个重要特点。震源还可出现于地表与贝尼奥夫带之间的楔形区，这里多属高Q区（相反，岛弧以下的地幔楔形区为很少地震的低Q区）。缓倾斜的贝尼奥夫带或许与板块的快速俯冲有关。在安第斯型大陆边缘，可能伴随着大陆板块向大洋侧的逆掩仰冲作用。

在岩浆活动方面，火山—深成岩带是安第斯型大陆边缘的最重要标志之一，它分布在缓倾斜的贝尼奥夫带的上方，以钙碱性系列为主。在火山带靠陆侧一缘以碱性系列和双峰系列占优势；而在某些岸外海区，局部可有拉斑玄武岩质岩浆的水下喷溢。

二、被动大陆边缘

被动大陆边缘（passive continental margin）是从大陆向大洋过渡的一个广阔地带，由大陆岩石圈伸展裂解而成。主要由陆架、陆坡和陆基（也叫陆隆）所构成，无海沟发育。被动大陆边缘以大西洋两岸最为典型，因此也称为大西洋型大陆边缘。

被动大陆边缘早期的裂谷（rift）阶段位于板块内部，随后被动地随着板块的裂开而移动，其间发生强烈的地震、火山和造山运动。它以形成稳定的巨厚浅海相沉积建造、较弱的岩浆活动和地层上基本未遭受变形等为特征，因此也称为稳定大陆边缘，与活动大陆边缘形成鲜明对比。

（一）被动大陆边缘的地貌单元

被动大陆边缘通常可分为4个地貌单元。

海岸平原：大陆架向海岸延伸部分和海岸带本身，包括潮间带、大的河口海湾泻湖和堡岛等。大量的沉积被圈闭在这一地带内。海岸沉积碎屑体为被动大陆边缘值得注意的油气储集体。

陆架：现今大陆架的上界是海岸线，下界是大陆坡折，通常宽60～100km，也可能延伸达1200km。一般水深130m左右，最深可达550m。坡度通常不超过1°。陆架与陆坡之间的边界称为陆架坡折或枢纽带。陆架水浅和氧化环境为生物和生物碎屑沉积的有利地带。

陆坡：一般宽15～100km，从陆架边沿至大约5000m深处，坡度在2°～6°范围。美国哈特拉斯角以北大西洋边缘的大陆坡为细粒沉积物所覆盖：上陆坡是砂质粉砂，而下陆坡为粉砂质黏土。浮游生物残体向海洋方向增加。钙质碳酸盐向近海、向南增加，并构成了佛罗里达—哈特拉斯陆坡上的主要沉积。

陆基：该地形单元不经常出现，一般与深海碎屑扇的分布一致。这些深海扇中碎屑物由浊流和滑塌沉积下来，也可以由平行于陆基地形等高线的等深流沉积而成。陆基宽为0～600km，深为1400～5000m。

（二）被动大陆边缘的类型

大洋钻探和其他综合研究表明，被动陆缘至少可分为3种类型：富岩浆型（火山型）、贫岩浆型（非火山型）和张裂—转换型。其中，富岩浆型和贫岩浆型是被动陆缘依据大陆破裂期间岩浆活动的表征划分的两个端元模型（图13-3）。贫岩浆型被动陆缘，之前被称为非火山型被动陆缘（non-volcanic passive margin），相对应富岩浆型被动陆缘被称为火山型被动陆缘（volcanic passive margin），由于后续研究发现非火山型被动陆缘也有一定程度的岩浆活动，所以用前述表达更为准确。

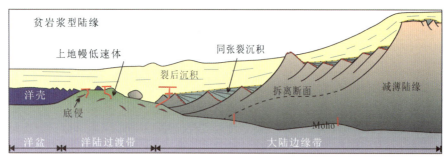

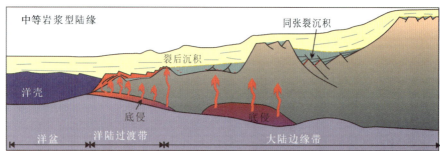

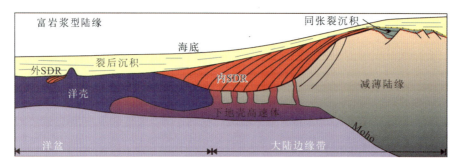

图13-3　贫岩浆型与富岩浆型被动陆缘示意图（Franke，2013）

富岩浆型被动陆缘（magma-rich passive margin）：在其形成过程中，以岩浆活动占主导，岩石圈的构造伸展作用有限。频繁的岩浆活动导致了岩石圈的快速减薄破裂，因此该类型的陆缘宽度较窄。其典型特征为，在陆壳和正常洋壳之间，由深部的岩浆岩高速体和地标熔岩流组成。这种被动大陆边缘的特征是：

①位于洋壳和陆壳的过渡带，地震剖面上可见大型的向海倾斜反射体（seaward dipping reflector，SDR），厚达 3～5km。地震探测资料表明，SDR 大约占全球大陆边缘最外部的 40%。

②厚 15～20km 下地壳中存在高速体（high-velocity layer，HVL），P 波速度大于 7km/s，可能为巨厚的辉长岩体底侵到原始的地壳底部所致。

富岩浆型被动陆缘是在 20 世纪 80 年代，通过北大西洋大陆边缘一系列地震剖面的解释识别出来的。挪威岸外的 Vøring 海台、罗科尔浅滩（Rockall Bank）和东格陵兰边缘是富岩浆型被动陆缘的典型发育区。另外，南美东缘和非洲西缘的里奥格兰德海隆（Rio Grande Rise）和鲸海岭（Walvis Ridge）附近、印度西海岸、南极洲附近、澳大利亚西北海岸和美国东海岸也都发现了富岩浆型被动陆缘。

贫岩浆型被动陆缘（magma-poor passive margin）：在其形成过程中，以岩石圈的构造伸展为主导，岩浆活动所起的作用有限。在该类陆缘，其脆性断裂、断块作用、下地壳—上地幔之间的非均匀塑性伸展分布在 100～300km 宽广的地带内，而岩浆活动常局限于岩石圈深部，地壳及之上仅有少量的岩浆活动。

在非火山型被动陆缘的伸展破裂过程中，岩浆活动所起的作用是有限的，而岩石圈的构造拉伸占据主导地位，地壳和岩石圈在数十至上百公里范围内发生强烈的拉张减薄作用。红海（属活动的张裂边缘）、伊比利亚半岛西缘、北比斯开湾边缘等为沉积层较薄的贫瘠型非火山边缘；美国东部沿乔治滩边缘则为沉积层较厚的丰腴型非火山边缘。

大量的地球物理资料和深水钻井发现，靠近陆缘的陆架区，盆地呈现典型的半地堑结构；而在陆坡以下、靠近洋壳的深水区时，其盆地构型以发育大型拆离断裂系为特点，使得地幔岩石剥露在陆壳与洋壳之间宽泛的区域，形成了蛇纹石化橄榄岩组合。在陆缘的强烈伸展区，一般地壳厚度在 10km 之下，脆性断层可以直接穿透减薄的地壳进入地幔，地壳塑性层在区内向陆方向汇聚增厚。地震剖面显示，其深水盆地内沉积物底界面与莫霍面之间存在的拆离断层为"H"形和"S"形反射构造，连同莫霍面在向海方向不断抬升，并在洋陆转换带位置重合并出露海底。此时，地壳发生完全脆化，并形成可供海水渗入地幔的断裂通道，进而使得地幔橄榄岩发生蛇纹石化，从而形成洋陆过渡带（ocean-continent transition，OCT）。

贫岩浆型被动陆缘和富岩浆型被动陆缘都是基于开阔大洋型的大西洋陆缘提出的端元模型，但是对于西太平洋广泛分布的边缘海型小洋盆，情况会变得更加复杂。比如南海的北部陆缘未发现有向海倾斜反射层，显示出贫岩浆型的特征，但是深反射地震实验却表明在洋陆过渡带的下地壳中却广泛存在下地壳高速体，国际大洋发现计划（IODP）在南海洋陆过渡带的钻探工作也表明在大陆破裂期间有一期次较为强烈的岩浆活动。因此地质学家也提出了以南海为代表的周缘受限型边缘海小洋盆独特的"中间型陆缘"概念（Ding 等，2020）。

（三）被动大陆边缘的演化

被动大陆边缘的演化总体可分为 3 个阶段。

裂谷阶段：大陆岩石圈的伸展导致异常地幔生成并上涌，使地温梯度变陡。深处的局部熔融进一步降低了岩石圈的密度，使之受热上拱。这种上拱意味着地表的区域隆起和遭受侵蚀。变薄了的地壳通过铲状正断作用在地表形成复杂的地堑系，堆积了来自毗邻高地的扇砾岩、洪泛平原沉积和蒸发岩。裂谷阶段在有些情况下是十分短暂的，可能只包括一个裂谷事件；而在另些情况下裂谷作用延续时间较长，可以包括几个裂谷阶段（例如，格陵兰的东海岸或澳大利亚西北陆缘）。

大陆破裂—初始扩张阶段：大陆的伸展最终导致岩石圈发生破裂，开始进入初始的海底扩张阶段。来自地幔的岩浆沿着破裂点（break-up point）沿裂隙上升，铺满新出现的海底，最终形成正常厚度的大洋壳。大陆地壳随着海底扩展作用而向两侧漂移。漂移开始的时间相当于毗邻大陆的最老洋壳的年龄。在陆缘上则由破裂不整合的年龄所代表。

海底扩张阶段：破裂的大陆岩石圈从扩张中心向两侧移动，因为逐渐远离高热流中心而不断冷却沉陷，这是被动大陆边缘沉降的主要原因，巨厚沉积在其上生成。这个阶段被动大陆边缘以大量沉降为主，沉降速率从漂移开始起呈指数下降。典型情况是沉积速率超过沉降的速率，这可导致巨厚的进积沉积层序发育。这些巨厚的沉积层序常常被不整合所分开，在层序地层学中，这些不整合构成了各级层序的边界。

从大陆裂谷阶段到海底扩张阶段的转化可以很快，如大西洋；也可以经历很长时间，甚至夭折，如东非裂谷和莱茵地堑。红海是海底扩张初始阶段的现代实例，那里最近24Ma期间的扩展速度为 9m/ka。盆地南段的轴部已出现大洋壳，现正从南向北扩展。加利福尼亚湾在过去 4Ma 期间才出现轴向盆地，那里两个相距 10km 的深海钻孔，一个底部为花岗岩基底，代表减薄陆壳；另一个则为大洋玄武岩，可见从大陆到大洋的过渡是急剧的。

三、转换型大陆边缘

地壳拉伸变形过程中，因不同地区的拉伸速度存在差异而伴生横向的剪切滑动，进而形成转换型大陆边缘。它是一种从厚陆壳向薄洋壳快速转换的剪切边缘，以一个窄而陡的洋陆过渡带为特征。大洋转换断层与大陆边缘呈近似平行，具有地质结构突变和堆积沉积物较薄等地质特征。

转换型大陆边缘的地质结构主要表现为陆架窄、陆坡陡，基底断裂多为高角度张剪性断层，可形成断块、"雁列状"褶皱、"花状构造"。转换断层靠陆一侧的边缘常形成深海台地和转换构造脊，这可能是大陆张裂初期、斜向张扭阶段形成的构造调节带，或先存的构造古地貌后期沉降所致，向深海的方向沉积逐渐增厚。但是，转换断层靠海一侧的边缘沉积相对其他地区明显减薄：强烈剪切作用及热隆起效应导致沉积物保留少，同时边缘转换脊也具有一定的阻挡物源供给作用。

转换型大陆边缘与主动型和被动型相比相对较少，典型的例子包括加利福尼亚西侧洛杉矶盆地。

第二节　深海盆地

深海盆地（abyssal oceanic basin）位于大陆边缘和大洋中脊之间，一侧与洋中脊平缓的坡麓相接，另一侧与大陆陆坡（被动型陆缘）或者海沟（主动型陆缘）相邻，约占海洋总面积的 45%。深海盆地的地貌并非一成不变，既有坡度小于万分之一的深海平原，也有单点或者狭长的海底高地，常常由一些点状或者链状海底火山等构成，如太平洋的夏威夷—皇帝海山链，还有面积较大洋底高原，如翁通—爪哇洋底高原。点状海山、海山链和洋底高原往往与岩浆活动相关，将在第三节"岩浆活动与海山"中单独阐述。

一、深海沉积及主要类型

深海沉积主要指水深大于 2000m 的深海底部的松散沉积物，一般较薄，沉积厚度极少超过 1000m。它主要分布在大陆边缘以外的大洋盆地内。深海沉积物主要是生物作用和化学作用的产物，还包括陆源的、火山的以及来自宇宙的物质。其中浊流、冰载、风成和火山物质在某些洋底也可以成为深海沉积的主要来源。海底自生矿产资源主要产于深海，而且古海洋学、古气候学的发展也有赖于深海沉积物保存的信息。因此，深海沉积研究日益受到重视。

划分深海沉积物类型的依据有很多，如水深、成分和粒度、成因等。以水深为依据，深海沉积物可以分为半深海和深海沉积；其中，半深海沉积又可以划分为蓝色软泥、红色软泥、绿色软泥和其他沉积物，深海沉积又可以划分为浊积物、冰川沉积物、风运物、硅质软泥、钙质软泥、深海黏土、锰结核和多金属软泥。以成分和粒度为依据，深海沉积物可以分为远洋钙质沉积物、远洋硅质沉积物、过渡性硅质沉积物、过渡性钙质沉积物等。以成因为划分依据，深海沉积物主要分生物源和非生物源两大类（本小节只对这两类进行描述）。

软泥或深海软泥：由含量大于 30% 的微体生物残骸组成，如抱球虫软泥和放射虫软泥（放射虫残骸含量在 50% 以上）。碳酸盐含量平均为 65%，故也可称为钙质软泥（calcareous oozes）。碳酸盐含量少于 30% 的，可称为硅质软泥（siliceous ooze）。少于 30% 的微体生物残骸组成的可称为深海黏土。

深海黏土：褐色黏土是深海远洋中最主要的一种沉积物类型，主要由黏土矿物及陆源稳定矿物残余物组成，尚有火山灰和宇宙微粒。碳酸盐含量少于 30%。在局部地区，各种矿物的化学和生物化学沉淀作用也是形成深海沉积的一个重要因素，如锰结核、钙十字沸石等，可形成 Fe、Mn、P 等矿产。另外，海底火山、火山喷发、风以及宇宙物质也为深海环境提供了一定数量的物质来源。

生源沉积物：统称生物软泥，指含生物遗体超过 30% 的沉积物。主要有两种：①钙质软泥，为钙质生物组分大于 30% 的软泥（生物组分以碳酸钙为主），包括有孔虫软泥（抱球虫软泥）、白垩软泥（颗石藻软泥）和翼足类软泥。②硅质软泥，为硅质生物组分大于 30% 的软泥（生物组分以非晶质二氧化硅为主），包括硅藻软泥和放射虫软泥。

非生源沉积物：主要有褐黏土、自生沉积物、火山沉积物、浊流沉积物、滑坡沉积物、冰川沉积物、风成沉积物。

有些学者常把深海的各种生物软泥和褐黏土称为远洋沉积物。

二、深海沉积物的空间分布

不同的沉积类型，其空间分布不同。

深海扇：主要分布在大陆边缘，有的沉积物厚度超过 10km，如孟加拉海底扇与青藏高原抬升剥蚀、提供的大量物源有关，厚度可达 10 多千米，因此，孟加拉海底扇记录了青藏高原隆升信息。

钙质软泥：覆盖大洋面积约 45.6%。主要分布在大西洋、西印度洋与南太平洋。分布水深平均约为 3600m。以有孔虫软泥分布最广，颗石藻软泥次之，翼足类软泥主要由文石组成，易于溶解，分布很窄，主要存在于大西洋热带区水深 2500 ~ 3000m 以浅的地方。

硅质软泥：覆盖大洋面积约 10.9%。硅藻软泥主要分布在南北高纬度海区（南极海域与北太平洋），平均水深约为 3900m。放射虫软泥主要分布在赤道附近海域，平均水深约为 5300m。

褐黏土：也称红黏土或深海黏土，为生源物质含量小于 30% 的黏土物质。因含铁矿物遭受氧化而呈现褐色至红色。在大洋中所占面积约为 30.9%，主要分布在北太平洋、印度洋中部与大西洋深水部位。平均分布水深为 5400m。由于分布水深较大，生源物质大部分被溶解，所以非生源组分占优势。主要成分是陆源黏土矿物，此外，还有自生沉积物（如深海沉积氟石、锰结核等）、风成沉积物、火山碎屑以及部分未被溶解的生物残体及宇宙尘等。

自生沉积物：海水中由化学作用形成的各种物质。主要有锰结核、蒙脱石和氟石等。锰结核的分布十分广泛，但其成分随地而异。蒙脱石与氟石在太平洋与印度洋比较丰富，大西洋稀少。

火山沉积物：来自火山作用的产物。主要分布在太平洋、印度洋东北部、墨西哥湾与地中海等地。

浊流沉积物：由浊流作用形成的沉积物，常呈陆源砂和粉砂层夹于细粒深海沉积物中。主要分布在大陆坡坡麓附近，在太平洋北部和印度洋周围较发育。

滑坡沉积物：由海底滑移或崩塌形成的物质。主要分布在大洋盆地边缘及一些地形较陡的海域。

冰川沉积物：大陆冰川前端断落于深海中形成的浮冰，挟带着来自陆地和浅水区的碎屑物质，可达远离大陆的深海地区。当浮冰融化，碎屑物质坠落海底时，便形成冰川沉积物。主要分布在南极大陆周围和北极附近海域。

风成沉积物：为风力搬运入海的沉积物。主要分布在太平洋和大西洋 30°S 和 30°N 附近的干燥气候带及印度洋西北海区。风成沉积物有时不单独列为深海沉积的一个类型。

此外，在深海沉积物中发现的宇宙尘，因其数量较少，一般也不单独列为一种沉积类型。但是深海宇宙尘的研究具有重要的价值。

概括地说，深海沉积物分布的状况是：各大洋中以钙质软泥和褐黏土为主，钙质软泥主要分布在海岭和高地上，褐黏土则见于深海盆地；硅质软泥和冰川沉积物主要分布在南、北极附近海域；放射虫软泥主要分布在太平洋赤道附近；自生沉积物分布在太平洋中部和南部以及印度洋东部；浊流沉积物分布在洋盆周围；火山沉积物散布在各地并在火山带附近富集。

三、深海沉积的影响因素

影响和控制深海沉积的因素除物质来源外，搬运营力和沉积作用也有重要影响。

在深海区，搬运沉积物的营力主要有大洋环流、浊流和深海底层流等。在局部海域风（如强台风或飓风）与浮冰的搬运也有重要作用。环流将细的陆源悬浮物与生源物带至深海，在底层流活动强烈的大洋边缘，常顺流向形成窄长的沉积体。在底层流活动弱的地区，沉积物均一地拟合地形覆盖于海底，犹如下"雪"覆盖海底表面。

洋盆中生物、物理和化学条件的不同，各类沉积物的影响因素也不同。影响钙质沉积物的主要因素有生物的供应、水深、CCD面深度、深水循环状况等。虽然钙质生物死亡后在下沉过程中大部分被溶解，但生产力越高，在海底堆积的生物残体的绝对量就越多，所以钙质软泥主要分布在热带和温带生产力高的海域。此外，碳酸盐补偿深度（CCD）对钙质沉积物的分布也有重要影响。影响硅质沉积物的主要因素有硅质生物的供应量、硅质骨骼的溶解程度等。例如，在南北两极附近海水中含有丰富的硅藻，硅藻沉积物广布于高纬度海域。

深海沉积物的沉积速率极其缓慢，一般为 0.1～10cm/ka。由于受陆源物质的影响，从洋盆边缘到中心，沉积速率由大变小，且不同的沉积类型甚至不同的洋底部位其沉积速率也有很大的差别。钙质沉积物的沉积速率为 1～4cm/ka；硅质沉积物的沉积速率为0.1～2cm/ka，深海黏土的沉积速率最低，低于 0.1～0.4cm/ka，当利用深海沉积柱样进行不同周期的全球变化研究时，就要考虑沉积速率对采样间隔的重要性。

第三节　岩浆活动与海山

一、热点海山系统

深海盆地系统中一个显著现象就是海山群、海山链，它们几乎全是火山活动的产物。板块构造理论成功解释了位于板块边界的、全球大多数火山和地震活动成因。但值得注意的是，还有大量火山活动远离板块边界，对于这些大洋或大陆板内火山活动，板块构造理论没有做出合理解释。为了检验板块构造运动学，地质学家系统调查了夏威夷—皇帝海山链为代表的火山岛屿的年龄变化及分布规律，在20世纪六七十年代提出了热点假说和静态地幔柱学说。其中，Wilson（1963）提出起源于地幔底部的深地幔柱会引发一系列热点（图 6-18）：当岩石圈板块漂移过这些热点，就会在板块上形成显著的线型火山链，如夏威夷—皇帝海山链。热点假说成功解释了太平洋板块的北西向运动及其转向的运动机制，

Morgan（1971）在此基础上建立的静态地幔柱学说成功解释了海山岛链的岩浆起源，即夏威夷群岛、冰岛等热点处的岩石是洋岛玄武岩（OIB）的一种典型组分。

然而，Anderson（1970）对Morgan的深源地幔柱模型进行了反驳，认为所有远离板块边界的火山作用均可由浅部板块相关的应力来解释：来自板块浅部的应力，如位于上地幔的次级对流，造成了岩石圈的拉张伸展，从而导致火山作用沿着这些裂隙发生。Anderson和Morgan的观点差异归根结底取决于热点在地幔中的来源深度。

二、地幔柱的特征和识别标准

在与温度有关的黏性流体（地幔）中，地幔柱以蘑菇柱头和细长尾干为特征。数值模拟显示，来自下地幔最底部的流体向上冲击至移动的岩石圈板块下，在岩石圈底部聚集形成柱头状，其后拖着一个小而长期活动的尾巴。地幔柱间歇性向上涌的冲击点便会形成热点轨迹，岩石圈底部的溢流玄武岩与地幔柱的蘑菇头相对应。因此，判断地幔柱重要的两个标准是：①持续活动的热点轨迹；②蘑菇云形态的溢流玄武岩。热点轨迹和溢流玄武岩在大量的文献中均有报道。

一般用浮力通量来量化地幔物质的流动，而浮力通量需要通过地形异常来计算。如果浮力通量小于10kg/s，地幔柱不能使古老岩石圈下方发生熔融，而且这种微弱的地幔柱也可能在到达岩石圈之前就被地幔流剪切错断。所以，地幔柱识别的第三个标准是浮力通量必须大于10kg/s。

利用稀有气体同位素比值的分布规律，可以很好地区分洋中脊玄武岩（mid-ocean ridge basalt，MORB）和洋岛型玄武岩（oceanic island basalt，OIB）。其中，洋岛型玄武岩的$^3He/^4He$值高于洋中脊玄武岩特征值的范围，$^{21}Ne/^{22}Ne$值也支持存在两个地幔岩浆储库。热点熔岩具有较高的$^3He/^4He$值或$^{21}Ne/^{22}Ne$，这是因其从较原始岩浆储库分离上涌所致。这个岩浆储库的几何形态、规模和位置仍然存在激烈的争论。从洋中脊喷出结晶的火山岩样品通常来自浅部储库，而热点熔岩应来自地幔深处的原始储库，其可能位于上地幔底部的地幔过渡带，甚至更深的下地幔。因此，高氦或氖比值是深源热点（地幔柱）识别的第四个标准。

热点被定义为热，是因为热点下方存在异常的横波低速体，这些深部低速体指示着软而热的地幔柱物质。但是，通过对比深度200km、500km和2850km层析成像模型，将热点投到500km和2850km横波层析成像图上，发现热点深部的地幔柱在下地幔中的通道并不能完全对应，只有1/4热点下方的地幔过渡带处显示有低速体存在。这可能是由于地幔流会使垂直上涌几百千米的地柱发生弯曲或变向，导致其与表面热点轨迹不符。但是，即使地幔柱通道可能会变形，也不能改变第五个标准的应用，即在500km深处表现为很低的横波速度。

三、热点—地幔柱理论的发展

Wilson（1963）最初提出的热点概念目前已得到进一步的发展。关于地幔柱和热点，许多学者从不同角度给予了重新定义。Hofmann（1997）将地幔柱定义为：地幔中直径为100km的上升流，它起源于热的低密度边界层，这个边界层位于660km深的地震不连续面上或者接近 2900km 深的核幔边界；其热点定义为：相对于移动的岩石圈板块，火山作用的位置是固定的，其年龄作为距离的函数，从现代活动火山逐渐变老，由此形成的热点火山链（如夏威夷—皇帝火山链）。而 Sigurdsson（2000）在此基础上，将地幔柱定义进一步拓展为热异常或化学异常产生的浮力，穿透地、使大区域的地幔物质上升；热点则为地球上异常高速火山作用的源区，通常伴随着大量玄武质岩浆喷出，热点可能起源于深部地幔柱。

20 世纪 80 年代到 90 年代初，在实验模拟上取得重大突破，基本解决了地幔柱两大本质特征——热驱动和大黏度对比的问题，并由静态地幔柱模式发展出了动态地幔柱模式，较成功地解释了大火成岩省（large igneous provinces, LIPs）的成因。

到目前为止，虽然热点—地幔柱的结构和演化模式发生了非常大的变化，但其普遍特征是热地幔柱能够产生大量的熔体。在热点—地幔柱作用区，热异常伴随着大陆破裂、短暂的岩浆作用，形成火山型被动陆缘的玄武岩和邻区的大陆溢流玄武岩（continental flood basalt）。如果地幔柱穿透大洋岩石圈，就可能形成洋底高原或洋岛玄武岩（OIB），而当板块只是在地幔柱上隆中心上面移动时，就形成了海岭或海山。

四、非热点海山系统

尽管地幔柱理论成功预测了一些海山链的诸多观测，但还不足以解释所有的大洋板内火山作用。地幔柱作为一个固定热点的地球动力学解释，阐明了年龄—距离线性关系显著、寿命较长、化学成分为 OIB 型的海山链成因。然而，许多平行的线性海山或海脊不仅寿命短（约为 30Myr），而且缺乏明显的年龄线性递增特征，且与同地幔柱相关的海底高原无关联，其化学成分也不是 OIB 型，而是分散在 HMU 和 EM 端元之间，这些就包括了太平洋板块上显著的海山链，如 Cook-Australs、Marshalls、Gilberts 和 Line 群岛。尽管有学者提出太平洋海山链是由一个超级地幔柱顶部弥散性的次级小地幔柱（plummets）形成的（Davaille，1999），但这些海山链的化学成分又不支持其与地幔柱存在相关性，因此，这些海山链不可能是由太平洋板块在一个静态地幔柱之上运动时形成的。

有学者试图提出另一种机制，即岩石圈的裂隙作用（lithospheric cracking），以解释这种非热点型海山链。这种裂隙作用是由火山机构（volcanic edifice）的荷载下（Sandwell et al.，1995）或热收缩（thermal contraction）（Gans et al.，2003）的张应力引起的，裂隙作用控制了火山作用发生的地点和时间。然而，裂隙作用假说假定了一个广泛的先存部分熔融的熔体储库，这些熔体被汲取到这个储库中，而这个机制并没有对岩浆自身形成机制做出解释。软流圈中的这样一个部分熔融的熔体层原本是用来解释低地震波速异常的（Anderson and Sammis，1970）。然而，最近研究揭示没有必要用部分熔融来解释地震观测结果（Faul and Jackson，2005）；相反，软流圈中的部分熔融作用由于残留体脱水（dehydration）反而会使地震波速增大（Karato and Jung，1998）。因此，岩石圈裂隙作用假说仍然存在疑问。

另外一种可能的机制称为岩石圈底部的小尺度对流（small-scale sublithospheric convection）（Ballmer et al.，2007），它可以很好地解释不具有年龄线性递增特征的板内火山作用。该机制认为，岩石圈底部小尺度对流不管岩石圈下冷的热边界层（thermal boundary layer）是否超过厚度极限，都可自发地形成于成熟大洋岩石圈底部。由于对流比传导是一个更有效的热传输机制，因此，长条状的熔融异常可以随着板块运动，岩石圈底部小尺度对流便会平行板块运动方向，自发地以 200～300km 的间隔排列，并卷成筒状，同时平行上涌。

五、大火成岩省

大火成岩省（LIPs）由一个体积巨大连续的以富镁铁岩石占优势的喷出岩及其伴生的侵入岩组成。LIPs 代表了地球上已知的最大火山岩浆活动，记录了物质和能量从地球内部向外的大量转换。LIPs 对构造环境没有选择性，可以出现在陆内、火山型被动陆缘、洋底高原、海岭、海山群和洋盆等各种构造背景，绝大多数出露于板块内部。因而，大火成岩省被认为与板块构造环境无关，难以用板块构造来解释，但可用地幔柱模式来解释，与来自下地幔的热幔柱头（plume head）有关。大火成岩省是深部地幔动力学过程在地壳中的表现，是研究深部地幔的一个重要窗口。因此，可将大火成岩省参数作为边界条件去反演地幔动力学过程。

大火成岩省整体具有以下特征。

大火成岩省单次事件的短暂性：主要的大火成岩省是地球上最大的火成岩事件，单次事件一般为 1～2Myr，不仅持续时间短，而且喷发速率快。对陆壳的生成起了不可替代的作用，也是一种新的地壳快速生长机制。

大火成岩省地壳厚度的一致性：大火成岩省根据总体产出的空间位置，主要分为 3 种类型：①大陆溢流玄武岩，以印度德干和美国哥伦比亚为代表；②火山型被动陆缘玄武岩，以北大西洋为代表；③洋底高原玄武岩，以翁通爪哇（Ontong Java）和凯尔盖朗（Kerguelen）为最大。尽管形成环境不同，以高 P 波速度（7.0～7.6km/s）为其下地壳识别标志，揭示出这些大火成岩省的地壳厚度都在 20～40km。

大火成岩省组成具有全球一致性：在地表，它最重要的组成是镁铁质岩石，仅次于大洋扩张中心的玄武岩和伴生的侵入岩。各种不同构造环境的大火成岩省在组成上都以拉斑质玄武岩为主，具有组成相似性，且体积非常大。

大火成岩省的短期脉动式岩浆活动：尽管单次事件持续时间短，但可以多次脉动式发生。翁通爪哇高原集中活动于早阿普第期（124～121Ma），凯尔盖朗高原为114～109.5Ma，德干高原为 69～65Ma，北大西洋火山被动陆缘在 57.5～54.5Ma，哥伦比亚为 17.2～15.7Ma。

大火成岩省效应的全球性：以极大的潜力诱发环境改变，影响生物演化、引起生物灭绝等。例如，白垩纪超级地幔柱的形成与全球气温升高、黑色页岩的形成、海平面抬升、石油的生成等事件，在时间上一致。因此，大火成岩省效应主要表现在：①地球表面（特别是洋盆）形态的变化；②熔岩流与海水相互作用导致水圈的物理化学性质变化；③喷发期内大气圈气体的传导加剧；④LIPs 的侵位同全球性、大区域性的矿产资源的形成和富集有关。

大火成岩省的起源常与地幔柱相关：大火成岩省玄武岩与洋中脊玄岩（MORB）不同，一般认为直径为 200～800m 的地幔柱头抵达岩石圈底部时，可横向扩展到直径为 2000～2500km 的范围，并促使形成大范围的溢流玄武岩或海洋台地，而地幔柱尾部熔体可产生火山岛链，如德干高原的大陆溢流玄武岩与印度洋火山岛链及留尼旺（Reunion）群岛。

第四节　洋中脊

洋中脊，又称大洋中脊、中洋脊、洋脊、中央海岭，是绵延在海底的具有张裂性板块边界性质的巨型海底山脉，全长近 8 万公里，是世界上最长的山脉。洋中脊由美国水文学家马修·方丹·莫里在 160 多年前进行北大西洋声波测深时发现，目前我们对洋中脊的分布、结构、形态和成因等各方面有了较深入的认识。

一、洋中脊的分布

洋中脊在各大洋中均有分布，如太平洋中有东太平洋海隆、大西洋有大西洋洋中脊，印度洋中有西北印度洋中脊、西南印度洋中脊和东南印度洋中脊，北冰洋有加克洋中脊，此外，还有一些小规模的洋中脊相互联络（图 6-7）。除了大西洋洋中脊以外，其余洋中脊并不严格分布于大洋的中央。

二、洋中脊的类型

洋中脊作为板块扩张边界，其两侧作相背离的扩张运动，扩张速度约几个mm/a到160mm/a，与人类指甲的生长速度相近。按扩张速度的不同可以将洋中脊分为五大类型：超快速扩张洋中脊、快速扩张洋中脊、中速扩张洋中脊、慢速扩张洋中脊和超慢速扩张洋中脊（表 13-1）。近年来，在慢速扩张洋中脊中发现一种扩张速度小于2cm/yr的超慢速扩张洋中脊，如西南印度洋中脊和北极加克洋中脊。超慢速扩张洋中脊具有贫岩浆、薄地壳、洋壳结构异常等特征。

表 13-1　洋中脊扩张速度分类

类型	扩张速度（mm/a）	实例	参考文献
超快速扩张洋中脊	130~150	东太平洋海隆 20°S	Sinton et al. (1991)
快速扩张洋中脊	90~130	东太平洋海隆 13°N，东南印度洋中脊	Lonsdale (1977)
中速扩张洋中脊	50~90	胡安·德·富卡洋中脊	Lonsdale (1977)
慢速扩张洋中脊	20~50	大西洋洋中脊，西北印度洋中脊	Lonsdale (1977)
超慢速扩张洋中脊	<20	西南印度洋中脊，加克洋中脊	Dick et al. (2003)

拆离断层和大洋核杂岩在超慢速扩张洋中脊中普遍发育，这些洋脊段的扩张以构造拉伸为主，而岩浆的供应不足以填补拉开的空隙，因此将下地壳或上地幔的岩石直接剥露到海底，形成大洋核杂岩。剥露核杂岩的滑脱断层称为拆离断层（图 13-4）。

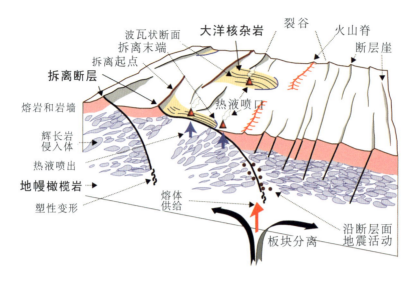

图 13-4　拆离断层和大洋核杂岩形成模式图（Canales and Escartín，2010：余星等，2013）

三、洋中脊的形态特征

洋中脊在地形上表现为一条轴向延伸的狭窄的高地，轴部最浅处水深通常小于2500m，而两翼离轴数百公里处水深可达6000m，因此构成一条狭长的山脉。

洋中脊轴部高地一般呈对称分布，但不同扩张速度的洋中脊，轴部的地形略有差别。慢速、超慢速扩张洋中脊常有一条纵向延伸的裂隙状深谷，称中央裂谷。该裂谷一般宽数十公里，深可达1～2km。快速和超快速洋中脊为轴部隆起，一般不发育中央裂谷，这是由于岩浆供应充足造成的（图13-5）。

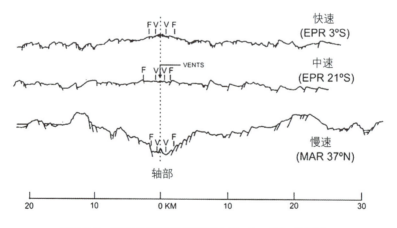

图 13-5　洋中脊轴部地形特征（Macdonald，1982）

四、洋中脊的分段性

洋中脊的轴部山脉常被转换断层错断，使洋中脊显示分段特征。转换断层是洋中脊的一级分段边界，一般洋脊段长数百公里，但在转换断层密集区，洋脊段仅长数十公里。在一级洋脊段内部又可发育非转换断层不连续带（NTD）或重叠扩张中心（OSC），分别将慢速和快速扩张洋脊分成二级洋脊段（图 13-6）。

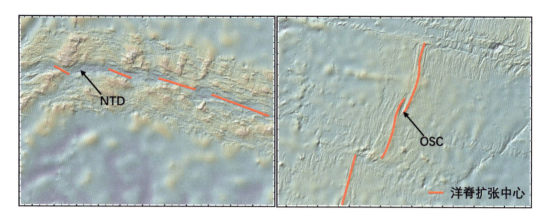

图 13-6　西南印度洋脊上的 NTD 与东太平洋海隆上的 OSC

五、洋中脊的形成与地球动力学过程

洋中脊的形成是威尔逊旋回的一个阶段，一般从大陆裂谷发育而来。地幔对流引起热的物质上升，岩浆在洋中脊中央处涌出，快速冷却为玄武岩，形成新的洋壳（图 13-7）。形成的玄武岩洋壳逐渐变冷变重，并向两侧推移，成为洋盆的基底，最终在海沟处发生俯冲作用，俯冲到地幔的洋壳发生变质作用进一步密度变大，拖曳整个洋壳向地幔深处运动并使得洋中脊被动扩张。洋中脊扩张后，下面的软流圈地幔被动上涌发生减压熔融，形成新的玄武质洋壳。如此正反馈，使洋中脊扩张作用不断进行。

因此，洋中脊两侧离轴的洋壳岩石愈远愈老，洋中脊中央则是最年轻的新生地壳。洋中脊两侧洋壳中的磁条带可以反映洋壳的年龄。

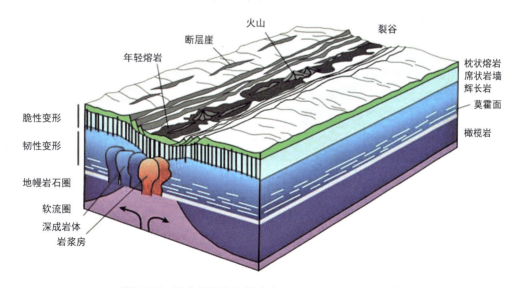

图 13-7　洋中脊的演化模式（Twiss & Moores，1992）

六、洋中脊的地质意义

洋中脊是板块扩张边界，也是洋壳产生的地方。全球洋中脊每年产生约 20km³ 的新洋壳，若按洋壳平均厚度 7km 计算，面积约 3km²。目前由洋中脊产生的洋壳占全球面积的 60%，最老的洋壳年龄达 2 亿年。更老的洋壳已经由板块运动消减在俯冲带，或残留在造山带中。

洋中脊具有高热流值，是地震火山活动分布的密集区域，沿洋中脊发育一条狭长的浅源地震带。由于洋中脊高热流和密集岩浆活动，在洋中脊上常发育热液活动，形成黑烟囱和热液硫化物矿床，热液活动可以支撑海底独特的化能合成生态系统。这些生物可以完全脱离太阳光而依靠地球内部热能生存。

第五节　海底矿产

除了海洋的生物资源、海水化学资源、海洋能资源外，海底也存在众多的矿产资源，如石油、天然气、可燃冰、多金属结核、富钴结壳、多金属硫化物等。石油和天然气属于传统的化石燃料，而可燃冰、多金属结核、富钴结壳和海底多金属硫化物属于新兴的矿产资源，尚处于研究勘探阶段，未进入实质性开发。

一、可燃冰（天然气水合物）

可燃冰，是一种固态的天然气水合物。在缺氧环境下，海洋或沉积地层中的大量有机质经过厌氧型细菌分解，形成石油和天然气，其中部分天然气在高压低温条件下被包进水分子中，并在 2 ~ 5℃形成类似冰状的结晶物，称为可燃冰（图 13-8）。可燃冰的化学组成可用 $mCH_4 \cdot nH_2O$ 来表示，其中 m 代表水合物中的气体分子数，n 为水分子数。

图 13-8　海底的可燃冰堆积体及可燃冰手标本和笼形晶体格架（SIO& NETL）

因此，形成可燃冰需要三个基本条件：温度、压力与气源。首先地底要有天然气源，温度上限约为 20℃，温度太高就会分解；需要足够的压力，0℃时 30 个大气压以上，温度越高，要求的压力越高，如 7℃时，约需要 50 个大气压以上来保持可燃冰的结晶状态。

可燃冰主要分布于大陆边缘的斜坡区，这里有大量来自陆地植物生成的有机质，经过降解作用，可生成可燃冰的主要成分气体——甲烷。已发现的海底可燃冰多分布于环太平洋周边、大西洋两岸、印度洋北部、南极近海及北冰洋周边，地中海、黑海、里海等内陆海也有零星分布。有科学家大胆推测，全球海底天然气水合物的甲烷资源量高达 $2 \times 10^{16} m^3$，即 20000 万亿立方米，是迄今地球上所有已知的煤、石油及天然气矿床的甲烷当量的两倍。

可燃冰的利用具有两大优势：一是效能高，同等条件下可燃冰燃烧产生的能量比煤和石油要高出数十倍；二是相对环保，可燃冰燃烧没有粉尘污染，和石油比较没有毒气污染，和传统天然气相比也没有其他杂质污染，是相对较干净的能源，被誉为未来的燃料。我国的可燃冰资源主要分布在南海海域和东海海域，2017 年在南海神狐海域实现首次可燃冰试采，据估计，2030 年前可进行商业开发。

二、多金属结核

多金属结核是一种富含铁、锰、铜、钴、镍和钼等金属的大洋海底自生沉积物。一般为黑色，呈结核状，由于主要富含锰铁，也称锰结核或铁锰结核。结核中具有高经济价值的有锰（27%～30%）、镍（1.25%～1.5%）、铜（1%～1.4%）及钴（0.2%～0.25%）。其他成分有铁（6%）、硅（5%）及铝（3%），亦有少量钙、钠、镁、钾、钛及钡等。

多金属结核按成因可分为水成型结核和成岩型结核，前者形成于海底氧化性的海水，后者形成于沉积物中的次氧化孔隙水。结核的生长速度非常慢，一般每百万年仅生长 1～5mm。

结核按形状可以有不同的分类方法，有的将其分为球状及球状连生、板状、菜花状和杨梅状，有的按表面形态分为表面光滑铁锰结核和瘤状—粗糙铁锰结核（图 13-9）。表面光滑的铁锰结核以水羟锰矿和水钠锰矿为主，多产于海山，暴露在海底。表面粗糙的铁锰结核以钙锰矿和水钠锰矿为主，多产于深海盆地，以半埋藏和埋藏形态为主。

图 13-9 海底的多金属结核及手标本和剖面照片

多金属结核是由核心和壳层两大部分组成。壳层主要由锰、铁的氧化物和氢氧化物及硅酸岩矿物组成。核心通常为岩石碎屑、泥质团块、生物化石、鱼牙和生物骨刺等。

多金属结核广泛分布于全球各大洋的深海盆地中，水深 4000～6000m。个体直径从几毫米到几十厘米不等，一般为 3～6cm；重量从几克到几百克、几千克。我国科学家以结核丰度 10kg/m² 和铜镍钴平均品位 2.5% 为边界条件，估计太平洋海域可采区面积约

425万平方公里，资源总量为425亿吨。其中，含金属锰86亿吨，铜3亿吨，钴0.6亿吨，镍3.9亿吨，表明多金属结核的经济价值确实巨大。目前研究最深入的结核分布区是位于东太平洋的克拉里昂—克利珀顿区（CC区），该区域水深3500～5500m。据估算，CC区结核资源量达210亿吨，仅这一区域矿床所含的镍、锰和钴，就多于陆地上这三种矿产资源的总和。

我国已在太平洋CC区内申请获得30万平方公里的结核合同区，到1999年10月，按规定放弃50%区域后，获得了保留矿区7.5万平方公里，我国对该区拥有详细勘探权和开采权。

三、富钴结壳

富钴结壳是继多金属结核资源之后被发现的又一深海沉积固体矿产资源，主要分布于海山、岛屿斜坡和海底高地上，水深范围一般为1000～3500m。富钴结壳在太平洋、大西洋和印度洋的海底均有分布，其中以太平洋居多，且主要分布在西、中太平洋海山区。

富钴结壳一般呈薄板状生长于硬质的基岩上，表面有的光滑，有的粗糙，受内部生长构造控制。除了板状结壳，还有砾状结壳和富钴结核。富钴结壳与铁锰结核一样，也具有分层构造，有单层构造、双层构造和三层构造。具有三层构造的结壳厚度较大，从上到下依次是上部致密层、中部疏松层和下部致密层（图13-10）。

图13-10　海底的富钴结壳及结壳样品照片（Halbach et al.，2017）

富钴结壳主要由水羟锰矿和铁氢氧化物组成，主要金属包括锰（13%～27%）、铁（6.0%～18%）、钴（约0.6%）、镍（约0.4%）、钛（约0.9%）、铜（约0.06%）等。据估算，太平洋、大西洋、印度洋三大洋富钴结壳的锰资源量达7000百万吨，钛资源量280百万吨，镍资源量150百万吨，钴资源量200百万吨，铜资源量20百万吨。

富钴结壳和多金属结核所富含的锰、钴、镍、铜等金属矿产资源，都是重要的战略性资源，广泛应用于化学工业及高新科技生产中。比如，锰可用于钢铁工业中钢的脱硫和脱氧；用作合金添加剂，以提高钢的强度、硬度、弹性极限、耐磨性和耐腐蚀性等。镍具有很好的可塑性、耐腐蚀性和磁性，可用于钢铁、镍基合金、电镀及电池等领域，广泛应用于飞机、雷达等各种军工制造业、民用机械制造业和电镀工业等。钴是一种放射性材料，在生物化学中广泛用于活化分析，在电镀、腐蚀和催化中被用于示踪研究，在医疗中被用于放射检查与治疗。

四、多金属硫化物

多金属硫化物，也称海底块状硫化物，是由海底火山活动与热液活动产生的金属硫化物矿。常见矿物包括黄铁矿、黄铜矿、闪锌矿、方铅矿、赤铁矿等，富含铜、铅、锌、银和金等金属。

矿床的形成与热液活动密切相关。温度较低的海水被带入海床之下，受到高温岩石加热后，形成热液并携带大量金属元素及硫元素喷出至海水中。吐出的热液因含有金属元素而形成黑色的海底烟柱，因此被称作"黑烟柱"。金属矿物碰到低温海水后，会发生沉淀形成"黑烟囱"或层状热液硫化矿物堆积体（图 13-11）。

"黑烟囱"影像

热液硫化物按产出形态可以分为烟囱体、丘状体、脉体、网脉体、角砾和球体六种。烟囱体可以呈尖塔状、蜂窝状、圆柱状、蘑菇状等不同形态。单个烟囱体高可达几十米，矮至几厘米。按硫化物所处的基岩不同，可分为镁铁岩型热液硫化物矿床和超镁铁岩型热液硫化物矿床。

1cm

图 13-11 海底的黑烟囱和热液硫化物矿石

热液硫化物广泛分布于洋中脊、弧后扩张脊和活火山弧等构造板块边界处，水深 2000～4000m 不等。控制热液矿床大小的因素包括混合作用、渗透性、热液系统稳定性、沸腾作用、盖层、流体—岩石相互作用、区域构造运动、海底地形、底流和后期的改造作用等等，因此形成大规模的热液硫化物矿需要这些因素的有力配合。

由于调查研究资料的不足，目前关于海底硫化物资源量的估算还存在很大分歧，有人认为海底的多金属硫化物所含的金属资源是陆地上已知的火山型多金属硫化物总储量的 600 倍，而有人则估算全球海底的硫化物仅约 6.0 亿吨。

五、海底矿产资源开发现状和前景

海底蕴藏着丰富的矿产资源，资源的合理开发利用一直是各国关注的焦点。1982 年，联合国通过《海洋法公约》，将海底 50% 的区域纳入国际管辖范围，即俗称"区域"，指国家管辖范围以外的海床及其底土，即大陆架外部界限以外的区域。《海洋法公约》规定，"区域"内海底矿物的勘探和开采，只有与国际海底管理局签署合同后才能进行，须遵守国际海底管理局的规则、规章和程序。

按照相关规章的要求，目前已经批准了29份涉及太平洋、印度洋和大西洋的勘探合同，矿产资源类型包括多金属结核、富钴结壳和多金属硫化物。我国目前申请了2块铁锰结核矿区、1块富钴结壳矿区和1块多金属硫化物矿区。

未来在海底矿产资源开发利用方面还存在两方面的主要问题，需要妥善解决。

第一，开采技术的突破和完善。目前的方案普遍采用海底采矿车收集海底矿物。采集海底块状硫化物和富钴结壳时需要碎裂矿床或分离矿床和基岩，而多金属结核可以直接从海底收集。所有被开采的原材料和海水一起通过提升管系统被运往水面支援船只。矿石在船上与海水分离，然后被送至陆地上的提炼厂。

第二，如何在深海海底采矿和海洋环境保护之间找到平衡点？采矿显然会从某种程度上影响海洋环境，特别是在采矿作业的邻近地区。作业可能伤害活的生物体，破坏基岩栖息地，影响海水环境。提升管系统和运输系统故障、液压泄漏、噪声污染和光污染也可能造成其他的环境破坏。

练习题

1.富岩浆型和贫岩浆型被动大陆边缘的区别是什么？
2.洋中脊分类的主要依据是什么？
3.如何判别岩浆是地幔柱成因？

思考题

1.太平洋两侧的大陆边缘表现出明显的差异，东侧形成了安德斯型主动陆缘，而在西侧形成了西太平洋型主动陆缘，为什么会形成这样不同的大陆边缘？
2.南海是我国最大的边缘海，它与西太平洋边缘普遍发育的弧后盆地是一致的吗？
3.大洋科学考察发现洋中脊地区发育了系列黑烟囱，这是什么样的机制形成的？
4.太平洋的内部发育了夏威夷-皇帝海岭的海底山链，其形成机制是什么？为什么会有一个大转折？

参考文献

[1] Anderson D L, Sammis C. Partial melting in the upper mantle[J]. Physics of the Earth and Planetary Interiors, 1970, 3: 41-50.

[2] Ballmer M D, Van Hunen J, Ito G, et al. Non - hotspot volcano chains originating from small-scale sublithospheric convection[J]. Geophysical Research Letters, 2007, 34(23).

[3] Canales J P, Escartin J. Detachments in Oceanic Lithosphere: Deformation, Magmatism, Fluid Flow, and Ecosystems[C]. Chapman Conference. Cyprus., 2010.

[4] Coffin M F, Eldholm O. Large igneous provinces: crustal structure, dimensions, and external consequences[J]. Reviews of Geophysics, 1994, 32(1): 1-36.

[5] Davaille A. Simultaneous generation of hotspots and superswells by convection in a heterogeneous planetary mantle[J]. Nature, 1999, 402(6763): 756-760.

[6] Dick H J B, Lin J, Schouten H. An ultraslow-spreading class of ocean ridge[J]. Nature, 2003, 426: 405-12.

[7] Ding W, Sun Z, Mohn G, et al. Lateral evolution of the rift-to-drift transition in the South China Sea: Evidence from multi-channel seismic data and IODP Expeditions 367&368 drilling results[J]. Earth and Planetary Science Letters, 2020, 531: 115932.

[8] Faul U H, Jackson I. The seismological signature of temperature and grain size variations in the upper mantle[J]. Earth and Planetary Science Letters, 2005, 234(1-2): 119-134.

[9] Franke D. Rifting, Lithosphere Breakup and Volcanism: Comparison of Magma-Poor and Volcanic Rifted Margins[J]. Marine and Petroleum Geology, 2013, 43: 63-87.

[10] Gans K D, Wilson D S, Macdonald K C. Pacific Plate gravity lineaments: Diffuse extension or thermal contraction?[J]. Geochemistry, Geophysics, Geosystems, 2003, 4(9).

[11] German C R, Lin J, Parson L M. Mid-ocean ridges: Hydrothermal interactions between the lithosphere and oceans[J]. Washington DC American Geophysical Union Geo-physical Monograph Series, 2004, 148.

[12] Grotzinger J, Jordan T H. Understanding Earth[M]. 7th ed. New York: W. H. Freeman and Company, 2014.

[13] Halbach P E, Jahn A, Cherkashov G. Marine Co-rich ferromanganese crust deposits: description and formation, occurrences and distribution, estimated world-wide resources[M]//Deep-Sea Mining. Springer, Cham, 2017: 65-141.

[14] Hannington M, Jamieson J, Monecke T, et al. The abundance of seafloor massive sulfide deposits[J]. Geology, 2011, 39(12): 1155-1158.

[15] Harff J, Meschede M, Petersen S & Thiede J. Encyclopedia of Marine Geosciences[M]. Berlin: Springer Netherlands, 2016.

[16] Hein J R, Koschinsky A, Kuhn T. Deep-ocean polymetallic nodules as a resource for critical materials[J]. Nature Reviews Earth & Environment, 2020, 1(3): 158-169.

[17] Hofmann A W. Mantle geochemistry: the message from oceanic volcanism[J]. Nature, 1997, 385(6613): 219-229.

[18] Karato S, Jung H. Water, partial melting and the origin of the seismic low velocity and high attenuation zone in the upper mantle[J]. Earth and Planetary Science Letters, 1998, 157(3-

4): 193-207.

[19] Karig D E. Evolution of Arc Systems in the Western Pacific[J]. Annual Review of Earth and Planetary Sciences, 1974, 2: 51-75.

[20] Kuhn T, Wegorzewski A, Rühlemann C, et al. Composition, formation, and occurrence of polymetallic nodules[M]//Deep-Sea Mining. Switzerland: Springer, Cham, 2017: 23-63.

[21] Lonsdale P. Regional shape and tectonics of the equatorial East Pacific Rise[J]. Marine Geophysical Researches, 1977, 3(3): 295-315.

[22] Macdonald K C. Mid-ocean ridges: Fine scale tectonic, volcanic and hydrothermal processes within the plate boundary zone[J]. Annual Review of Earth and Planetary Sciences, 1982, 10: 155-189.

[23] Morgan W J. Convection plumes in the lower mantle[J]. Nature, 1971, 230(5288): 42-43.

[24] Müller R D, Sdrolias M, Gaina C, et al. Age, spreading rates, and spreading asymmetry of the world's ocean crust[J]. Geochemistry, Geophysics, Geosystems, 2008, 9(4).

[25] Rona P A, Devey C W, Dyment J and Murton B J. Diversity of hydrothermal systems on slow spreading ocean ridges[M]. New York: John Wiley & Sons, 2013.

[26] Sandwell D T, Winterer E L, Mammerickx J, et al. Evidence for diffuse extension of the Pacific plate from Pukapuka ridges and cross - grain gravity lineations[J]. Journal of Geophysical Research: Solid Earth, 1995, 100(B8): 15087-15099.

[27] Searle R. Mid-Ocean Ridges[M]. Cambridge: Cambridge University Press, 2013.

[28] Selley R C, Cocks L R M, Plimer I R. Encyclopedia of Geology[M]. Amsterdam: Elsevier Academic, 2005.

[29] Sharma R. Deep-sea mining: Resource potential, technical and environmental considerations[M]. Berlin: Springer, 2017.

[30] Sigurdsson H. Volcanic episodes and rates of volcanism[J]. Encyclopedia of Volcanoes, 2000: 271-279.

[31] Sinton J M, Smaglik S M, Mahoney J J, Macdonald K C. Magmatic processes at superfast spreading mid-ocean ridges: Glass compositional variations along the East Pacific Rise 13°–23° S[J]. Journal of Geophysical Research: Solid Earth, 1991, 96(B4): 6133-6155.

[32] Stern R J. Subduction zones[J]. Reviews of Geophysics, 2002, 40(4): 3-38.

[33] Twiss R J, Moores E M. Structural Geology[M]. London: Macmillan, 1992.

[34] Wilson J T. A possible origin of the Hawaiian Islands[J]. Canadian Journal of Earth Sciences, 2014, 51(3): 863-870.

[35] Wilson J T. Continental drift[J]. Scientific American, 1963, 208(4): 86-103.

[36] 韩喜球, 邱中炎, 马维林. 海山富钴结壳: 高分辨率年代框架与古环境记录研究[M]. 北京: 地质出版社, 2014.

[37] 李家彪. 现代海底热液硫化物成矿地质学[M]. 北京: 科学出版社, 2017.

[38] 潘燕宁, 陈逸君, 戴乐美, 等.深海锰结核的分类及两类锰结核的特征[J].自然科学进展: 国家重点实验室通讯, 2001, 11(1): 76-78.

[39] 汪品先.深海浅说[M].上海: 上海科技教育出版社, 2020.

[40] 王淑玲, 白凤龙, 黄文星, 等.世界大洋金属矿产资源勘查开发现状及问题[J].海洋地质与第四纪地质, 2020, 40(3): 160-170.

[41] 许靖华.地学革命风云录[M].北京: 地质出版社, 1985.

[42] 余星, 初凤友, 董彦辉, 等.拆离断层与大洋核杂岩: 一种新的海底扩张模式[J].地球科学——中国地质大学学报, 2013, 38(5): 995-1004.

[43] 曾志刚.海底热液地质学[M].北京: 科学出版社, 2011.

被动大陆边缘

转换型大陆边缘

包含 包含

大陆边缘

包含

主动大陆边缘

富钴结壳

多金属硫化物 多金属结核

包含

海底矿产资源
开发现状和前景

包含

可燃冰
(天然气水合物)

包含

递进 包含

海底矿产

包含

深海沉积物
的空间分布

深海沉积物
的影响因素

包含 包含

包含

深海盆地

海底构造与矿产

包含

深海沉积
及主要类型

包含

岩浆活动与海山

包含

洋中脊的地质意义

包含

洋中脊

包含

洋中脊的分布

包含

热点海山系统 热点活动

洋中脊的形态特征

包含

洋中脊的形成与
地球动力学过程

包含

洋中脊的分段性

包含 包含

包含

地幔柱的
特征和识别标准

包含

非热点活动

热点—地幔柱
理论的发展

洋中脊的类型

包含

大火成岩省

非热点海山系统

海底构造与
矿产

第十四章

CHAPTER 14

大陆地貌与演变

地貌是指地球表面的形态，即地形。地球上各式各样的地貌是地球内力地质作用和外力地质作用共同作用的结果。这种内、外地质作用也称为地貌营力。内营力由地球内部物质运动所产生，主要表现为构造运动，使地壳发生水平运动、垂直运动、断裂活动和岩浆活动，它是造成地表地形起伏的根本原因。外营力是太阳能引起的河流、冰川和风力等对地表的侵蚀与堆积作用，其作用趋势是"削高填低"，减小地形起伏。内、外营力同时进行、交替作用，塑造出地球上规模不同、类型各异的地貌形态。

地球上内、外营力作用随时间的变化使得地貌形成以后也会发生演变。因此，地貌形态中保存着丰富的地质历史时期内、外地质营力作用的信息，是地球历史的重要载体。地貌的变化发展也与我们人类的生存和发展息息相关。地貌演变决定了地球表面承载和维持人类活动的能力，同时人类活动又会影响地貌演变的进程。因此，认识地貌的演变对于人类与自然的和谐发展也具有一定意义。

第一节　河流作用与河流地貌

河流流水在地表流动时，在其自身重力势能的作用下会对地表产生侵蚀，形成沟谷。河流在流动过程中还能将侵蚀作用的产物向下游搬运。当河流搬运能力较弱时，这些侵蚀作用的产物便在河道中产生堆积。河流的侵蚀、搬运和堆积作用是塑造河流地貌的根本原因。

一、河流作用

（一）河流的侵蚀作用

河流流水在沿着沟谷流动的过程中，由于流水重力势能的作用会对沟谷产生侵蚀，并将侵蚀产物向下游搬运。河流对沟谷的侵蚀和对沉积物的搬运能力由河流的水动力大小（Ω）决定，其定义为单位河流长度上河流能量的损失率，可用式（14-1）表示：

$$\Omega = \rho_w gQS \tag{14-1}$$

式中：ρ_w为水的密度（kg/m³）。g为重力加速度。Q为河流的径流量（m³/s），其表示的是单位时间内通过河流某一过水断面的水量。根据河流的水力几何学特征，河流的径流量又可由河床的宽度 W、河水深度 D 和河流的流速 U 确定，即 $Q=WDU$。S 为河床的坡度。从上式可知，河流的径流量越大、河床坡度越陡，河流的水动力就越大，对河床的侵蚀作用和对沉积物的搬运能力也越强。

河流的侵蚀作用有三种方式，即磨蚀、拔蚀和溶蚀。其中磨蚀作用是在流水和河流携带的沉积物的作用下对河床产生的机械磨损。当河床上节理或者裂隙较发育的时候，流水能将河床的基岩沿着节理或者裂隙剥离，即拔蚀作用。溶蚀作用是河流对可溶性岩石（如石灰岩）产生的化学溶解现象。

根据侵蚀作用的方向，河流侵蚀又可分为下蚀、侧蚀和溯（向）源侵蚀。下蚀是水流垂直地面向下的侵蚀，其效果是加深河床。侧蚀也称旁蚀，是河流侧向侵蚀河岸，使得河岸后退、河谷变宽，或者形成曲流。溯源侵蚀是一种特殊的下蚀作用，是河流下蚀作用向河流上游的迁移。

（二）河流的搬运作用

当河道中有沉积物堆积时，流水能通过托举和拖曳作用使得河道中的堆积物产生移动，即河流的搬运作用。河流的搬运能力由河水对河床的剪应力（τ）决定，其表示的是单位河床面积上河水对河床的作用力，其大小与河流的水动力大小相关：

$$\tau=\frac{\Omega}{WU}=\frac{\rho_{w}gWDUS}{WU}=\rho_{w}gDS \qquad (14-2)$$

同时，河道中堆积物的存在又会阻碍河流的搬运，因此只有当河流的搬运能力大于这些堆积物对河流搬运的阻力时，河道中的堆积物才能在河床中发生移动。河道中沉积物对流水搬运作用的阻碍可用临界剪应力（τ_c）表示：

$$\tau_{c}=\tau_{c}^{*}g(\rho_{s}-\rho_{w})d_{50} \qquad (14-3)$$

式中：τ_c^* 为常数，与河床堆积物的性质相关。当河道中为松散堆积的砾石时，τ_c^* 为 0.03；而当河道中为紧密堆积的较粗的砾石时，该值可达到 0.1。一般来说，河床上堆积物的粒度越小内聚力越大，τ_c^* 也越大，即这些物质的抗搬运能力越强。如被黏土覆盖的河道其 τ_c^* 大于被砾石覆盖的河道。ρ_s、ρ_w 分别为河道中堆积物的密度和河水的密度。d_{50} 为河道中堆积物颗粒直径的中值。上式表明，临界剪应力的大小由堆积物的颗粒大小、形态、密度和颗粒间的相互连接关系决定。只有当河流的剪应力超过该临界剪应力时，河道中的堆积物才可能在河道中移动，即产生河流的搬运作用。在这种情况下，剪应力越大，搬运速率也越大（图 14-1）。

只有当河床中的沉积物被河水搬运移动后，河床才可能被河流侵蚀；否则，沉积物的覆盖会阻碍河水对河床的侵蚀。

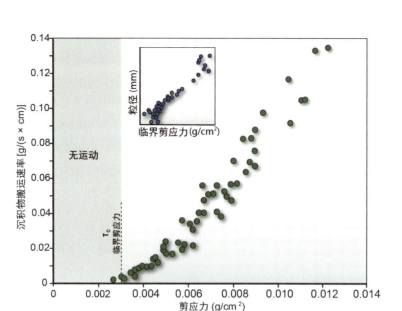

图 14-1　河水对河床的剪应力和河流对沉积物的搬运速率的关系（引自 Bierman and Montgomery，2014）

由于河道中堆积物颗粒的大小不同，流水对这些物质的搬运有三种方式，即推移、跃移和悬移（图 14-2）。

推移：当河道中堆积物的粒径较大时，如堆积物为砾石时，在流水作用下这些物质沿河床底面滚动或滑动，即推移。

跃移：当河道中堆积物的粒径较小时，如堆积物为沙粒时，由于这些堆积物较轻，它们会在水流的作用下从河床上跃起被水流挟带着向前运动一段距离后又沉降到河床上。如此反复进行，泥沙呈跳跃式前进，即跃移。

悬移：当河道中为很细小的粉砂或泥时，这些物质将悬浮在水中，并在水流的挟带下向前运动，即悬移。

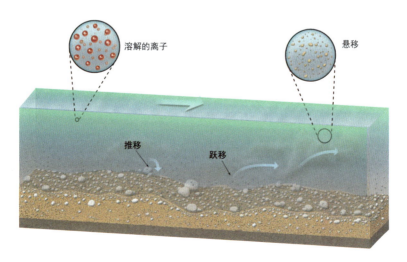

图 14-2　河水对河道中物质的搬运方式（引自 Bierman and Montgomery，2014）

（三）河流的堆积作用

当河床坡度减小、水流流速变慢、水量减少和泥沙增多时都能导致河流的搬运能力减弱，从而导致沉积物在河道中堆积。由河流流水堆积在沟谷中的沉积物称为冲积物。

河流的侵蚀、搬运、沉积作用是同时进行、错综交织在一起的，但河流不同段的作用性质和强度有差别。一般来说河流的上游以侵蚀作用为主，下游以堆积作用为主；曲流河段内则凹岸侵蚀、凸岸堆积。受构造活动和气候变化的影响，河流的侵蚀、搬运和堆积作用也会发生交替变化。例如河流的下游在海平面下降的时候可转化为以侵蚀作用为主，上游的河道在冰期时由于沉积物供给的增加也可以以堆积作用为主。

二、河流地貌

由河流作用形成的地貌为河流地貌。河流地貌包括河床、水系、流域盆地等地貌单元。

（一）河床

河流作用在地表会形成河谷。河谷的横剖面可分谷底（包括河床与河漫滩）与谷坡（常发育阶地）两部分（图14-3）。河床是河流平水期水流占据谷底的部分。从河流源头到河口的河床最低点连线称为河床纵剖面，即河床高度的沿程变化。

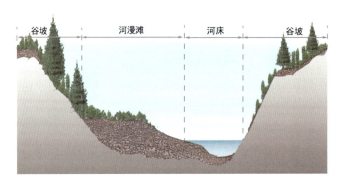

图14-3　河谷横剖面（引自 Bierman & Montgomery，2014）

1.河床纵剖面的形成和演化

河床纵剖面是河流下蚀作用形成的，但是河流下蚀的最大深度并不是无止境的，往往受某一高度基面控制，河流下蚀到接近这一基面后即失去侵蚀能力，不再向下侵蚀。这一基面称为河流侵蚀基准面（河流能够下切的最低点的高度），包括终极基准面与局部基准面。对一条河流来说，局部河段存在的坚硬岩坎、湖泊洼地等都控制着其上游河段的下蚀作用。因此，这些坚硬的岩坎、湖泊洼地为局部基准面；陆地上河流下蚀作用的最低基准面为海平面，因此海平面为终极基准面。

河流在任一时刻任一河段不仅进行侵蚀，同时也发生堆积。正是这些作用的结果，使得河流发展到一定阶段后，河床的侵蚀和堆积达到了平衡状态。在地质构造相同、岩性均一和气候不变等条件下，这时河床纵剖面将呈现一条下凹圆滑的曲线，称为河流平衡剖面（均衡剖面）（图14-4）。河流达到平衡后其河床高程不随时间变化。

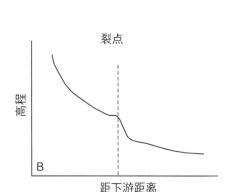

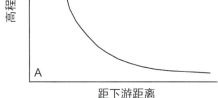

图 14-4　河流纵剖面图（引自 Bierman & Montgomery，2014）

河流纵剖面达到平衡后，如果河流发育区域的构造条件、气候条件、地质条件、水文条件发生变化，河流的平衡将会被破坏，河流会通过重新调整其侵蚀、搬运和堆积作用，以建立新的平衡状态。

构造条件：构造运动可使整个河段发生升降，或者局部河段发生高差变化。不论是哪种情况，河流纵剖面都将发生改变。如果整个河段抬升，其效果等同于侵蚀基准面下降，溯源侵蚀将自河口向上游发展。如果局部河段发生差异运动，上升地段河床坡度将比原先坡度加大，因而发生侵蚀，下沉地段就发生堆积。这种差异运动将在河流的纵剖面上形成裂点（图 14-4）。河流的溯源侵蚀作用会使得裂点不断向上游迁移，时间愈久，上移距离愈远。

气候条件：气候变化直接影响河流中的水量变化。当气候变干时，河流水量减少，河流中相对含沙量增多，河床中发生堆积。当气候变湿润时，河流水量增大，河流中相对含沙量减少，河床中产生侵蚀。气候的变化也可导致侵蚀基准面的变化。如在冰期时，海平面下降，河流下游产生侵蚀，但是在河流的源头，冰川的侵蚀作用导致大量的碎屑物质输入河流中，因此在河流的上游河床中会产生堆积。而在间冰期时，海平面上升，河流下游产生堆积，河流上游由于水量的增加，河床中产生侵蚀。

地质条件：当河流发育区域的岩性存在差异时，不同岩性的岩石抵御侵蚀能力的差异，导致在坚硬的不易被侵蚀的岩层段形成岩坎或跌水。在河流侵蚀作用下，岩坎下部不断受冲蚀而成深穴，上部崩落，河床降低，岩坎向上游方向迁移。

水文条件：水文情况的改变可使河流中水量、水流流速和含沙量发生变化，使河床发生侵蚀或堆积。

此外，人类活动也会在一定程度上影响河流纵剖面的发展，如人工围湖、修建水坝等都会导致河流局部的侵蚀基准面发生变化，从而破坏河流纵剖面的平衡。

2.河床平面形态

当河床中仅发育单一河道时，根据河床弯度的不同，河流可分为顺直河和曲流河两种类型。河床弯度是河床上下游两点实际长度与其直线长度的比值。当河床的弯度小于 1.3 时，这种河流称为顺直河（图 14-5）。当河床弯度大于 1.5 时，这种河流称为曲流河（图 14-5）。顺直河常发育于构造活动相对强烈的山区峡谷，这种河床河岸堤的抗侵蚀能力较强，河道较稳定。曲流河的形成原因很多，归纳起来大致有以下几种：①环流作用使河流一岸受冲刷，另一岸堆积，形成曲流；②河床底部泥沙堆积形成障碍，使水流向一岸偏转，形成曲流；③由于河床两岸岩性不一致或构造运动造成两岸差异侵蚀而形成曲流。当曲流河发展到一定程度，其河床的弯度越来越大时，就可能发生曲流河的截弯取直，使河流的上下河段直接贯通，河床变得平直，而废弃的弯曲河段形成牛轭湖（图14-6）。

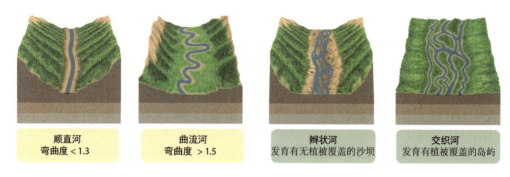

图 14-5　顺直河、曲流河、辫状河、交织河（引自 Bierman & Montgomery，2014）

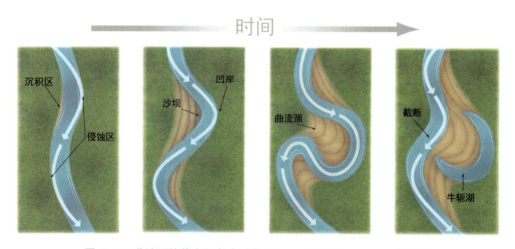

图 14-6　曲流河的截弯取直（引自 Bierman & Montgomery，2014）

当河床中发育多河道时，可形成辫状河和交织河（图14-5）。这两种河流的河床中都发育心滩。辫状河的形成是由于河流携带的泥沙较多，在河床中发生堆积形成心滩，对水流造成阻碍，使得水流向时常发生摆动。河流的径流量随季节的变化性也会促进辫状河的形成。因此辫状河常形成于冰川的下游或者河流的出山口，这些位置河流中携带的泥沙较大、河床坡度较陡。和辫状河相比，交织河的河床坡度往往较小，河岸堤较稳定。

（二）水系

河流的干流和各级支流组成的复杂河道系统称为水系。最初河流形成时，仅由主流和少数规模不大的支流组成，之后由于河流的溯源侵蚀作用，主流河道不断加长，支流不断发育增多，最后形成由复杂的多级河道组成的具有一定几何形态的水网。

受地质构造和地貌条件的影响，水系的排列呈现不同的样式。通常可分为以下几种主要类型（图 14-7）：

树枝状水系：树枝状水系是由干流和各级支流组成，支流与干流以及各级支流之间都以锐角相交，排列形式如同树枝，因此称为树枝状水系。这类水系常发育于岩性较均一的地区。

格状水系：格状水系的支流与主流呈直角或近于直角相交。这种水系的发育与当地的地质构造和岩性分布密切相关。如在褶皱发育地区，干流发育在向斜的轴部，支流来自向斜的两翼，它们往往以直角相交。当区域岩性差异较大时，易侵蚀的岩性上发育线状的、较长的干流，而不易侵蚀的岩性上发育较短的支流。

矩形状水系：矩形状水系多受岩石的节理和断裂控制，河流沿着节理和断裂发育。

放射状水系：放射状水系往往发育于穹隆构造地区或火山锥上，各河流顺坡向四周呈放射状外流。这种水系的发育与局部构造活动产生的地貌条件密切相关。

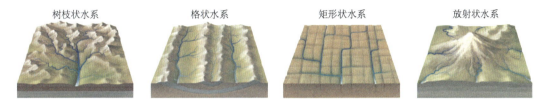

| 树枝状水系 | 格状水系 | 矩形状水系 | 放射状水系 |

图 14-7　水系样式（引自 Bierman & Montgomery，2014）

（三）流域盆地

1. 流域地貌

流域盆地是以分水岭和河流出水口所围限区域内的所有水系构成的集水区，它既包括了区域内发育的所有河流，又包括了分水岭围限范围以内的未发育河流的坡面。

在一个流域内，从流域的上游到下游，河流作用和地貌形态均存在差异。一般来说流域最上游河流的源头河流水量较小、水动力较小以至于不能够完全搬运走河道中的沉积物，河床中发生沉积物的堆积；逐渐往下游随着河流支流的汇入，河流水量逐渐增大，水动力不断增强，此时河流作用以侵蚀为主，河床上没有或仅有少量沉积物的堆积，河床上基岩出露，形成较陡的河床坡度和较深窄的河谷；到流域的下游，上游沉积物的输入导致河流作用以堆积为主，形成较宽缓的河谷（图 14-8（a））。

流域内从上游到下游流域的面积（A）不断增大，河床的坡度（S）也在变化，这两者之间存在着这样的关系（图 14-8（b））：

$$S = K_s A^{-\theta} \tag{14-4}$$

式中：K_s 为河床的陡峭指数，其值和流域内的构造抬升速率、岩性和气候相关；θ 为河床的凹度，其值在 0.1 ～ 1 范围。

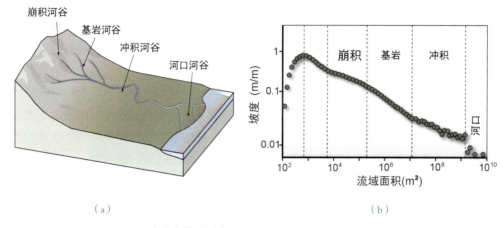

（a）   （b）

图 14-8　流域盆地（引自 Bierman and Montgomery，2014）

2. 分水岭移动和河流袭夺

在自然界，流域盆地的形态并不是长期稳定不变的。当分水岭两侧河流的侵蚀速率存在差异时，就会发生分水岭的移动和河流的袭夺，从而改变流域盆地的形态。

引起分水岭两侧河流侵蚀速率不同的因素有以下几种：

（1）分水岭两侧河流的侵蚀基准面高度的差异

在同等条件下，河流侵蚀基准面较低的一侧河流的侵蚀速率较大，分水岭朝另一侧移动，移动过程中可能袭夺该侧部分河流的上游河段。

（2）分水岭两侧岩性和构造活动的差异

岩性和构造活动的差异也可以导致河流的侵蚀速率在分水岭两侧存在差异，较易侵蚀的一侧或构造抬升较大的一侧河流的侵蚀速率也会较大，从而驱动分水岭朝另外一侧移动。

此外，断层的水平运动会导致河流发生位错，使得先前不同的河流贯通形成新的河流。

3. 河流阶地

河流阶地是流域盆地内常见的地貌形态。河流阶地的形成是由于河流的下蚀作用使得原先的河谷底部（河漫滩或河床）露出水面，并呈阶梯状分布在河谷谷坡上。组成河流阶地的基本要素包括阶地面、阶地陡坎（阶坡）、阶地前缘和阶地后缘（图 14-9）。阶地面到河床水面的垂直距离为阶地的高度，阶地前缘到阶地后缘间的距离为阶地宽度。当存在多级阶地时，阶地的级数从下往上依次排列一级阶地（T1）、二级阶地（T2），等等。

河流阶地的类型有不同的划分原则。按照组成阶地物质的不同，大体可分为两类，即侵蚀阶地和堆积阶地（图 14-10）。

侵蚀阶地：阶地由基岩组成，在阶地面上没有或只有零散冲积物，所以又称基岩阶地。侵蚀阶地多发育在构造抬升的山区河谷中，这里河流的水动力较大，侵蚀作用较强，河床中的沉积物很薄，有时甚至基岩裸露。

堆积阶地：这类阶地由冲积物组成，没有基岩的出露。这一类阶地常发育在河流的下游，河床中存在大量冲积物的堆积。后期河流下蚀，使得这些冲积物露出地表。

① 阶地面　　② 阶坡　　③ 阶地前缘　　④ 阶地后缘

图 14-9　河流阶地形态要素（引自杜恒俭等，1981）

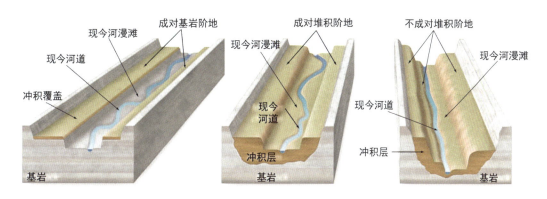

图 14-10　不同河流阶地类型（引自 Bierman and Montgomery，2014）

河流阶地按照其空间排列的不同，又可分为成对阶地和不成对阶地。当河流快速下蚀、河流侧向摆动较弱时形成的阶地为成对阶地。而当河流侧向摆动较快时，形成不成对阶地。

河流阶地的形成是河流下蚀作用的结果。引起河流下蚀作用的因素包括构造升降运动、气候变化、侵蚀基准面下降和河流袭夺。

（1）构造升降运动

地壳的上升运动会导致河床纵剖面的位置相对抬高，引起河流下切侵蚀形成河流阶地。多次的地壳升降运动就能形成多级阶地。

（2）气候变化

气候变化对阶地形成的影响主要体现在河流中水量和含沙量的变化。当气候变干旱时，河流水量变少，河流的搬运作用减弱，从而导致河流发生堆积作用；当气候变湿润时，河流水量变多，河流搬运作用变强，从而在之前堆积的河床中发生下蚀作用。这种气候干湿变化导致的河流堆积作用和侵蚀作用的交替就能形成河流阶地。

冰期与间冰期的交替也可导致阶地的形成。在冰期时，冰川的侵蚀作用导致大量的物质被输送到河道中，但是由于该阶段河流的水量少，这些物质不能被河流搬运走，从而在河道中产生堆积。在间冰期时，河流的水量增加，冰期时形成的堆积河床被下蚀形成阶地。冰期和间冰期交替变化形成的阶地多出现在河流的中上游。

（3）侵蚀基准面下降

构造活动和气候变化均能引起侵蚀基准面的变化，从而引起河流的侵蚀和堆积作用。侵蚀基准面引起的河流下切侵蚀最先发生在河口，然后不断向源侵蚀，沿途形成阶地。阶地的相对高度从下游往上游逐渐减小，直至裂点处阶地消失。侵蚀基准面的多次下降就能形成多级阶地。

（4）河流袭夺

河流袭夺会导致局部的河流侵蚀基准面下降，河流产生下切侵蚀从而形成阶地。

第二节　冰川作用与冰川地貌

一、冰川的形成、运动与类型

（一）冰川的形成

在高纬度和中低纬度的高山地区，气候严寒，以固态降水（如雪、雹）为主。雪线是年降雪量等于年消融量的分界线。雪线以上，年降雪量大于年消融量；雪线以下，年降雪量小于年消融量。雪线以上的区域常年积雪，这些积雪逐年增厚并固结，形成在自身重力作用或冰层压力作用下能够缓慢运动的冰体，即冰川。雪线高度在不同地区是不同的，它受到温度、降雨和地形的影响。低纬雪线位置较高，高纬雪线位置较低；降雨越多，雪线高度越低；向阳坡雪线位置高，背阴坡雪线高度低。

现今世界上冰川的覆盖面积为1622万平方公里，占陆地总面积的11%左右。其中我国的冰川覆盖面积为59406平方公里，主要分布在我国的西部和北部。在第四纪冰期时，冰川的覆盖面积更大，占全世界陆地面积的1/3。

（二）冰川的运动

冰川形成以后在自身重力和上覆冰层压力的作用下会发生运动。冰川的运动分为基底滑动和内部运动两种方式（图14-11）。

基底滑动：冰川在其底部岩石界面上融水的润滑和浮托作用下沿冰床整体向前滑动，运动速度较快。

内部运动：冰川在上覆压力下，构成冰川的冰晶发生平行晶粒底面的粒内剪切蠕变，导致冰晶向前错位，宏观表现为整个冰川缓慢地向前蠕动，运动速度较慢。

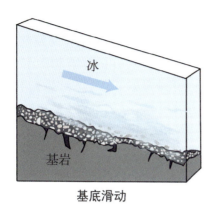
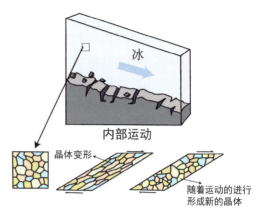

图 14-11　冰川运动方式（引自 Marshak，2008）

冰川的运动速度是这两种运动的综合，其速度大小由冰川的厚度、冰川下伏地形坡度和冰川表面坡度等因素控制。冰川的运动速度在横向上和垂向上均存在差异。在横向上，中央部分冰川的运动速度最快，向两边运动速度减小；在垂向上，大多数情况下冰川的运动速度从表面向底部逐渐减小。

（三）冰川的类型

冰川按照不同的原则可划分为不同类型。按照冰川的规模、形态和所处的地形条件，可分为山岳冰川和大陆冰川；按冰川发育的气候条件和冰川温度状况，又分为海洋性气候冰川和大陆性气候冰川两种。

1. 山岳冰川与大陆冰川

山岳冰川是指分布于中、低纬度高山地区的冰川。这类冰川规模较小，其形态受地形的控制。根据发育的位置和形态又可分为冰斗冰川和悬冰川、山谷冰川、山麓冰川（图14-12）。

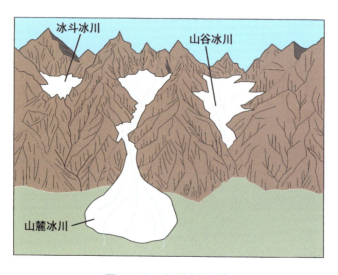

图 14-12　山岳冰川形态

冰斗冰川和悬冰川：是分布在雪线附近或雪线以上围椅状洼地中的一种小型冰川，三面围壁较陡峭，在朝向山坡下方有一缺口，是冰斗内冰流的出口，出口的底部常发育岩槛。规模大的冰斗冰川可达数平方公里，小的不及1km²。当冰斗冰川的补给量增大时，冰雪向冰斗以外的山坡溢出，形成短小的冰舌悬挂在山坡上形成悬冰川。

山谷冰川：是冰川从冰斗中流出进入山谷后形成的冰川。

山麓冰川：一条大的山谷冰川或几条山谷冰川从山地流出后在山麓地区扩展或汇合形成的广阔冰川。

大陆冰川是指发育在两极和高纬地区（不受地形限制）的大规模冰川。按照大陆冰川发育规模从小到大依次为冰原、冰帽和冰盖。格陵兰冰盖和南极冰盖是目前世界上最大的两个冰盖。

2.海洋性气候冰川与大陆性气候冰川

海洋性气候冰川又称为暖冰川。这些冰川发育在高山和高原降水充沛的海洋气候地区，雪线在年降水2000～3000mm地区附近。这类冰川的运动速度较快，一般为100m/a，最快可达到500m/a，如我国西藏东南部的冰川。

大陆性气候冰川又称为冷冰川。这类冰川发育在降水较少、气温较低的大陆性气候地区，雪线位置在年降水1000mm以下的区域。冰川的运动速度缓慢，约为30～50m/a，如我国西部大陆内部的冰川。

二、冰川作用

（一）冰川的侵蚀作用

冰川在运动过程中，以自身的动力和冻结其中的砾石对冰床表面和两侧的基岩所产生的破坏作用称为冰川的侵蚀作用。根据侵蚀作用的特点，又可分为拔蚀作用和磨蚀作用（图14-13）。

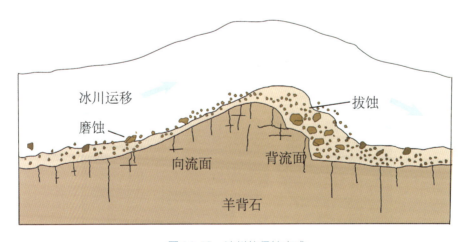

图14-13　冰川的侵蚀方式

拔蚀作用：是冰床底部或冰斗后背的基岩，沿节理反复冻融和受冰层压力而松动，松动的岩块再与冰川冻结在一起时，冰川向前运动就把岩块拔起带走。冰川拔蚀作用可拔起很大的岩块。

磨蚀作用：冰川运动时，冻结在冰川底部的碎石不断地对冰川床底进行削磨和刻蚀。冰川磨蚀作用可在基岩上形成带有擦痕的磨光面。

（二）冰川的搬运作用

冰川的运动可以将冰川侵蚀产生的大量松散石块向下游搬运。这些被搬运的物质被称为冰碛物。冰川的搬运能力很强，它不仅能够将冰碛物搬运到很远的距离，还能将巨大的石块搬运到很高的位置。如西藏东南部的一些大型山谷冰川把花岗岩的冰碛砾石抬高达200m。这些被搬运到很远或很高地方的巨大冰碛砾石称为漂砾。

（三）冰川的堆积作用

冰川消融后其搬运的冰碛物堆积下来，形成冰川堆积物。按照冰碛物分布部位的不同，可分为表碛（冰川表面）、侧碛（冰川两侧）、中碛（两冰川之间侧碛合而为一）、底碛（冰川底部）、内碛（冰川内部，由表碛、底碛转化而成）、终碛和前碛（冰川边缘前端、冰舌末端）。冰碛物一般由砾、沙、粉沙和黏土混杂堆积而成。黏度悬殊、分选差，砾石表面常有磨光面、钉头形擦痕、压坑和压裂等冰蚀痕迹。

三、冰川地貌

根据冰川作用方式的不同，可形成不同的冰川地貌形态（图14-14）。

（一）冰川侵蚀地貌

在冰川活动地区，经拔蚀和磨蚀作用可形成各种侵蚀地貌。根据地貌形态，冰川侵蚀地貌主要有以下几种：

冰斗、刃脊与角峰：冰斗位于冰川的源头、雪线附近。其形态表现为三面陡壁，朝下坡一面为缺口，缺口处常有一高起的岩坎。相邻的两冰斗或冰川谷地间随着冰斗进一步扩大，冰斗壁不断变窄，最后形成薄而陡峻的刀刃状锯齿形山脊，称为刃脊。当不同方向数个冰斗后壁后退时，发展成为棱角状陡峻山峰，称为角峰。

冰川谷和峡湾：冰川侵蚀作用形成的谷底的横剖面常呈"U"形，因此又叫"U"形谷，也称槽谷。峡湾分布在高纬度沿海地区，冰期时冰川的侵蚀在海岸边形成一些很深的槽谷，冰退之后这些槽谷受海侵影响，形成两侧平直、崖壁陡峭、谷底宽阔、深度很大的海湾。

羊背石：由冰川侵蚀冰床基岩所形成的石质小丘，这些小丘状如匍匐于地表的羊群，故称羊背石。呈椭圆形，两坡不对称。迎冰面磨蚀作用为主，坡缓、表面留下许多擦痕，背冰面接受来自迎冰面的压力融水促进冰下冻融风化。羊背石长轴平行于冰川运动方向。

（二）冰川堆积地貌

由冰川侵蚀搬运的冰碛物堆积形成的地貌称为冰川堆积地貌。主要有以下几种类型：

冰碛丘陵：冰川消融后原来携带的表碛、中碛和内碛都落在底碛上，形成起伏的冰碛丘陵。大陆冰川区高差可达数十至数百米，山岳冰川区规模较小，高差仅数米至数十米。

侧碛堤：与冰川流向平行，冰川两侧大量碎屑物形成，侧碛堤一般高数十米。

中碛堤：两条冰川汇合后，其侧碛合并成中碛，冰川融化后，在冰川谷中部沿谷地延伸方向堆积成垄状砂砾堤。

终碛垄：分布于冰川前缘地带，由终碛组成的弧形垄状地形，山岳冰川终碛垄较高，可达百米以上，延伸长度短，内侧低地有时积水成湖，大陆冰川终碛垄高仅数十米，延伸可达数百千米，被后期流水切割成一系列孤立小丘。

鼓丘：由冰碛物组成的一种流线型丘陵。平面上呈鸡蛋形，长轴与冰流方向一致。鼓丘两坡不对称，迎冰坡陡，背冰坡缓，一般高度数米至数十米，长度多为数百米。

除此之外，冰川的融水具有一定的侵蚀搬运能力，能将冰碛物再搬运堆积，形成冰水堆积物。在冰川边缘由冰水堆积物组成的各种地貌，称冰水堆积地貌。冰水沉积作用与冰川沉积作用不同，而与流水沉积作用相似。根据冰水堆积地貌的分布位置，可分为以下几种地貌类型：

蛇形丘：是一种常见的冰水堆积地貌，它主要是由略具分选的冰水砂砾堆积物组成的一种狭长、弯曲如蛇行的岗地。蛇形丘两坡对称，丘脊狭窄，一般高 40～50m，长可达数十千米，有的还爬上高坡，延伸方向与冰川运动方向一致。冰下河道中的沉积，在冰川融化后，沉积物显露出来，即成为蛇形丘。组成物质几乎全是大致成层的沙砾，偶夹冰碛透镜体。主要分布在大陆冰川区。

冰水扇、冰水平原：冰水河流流出冰川前端或切过终碛堤后，地势展宽变缓，冰水携带的碎屑物质大量沉积，形成顶端厚向外变薄的冰水扇，多个冰水扇相互连接就成为起伏平缓的冰水平原。

冰湖三角洲：冰水河流进入冰水湖泊容易形成小型冰湖三角洲。垂向三层结构，顶积层由砾质沙组成，具河流相大型交错层，前积层倾角可达30°，多为波状层理，底积层为细沙与粉沙，水平层理为主。

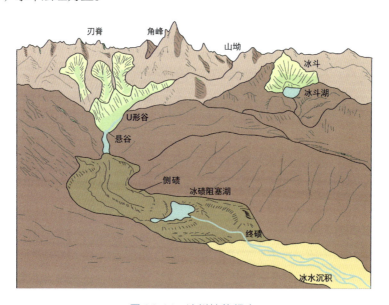

图 14-14　冰川地貌组合

第三节 风力作用与风成地貌

风力作用是塑造干旱、半干旱地区地貌形态的最主要的外营力作用，由风力作用形成的地貌为风成地貌。

一、风力作用

风力作用表现为气流沿地表流动时对地面物质的吹蚀、磨蚀、搬运和堆积作用。由于地表对气流的阻碍作用，越靠近地表风速越小，越远离地表风速越大。

（一）风蚀作用

地表物质在风力作用下脱离原地称为风蚀作用。风蚀作用包括吹蚀与磨蚀两种方式。

吹蚀作用：吹蚀作用是风将地表沙粒和尘土扬起吹走。吹蚀作用在风速大、地面干燥、植被稀少及松散物覆盖区更为强烈。地表最易遭受风力吹蚀的是粒径为 0.1mm 的松散沙粒。

磨蚀作用：磨蚀作用是风力扬起的碎屑物对地表的冲击和摩擦。风速越大扬起碎屑的颗粒越大，对地面的磨蚀作用也越强烈。

（二）风的搬运作用

风能将扬起的沙粒搬运到一定距离之外。按照所搬运沙粒粒径的大小，风的搬运作用可分为以下三种类型（图 14-15）。

悬移：当风速大于 5m/s 时就能使粒径小于 0.2mm 的沙粒悬浮、漂移。小于 0.05mm 的粉沙粒一旦进入悬浮状态，不易降落，可长期随风远距离飘扬。

跃移：粒径为 0.2～0.5mm 的沙粒降落，碰撞地面产生弹力，从而在气流中以跳跃方式前进。

蠕移：风速较小或沙粒较大（粒径＞0.5mm），由其他跳跃沙粒的碰撞引起粗沙粒沿着地面滚动或滑动。

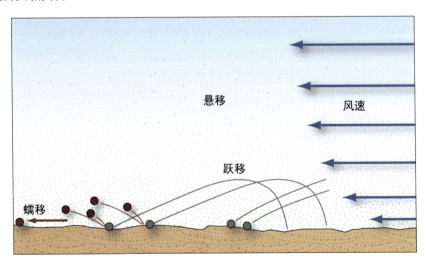

图 14-15 风的搬运形式（引自 Bierman & Montgomery，2014）

（三）风的堆积作用

风所搬运的沙粒在遇到障碍物（植被、山体、凸起的地面或建筑物）时，就会因受阻而发生沉降堆积作用，形成风积物。风积物具有以下几个特点：颗粒粒径小，一般都在 1mm 以下；分选及磨圆好，粒度均一；组成上一般以石英为主，有少量长石和其他重矿物，如角闪石、绿帘石；较大的沙粒表面有凹坑，这是沙粒在运动过程中互相撞击而成的。粒径小于 0.1mm 的沙粒这种现象不明显；有些石英颗粒表面有溶蚀痕迹和 SiO_2、Fe_2O_3 沉积物。

二、风成地貌

根据风力作用的不同，风成地貌可分为风蚀地貌和风积地貌。

（一）风蚀地貌

由风蚀作用形成的地貌为风蚀地貌。常见的风蚀地貌有：

石窝：风沙吹蚀和磨蚀岩壁后在岩壁表面形成的大小不等、形状各异的小洞穴和凹坑。

风蚀洼地与风蚀谷：松散物质组成的地面经风吹蚀后形成的洼地为风蚀洼地。平面上多呈椭圆形，沿主风向伸展。当风的吹蚀作用沿着暂时性洪水所形成的冲沟进行时，冲沟得到进一步扩大，称为风蚀谷。它为狭长的壕沟或为宽广的谷地，常蜿蜒曲折长达数十千米，谷地崎岖不平，谷壁一般较陡。

风蚀残丘：在长期的风蚀作用下，相邻的风蚀谷扩大联结，最后残留下来的小块原始地面称为风蚀残丘。

风蚀蘑菇和风蚀柱：上大下小蘑菇状地形为风蚀蘑菇。其是由于近地面的风沙流的含沙量较大，对岩石下部的侵蚀作用较强而形成的。在下部岩性较软弱、上部岩性较坚硬的岩石中更容易形成风蚀蘑菇。垂直节理发育的岩石长期风蚀易形成风蚀柱。

雅丹：雅丹是在干旱地区河、湖相沉积物经风的吹蚀作用后形成的走向与主风向一致、长条状延伸数十米到数百米不等的垄脊和沟槽组合。

（二）风积地貌

由风的堆积作用形成的地貌为风积地貌。沙丘是最基本的风积地貌。按照沙丘的定向与风向的关系，沙丘可分为下列 4 种（图 14-16）：

新月形沙丘：平面呈新月形，一般高 1～5m，很少超过 15m，迎风坡外凸，坡缓（5°～20°），背风坡陡（28°～34°），具弧形脊，宽可达 100～300m，沙源丰富时可成群出现，相互连接常构成新月形沙丘链。新月形沙丘在风的持续作用下，能较快向前移动（7.5～15m/a）。

横向沙丘：沙丘总的延伸方向与风向直交的沙丘，形成于沙粒供应丰富、风向基本稳定的地区。

纵向沙丘：是相互平行的长条形沙岗，长轴平行于风向，高 10～50m，最大可达100m，延伸长可达 120km，沙丘间距 0.5～3km。内部有交错层，向两侧倾斜，倾向与沙脊走向垂直。

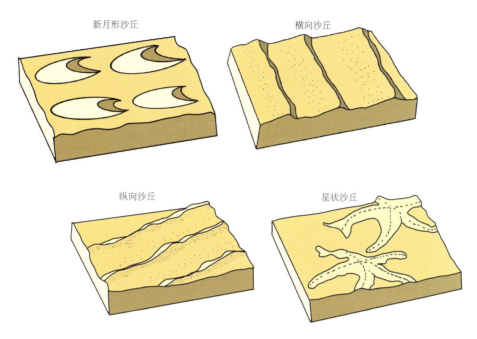

新月形沙丘　　横向沙丘

纵向沙丘　　星状沙丘

图 14-16　几种沙丘形态

星状沙丘：又称金字塔形沙丘，具较高的顶（50～100m），向四周呈放射状伸出三条以上沙脊，这是由几个方向不同、风力相差不大的气流形成的。

除了上述这些地貌以外，沙漠和黄土也是风力作用形成的地貌。

第四节　构造作用与构造地貌

除了外营力作用为主形成的地貌形态以外，由岩石圈构造运动直接形成的地貌，称为构造地貌。按其规模大小，可分为三个等级：

一级：全球构造地貌，包括陆地、洋底及大陆边缘；

二级：区域构造地貌，大陆上为褶皱山系、坳陷盆地、高原、平原、大陆裂谷等，洋底内部为洋中脊、海岭、深海平原、海沟等；

三级：地质构造地貌，包括断层、褶皱、火山等形成的地貌单元。

一、全球构造地貌

最大规模的地壳水平运动表现为岩石圈板块在上地幔软流层上的规则运动，从而形成地球表面第一级地貌单元"陆地"与"洋底"。如果结合固体地球表面的形态起伏和地壳结构，陆地和洋底之间的浅海区可单独划为过渡性的"大陆边缘地带"。

陆地：面积为 $149×10^6 km^2$，占地球表面总面积 29%。平均海拔 850m，地壳厚度较大，平原区 35km，高原及山区 60～70km，地壳主要为花岗岩质，其下还有玄武质岩石。

大陆边缘：呈带状位于陆地周围，水深小于3km的浅海大陆坡，面积为$81×10^6km^2$，占地球表面总面积16%。地壳具过渡性质，主要近陆壳，厚度一般小于30km。

洋底：水深大于3km的大洋底部，全球洋底平均水深达3.8km，面积$281×10^6km^2$，占地球表面总面积55%。地壳较薄，仅$5\sim10km$，主要为玄武质岩石。

二、区域构造地貌

板块边界有三种基本类型，大陆边缘海沟或俯冲带挤压边界，洋中脊拉张边界和转换断层剪切边界。这里也是地壳活动最强烈的地带。不同板块沿着不同类型的板块边界运动，从而也形成了地球表面第二级区域构造地貌单元。在大陆内部可区分出：

褶皱山系：板块俯冲碰撞带。强烈挤压，褶皱隆升，引起板块不同时期的碰撞，形成不同时期褶皱山系，如喜马拉雅山脉。

坳陷盆地：位于褶皱山系外围的负地貌单元。山盆之间差异升降运动越强烈坳陷越深，盆地中沉积物越厚，颗粒越粗，堆积速度也越快。

大陆裂谷：由大陆内张裂带形成的断陷谷地，其宽度一般为数十千米，少数可达几百千米。长度达十至数百千米，少数可达几千千米，如东非裂谷是世界上最大、最典型的大陆裂谷，伴随有一系列的断裂、火山喷发与熔岩溢流。它代表陆壳受拉张作用，正在发展为新的板块边界构造活动带。

高原与平原：地形平坦或略有波状起伏，两者海拔高度不同。一般200m以下者为平原，超过1000m时称为高原。它们均属于板块内部相对稳定地区的构造地貌单元。高原是大面积构造隆升过程中外营力侵蚀切割微弱的结果，在构造抬升过程中高原内部构造活动不尽相同，常有次一级拱起与坳陷，形成次级山脉与盆地。平原一般属堆积平原，即在构造沉降过程中不断堆积外来的碎屑物，联系基底可看出平原构造成因类型的多样性，有缺乏断裂活动的坳陷沉积平原，也有块断活动明显的断陷沉积平原。

在洋底中发育有大洋中脊、大洋盆地、海沟、海底高原等地貌单元。

三、地质构造地貌

由局部的地质构造如褶皱、断层、火山控制形成的地貌是最常见的地质构造地貌。根据形成年代不同，它们都经受了不同程度外营力的改造，有的古老构造通过外营力的改造后才暴露出一些构造地貌来。

（一）断层地貌

断层地貌沿断层线两侧发育，因断层性质、断距规模及外营力侵蚀程度不同，地貌形态有断层崖、断层谷、断陷盆地、断块山地等。

断层崖：断层一侧抬升，沿断层线形成陡崖，岩石坚硬，地貌景观特别显著，断壁上常保留有摩擦镜面、擦痕、阶步、断层角砾岩等痕迹。断层崖坡面上的重力崩塌作用和流水侵蚀作用可使陡崖后退变缓甚至消失。当有横切断层崖的河流经过时，断层崖遭到侵蚀破坏后残留的断层崖形成三角形的崖面，称为断层三角面。

断层谷：断层带岩石破碎，经风化剥蚀常形成谷地，有的谷地沿单一断层带发育，表现平直延续分布，有的沿两组断层带发育，谷地常呈之字形延伸。由于断层带宽窄不一，断层带岩性软硬不同，故断层谷常宽窄不一，形成串珠状谷地。

断陷盆地：指一侧或两侧由断层控制的沉积盆地。盆地边界为直线，多呈长条形、菱形或楔形。宽可达 30 ～ 50km，长可达数百千米。

断块山地：指两侧受断层控制整体呈地垒式抬升或一侧沿断层上升盘翘起的山体。

（二）褶皱地貌

单斜地貌：发育在规模较大褶皱一翼，岩层总体向一个方向倾斜，坚硬岩石形成单面山地貌，软弱岩层形成单斜谷。

背斜山与向斜谷：褶皱初期遭风化剥蚀较弱或构成背斜的岩石较坚硬不易风化时呈现的地貌景观。

背斜谷与向斜山：构造地貌形态倒置，背斜转折端岩石受纵张裂隙与断层破坏，风化剥蚀形成背斜谷地，向斜核部岩石受挤压，岩性较坚硬则形成向斜山。

穹窿山地：地下岩浆或塑性岩盐向上挤入盖层，或在横弯褶皱作用下形成穹窿构造与短轴背斜上发育的地貌形态，常伴有放射状或环状水系或断裂。

（三）火山地貌

火山喷出物可以形成锥状、盾状、丘状、垅状等火山地貌。熔岩流沿地面坡度流动的过程中冷凝可形成熔岩高原、熔岩平原和充填谷地。我国东北的长白山和云南腾冲等地都有第四纪的火山地貌。

第五节　地貌演变

地貌在各种内、外地质营力作用下形成以后，由于它位于地球的最表层，是岩石圈、大气圈和生物圈发生关联和相互作用的结合部位，是各种物理、化学和生物过程以及人类活动发生作用的界面，这些作用在一定程度上都会改变地貌的形态，因此地貌是一个高度动态变化的界面。这种变化既可以发生在短时间尺度（小时），也可以发生在长时间尺度（百万年）；既可以发生在局部，也可以发生在区域。

一、影响地貌演变的因素

地貌的演变受到构造运动、气候、地形、地质构造和生物作用这五个主要因素的影响（图 14-17）。如果把地貌当作因变量，那么这些驱动地貌演变的因素就是自变量。地貌的演变就是这些自变量和时间的函数。这些自变量也不是完全独立的，它们之间存在关联和反馈，例如构造活动会对局部或区域的气候产生影响，地貌演变的结果又会反过来控制区域的生物作用。

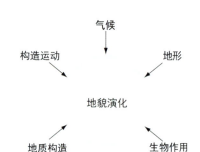

图 14-17　影响地貌演变的因素（引自 Bierman & Montgomery，2014）

（一）构造运动

构造运动是控制地貌演变的最根本的要素。构造运动能直接引起地表抬升从而决定了地球上地形的高低起伏，奠定地貌演变的基础。构造运动既可以塑造局部地形，如单个断层的垂向位移会形成断层崖，又可以塑造区域地形，如新生代以来印度与欧亚板块碰撞形成了喜马拉雅山脉和青藏高原。在更大空间尺度上，陆地上的大型山脉沿着板块边界的分布就是板块运动塑造地形的直接证据。在地质历史时期，构造运动并不是一成不变的，这就导致地貌在随时间发生变化。

（二）气候

气候既可以通过降水的强度和降水类型直接影响地貌的演变过程，也可以通过影响植被的发育从而间接影响地貌的演变过程。气候对地表或近地表物质的风化类型起到决定性作用。在炎热、潮湿的地区，化学风化作用占主导，化学风化速率可以接近 0.1mm/a；而在寒冷的高山地区，地表物质的风化以冻融作用为主。季节性降水和强度也影响地貌的演化。例如，在喜马拉雅山脉南坡，强烈的季风降雨导致每年超过 1mm 的机械侵蚀。

降水的类型（雨或雪）会对地貌的形态起到决定作用。例如在冰川地貌发育地区，通常只有孤立的山峰高于雪线海拔以上，这种现象被认为是气候对地貌起了决定作用。位于雪线以上的地形，冰川侵蚀作用显著，山脉的生长受到限制，导致全球大部分冰川发育地区的地形平均最高海拔都位于雪线附近。

（三）地形

地貌形成以后，它本身的形态也能影响地貌的演化过程。这是由于地形的起伏为重力驱动的侵蚀作用提供了潜在能量。在一定程度上，地形起伏决定了地貌作用过程和未来地形的变化。比如在地形较陡的区域，往往发育滑坡和基岩河道，侵蚀作用较快速；而在地形较平缓的区域，以缓慢的物质扩散作用、河流堆积作用为主，地貌的变化较缓慢。

此外，地形高程也可以通过影响气候和降水从而影响地貌的演变。在山区，当山脉的走向与风向垂直时，山体的地形效应会导致在迎风坡有大量降水而背风坡降水稀少。如在喜马拉雅山脉的南坡和北坡降水的差异就是地形高程对来自印度洋的暖湿气流阻挡效应的结果。这种由地形影响产生的差异性降水又影响地表的侵蚀速率。地形也可以通过影响降水类型从而改变地貌形态。例如在山区，当山脉的海拔高度足够高时，降水是以雪的形式

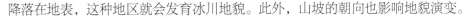

降落在地表，这种地区就会发育冰川地貌。此外，山坡的朝向也影响地貌演变。

（四）地质构造

岩石中的节理、断层和岩性影响岩石的抗侵蚀能力从而影响地貌的演变。不同的岩土类型其内聚力和抗侵蚀性差异很大，例如松散的沙子往往不能形成又高又陡的斜坡，但坚固、未破碎的花岗岩却能形成千米高的悬崖地貌。在构造活跃的山区，高度变形破碎的沉积岩抗侵蚀能力较弱，而未发生变形的结晶基底的抗侵蚀能力很强；在未破碎的基岩上形成的斜坡往往相对稳定，而在脆弱的、较破碎的岩石上形成的斜坡则不稳定，容易发生坍塌。在其他条件都一致的条件下，由抗侵蚀能力较强的岩层形成的地形要比易侵蚀的岩层形成的地形陡。

（五）生物作用

地表植被的覆盖率会通过影响侵蚀作用影响地貌。一方面，植物根系的发育可以对山坡上发育的土壤起到固结作用，从而抑制地表的侵蚀作用；另一方面，植物的根系还可以对地表岩石产生破裂作用，从而加速地表的侵蚀。在较短时间尺度上，生长在河床附近树木的倒塌会局部阻塞和分流水流，形成交织河流，改变河流的形态，进而影响上游河流的侵蚀过程，而这种影响可能持续上百万年。

如今，人类活动也直接或间接影响着世界各地的主要地貌过程。例如人类在河流上建设水坝，人为地使河流的局部侵蚀基准面发生变化，改变河流的侵蚀、堆积作用；森林的砍伐会使得岩石或土壤直接暴露于地表，从而加速侵蚀或风化过程。近百年来，人类活动向大气中排放CO_2导致的气候变暖使得地球上的冰川加速融化，继而影响冰川地貌的演化进程。

二、广义地貌类型

地貌的类型除了按塑造地貌的各种营力作用分类以外，在广义上，按照地貌的发展变化，又可分为稳态地貌和瞬时地貌。

（一）稳态地貌

稳态地貌是指地貌的总体形态，比如地貌的平均高程或者地形起伏不随时间发生显著变化的地貌（图14-18）。稳态地貌包括两个方面的内涵：①稳态地貌是地貌的相对稳定状态，而非绝对的稳定状态，因为在漫长的地质历史时期影响地貌演变的各种因素是在变化的，导致地貌形态在长时间尺度上也是变化的。②稳态地貌是达到动态平衡的地貌，即其局部的高程可能在发生变化，但是地貌的总体特征，如地形起伏、平均高程并不随时间发生变化。在长期稳定的构造活动和气候条件下，地貌的稳态可以维持数千万年之久。

地貌的稳态在本质上反映了物质的动态平衡，即侵蚀作用导致的物质输出和构造隆升导致的物质输入之间达到了平衡。例如，在我国台湾地区的造山带，尽管构造活动仍然很活跃，但长时间尺度岩石的抬升速率和侵蚀速率已经达到了平衡，地貌达到稳态。在碰撞板块边缘，板块的汇聚作用会造成山脉的形成。在该过程中，山脉的大小和坡度会逐渐增大，直到侵蚀作用导致的物质从山体的输出与板块汇聚导致的物质向山脉的输入相等，这时地貌达到了稳态，地貌形态不再随时间发生变化。在这一过程中，稳态地貌的形态是由岩石强度和板块界面上的摩擦角所决定的。一旦山脉达到其临界角度，即使构造活动仍在继续，但是构造隆起和侵蚀之间的物质平衡也会保持下去，使得地貌仍然保持稳定状态。

地壳均衡在稳态地貌中扮演了很重要的角色。在造山后期，侵蚀作用仍在继续，正是由于地壳均衡的存在，侵蚀作用产生的卸载能通过地壳反弹实现重力均衡补偿，使得山脉的形态在短时间内仍然保持不变。

（a）　　　　　　　　　　　　　　　　　（b）

图 14-18　新西兰稳态地貌（a）和瞬时地貌（b）（引自 Bierman & Montgomery，2014）

（二）瞬时地貌

瞬时地貌是指那些地貌形态还在发生变化的地貌（图 14-18）。稳态地貌和瞬时地貌都是相对的。在漫长的地质历史中，板块运动的方向和速度在发生变化，导致大陆的格局、构造抬升速率和岩石类型都在改变，因此所有的地貌都是短暂的、瞬时的。

瞬时地貌的产生是由于影响地貌演化的因素，即边界条件，发生了变化，比如侵蚀基准面的高程、岩石隆升速率或者气候发生了改变，地貌正在对这些变化做出响应，尚未与新的边界条件建立平衡。在河流地貌中，瞬时地貌的形成是由于边界条件改变导致的地貌响应在整个地貌中是逐渐传播的，即不同地点地貌的响应时间有差别。例如，海平面下降会导致河流侵蚀，该侵蚀最初是发生在河流下游的海平面附近，并形成河流裂点。随着向上游推进，河流上游将逐步被侵蚀。而当海平面已经开始上升、下游侵蚀作用已经停止时，上游可能还在响应上一次海平面下降的过程，与基准面的升降变化不同步。这种响应时间的差别导致了复杂的地貌响应过程，意味着一些地区是对最近构造活动或者气候变化等的响应，而另一些地区可能是对上一次构造活动或气候变化的响应。

练习题

1.河流阶地是如何形成的?

2.风蚀和风积地貌分别有哪些?

3.影响地貌演化的因素有哪些?

思考题

1.既然地球上的地貌是在不断地变化,如何预测地貌的演变?

2.地貌的形成和演变与构造和气候有着密切的关系,对于构造和气候谁占主导,有不同的看法,你是如何来看待这一问题的?

3.大数据能给地貌学带来什么? 如何将大数据与地貌研究相结合?

参考文献

[1]　Bierman P R, Montgomery D R. Key Concepts in Geomorphology[M]. New York: W.H.Freeman and Company Publishers, 2014.

[2]　Marshak S. Earth: Portrait of a Planet [M]. 3rd edition. New York: W.W.Norton&Company, Inc, 2008.

[3]　杜恒俭,陈华慧,曹伯勋.地貌学及第四纪地质学[M].北京:地质出版社,1981.

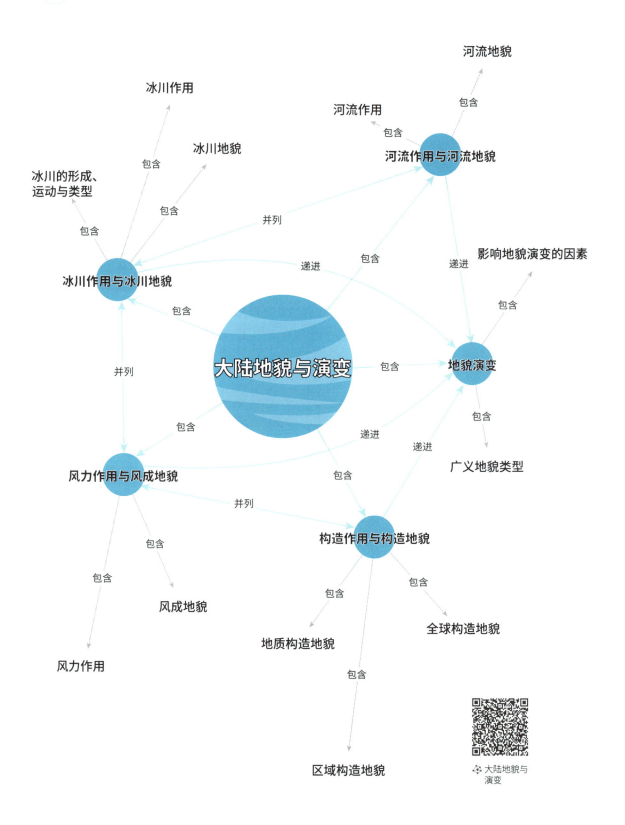

冰川作用

冰川地貌

冰川的形成、
运动与类型

河流地貌

河流作用

河流作用与河流地貌

影响地貌演变的因素

冰川作用与冰川地貌

包含

递进

包含

递进

大陆地貌与演变

包含

地貌演变

包含

并列

包含

广义地貌类型

风力作用与风成地貌

递进

递进

包含

构造作用与构造地貌

并列

包含

包含

全球构造地貌

风成地貌

地质构造地貌

风力作用

包含

区域构造地貌

大陆地貌与
演变

第十五章

CHAPTER 15

自然灾害与防灾减灾

第一节 自然灾害概述

地球内部及外部的运动让这个星球充满活力的同时，在某些时候也会给我们赖以生存的自然环境和社会带来灾害，甚至毁灭性的灾难。了解这些自然灾害的发生规律和过程，采取科学有效的预防措施，并对社会大众进行科普宣传，这些都有助于预防和减轻地质灾害，从而造福人类社会的可持续发展（陈颙和史培军，2013；Keller et al.，2019）。

在日常生活中，人们经常会谈到地质灾害和灾难，这些名词容易引起混淆，因此在这里有必要介绍它们的定义。**自然灾害**（或者我们所泛指的**地质灾害**）是指能够对人类生命和财产产生潜在威胁和危害的自然过程或者自然现象（如本章将涉及的地震灾害、火山灾害、海啸灾害等）。换句话说，自然现象或过程本身不是自然灾害，只有当它们对人类构成了潜在危害时，才叫自然灾害。而**自然灾难**是指自然灾害事件在特定的时段和区域已经发生，并造成了人员伤亡及有关经济损失等后果。

自然灾害的类型有很多种，包括地震、火山、海啸、滑坡、崩塌、洪水、泥石流、台风、龙卷风、干旱、极端气温（极热或极冷）、全球变化与海平面上升、山火、闪电、陨石撞击等。这些灾害与地球各圈层运动紧密相关，比如地震和火山灾害主要与岩石圈运动相关，洪水、泥石流、海平面上升主要与水圈运动相关，台风、龙卷风、山火、闪电、干旱、极端气温主要与大气圈运动有关，陨石撞击属于一个特例，和地球及地外行星运动相关。当然，这些灾害的孕育与发生并不一定只关联于某一个地球圈层，而可能同时受控于多个圈层的相互作用。

从自然灾害形成的动力来源来看，它们大致可归为三类：

内动力作用驱动的自然灾害：如地震、火山、海啸；

外动力作用驱动的自然灾害：如台风、龙卷风、干旱、极端气温、海平面上升、山火、闪电，此外还可以包括陨石撞击；

重力或其他作用驱动的自然灾害：滑坡和崩塌、洪水、泥石流等。

据统计（Ritchie and Roser，2014），在2003—2013十年，由自然灾害导致的全球年平均死亡人数约6万人，约占全球年平均死亡人数的0.1%。但是从过去120年间来看（图15-1），尤其是1920—1960年，全球由自然灾难所造成的危害在时间上和空间上是不均一的。相对其他自然灾害，干旱和洪水所造成的人员伤亡最严重。而从 1960 年以来，地震、暴风雨（包括台风等引起降雨）及洪水所致自然灾难最严重。

从图 15-1 可以看出，自然灾害造成的人员伤亡和其他损失也体现出明显的不同时段的巨大差异性。20 世纪 20—40 年代的自然灾害影响最大，50—60 年代次之。而世界各地遭受自然灾害的死亡率风险等级也具有明显的空间差异性（Shi et al., 2015），总体上亚洲、非洲及中美洲的致死率风险最高，而北美洲、欧洲和大洋洲相对较低。这些差异性与世界各地的地质条件、不同时空范围内的预防和减轻灾害能力密切相关。

1900—2020 年世界
自然灾害死亡人数
统计图

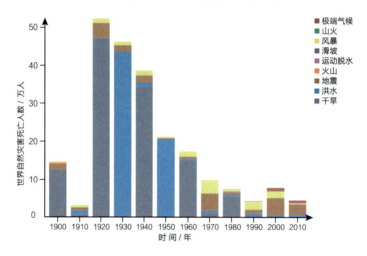

图 15-1　1900—2010 年世界各种类型自然灾害的死亡人数统计

（据 Ritchie and Roser, 2014，更新于 2020）

第二节　内动力作用相关自然灾害

一、地震灾害

地震灾害是人类面临的主要自然灾害之一。强烈地震会使房屋倒塌、山崩地裂、河道堵塞，同时造成火灾或水灾，给人类生命财产带来惨重的损失。中国深受地震灾害的影响，最早关于地震的文字记录是公元前 1831 年（陈颙和史培军，2013）。中国的面积占全球的 1/14，人口占 1/5，地震数量却占到了全球的 1/3（图 15-2），从公元前 23 世纪至今，中国有人员伤亡记录的地震就达 442 次。中国地震灾害频率最高的 5 个省（区）是台湾、西藏、新疆、云南和四川。20 世纪以来，中国共发生 6 级以上地震近 800 次。

虽然中国不是世界上地震最多的国家，却是死亡人数最多的国家，20 世纪以来，中国死于地震的人数超过 55 万，约占全球地震死亡人数的 1/2（蒋海昆等，2015）。1949 年中华人民共和国成立以来，破坏性地震发生了 100 多次，造成了 22 个省（自治区、直辖市）超过 32 万人丧生，占中国各类灾害死亡人数的一半。世界上有记载的最致命的十大地震中（表 15-1），中国有 4 次，包括死亡人数最多的 1556 年陕西华县 8 级地震（死亡 83 万人）、1976 年河北唐山 7.5 级地震（死亡 24.2 万人）、1303 年山西洪洞 8 级地震（死亡 20 万人以上）和 1920 年甘肃海原 8.3 级地震（死亡 20 万人）。最近的大地震还包括 2008 年汶川 8 级地震，近 8.7 万人在此次地震中遇难或失踪。

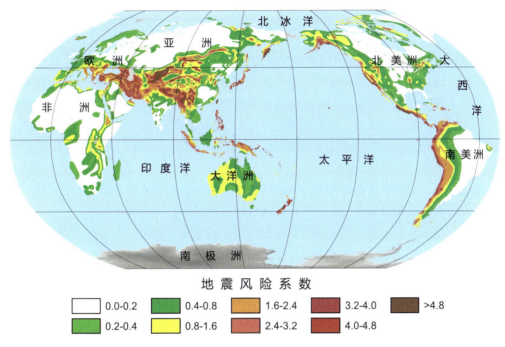

图 15-2　世界地震灾害图

数据来源：Giardini et al. (1999)，http://gmo.gfz-potsdam.de/pub/download_data/download_data_frame.html。
DEM 底图据地理空间数据云（http://www.gscloud.cn/search）。

表 15-1　世界历史上最致命的大地震

排名	震中	年份	死亡人数 / 万	地震震级
1	中国陕西华县	1556	83	8
2	海地 太子港	2010	31.6	7
3	土耳其 安塔基亚	115	26	7.5
4	土耳其 安塔基亚	525	25	7
5	中国河北唐山	1976	24.2	7.5
6	阿塞拜疆 占贾	1139	23	未知
7	印尼苏门答腊	2004	22.8	9.1
8	中国山西洪洞	1303	20+	8
9	伊朗 达姆甘	856	20	7.9
10	中国甘肃海原	1920	20	8.3
11	亚美尼亚 德温	839	15	未知
12	日本 关东	1923	14.3	7.9

注：数据来源为中国历史地震目录和 Ritchie, H. and Roser M. (2014)。

（一）地震灾害特点

地震发生可以导致一系列直接或与之相关的次生灾害。首先，与地震直接相关的灾害主要为断裂的错动和地表的震动，从而引起大面积地面隆起与陷落，这种现象在松散土层上效应更加明显。地表建筑物、道路和桥梁等因此可能发生震裂、错位或倒塌，进而造成人员伤亡和经济财产损失。如 1960 年美国旧金山大地震、2016 年新西兰凯库拉大地震，都造成了地面隆起、铁轨扭曲、水管错断等严重破坏。其次，地震会直接形成新的地裂缝（带）与鼓包。强地震后，在震区地表常见不少新形成的地裂缝（带）和小型鼓包，尤其在松软沉积层或土壤层中更为明显。1973 年炉霍 7.9 级地震，沿北西向鲜水河断裂带在地面形成一条规模巨大、断续延伸超过 50km 的主地裂缝带（呈斜列式排列）。单条地裂缝近东西向，长 200～300m，张开最宽达 1.5m，水平反扭错动数十厘米，最大达 3.6m。地裂缝间伴生近南北向形态各异的小鼓包。有的对称拱起像帐篷，有的不对称呈斜歪褶皱，造成地面变形。

研究表明，在同等地质条件下，离断层带越近，错动或地裂缝导致的灾害越大；离震中越近，烈度越大，房屋设施的震动也越大，破坏也越严重。比如，位于汶川地震发震断裂带上的北川县城破坏极其严重，城市满目疮痍，几乎夷为平地（图 15-3）；位于该地震震中的汶川映秀镇房屋几乎损毁。据震后调查不完全统计，汶川地震造成严重损坏的房屋 593.25 万间、倒塌的房屋 546.19 万间；地震造成公路、铁路、桥梁、电力、通信、水利等基础设施和厂房严重损毁。

汶川地震抗震救灾精神

图 15-3　汶川地震发生后的北川县城，房屋大部分完全损毁

图源：朱建国，http://slide.news.sina.com.cn/slide_1_45272_267467.html#p=2。

地震灾害还会产生一系列次级的灾害，包括：

滑坡与山崩：在陡峭的山区，由于山崖陡立不稳定，强烈震动下常会引起岩石崩落和岩体滑动，形成山崩与滑坡，其规模有时可能很大，破坏交通，堵塞河道，积水形成堰塞湖，溃决后引发大型泥石流，局部甚至改变水系。比如：1970 年 5 月 31 日的秘鲁西部大地震和 2008 年汶川 8 级大地震都造成大规模滑坡和山崩，使重达千吨的巨石混同沙、石、冰水飞奔而下，推平了山下不少村镇，造成惨重损失。

砂土液化：地震活动往往使含水层遭受强烈挤压或拉伸，使岩石孔隙度变小或破坏其水理性质，影响地下水运动方式和存在状态，从而改变地下水的活动与分布规律，造成地下水的流失与集中。如地下水沿裂缝或较松散土层挟带沙子喷出地表，形成喷水冒沙现象。这些喷水冒沙孔常沿一定方向排列，反映它们与地裂缝的密切关系。1973 年炉霍地震形成的喷水冒沙孔沿北西向断续排列，大致平行于鲜水河断裂带。

地震常引起地下水存在状态及成分变化：地下水赋存在裂隙和孔洞中，正常情况下，它具有固定的水位和成分。地震活动过程中，由于地下岩石受力或发生蠕变，水存在状态自然也要发生变化，甚至发生剧烈的运动，导致水位、水温、水化学成分的变化。如水质变浑浊，翻花冒泡。同时，也会引起某些元素含量的显著变化，如氡气含量随压力升高而增大，随压力降低而减小。

（二）我国地震的预测与预报

地震是一种历时短、破坏大的自然灾害。地震预测预报的目标是提供破坏性地震的预计发生时间、位置和地震强度，以便及时采取措施，避免或减少给人类带来损失。

历史上我国劳动人民积累了研究地震的丰富经验，在地震预测预报中做出了重大贡献。距今两千年前的汉朝，我国著名科学家张衡就已经观测和研究了地震现象，并创造了世界上第一台地震仪——候风地动仪。

1949 年新中国成立之后，因大规模建设需要，进行了全国地震烈度的预测，即地震的远期预报研究，相应开展了一些地震学和地震地质的观测、调查与研究。1956 年在制定全国科学规划时开始了地震预报研究的规划，从此地震的近期预报研究被正式列入国家规划。1966 年在人口稠密的华北平原发生了邢台地震，造成 8000 多人死亡和巨大经济损失。这进一步激励和促进了我国地震预报工作的蓬勃发展。

我国地震预测预报工作在地震部门统一组织下专群结合、土洋并举，创造出地应力测量、地下水活动观察、地电和地磁测量、地形变测量等 10 多种预测预报方法，再加上地震地质考察和对历史地震资料的分析研究，了解了地震活动规律，已能探测地震前兆现象，从而为解决地震中、长期预报和短期预报打下了一定基础。马宗晋等在总结了华北及川滇地区 1966—1976 年 9 次 7.0 级以上浅源大地震的活动规律以及预测预报的经验与教训之后，根据地震孕育阶段的思想和做法，提出了渐进式地震预报系列。把地震孕育分长期、中期、短期与临震四个阶段和首次强震发生后的震后阶段作为预测预报工作的分段程序。每个阶段解决不同的预报问题或不同程度地解决地震三要素（时间、地点与强度）的预报问题。采取由粗到细、由远而近、由多点到单点，逐渐达到地震三要素的临震预报。

我国地震工作者曾多次成功地预测预报了 7 级以上浅源大地震（如海城地震、松潘地震等），地震预测预报水平达到国际先进水平。但是现阶段要达到完全准确地预报地震仍然非常困难，在某些有利条件下有可能对某些类型的地震做出较好的预报。地震一次次给人类打击，终将迫使人类找到准确预报的良好途径，地震预报的水平将不断在实践过程中逐步提高。

二、火山灾害

火山灾害是特别常见的自然灾害。从历史数据统计来看（表15-2），火山灾害的总体致命性不如洪水、干旱、地震和台风/飓风灾害。最早的火山事件记录是公元79年意大利维苏威火山喷发，那时人类对火山灾害完全束手无策，致使整个城市沉没，无人逃生。而对火山喷发现象的科学研究开始于19世纪，它是基于物理学和生命科学的革命性发现，并因"地质学"学科的兴起而得到发展。

现代科学技术的进步，使人类对自然灾害能够进行预测、预报和预警，如1978年出版的圣海伦斯火山的报告不仅识别出这个火山是喀斯喀特火山带较危险的火山之一，并预测到1980年5月这次爆发的许多征兆，作了及时的预报。1991年科学家成功预测和预警了菲律宾皮纳图博火山的喷发，并及时转移火山喷发影响区居民，避免了数以万计的人员伤亡。科学家们经过近几十年来多种科学技术手段的尝试，也取得了局部预防火山破坏性活动的可喜成果。1979年在夏威夷基程韦纪火山口附近打了一口2000m深的地热试验井，以放出地球内部的热气，减弱地球内部热能，使火山不再爆发。1983年3月28日意大利埃特纳火山爆发后47天还不熄灭，熔岩流严重威胁人民生命财产的安全；后来通过人工爆开渠道，成功引走熔岩流。

表15-2　18世纪以来世界最致命（死亡1000人及以上）的火山喷发记录[*]

年份	死亡人数	火山	主要致命因素
1815	92000	印度尼西亚 坦博拉（Tambora）火山	火山喷发所致饥饿
1883	36417	印度尼西亚 喀拉喀托（Krakatau）火山	海啸
1902	29025	马提尼克 培雷（Pelee）火山	火山灰流
1985	25000	哥伦比亚 鲁伊斯（Ruiz）火山	泥流
1792	14300	日本 云仙（Unzen）火山	火山崩塌、海啸
1783	9350	冰岛 拉基（Laki）火山	火山喷发所致饥饿
1919	5110	印度尼西亚 克卢特（Kelut）火山	泥流
1882	4011	印度尼西亚 加隆贡（Galunggung）火山	泥流
1631	3500	意大利 维苏威（Vesuvius，）火山	泥流、熔岩流
79	3360	意大利 维苏威（Vesuvius，）火山	灰烬流动和坠落
1772	2957	印度尼西亚 帕潘达扬（Papandayan）火山	火山灰流
1951	2942	巴布亚新几内亚 拉明顿（Lamington）火山	火山灰流
1982	2000	墨西哥 埃尔奇琼（El Chichon）火山	火山灰流
1902	1680	圣文森特 苏弗里耶尔（Soufriere）火山	火山灰流
1741	1475	日本 大岛渚（Oshima）火山	海啸
1783	1377	日本 浅间（Asama）火山	灰流、泥流
1911	1335	菲律宾 塔阿尔（Taal）火山	火山灰流

续表

年份	死亡人数	火山	主要致命因素
1814	1200	菲律宾 马荣（Mayon）火山	泥流
1963	1184	印度尼西亚 阿贡（Agung）火山	火山灰流
1877	1000	厄瓜多尔 科托帕希（Cotopaxi）火山	泥流

*数据来源于Blong (1984)。

（一）火山灾害类型

火山喷发可以造成多种直接与次生灾害，这些灾害和其与火山的距离呈现一定的相关性（图15-4），大部分灾害发生在距火山20km范围内，少量可以达到40km甚至更远的距离，如海啸次生灾害。

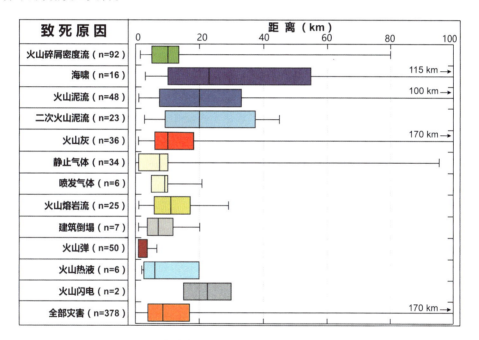

图 15-4　火山喷发相关的灾害类型及其致命的距离范围

盒须图指示四分位（0%，25%，50%，75%及100%）的可致命距离范围
（据（Brown et al.，2017）修改）

火山喷发引起的直接灾害包括：

火山碎屑（密度）流：由爆发性喷发所产生的包含火山气体及碎屑物质（火山灰、火山渣和火山弹）的一种超高速流体，速度平均可达100km/h，甚至高达700km/h。而火山碎屑和气体可喷发至几十公里以上（如2022年1月14日汤加海底火山喷发高达20km，图15-5），温度可达1000℃。这种碎屑流物质的高速流动和降落会造成巨大人员伤亡、建筑和交通等设施的毁坏。因此，这是火山灾害里最致命的一种。

图 15-5　2022 年 1 月汤加海底火山爆发图（汤加地质服务局，Tonga Geological Services）

火山气体与酸雨：当火山喷发的酸性气体（如二氧化硫）与降雨结合，在火山周围会形成酸雨，给当地居民和环境造成危害。

火山熔岩流与火灾：火山炽热的熔岩流（温度超 1000℃）可以覆盖并损毁它所流经的森林、城市和村庄，同时还会引起火灾。

火山泥流：当熔岩流流经水流河道，可造成高温的火山泥流或碎屑流，破坏流经区域的农田城镇。

火山喷发还会造成多种次生灾害，最主要的包括地震活动、滑坡与崩塌；而海底大型火山的喷发还会引起大规模海啸，如 2022 年汤加海底火山（图 15-5）的喷发引起了 1～2m 高的海啸，在斐济、日本、墨西哥和秘鲁等国家海岸被观测到，并造成人员伤亡。同时，巨型火山的喷发所带出的气体云团还可能引起短时间内的区域性气温下降，甚至全球变冷，其中最著名的例子是 1815 年 4 月 15 日印度尼西亚坦博拉火山（Tambora）的爆发。这次火山爆发喷出的火山灰总体积达 150km³，是人类历史上最大的一次火山爆发（图 15-6）。这次爆发在大气圈平流层形成了全球性的硫酸滴云团（气溶胶），促成了高达 1℃ 的区域性降温，并引起了 1816 年的"无夏之年"（Keller et al.，2019）。在美国新英格兰地区，夏天可见河流被冰冻，气温在几个小时之内出现从冰点到 35℃ 之间的急剧变化；在中国，1816 年（清朝嘉庆二十一年）的八月也形同寒冬（陈颙和史培军，2013）。这次火山喷发引起的气候变冷进一步造成世界多地的社会困境，包括北美、欧洲及中国的农作物歉收、饥荒和疾病。中国云南出现严重饥荒，昆明出现火山爆发后的连续三年冬天降雪；黑龙江农历七月出现严重霜冻、作物歉收；而安徽、江西等地在夏天出现下雪。这种火山喷发引起全球气候变化的现象并不是孤立的，1991 年 6 月 12 日菲律宾皮纳图博火山喷发的气溶胶和灰粒在大气圈停留了近 1 年时间，并部分散射太阳光，致使火山喷发后的两年内全球气温下降约 0.5℃（陈颙和史培军，2013）。

（二）火山喷发分级及控制因素

火山喷发的级别很难被准确而定量地厘定，目前国际上采用美国地质调查局 Chris Newhall 等提出的方法，主要用火山喷出物的体积和喷发柱的高度来计算火山喷发指数（Volcanic Explosivity Index，简称 VEI，图 15-6），以半定量估计火山喷发的级别，一共是 8 级，每个级别对应的火山喷发物质体积相差 10 倍，如 VEI=1 对应 $<10^{-3}km^3$，VEI=4 对应 $10^{-1}\sim10^0km^3$，而 VEI=8 对应 $>10^3km^3$ 的体积。因此，这个 VEI 指数类似于衡量地震震级的里氏级别。

火山喷发的形式及爆发程度与很多因素有关，如岩浆中的二氧化硅（SiO_2）含量、温度、黏滞度和气体含量等（表 15-3）。这些参数之间又相互关联。一般来讲，酸性岩浆二氧化硅含量高，黏滞度相对大，气体含量也相对高，因此喷发时通常是爆发性的，而基性岩浆则相反，中性岩浆处于居中程度。然而，也有两种例外的情况。对于已经去气的安山岩质－流纹岩质（黏滞度相对高）的熔岩而言，它们的喷发形式常是非爆发性的黏性流动喷发；而对于玄武岩质－安山岩质（黏滞度相对低）的岩浆，当遇到地下水或地表水时，通常也能以爆发性方式喷发。

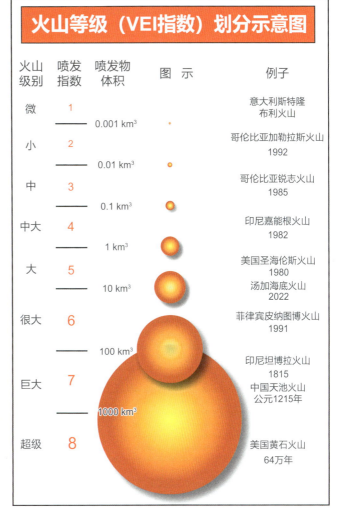

图 15-6　火山爆发等级（2022 年汤加海底火山喷发指数为 5 级）

（改自 http://earthquake.ckcest.cn/）

表 15-3　火山喷发形式与岩浆物质成分及物理性质的关系

SiO_2 含量	岩浆类型	温度 /℃	黏滞度	气体含量	喷发形式
~50%	基性	~1100	低	低	非爆发性
~60%	中性	~1000	中等	中等	中等
~70%	酸性	~800	高	高	爆发性

引用并修改自链接：http://sci.sdsu.edu/how_volcanoes_work/Controls.html。

（三）火山资源利用

火山活动在给人类带来严重灾害的同时，又给人类带来了丰富的资源。

被熔岩和火山灰覆盖的土地不久即可重新耕作，而且这种土壤有更高的肥力。

火山活动可将热能从地下深处传递到地表。现在人们已开始研究如何充分利用这种热能；萨尔瓦多利用 10 座间歇性火山发电，冰岛已有 20% 的家庭使用火山热。

火山活动带来了丰富的矿产资源。据统计由火山喷发所形成的矿床占岩浆成因矿床的 15% ～ 20%。1917 年维苏威火山的喷发和热液活动，10 天内就沉淀了 1m 厚的镜铁矿层。据 E.F. 齐耶斯计算，阿拉斯加火山每年喷出 100 多万吨氯化氢（HCl）、20 多万吨氟化氢（HF），在熔岩流中广泛发育有磁铁矿、赤铁矿、铅锌矿等矿物，一昼夜就能堆积 1t 赤铁矿。

因此，对于火山活动的研究不仅可以正确预测、及时预报，避免和减少人类生命财产的损失，而且还可以帮助我们充分利用、综合开发由火山活动带给人类的财富和资源。美国地质调查所制定了火山灾害研究计划，1987 年接受了 1100 万美元的资助，围绕着火山作用的基础研究、火山灾害评价和火山监测三个大项目开展工作；并分别在夏威夷岛上基拉韦厄山近顶部设立了夏威夷火山观测站和在华盛顿的温哥华地区设立了喀斯喀特火山观测站，以监测火山附近地区火山活动为主要目的，并为火山基础研究和灾害评价提供资料。

三、海啸灾害

沿着海底大断裂，地层或岩石突然破裂或相对位移发生的地震称为海震。当海震发生时一方面带动覆盖其上的海水突然升降或水平位移，另一方面主要破裂处发出的地震波，特别是纵波和表面波的强烈冲击，像炮弹一样由地下轰击水底，从而导致水体剧烈振动和涌起，形成狂涛巨浪，以猛烈的力量由震源冲向四周，这种海浪的剧烈运动称为海啸（图 15-7）。1960 年 5 月 22 日智利海边发生 8.5 级大震，由于海底断裂活动造成巨大的海啸，海水震荡传播到太平洋各地。5 月 23 日海浪冲至夏威夷希洛湾，推起 10m 多高的浪墙（表 15-4），摧毁了岸上的不少建筑，死伤 200 多人。5 月 24 日海啸到达日本东海岸，浪高仍有 3.4m，最高达 6.5m，伤亡数百人，沉船 109 艘。

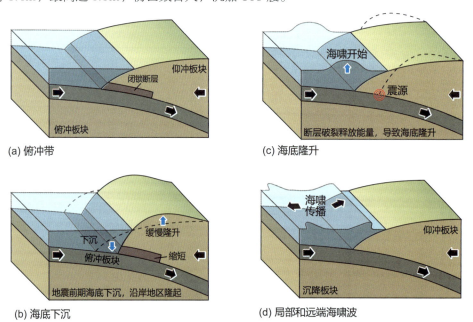

图 15-7　海啸产生环境与波长关系，传播速度图（改自陈隅和史培军，2013）

日本岛和夏威夷群岛都是受海啸影响最严重的地方。1896年6月15日日本本州东部海岸受到日本海外大震所引起的海啸破坏是历史上最严重的一次。海浪冲上附近陆地，比平时高潮水位高25～35m，吞没了整个村庄，卷走1万多幢房子，死亡2.6万人；海波向东穿过太平洋，在夏威夷的希洛，海啸振幅为3m，然后到达美国海岸，并从那里返回到新西兰和澳大利亚。1933年3月2日，日本本州东部海岸再次遭到海啸的冲击，海啸顶峰高达25m，又一次冲上三陆海岸，造成3000人死亡。2011年3月11日发生了日本东北9.1级大地震，并引起了波及整个太平洋地区的大海啸，造成超过1.8万人死亡和福岛核电站泄漏事故，是21世纪以来第二大海啸，仅次于2004年由印度尼西亚苏门答腊9.3级地震引起的印度洋大海啸（表15-4）。

表15-4 世界上的部分大海啸记录

日期	发源地	可见高度	报告地点	说明
公元前500年	桑托林		克里特（希）	火山喷发引起，毁坏了地中海沿岸
1707-10-28	日本南海道	10m	日本 土佐省	死亡3万人
1755-11-01	大西洋东部	5.1m	里斯本（葡）	
1812-12-21	圣巴巴拉海峡	几m	圣巴巴拉海峡	
1837-11-07	智利	5m	夏威夷 希洛	
1841-05-17	堪察加	< 5m	夏威夷 希洛	
1868-04-02	夏威夷	< 3m	夏威夷 希洛	
1868-08-13	秘鲁智利	< 10m	秘鲁 阿里卡	夏威夷有破坏
1877-05-10	秘鲁智利	2~6m	日本	秘鲁伊基克遭破坏
1883-08-27	印尼克拉卡托		爪哇	火山喷发引起，淹死3.6万多人
1896-06-15	日本本州	24m	日本三陆	淹死约2.6万人
1923-02-03	堪察加	5m	夏威夷 怀阿基	
1933-03-02	日本本州	> 10m	日本	死亡3000人
1946-04-01	阿留申	10m	夏威夷怀阿基	
1952-11-04	堪察加	< 5m	夏威夷希洛	
1957-03-09	阿留申	< 5m	夏威夷希洛	还发生8.3级地震
1960-05-23	智利	< 10m	夏威夷 怀阿基 日本	死伤数百人
1964-03-28	阿拉斯加	6m	美国加州克雷森特	死亡119人，损失1亿美元
1975-11-29	夏威夷	4m	夏威夷 希洛	
2004-12-26	印尼苏门答腊	51m	印度洋沿岸14个国家	迄今最大海啸，死亡/失踪约22.8万人
2011-03-11	日本东北海岸	10m	日本东北、美国西部、厄瓜多尔、智利	死亡超过1.8万人
2018-09-28	印尼帕鲁	1.5~2m	印尼苏拉威西岛北岸	死亡超过4300人
2022-01-14	汤加海岸	15m	汤加、斐济、美属萨摩亚、瓦努阿图和太平洋沿岸	汤加海底火山喷发引起，至少3人死亡，许多人失踪

大海啸对广大沿海居民区的破坏一般比地震造成的破坏还大。平均每年世界上大约发生一次破坏性海啸。在太平洋、印度洋、地中海、大西洋和加勒比海海啸发生特别频繁。大规模内陆海中如中亚的里海和黑海也会发生海啸。

引起海啸的原因除海底断裂发生破裂引起地震之外，还有其他原因：

火山爆发引起：1883年印尼克拉卡托火山山顶崩塌造成的海啸是一典型实例。位于爪哇和苏门答腊之间桑达海峡的克拉卡托岛上发生多次地震和大量火山活动，总共喷出了16km³的火山灰和熔岩，8月27日中央火山口突然塌陷，使原来岛址变成了水深达250m的海洋，产生一次大海啸。当海啸到达沿岸浅水区时冲走了165个村庄，淹死了3.6万多人。

海底陷落或海底山脉平移运动引起：当然海底陷落本身也可能是附近地震触发的。有时塌方或山崩引起山上的岩石滑入海湾、大湖或者水库也会产生巨大的波浪。1963年10月意大利由塌方而造成的巨大波浪袭击了维昂特水库，大水越过大坝冲向皮亚韦河谷地，淹死3000多人。海底具有高地形的海山在水平走滑运动产生的地震促发下，同样可以引起水体的大规模垂向运动，从而造成海啸，2018年帕鲁海啸主要就是由帕鲁走滑断裂水平运动所引发的（Ho et al., 2021）。

海啸传播速度很快，可高达800～1000km/h，接近客机航速。从智利海岸传到夏威夷大约要10h，从阿留申群岛传到加利福尼亚北部大约要4h。因此仍有较充足的时间可对较远的地方发出警告。为减少太平洋海啸带来的危险，1946年建立了国际性的海啸警报系统。不论白天或黑夜，只要发生大地震，美国、日本、菲律宾、斐济、智利、新西兰、萨摩亚群岛以及我国台湾和香港地区的地震观察站便立即向檀香山海啸警报中心报告，然后海啸警报中心向各地发出海啸警报。

第三节　重力作用相关自然灾害

一、滑坡灾害

在一定的自然条件下，斜坡的岩体或土体受重力作用，沿着一定的软弱面（带）或潜在破碎软弱带产生整体向下滑动的现象称为滑坡（图15-8）。它是滑动作用的典型产物。一般情况下滑坡通常以潜移作为先导，缓慢、长期、间歇性地进行滑动，延续时间可能几年、几十年甚至百年以上，所以它是一种隐患性的灾害。但如果在外部条件诱发下，它又可以快速滑动造成严重恶果，对工程建设、交通设施和人民生命财产危害甚大。

滑坡的规模变化很大，巨大的滑坡可以卷埋村镇、摧毁厂房、中断交通、堵塞河道、破坏农田和山林。我国宝成铁路每年都因滑坡影响而中断运输。1981年9月4日，连日暴雨发生崩塌性滑坡，滑体约20×10⁴m³，其中16×10⁴m³土石被推入嘉陵江，使江水截流12min，回水长度超过1km，滑体冲入铁路线上，破坏线路260多米，铁轨被翻倒江内，铁路中断运行371h，造成重大经济损失。捷克的阿博克利凯—布尔热兹诺铁路线因滑坡曾造成中断运输达6年之久。1806年，瑞士里斯堡第三系砾岩构成的山坡产生滑坡，

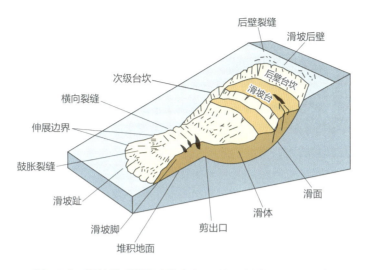

图 15-8 滑坡组成要素（改自 http://landslides.usgs.gov）

破坏了果耳多村庄，造成 457 人死亡。1982 年，四川云阳县（今重庆市云阳县）长江鸡扒子滑坡，推入长江的岩土块体达 $18 \times 10^5 m^3$，形成 30m 高的水下堆石坝体，阻航严重，航道清理和沿坡工程耗资近亿元，而因阻航造成的经济损失更难以估计。著名山城重庆边坡失稳问题十分严重，地处闹市中心的两路口，受王家坡滑坡威胁，102 户住房被迫拆迁，这一滑坡还潜在威胁重要的交通枢纽两路口—相家坪公路及重庆火车站的安危，滑坡整治工程耗资数百万元。镇江寺滑坡影响重庆港口设施的稳定性，重钢滑坡危及焦化炉高炉的安危，整治工程费用巨大，至今尚未根治。

滑坡对水利建设影响很大，国内外由于边坡失稳引起水库失利的例证很多，损失巨大。例如 1963 年意大利北部山区的瓦依昂水库滑坡，水库左岩一块体积达 0.24～0.3km³ 的巨大石灰岩块体，在 20s 内滑坡体以 28m/s 的速度突然从斜坡上滑向水库，这个块体填充了水库的大部分，激起的涌浪超过 262m 高的坝顶后冲向下游，造成的涌浪高达 100m，库水飞溅高达 250m，漫坝水深为 150m，毁坏了坝内地下厂房的大部分设施和下游的一个城镇及其他村庄，使 2600 人丧生。同年我国湖南柘溪水库也发生了一次 $150 \times 10^5 m^3$ 的滑坡，以 25m/s 的速度滑入水库，从滑坡体开始大变形到滑坡完成历时约 6h，巨大岩体高速滑落水库后，掀起巨浪，波及彼岸时仍有 21m 高，至坝前浪高 1～3m，传到上游 15km 处还有 0.3～0.5m 高的水浪，水浪翻过坝顶造成极大的损失。

（一）滑坡的形成条件

滑坡的形成条件必须是斜坡上岩体或土体的静力平衡受到破坏，滑体自身重力所引起的下滑力大于岩体或土体内部某一软弱结构面上的黏力。滑坡是多种因素综合作用的结果。

岩性条件：总的来说，在土层（如黏质土、黄土）、松散沉积物及软弱岩层（如泥质岩石）中易于产生滑动。滑坡的分布区域几乎与某些地层的区域分布相一致。四川的昔格达组、日本的第三系、西欧北美的伦敦黏土、阿哲菲尔德黏土和利达黏土、美国的白垩系黏土、前寒武系页岩等都是控制当地滑坡的地层和岩性。这些岩石吸水性强、膨缩系数大，雨季引起体积膨胀使其强度降低，易于产生滑坡。

地质条件：不同类型构造面（断层、裂隙、层理等）既使滑体从坡体中脱离开来，又是滑体赖以滑动的相对软弱面。而且这些构造面须具有一定的倾斜度，其倾斜角度越大，越有利于滑坡发育，宏观上滑坡分布与构造活动带的展布相一致。如四川广泛分布易于滑动的侏罗纪、白垩纪紫红色砂页岩和泥岩，盆地中部由于岩层近水平很少发生滑坡，而川东平行褶皱带地层倾角较大，滑坡频繁发生。

地貌条件：新构造运动强烈，河流与沟谷侵蚀作用强烈，切割较深，使临河谷一侧有较好的临空面条件，便于滑体的滑动。地形与斜坡形态是内、外营力综合作用的结果，四川西部和盆地周边山地地区河谷两岸多高陡边坡，在水、热、风等物理、化学及生物风化作用下，组成山体边坡岩石的力学强度会降低，稳定性较差，是滑坡的多发地段。山区河谷两侧更是如此，滑坡数量多、规模大。据统计，低山区灾害性滑坡数量最多，其次为中山区，所占比例分别为52%和26%。而东部盆地、中部丘陵谷地，边坡变低变缓趋向稳定，故丘陵区滑坡仅占19%。

地下水条件：地下水渗透或流经土层或岩体裂隙或孔隙，增大了单位体积重量或者降低了土体粒间黏结力，削弱了抗剪力，降低了边坡体的稳定性，使岩体易于下滑。

边坡植被条件：树根以其机械作用保护边坡的稳定性，同时吸收部分地下水而起到使边坡疏干的作用。如果山坡上树木被砍伐，使表层中水力动态不平衡，则容易引起滑坡。

气候条件：包括气温、降雨量等的变化。气温变冷导致岩（土）体裂隙中水的冻结，从而增大了体积，加宽了裂隙并产生新的裂隙，这便降低了岩（土）体黏结力，使其易于下滑。雨水灌入，岩（土）体裂隙中产生静水压力，水压力增加引起坚固性改变，黏结力和内摩擦力降低，使岩体易于滑动，所以滑坡多发生在高降雨量区。其他条件相同的情况下，滑坡发生与年降雨量成正比，而且滑坡位移量与降水的关系也十分密切，也可以说暴雨是滑坡的诱导因素。

地震活动：地震以其非常的能量引起岩体巨大变形，斜坡地段水平和垂直变形尤为显著，并诱发滑坡的突发。四川是我国5个地震最频繁的省份之一，地震强度大、频率高，而且又集中在鲜水河、雅砻江、安宁河和龙门山等断裂带。1973年2月的炉霍地震和1976年8月的松潘地震，沿鲜水河、涪江发生了上百个滑坡。该省历史上地震诱发形成的特大滑坡有10余处。1933年叠溪地震致使岷江谷坡山体崩滑，叠溪城惨遭毁灭，堵江长达3～4km，形成大小湖泊数十个。

人类工程活动：人类经济活动，尤其是违反自然规律的活动，会导致环境恶化，诱发滑坡产生，特别是矿石开采、交通建设、城乡建设和水利水电建设四个方面的活动作用更为明显。

（二）我国山区滑坡的分布与特征

滑坡是地质地理因素综合作用的结果，尤其受气候因素影响，具有地理带状分布特征，但又受大地构造特别是新构造运动的制约。我国是个多山区的国家，地形地貌形态万千，地层岩性种类齐全，地质构造复杂多变，地表、地下水作用强烈，加上人类工程活动频繁，因此我国山区滑坡分布广泛，特征明显。

我国滑坡不仅具有分布上的广泛性，而且具有明显的区域集中性。沿大兴安岭—太行山—鄂西山地—云贵高原东缘可划分为东西两大部分，此线以西滑坡分布密集，此线以东滑坡分布明显减少；以秦岭—淮河一线为界又将我国的滑坡分为南北两部分，此线以北滑坡稀疏，此线以南滑坡密集。所以西南地区是我国滑坡数量最多、发生频率最高的地区，而东北、华北地区则相对较少。

我国滑坡类型齐全，但目前分类方法很多，而且各种分类各有侧重：有的按滑坡的力学特征，有的按滑体的物质成分，有的按滑体结构，有的按滑体的破坏状态，等等。现在总的趋势是朝着综合的工程地质的成因分类方向发展。

滑坡与组成斜坡的岩（土）体的岩性密切相关——不论哪种类型的滑坡，不管规模如何，它们都发育于易产生滑动的岩性组成的斜坡中。因为这些岩（土）体抗剪强度比较低，特别是遇水后大为下降。这包括构造复杂的各种泥质浅变质岩（如千枚岩、板岩等）；泥岩、页岩与砂岩互层；灰岩、泥灰岩与煤系地层互层；黏性土、膨胀土组成的斜坡，土石堆积物组成的斜坡。

不少滑坡利用已有断裂破碎带或裂隙密集带作为滑动面，因为这是软弱结构面。

我国多数滑坡具有崩塌性质，因为山区地形一般坡度较陡，切割深度较大，有充分的有效临空面，而滑坡的上部多由坚硬的厚层或块状岩层组成。

滑坡变形破坏的原因和情况是多种多样的，但都有一个变形随时间的发展过程，也就是说有一个蠕变过程。整个斜坡从开始变形到最后破坏大致经历三个发展阶段。起始阶段，平衡受破坏后最初在边坡上部发生裂缝，这是一个增速运动阶段；中间阶段，岩体开始缓慢移动并逐渐堆积，这是等速运动的蠕变阶段，持续时间最长；最后阶段，在外界因素（如地震、大暴雨等）诱发下蠕变破坏，完全失稳，滑体快速推移，持续时间虽短，但破坏性最大。

二、泥石流灾害

（一）泥石流的形成条件

泥石流的形成首先需要固体物质（泥、沙、石等碎屑物）的大量供应，然后是适当的地形、地质、气候和其他自然因素的促成。

陡峻的山区地形：泥石流通常发育在地形陡峻的山区，陡峻的地形使泥石流具有由势能转为动能的可能性。泥石流在运动过程中以几个或几十个巨浪波的运动形式连续向前高速推进。地形高差越大能量越大，高速巨大的浪波使泥石流成为具有强大搬运力和破坏力的波状巨流。这种波状运动特征是泥石流最主要的动力学特征，也是区分泥石流与非泥石流的一个重要标志。泥石流对建筑物的破坏主要是由泥石流巨大波浪的冲击所造成。一个典型的泥石流从上游到下游一般可分为三个区段，像一条头大腰细尾巴撒开的金鱼。上游为形成区，是一个面积巨大的三面环山一面出口的凹地，凹地内沟谷呈鸡爪状分布，深切分割次一级山脊，地形陡峻，坡度达 $30° \sim 60°$，山体光秃，岩石破碎，植被差，这有利于聚集风化岩屑，也有利于集中降水与降雪形成巨厚的堆积物；中游为流通区，多为一深切狭窄的沟谷，常有陡坎与瀑布，坡度很陡；下游为堆积区，位于山口平缓开阔地带，泥、沙、碎石堆积成扇状或垄岗状乱石堆。

岩性因素：物质组分不同，泥石流的流态性质也不同。一般多为各种片岩、板岩、片麻岩、页岩、砂岩、泥岩、风化强烈的花岗岩和各种松散黏性土及非黏性土。砾石、块石和碎石常形成稀性泥石流，而黏土、泥岩、粉砂岩等常形成黏性泥石流。

地质构造因素：新构造运动对泥石流的发生和发展起主导作用。在差异升降运动强烈地区，泥石流沟集中发育，活动也很频繁。由于新构造运动引起沟谷下切，老的洪积扇或第四系阶地往往成为泥石流的固体物质补给来源。强烈的构造变形、新老断层与裂隙的发育，使岩石破碎，山体破坏，产生滑坡或崩塌，为泥石流提供新的固体物质。我国四川西部、云南西部、西藏东南、甘肃东南、青海东部、祁连山、昆仑山、天山、太行山等都是新构造活动区，也是灾害性泥石流的发育区。

强烈的风化作用：在高寒地区物理风化作用强烈，使岩石更加破碎，经常发生巨大的雪崩与岩崩，在形成区的高山深谷内积聚大量泥沙与岩屑，为泥石流的形成提供了大量的固体物质。

丰富的水源：水分不仅是泥石流中固体物质的搬运介质，也是泥石流的重要组成部分。水分的充分饱和，减小了泥石流固体物质间的内摩擦力和黏结程度，增加了流动能力。丰富的降雨量大量补充水源，大雨之后山区水流常以洪流形式强烈冲蚀掏挖沟床和两侧山坡，使原来堆积很厚的固体岩块处于悬空状态，造成滑坡、崩落，乘势诱发泥石流。许多泥石流都是在降雨或融雪季节发生的。泥石流的水源除暴雨之外，还有冰雪融水、水库溃决等。水源条件受地理气候因素控制。我国西南地区受两股气流的影响，一是孟加拉湾的西南暖湿气流，它水汽充沛、湿层深厚，占全部水汽来源的80%以上；二是太平洋的东南暖湿气流。这两股气流常引发暴雨，或触发泥石流，或促使停歇期泥石流复活。

诱发因素：当其他条件均已具备时，突发的诱发因素往往起重要作用，如地震、滑坡、暴雨和崩塌（雪崩、岩崩与山崩）等。

（二）泥石流的危害性

泥石流是由大量固体松散物质（泥、沙、石）和水组成的山洪，它通常易出现在洪水与滑坡过程之间，是山区常见的灾害性地质事件。在许多地形陡峻、沟谷切割较深、河流侵蚀作用强而搬运能力较弱的山区，山坡松散物质丰富，水源集中，常引起泥石流的活动。泥石流常是突发性的，来势凶猛，破坏力大，可淹埋村庄、摧毁城镇、破坏交通和工程建筑，给人类造成巨大灾害。1964年7月兰州西固区连续三次发生泥石流约 $16 \times 10^4 m^3$，淹没陈官营车站，冲毁路基，埋没民房20多栋，造成人员伤亡。成昆铁路受泥石流威胁严重，著名的泥石流沟有72条，其中盐井沟泥石流暴发时造成104名筑路工人被埋没的事故；甘洛泥石流突发造成成昆铁路利子依达桥梁被冲毁，运行中客车被颠覆，死伤300余人。1989年发生在四川东部华蓥市溪口镇的泥石流，死亡221人，直接经济损失约6100万元。2010年8月7日，甘肃舟曲发生特大泥石流（图15-9），共造成1557人死亡，208人失踪。其中一村庄300户房屋被掩埋，几乎无人逃生，舟曲县城被淹，5万人受灾。我国西藏东南部章龙弄巴沟在1900年暴发过一次巨大的泥石流，大量的巨砾冲出山口，其主流部分冲过 60～80m 宽的贡藏布江，继续向对岸山林推进约300m，堆成 60～80m 高的天然大坝，堵江断流形成 20 余公里长的山谷湖泊。

此外，新降落的火山灰被大雨冲蚀成稀泥沿火山斜坡流下也可形成火山泥石流。意大利维苏威火山脚下的赫尔库拉尼姆城就是在公元 79 年火山喷发时毁于这种泥石流的。

图 15-9　舟曲泥石流灾害图（图源：人民网甘肃频道）

第四节　外动力作用相关自然灾害

外动力作用引起的自然灾害很多，包括台风、龙卷风、洪水、干旱、全球变化与海平面上升等。本节主要介绍与气象气候变化有关的台风和洪水自然灾害。

一、台风灾害

（一）台风形成机理与分类

台风是底层中心风力在 12 级以上的热带气旋（分类等级划分见表 15-5），主要发生在温度高的热带海域内（通常在纬度 5°～20°）。它形成的机理是：海洋表面的低气压使得热空气上升，并在地转偏向力——科里奥利力（Coriolis Force，见第十一章第四节：大气中的力和大气环流）的影响下，发生旋转（北半球为逆时针，南半球为顺时针）形成气旋（图 15-10）。随着上升的热空气冷却形成水滴释放热量，气旋逐渐增强而演变形成台风。台风在行进中若经过高温水域会进一步吸收能量而增强，并可能形成强台风或超强台风（表 15-5）。

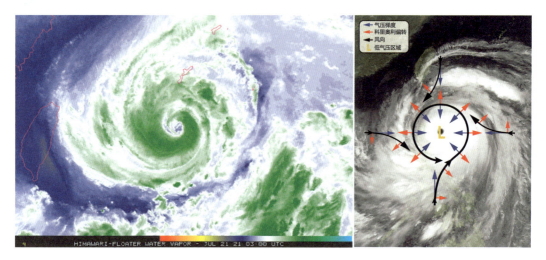

图 15-10　葵花-8 号卫星监测到的 2021 年 7 月 21 日台风"烟花"水汽云图

（来源：中国气象局上海台风研究所 – https://www.sti.org.cn/taifengzhuiji/2405.html）

表 15-5　热带气旋分类等级划分表（GB/T 19201—2006 国家标准）

热带气旋等级	底层中心附近最大平均风速 /（m/s）	底层中心附近最大风力
热带低压（Tropical Depression）	10.8~17.1	6~7 级
热带风暴（Tropical Storm）	17.2~24.4	8~9 级
强热带风暴（Severe Tropical Storm）	24.5~32.6	10~11 级
台风（Typhoon）	32.7~41.4	12~13 级
强台风（Severe Typhoon）	41.5~50.9	14~15 级
超强台风（Super Typhoon）	≥ 51	16 级或以上

（二）世界及中国的台风分布

　　热带气旋具有明显的时间及地域特征。从空间上来看，台风的发生主要分布在全球以下几个区域：①北太平洋西部及中国南海；②大西洋西部；③北太平洋东部；④西南太平洋地区；⑤印度洋北部；⑥印度洋南部地区。并且，不同的区域对热带气旋的命名各异（图 15-11）：北太平洋西部及中国南海区域被称为台风（Typhoon），大西洋西部、墨西哥湾、中美洲及北太平洋东部等地被称为飓风（Hurricane），而印度洋及西南太平洋地区被称为旋风（Cyclone）。

　　从时间分布来看，热带风暴主要发生在夏季海洋表面温度增高的时候，但是各区域也有一定的差异性。北太平洋西部及印度洋北部（如孟加拉湾）在每年 6 月到 11、12 月发生，北太平洋东部主要在 6—10 月发生，大西洋西部及墨西哥湾主要在 6—10 月，而印度洋南部及西南太平洋主要在 1—3 月发生。

你知道台风如何命名吗？

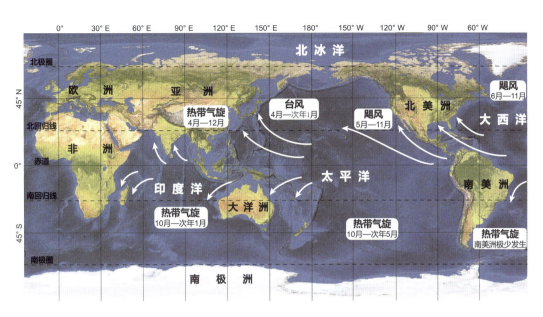

图 15-11　世界包括台风/飓风的主要分布地区

DEM 底图据地理空间数据云（http://www.gscloud.cn/search）

（三）台风灾害

台风因其风速快并携带巨大能量，影响范围大而广（通常几百至上千公里范围），在其途经地区产生强风、暴雨及风暴潮，从而造成大面积系统性的破坏和毁坏。强风可刮倒甚至刮飞行人和汽车，掀翻房屋等建筑或公用设施；暴雨及风暴潮可淹溺人员、破坏饮水排污系统、瘫痪电力通信系统、威胁防洪设施等。

台风灾害与气旋结构特性紧密关联（图 15-12）。由于台风的气旋特性，在北半球，台风在行进方向上，风墙周围的风速最大，并且具有两个峰值。风眼左侧风墙的相对较小，风眼右侧的风墙周围风速最大、降雨最强、破坏力也最大，风眼中心的风速最低。因此当台风经过某地时，在第一次风墙经过之后，会出现短暂的相对平静期，但尤其要注意第二次风墙经过时的危险性，它能够造成的灾害更大，破坏性更强。

在风墙外围，虽然风力减弱，但是也能带来大面积的降雨，如果时间持续，可能导致区域内水体水位持续涨高而造成潜在的水库溢流溃坝及洪水风险。

虽然热带风暴发生的地域广泛，但是因为各地地形和设施等方面的巨大差异性，热带风暴造成的损害差异性更加明显，受损最严重的区域包括孟加拉湾沿岸国家、中国和菲律宾等北太平洋西部国家和地区，还有中美洲有关国家。据统计，全球历史上最致命的十大热带风暴（表 15-6）有 8 个发生在孟加拉湾，死亡人数都超过 10 万以上。大西洋西部国家（美国和加拿大）虽然受飓风袭击较多，但风险等级较低，与其相对完善的预防和治理设施体系有一定关系。

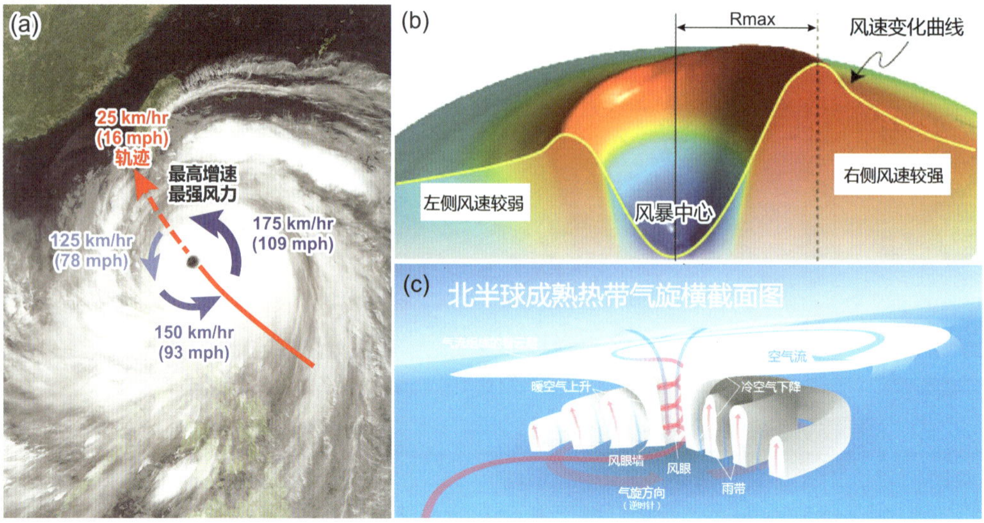

图 15-12 卫星影像显示的 2018 年台风"山竹"的平面形态（a）及风速剖面结构素描图（b）（c）

（图源：（a）图来源于美国航空航天局 NASA，（c）图来源于 AIR－https://www.air-worldwide.com/SiteAssets/Publications/AIR-Currents/attachments/AIRCurrents--Wind-Profiles-in-Parametric-Hurricane-Models。据此修改）

表 15-6　世界上十大最致命热带风暴

排名	热带风暴名称（损害最严重区域）	年份	海洋区域	死亡人数
1	波拉超强旋风（Great Bhola Cyclone，孟加拉国）	1970	孟加拉湾	30 万~50 万
2	胡格利河旋风（Hooghly River Cyclone，印度和孟加拉国）	1737	孟加拉湾	约 30 万
3	海防台风（Haiphong Typhoon，越南）	1881	西太平洋	约 30 万
4	科林加旋风（Coringa Cyclon，印度）	1839	孟加拉湾	约 30 万
5	贝克加尼旋风（Backerganj Cyclone，孟加拉国）	1584	孟加拉湾	约 20 万
6	贝克加尼超强旋风（Great Backerganj Cyclone，孟加拉国）	1876	孟加拉湾	约 20 万
7	吉大港旋风（Chittagong Cyclone，孟加拉国）	1897	孟加拉湾	约 17.5 万
8	莲娜超强台风（Super Typhoon Nina，中国）	1975	西太平洋	约 17.1 万
9	02B 旋风（Cyclone 02B，孟加拉国）	1991	孟加拉湾	约 13.9 万
10	纳尔吉斯旋风（Cyclone Nargis，缅甸）	2008	孟加拉湾	约 13.8 万

注：数据引自 Liu et al. (2019)。

中国位于北太平洋西部——全球最适合台风生成的地区，因此我国是受台风袭击最多的国家，而中国南部和东南沿海地区受台风灾害影响最大（图 15-13）。从表 15-6 看出，世界历史上最致命的十大热带风暴，其中就包括排名第八的 1975 年莲娜超强台风，该台风的强降雨造成位于淮河流域的河南省驻马店市板桥水库持续上涨并最终导致溃坝，造成约 17 万人死亡和重大经济损失。而近年来所遭受的台风灾害包括有 2018 年台风"山竹"在香港、澳门和珠海等地的风暴潮灾害、2021 年台风"烟花"在浙江沿海及中国南部广大地区造成的强降雨及相关人员伤亡和经济损失。

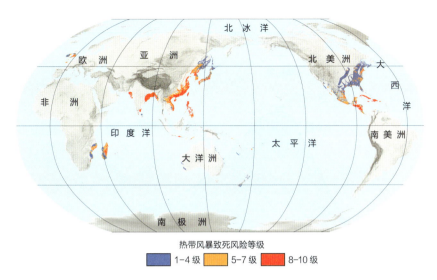

图 15-13　世界台风／飓风致死率风险等级分布图（图中等级数字越大，风险越大）

据 Dilley et al. (2005) 和哥伦比亚大学灾害与风险研究中心等（2005）（Center for Hazards and Risk Research，Columbia University）修改。数据年度范围为 1981—2000 年。DEM 底图据地理空间数据云（http://www.gscloud.cn/search）。

二、洪水灾害

中国人对洪水灾害非常熟悉，最早的记载可以追溯到"大禹治水"的故事。在尧舜时代，中国黄河与江淮流域经历了空前的洪水浩劫，大禹为治水"三过家门而不入"，这种舍小家为大家的美德被广为传颂。在西方，也有"诺亚方舟"在大洪水时期挽救人类生命的传说故事。可见，洪水的发育与人类文明的发展息息相关，它既可以推动文明的繁衍发展，但是在某些时候，也可摧毁文明（顾人和，2003；嵇少丞，2016）。

（一）洪水发生的机理

洪水是一种常见的自然灾害。它的形成与大气圈和水圈之间的水循环有密切关系。一般来讲，当某一区域的水量迅速增加或水位迅猛上涨而超出蓄水场所（江河湖海及水库水坝等）的承载或泄水能力而形成溢流时，便产生洪水。那么水的过量聚集可能由强降雨或持续降雨、气温升高导致的冰川和冰凌积雪融化、地震或滑坡所引起的河道堵塞及溃决等因素导致。而引起强降雨的原因包括季风或台风的水汽输送，或是极端异常的天气过程。

洪水发生的过程遵循一定的规律，主要通过洪水三要素来描述，即洪峰流量、洪水总量和洪水历时（图 15-14）。洪峰流量是一次洪水过程中某个观测站断面记录的最大流量，简称洪峰（单位：m^3/s）。洪水总量是一次洪水过程中通过某个测站断面的总水量。洪水历时是某测站记录的从洪水起涨到落平的时间。洪水历时又分为短历时（两小时以内）、中等历时（2 小时到 1 天）、长历时（长达 5～10 天）和超长历时（大于 10 天）。超长历时特大洪水的一个鲜明案例是 1998 年长江特大洪水，历时近 77 天。

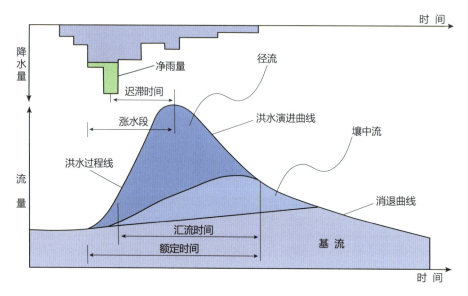

图 15-14　洪水发生过程示意图（据陈颙和史培军（2013）修改）

一般来讲，洪水过程包括涨水段和退水段，前者是洪水开始到洪峰流量的时间区间，后者是从出现洪峰流量到洪水回落至洪水之前状态的时间段。

洪水的分类有多种方式。按洪水形成的原因，可以分为如下几类：①暴雨洪水；②融雪洪水；③冰凌洪水；④山洪；⑤溃坝洪水；⑥风暴潮洪水等。这些洪水的发生发展具有明显的季节性和地区性，但是山洪与溃坝洪水还可能与突发事件（如地震和滑坡）有密切关联。按照洪水产生的时间长短，可以分为突发性洪水（如山洪和溃坝洪水）和渐发性洪水。按照洪水发生的范围，可以分为局部性洪水（如河流支流的山洪）、区域性洪水、流域性洪水和跨流域洪水，但是对于范围的定量界定尚无定论。

（二）洪水频率、重现期与洪水等级

洪水频率和重现期也是洪水发生的主要特征，同时也是量化洪水大小的重要指标。洪水频率（P）是指某一特征洪峰流量在已有历史及观测洪水数据中实际出现频次与总次数的比值，常以%表示。洪水频率越小，表示某一量级及其以上的洪水发生的概率越小。如，洪水频率为1%，则为百年一遇洪水。

衡量洪水的大小也常用重现期（以年为单位）来表示。重现期是指某特征量级的洪水在一定时期内平均多少年发生一次，它是该量级洪水发生频率的倒数（$T_p = 1/P$）。如某量级洪水的重现期为百年（即百年一遇洪水），是指这个量级的洪水在很长时间范围内平均每百年出现一次的可能性。注意，这是基于已有数据样本统计的一个经验估计，而不能简单理解为每隔百年发生一次。实际情况下，这种洪水100年内可能出现多次，也可能一次都不会发生。

洪水频率和重现期也是划分洪水等级、确定水利工程和堤防建设规模的重要依据。2009年1月1日开始实施的国家标准《水文情报预报规范（GB/T 22482—2008）》按洪水要素（如洪峰流量）的重现期，将洪水划

美国北达科他州红河
Fargo 站点 1897—
2021 年间洪水发生
频率与重现期

分为四个等级：重现期小于 5 年、5 ～ 20 年、20 ～ 50 年和大于 50 年分别对应于小洪水、中洪水、大洪水、特大洪水四个等级（表 15-7）。

表 15-7　洪水等级划分 *

洪水频率 P/%	洪水重现期 T_p / 年	洪水等级
>20	<5	小洪水
20~5	5~20	中洪水
5~2	20~50	大洪水
<2	>50	特大洪水

*依据国家标准《水文情报预报规范》（GB/T 22482—2008）

（三）洪水灾害效应

一般意义上来讲，洪水灾害的发生与大气降水和广泛的河流流域分布密切相关，而大气降水与天气和气候的年际变化与季风等气候的周期性紧密关联。因此洪水灾害具有明显的汛期时效性和空间分布特征，它是自然灾害中发生频次最高的灾害（陈颙和史培军，2013；Ritchie and Roser，2014；应急管理部 - 教育部减灾与应急管理研究院，2021）。从图 15-1 可以看出，20 世纪以来洪水灾害在所有自然灾害中造成的死亡人数排第二，仅次于干旱灾害。

洪水灾害的主要效应体现在人员的伤亡、建筑和道路交通等设施的毁坏、土壤流失和植被破坏等。洪水灾害的次生灾害包括河流、湖泊等水资源的污染，净水和排污系统的破坏，饥饿和瘟疫疾病的传播，等等。

洪水灾害效应可以在某些自然和人为因素影响下加剧，包括森林植被的人为砍伐和破坏、河漫滩平原的土地利用、洪水历时延长、洪水预测预警和应急措施失当等等。

（四）世界洪水灾害空间分布

世界上洪水灾害主要发生在河流和湖泊分布广泛、降雨充沛的地区，如北半球亚热带和暖温带。其中最严重的地区包括亚洲、北美洲、欧洲、中美洲、南美洲西北部和中东部，还有非洲东部中段区域。更具体来讲，由于受青藏高原发育的多条世界级大河（如雅鲁藏布江 - 布拉马普特拉河、怒江、澜沧江、长江、黄河、珠江等）、低海拔平原地形和季风气候的综合影响，中国、孟加拉国和中南半岛成为全球洪水灾害最严重的地区（图15-15）。同时，这些地区也是世界上人口最稠密和最主要的农耕区，因此它们的工农业生产及人类社会及文明的发展深受洪水灾害影响。

（五）中国洪水灾害空间分布

中国境内发育了众多大型河流，其中河长超过 1000km 的达 12 条（包括长江、黄河、黑龙江、松花江、珠江、雅鲁藏布江、塔里木河、澜沧江、怒江、辽河、海河和淮河）。河流的广泛分布以及中国所具有的三级阶梯地形和季风气候，使得中国大部分地区洪水以暴雨洪水和山洪为主，各类洪水的发生与发展都具有明显的季节性（每年 4—9 月）与地区性。据历史资料，公元前 206 年到 1949 年的 2155 年中，中国共发生较大洪涝灾

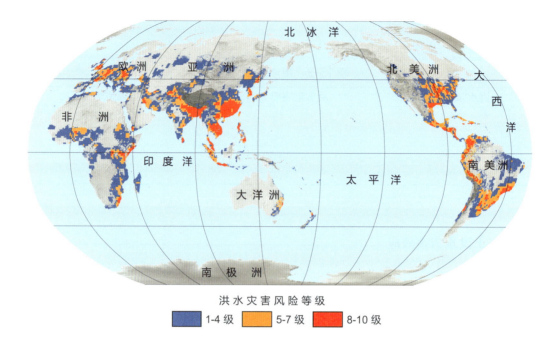

洪水灾害风险等级

1-4 级　　5-7 级　　8-10 级

图 15-15 世界洪水灾害风险等级分布图（图中等级数字越大，风险越大）

据 Dilley et al. (2005) 和哥伦比亚大学灾害与风险研究中心等（2005）（Center for Hazards and Risk Research，Columbia University）修改。数据来源于达特茅斯洪水观测中心统计的 1985-2003 年极端洪水事件。可以看出，中国、孟加拉国、中南半岛是全球洪水灾害最严重的地区。DEM 底图据地理空间数据云（http://www.gscloud.cn/search）。

害 1092 次，平均约每两年发生一次。而 1900—2000 年间发生特大洪灾 23 次（陈颙和史培军，2013），而 2000 年以来发生过特大洪水的年份就有 14 次[①]。这些洪水灾害当中，最厉害的当属 1931 年的长江和淮河水灾，而近 30 年来，最厉害的是 1998 年长江洪水灾害（陈颙和史培军，2013）。

1900-2020 年间世界及中国洪水灾害死亡人数统计图

　　1931 年的长江特大洪灾是 20 世纪以来最大的一次水灾。当时长江各大支流普遍发生洪水，其中下游河湖泊及平原区大部被淹，堤坝普遍决口。据统计，湖南、湖北、江西、浙江、安徽、江苏、山东和河南 8 省受灾总人数超过 5000 万（约占当时全国 1/4 人口），死亡人数约 40 万。

　　1998 年中国多个流域发生了特大洪水，分布范围广，受灾时间长。在长江流域，从 7 月下旬到 9 月中旬，长江上游共出现 8 次洪峰，造成了继 1931 年和 1954 年长江特大洪水后的第三次全流域型大洪水。另一方面，松花江和嫩江等流域也发生了该年份前 150 年来最严重的特大洪水。据统计（中华人民共和国水利部，2019），1998 年全年全国洪水共造成超过 4150 人死亡，农田受灾 2229.2 万公顷，成灾面积 1378.5 万公顷，倒塌房屋 685 万间，损坏房屋 1329.9 万间，直接经济损失 2550.9 亿元人民币。

---

① 根据水利部信息中心和水利部水文水资源监测预报中心编著的全国水情年报（2000-2021）（http://www.mwr.gov.cn/sj/tjgb/sqnb/）统计，发生特大洪水灾害的年份包括 2000，2007-2008，2010-2021。

在这次长江特大洪水抗灾中，中国人民解放军和武警官兵及祖国亿万群众都加入救灾中，涌现出许多可歌可泣的动人故事，体现出中国人在大灾大难面前的大无畏气概，团结互助、众志成城、奋勇向前的精神。

第五节 减轻自然灾害

人类赖以生存的地球是一个动态的星球，这也是生命得以产生和发展的根基。地球本身的运动学性质决定了自然灾害在地球上在长时间内不会消失。因此，人类的生存和发展必然与自然灾害共存。虽然自然灾害不能消除，但是人们可以通过一系列手段、方法和技术减轻自然灾害（陈颙和史培军，2013；崔鹏等，2018）。

对自然灾害的防治应尽力弄清机理，因地制宜，讲究实效，超前评估，坚持以防为主、防治结合的方针。具体来讲，可以按照如下几个方面进行操作。

（1）**坚持预防为主**。"预防为主"是减轻自然灾害的最重要措施。在这方面，可以至少开展和加强三方面的工作：①灾害区划和风险评估；②工程减灾；③建立灾害保险及基金。

不同的灾害类型可以按照其形成机理、特征和影响范围，利用最新的理论方法手段，做出科学的灾害区划，并定量厘定出不同的灾害风险等级。灾害区划需要考虑三方面因素：高风险灾害区域的空间分布，对应高风险灾害区的社会财富、设施和人口分析，还有就是高风险灾害区被破坏对象的响应分析，如建筑设施的抗震、抗洪、抗台风性能等。这样，灾害区划分析可以为制定应急预防措施提供精准的分析基础。

统计及历史经验表明，自然灾害如地震、火山、海啸、洪水等发生时，建筑物倒塌和破坏是引起人员伤亡的主要原因。因此，通过研发重大工程灾害防控技术，建造能够降低、抵抗甚至超过高风险级别自然灾害的建筑和工程设施，包括房屋、道路、桥梁和有关设备等，可达到工程预防和减灾的目的。

自然灾害在造成人员伤亡的同时，还会引起重大的经济损失。比如地震、火山、海啸、滑坡、泥石流、洪水和台风等都可能摧毁人类居住的房屋、农田和有关财产，还可能引起重大疾病和瘟疫。为了避免灾害发生后随之而来的经济困境，积极有效建立起老百姓能够负担又满足灾后重建需要的各类自然灾害保险和基金，也是灾害预防的一项重要手段。

（2）**进行科学的预测预警**。依据不同灾害类型及其特征，设计并利用一系列前沿的科学技术手段，如空天信息技术，包括"北斗"定位系统、高分辨率遥感监测、无人机定期监测、地表定点监测、气象卫星观测、有限孔径干涉雷达监测、密集台阵监测、光线信号监测、海底全球定位系统和无缆遥控水下机器人监测等多种技术手段，依据上述灾害区划和风险评估情况，开展自然灾害的动态监测，实时搜集并分析监测数据，利用大数据与机器学习及模拟等手段，建立多参数耦合的区域性及全球性的灾害预测及预警信息系统（如地震、火山、海啸等各种灾害预警系统），最大限度地减轻自然灾害带来的影响。

（3）加强提升应急响应和灾害救援。灾后应急救援是减轻自然灾害的重要组成部分。首先是要通过总结以往灾害救援的经验教训，制定并建立一套完善的社会有关各部门迅速联动的应急响应和救援管理政策、法规和实施措施，针对具体自然灾害，以最快的速度组织实施救援。同时，研发和引进最先进的专业应急救援设备也是提升救援效果的有力措施之一。

（4）防灾减灾综合立法。防灾减灾立法是保障防灾、减灾体制顺利建立和发展的根本要求。中国政府一贯高度重视依法防灾减灾，制定了一系列涉及这方面的法律法规，防灾减灾法律体制不断得到完善。目前，我国有关防灾减灾已有的法律法规包括《自然灾害救助条例》《突发事件应对法》《环境保护法》《气象法》《防震减灾法》《消防法》《防洪法》《森林法》《水土保持法》及国务院《地质灾害防治条例》《防洪条例》《抗旱条例》《森林防火条例》《汶川地震灾后恢复重建条例》等，同时也设立 5 月 12 日为"防灾减灾日"，并成立了应急管理部综合防治全国的各种自然灾害，但是仍然亟待一部综合性的防灾减灾法以进一步统筹协调防灾减灾的各方面事项。

（5）加强防灾减灾的科普教育和应急演练。防灾减灾事关广大群众的生命财产安全，防灾减灾的科普教育和应急演练是减轻自然灾害影响的重要基础。近些年来，尤其在 2008 年汶川 8 级大地震、2021 年郑州洪涝灾害等事件以后，人们的防灾减灾意识逐渐增强。在这些有利的背景之下，应该把加强学校减灾教育和提高公众防灾意识相结合，并通过社会媒体、科普教育竞赛等多种手段，同时结合应急演练，让社会大众掌握基本的防灾减灾知识和应急技能。另外，在自然灾害风险场所和避难所，加大对自然灾害防范的宣传，做到科学防灾。

练习题

1. 地震灾害的程度与下面这些因素如何关联？
   a）震级、震中距、震源深度；
   b）与发震断层的距离；
   c）受灾区域的沉积覆盖、地形特点；
   d）受灾区域的建筑设施抗震性能。
2. 滑坡灾害和泥石流灾害发生的异同点是什么？
3. 台风风眼经过时，可能产生哪些主要及次生灾害？
4. 如何正确理解"百年一遇的洪水"？

思考题

1.自然灾害的时空分布与板块运动有关联吗？请举例说明。

2.如何从地球系统科学的角度指导防灾减灾？

3.天气可以预报，为什么地震灾害难以预测？将来如何实现地震预测？

4.如何利用大数据与人工智能的方法对自然灾害进行预测或预警？

参考文献

[1] Blong R J.Volcanic hazards: a sourcebook on the effects of eruptions[M]. Florida: Academic Press, 1984: 424.

[2] Brown S K, Jenkins S F, Sparks R S J, et al. Volcanic fatalities database: analysis of volcanic threat with distance and victim classification[J]. Journal of Applied Volcanology, 2017, 6(1): 15.

[3] Center for Hazards and Risk Research - CHRR - Columbia University, Center for International Earth Science Information Network - CIESIN - Columbia University, and International Bank for Reconstruction and Development - The World Bank. 2005. Global Multihazard Mortality Risks and Distribution[EB/OL]. [2020-08-12]. Palisades, NY: NASA Socioeconomic Data and Applications Center (SEDAC). https://doi.org/10.7927/H41J97NM.

[4] Dilley M R S, Chen U, Deichmann A L, et al. Natural Disaster Hotspots: A Global Risk Analysis[EB/OL]. [2020-08-12]. Washington, D.C.: World Bank, 2005. http://documents.worldbank.org/curated/en/621711468175150317/Natural-disaster-hotspots-A-global-risk-analysis.

[5] Giardini D, Grünthal G, Shedlock K M, et al. The GSHAP global seismic hazard map[J]. Annali di Geofisica, 1999, 42(6): 1225-1228.

[6] Ho T-C, Satake K, Watada S, et al.Tsunami Induced by the Strike-Slip Fault of the 2018 Palu Earthquake (Mw = 7.5), Sulawesi Island, Indonesia[J]. Earth and Space Science, 2021, 8(6): e2020EA001400.

[7] Keller E, Devecchio, D & Blodgett R H. Natural hazards: Earth's processes as hazards, disasters, and catastrophes (5th ed.)[M]. London: Routledge, 2019: 664.

[8] Liu D.Typhoon/hurricane/tropical cyclone disasters: Prediction, prevention and mitigation[J]. Journal of Geoscience and Environment Protection, 2019, 7(5): 26-36.

[9] Ritchie H & Roser M. Natural Disasters[EB/OL]. [2020-08-12]. Published online at OurWorldInData.org.2014. https://ourworldindata.org/natural-disasters.

[10] Shi P, Yang X, Liu F. et al. Mapping Multi-hazard Risk of the World, in: Shi, P., Kasperson, R. (Eds.), World Atlas of Natural Disaster Risk[M]. Berlin: Springer, 2015: 287-306.

[11] 陈颙, 史培军. 自然灾害[M]. 3 版. 北京: 北京师范大学出版社, 2013.

[12] 崔鹏, 邹强, 陈曦, 等. "一带一路"自然灾害风险与综合减灾[J]. 中国科学院院刊, 2018, 33(增刊 2): 38-43.

[13] 顾人和. 大禹治水与长江早期文明[J]. 湖泊科学, 2003, 15(增刊): 184-189.

[14] 嵇少丞. 地震, 大洪水, 古文明[J]. 矿物岩石地球化学通报, 2016, 35(5): 1070-1072.

[15] 蒋海昆, 杨马陵, 付虹, 等. 震后趋势判定参考指南[M]. 北京: 地震出版社, 2015.

[16] 应急管理部-教育部减灾与应急管理研究院, 应急管理部国家减灾中心, 红十字会与红新月会国际联合会. 2020 全球自然灾害评估报告[R]. 2021.

[17] 中华人民共和国水利部.《中国水旱灾害防御公报 2019》(附表 2-1 1950—2019 年全国洪涝灾情统计) [R]. 2019: 62-63.

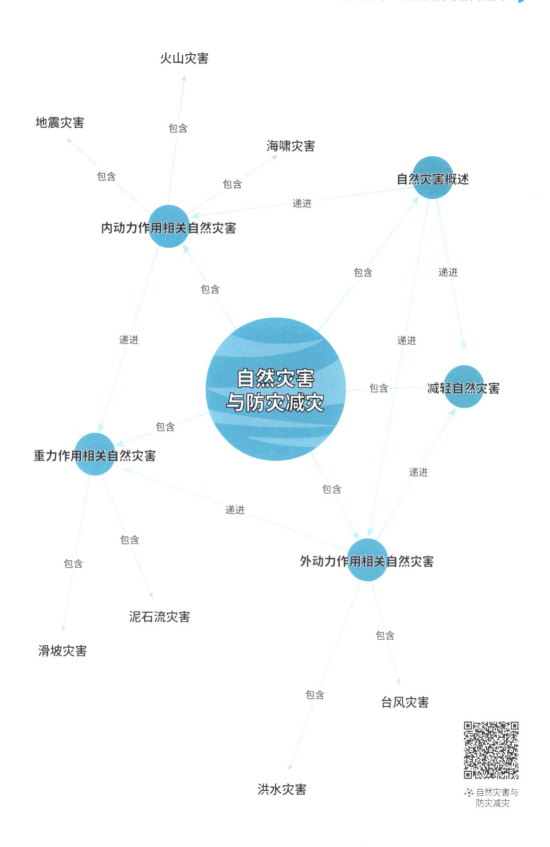

火山灾害

地震灾害

海啸灾害

自然灾害概述

内动力作用相关自然灾害

包含

包含

包含

递进

包含

递进

递进

自然灾害
与防灾减灾

包含

减轻自然灾害

递进

递进

重力作用相关自然灾害

包含

外动力作用相关自然灾害

包含

包含

递进

包含

泥石流灾害

滑坡灾害

台风灾害

包含

洪水灾害

❖ 自然灾害与
防灾减灾

第十六章

CHAPTER 16

地球系统中的全球变化

地球系统中的大气圈、水圈、岩石圈、冰冻圈、生物圈一直处在变化之中。各个圈层变化的时间尺度不同。例如，与岩石圈相关的地形分布、海陆分布等，变化速度比较缓慢；与大气圈相关的大气温度、降水等的变化速度相对很快；海表热力和动力性质的变化比深海的变化速度快很多。不同时间尺度的地球系统变化受到不同因素的制约。工业革命以来的 200 多年间，人类活动对全球气候和地球系统产生了重要影响，持续的全球气候变化将会对全世界的可持续发展产生深远影响。

长期以来，世界各国的科学家对全球气候变化的机理、预测和应对进行了深入的研究，以中国近代地理学和气象学的奠基者竺可桢先生、国家最高科学技术奖获得者叶笃正、曾庆存等（见右侧二维码）为代表的老一辈科学家和当今的中青年科学家在全球气候变化领域做出了杰出的贡献。有关气候

中国杰出气候学家代表

变化的研究也数次在不同领域获得诺贝尔奖：1995 年诺贝尔化学奖授予保罗·克鲁岑等科学家，表彰他们对大气化学，特别是有关臭氧的形成和分解的研究贡献；2007 年诺贝尔和平奖授予政府间气候变化专门委员会（IPCC）与美国前副总统戈尔，表彰他们在传播关于气候变化的大量知识所付出的努力及贡献；2018 年诺贝尔经济学奖授予威廉·诺德豪斯，表彰他将气候变化融入宏观经济学分析中做的贡献；2021 年诺贝尔物理学奖授予真锅淑郎和哈塞尔曼，表彰他们构建模拟地球气候的物理模式量化气候可变性和可靠地预估全球变暖。这些充分说明全球气候变化机理、影响和应对研究的重要性。

第一节 影响气候变化的因子

自地球在 46 亿年前形成以来，地球上的气候就一直在变化。地球气候的变化受到很多因素的影响。影响地球气候的因子可以分为两类：一类是外部因子，如大陆板块漂移、地球轨道参数、太阳活动、火山活动等，这些因子对地球气候有重要的影响，但是气候变化对这些因子基本没有影响；另一类是内部因子，如海洋和大气环流在年际和年代际时间尺度的变化，这些变化本身涉及气候系统内部复杂的非线性过程。影响地球气候的因子也

可以分为自然因素和人为因素。自然因素指的是自然环境的变化引起气候变化，如地球轨道变化、太阳黑子变化、海陆分布变化等；人为因素指的是人类活动导致气候变化，如化石燃料燃烧排放温室气体和气溶胶、砍伐森林和城市化改变陆面性质等。以下简要说明不同气候变化影响因子的作用机理。

一、影响气候变化的自然因素

（一）板块漂移和地形变化

板块运动是地球表层系统中相对最慢的演变过程。地球板块运动对百万年以上时间尺度的气候变化起着重要的作用。地球上最大的构造演变是海陆分布。目前北半球海洋约占60%，陆地占40%；南半球海洋占80%，陆地占20%。大部分陆地集中在北半球的30°N～60°N，因此北半球中纬度地区冬季温度比南半球冬季低，而且季节变化大。在古生代，大陆基本集中在南半球。海陆分布的不同直接影响地表的反照率。海水的反照率约10%，陆面的反照率约20%，被冰雪覆盖的地表反照率可以达到80%。不同的反照率导致被地表吸收的太阳辐射量不同，对地球温度和气候产生显著影响。因此，大陆所处的地理位置是影响气候的关键因素之一。例如，南极因为有大陆的存在，冰盖出现于三四千万年前；而北极由于北冰洋的存在，冰盖在三四百万年前形成。海陆分布也直接影响海洋环流，从而影响海洋的热力输送和大气环流系统。例如，有研究表明，约3000万年前南美洲和南极洲板块分离，形成绕南极环流，阻碍了来自热带洋流的热量输送，从而促进南极冰盖的形成。以喜马拉雅山和青藏高原等的形成为代表的造山运动通过影响大气环流，也对全球气候产生重要影响。另一方面，海陆板块的挤压和碰撞引起的火山喷发向大气中释放出大量的水汽、CO_2 和其他气体。海陆板块挤压和碰撞的速率通过影响大气中的 CO_2 浓度，对百万年时间尺度以上的气候变化起着重要作用。

（二）地球轨道参数变化

在几十万年的时间尺度上，地球轨道参数的变化对地球气候有着重要的影响。太阳辐射是地气系统能量的根本来源。在太阳辐射源强度不变的情况下，地球轨道参数的变化会造成地球接收太阳辐射量的变化，相关理论被称为米兰科维奇理论。其核心是地球三个轨道参数的周期性变化决定了地球表面接收到的太阳辐射，从而影响地球气候。第一个参数是偏心率，代表地球公转轨道的几何形状。地球公转轨道从椭圆到接近圆形再到椭圆需要约10万年的时间。偏心率越大（即轨道越接近于椭圆），地球在近日点和远日点接收到的太阳辐射差异越大。现在地球轨道的偏心率为0.016，相对低（更加接近圆形）。而10万年前是0.04，20万年前接近0.05。现在地球处于近日点时，接收到的太阳辐射比处于远日点时的辐射大约多7%。当地球轨道偏心率达到最大时，这个差异可以达到30%。偏心率的改变会导致地球在一年中接收的太阳辐射能量和南北半球的季节长度发生变化。偏心率还有一个约40万年的长周期。第二个参数是黄赤交角，代表赤道面与公转轨道面（黄道面）之间的夹角。这个夹角的变化范围是22°到24.5°。目前为23.5°。黄赤交角的变化周期约为4.1万年。黄赤交角的变化导致不同纬度接收的太阳辐射量发生变化。黄赤交角越小，中高纬度的冬季和夏季的差别就越小，即冬季更加温暖，夏季更加凉爽。当北半球高纬地区的夏季接收到的太阳辐射较少时，夏季凉爽，前一个冬季的积雪不会全部融化。多年的积雪累积增加地表的反照率，使得更多的太阳辐射被反射回太空，造成进一步的降温，从而使积雪不断累积，冰川逐渐形成。第三个参数是岁差。这是由于地球自转轴的进动，地球公转轨道面和赤道面的交点每年都沿黄道向西缓慢移动，周期约为 2.3 万年。现在北半球近日点在冬季，远日点在夏季。大约在 1.1 万年以前，北半球的远日点在冬季，因此那时北半球的冬季比现在漫长和寒冷，冬夏温差比现在大。偏心率、黄赤交角、岁差这三个地球轨道参数在从万年到 40 万年周期的共同变化导致了地球在不同纬度和季节接收的太阳辐射强度的变化。尤其是北半球高纬度地区夏季接收太阳辐射强度的变化，对地球冰期和间冰期的温度循环起着重要的作用。

（三）太阳活动

太阳活动变化会影响太阳的能量输出，从而影响全球气候。太阳活动主要包括太阳黑子、光斑、耀斑、日珥、射电辐射等。太阳黑子为太阳光球上较暗的黑斑。太阳黑子的变化周期约为 11 年。太阳黑子增多时，太阳光斑也增加，从而太阳辐射增强。太阳黑子极大年份的太阳辐射比太阳黑子极小年份的太阳辐射约多 0.1%。有研究表明，欧洲小冰期可能与当时太阳黑子活动少有关。

（四）火山活动

大规模火山活动将大量的地球内部物质由岩石圈输送到大气圈，这些火山喷发物可以到达平流层。尤其是富有大量硫化气体的火山喷发后，向大气中喷发的硫化气体（例如 SO_2）与水汽反应生成硫酸盐气溶胶。硫酸盐气溶胶通过散射太阳光，减少到达地表的太阳辐射，从而产生降温作用。例如，1991 年皮纳图博火山的喷发向大气中释放了约 2000 万吨的 SO_2。喷发后的一年，全球地表平均温度降低了约 0.5℃。火山喷发产生的气溶胶可在平流层停留 2～3 年，随着火山喷发产生的气溶胶从平流层不断沉降，火山喷发的冷却效应只能持续 1～3 年。

（五）气候系统内部变率

气候系统的自然振荡和不同圈层之间的相互作用，例如大气和海洋的相互作用，也会造成气候系统的年际和年代际尺度的变化。厄尔尼诺是最典型的气候系统内部变率。厄尔尼诺现象是指赤道中东太平洋的海表温度异常增暖现象。当赤道中东部太平洋的海表面温度高于其气候平均态，且持续一定时间，就称为厄尔尼诺现象；相反，当中东部太平洋的海表面温度显著低于气候态平均海温时，则称为拉尼娜现象。这种中东太平洋海温异常大约每隔 3～7 年出现一次。当赤道太平洋海温发生异常变化时，热带大气环流也会发生变化。通常用塔希提岛（148°05'W，17°53'S）和达尔文岛（130°59'E，12°20'S）这两个观测站的海平面气压差（塔希提减去达尔文）代表南方涛动指数。南方涛动指数为负时对应的是厄尔尼诺现象，反之对应拉尼娜现象。厄尔尼诺和南方涛动有密切的关系，是热带太平洋地区的主要气候变率。在海洋中体现为厄尔尼诺现象，在大气中体现为南方涛动。热带地区大范围海洋和大气环流的变化，对全球的大气环流和气候异常有深远的影响。

气候系统中还存在其他一些具有周期性的环流型，称为"振荡"或"涛动"。如太平洋年代际振荡、大西洋多年代际振荡、南极涛动、平流层准两年振荡等。这些振荡和涛动对区域和全球气候异常都起着重要作用。并且，这些气候系统内部变率并不是孤立存在的，而是存在复杂的非线性相互作用。

二、影响气候变化的人为因子

（一）温室气体

大气中的水汽（H_2O）、二氧化碳（CO_2）、甲烷（CH_4）、一氧化二氮（N_2O）、臭氧（O_3）、氯氟烃（CFCs）等气体通过吸收长波辐射，阻止地表和大气发散的热辐射逃逸到太空，从而对地气系统产生保温作用。因此，它们通常称为温室气体。CFCs完全是人为源产生，其他温室气体既有人为源，也有自然源。

大气温室效应的根本原因是不同气体对于不同波长辐射的选择性吸收。太阳辐射产生的能量有44%集中在0.4～0.7μm的可见光区，7%集中在小于0.4μm的紫外光区，37%集中在0.7～1.5μm的近红外光区，12%集中在大于1.5μm的红外光区。地球表面发射的辐射主要集中在5～25μm的红外光区。温室气体强烈吸收红外辐射，对太阳辐射的可见光部分吸收很少。温室气体分子吸收地表发散的长波辐射后动能增加，然后通过分子的碰撞将动能传递给其他大气分子，从而加热大气。由于温室气体的存在，相当一部分地表和大气发散的长波辐射被截留在地气系统中。如果大气中没有温室气体，地球的黑体辐射平衡温度将是-18℃。温室气体的存在，将地球表面平均温度稳定在约15℃，使得我们的地球宜居。因此，温室气体对于地球生命的存在至关重要。

工业革命以来，由于化石燃料的燃烧和土地利用，大气中温室气体的浓度不断升高。温室气体浓度的升高是全球变暖的主要原因。2019年，全球大气CO_2、CH_4和N_2O的平均浓度分别为410ppm（百万分之一）、1866ppb（十亿分之一）和332ppb。分别比工业革命前增加了47%、156%和23%。现在的大气CO_2浓度在至少过去的200万年是最高的（图16-1）。在过去的6000万年间，有时期大气CO_2浓度要比现在高很多。但是多重证据表明，1900—2019年间的大气CO_2增长率比过去80万年的任何时期至少高10倍，比过去的5600万年间也可能至少高4～5倍。氯氟烃（CFCs）和氢氯氟烃（HCFCs）完全是人为源产生的温室气体。自从2011年以来，CFCs的浓度持续下降，HCFCs的浓度上升，但是近年来上升的速率有所下降。不同类型的CFCs和HCFCs的浓度不同，约在10～500ppt（万亿分之一）。同等质量的CFCs(HCFCs)的增暖效率比CO_2的增暖效率大数千倍。但是，由于大气CO_2浓度远远大于CFCs(HCFCs)浓度，CO_2对全球增暖的贡献远大于CFCs(HCFCs)的贡献。

（二）气溶胶

气溶胶指的是在大气中以固态或液态形式悬浮的微小颗粒。气溶胶的直径大小一般在0.001～10μm。气溶胶的来源包括自然源和人为源。自然源包括海盐气溶胶、花粉、尘灰（主要来自沙漠地区）、火山喷发产生的火山灰和气体等。人为源包括化石燃料燃烧、汽车尾气排放、生物质能燃烧等。许多气溶胶不是直接排放到大气中，而是排放的气体在大气中通过化学反应生成。例如对流层中的硫酸盐气溶胶主要来自排放的SO_2。据估计，

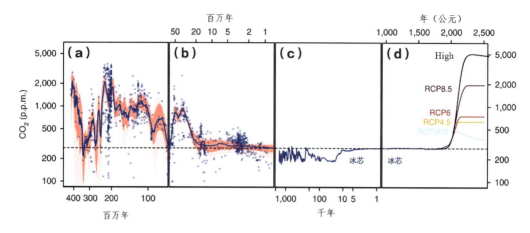

图 16-1　地质时期（过去 4 亿年）、历史、现代和未来大气 CO_2 浓度

（a）和（b）显示的是从不同代用资料中重建的过去 4 亿 –100 万年间大气 CO_2 浓度和不确定性范围；（c）显示的是从冰芯资料中重建的过去 100 万年间大气 CO_2 浓度。（d）显示的是过去 1000 年间来自冰芯和观测的大气 CO_2，以及未来预估的在不同排放情景下的大气 CO_2 浓度。包括四种典型排放情景（RCP3PD、RCP4.5、RCP6、RCP8.5 依次表示未来温室气体排放强度增加的情景）以及化石燃料全部用完的情景（High）。（a），（b），（c）是对数坐标。（d）是线性坐标。修改自 Foster et al.(2017)。

大气 SO_2 的排放从 1860 年时的小于 3TgS/a 上升到 1990 年的约 180TgS/a，随后全球的排放量显现下降趋势。全球的 SO_2 排放量从 1990 年到 2015 年下降了约 30%。

气溶胶对于气候变化的影响非常复杂，取决于气溶胶的化学组成、颗粒大小、垂直分布特征以及气溶胶和云的相互作用等。一些气溶胶，例如硫酸盐气溶胶，通过散射太阳光减少到达地面的太阳辐射，产生冷却作用。而另外一些气溶胶，例如黑碳气溶胶，可以通过吸收太阳光，产生暖化作用。同时，气溶胶还通过影响云的反照率、生命期和降水过程产生间接气候效应。气溶胶在对流层中的生命期比较短，大概只有一周左右。因此，气溶胶的气候效应基本局限于气溶胶的排放地。相反，温室气体的生命期长，对气候的影响是全球性的。

（三）土地利用

大范围的土地利用，例如森林砍伐、植树造林、农牧业生产、灌溉、城市建造等通过改变陆地下垫面的物理性质，影响局地乃至全球的气候。下垫面性质的变化直接改变地表反照率。例如，裸土的反照率一般比植被高，因此，森林砍伐通常会增加地表的反照率，这种效应在高纬度的雪地尤为明显。自然植被变为农田也会改变地表的反照率。下垫面变化还通过改变地表粗糙度、地表储水能力和地表蒸发等引起地表和大气热量传输、水循环和大气环流的变化。土地利用还会影响地表的储碳能力以及其他温室气体和气溶胶的排放，从而进一步影响气候。

上述自然和人为因子的变化引起气候变化。气候变化的本质是气候系统对外源强迫（自然因素或人为因素）的响应，涉及复杂的能量平衡、辐射强迫和气候反馈过程。

气候强迫和反馈

第二节 不同时期的气候变化

一、地质和历史时期气候变化

地质时期的气候特征主要通过地球上的自然记录获得。通过这些自然记录作为代用资料，利用同位素分析等方法，可以获得地质时期的气候特征。常用的代用资料有冰芯、湖泊沉积物、黄土、石笋、树木年轮、珊瑚和孢粉等。不同的古气候代用资料都有其不确定性和局限性，因此，我们对不同时期古气候的认知存在着不同程度的不确定性。

地球上的气候一直在变化。地球形成于约 46 亿年以前，那时大气的主要组成成分是氢气和氦气，称为原始大气。原始大气逐渐从地球表面逃逸到太空。从地球内部以火山喷发形式释放出的水汽、二氧化碳和氮气等气体逐渐形成二次大气。适当的日地距离对于整个地球历史的气候和地球宜居性有着关键的作用。由于适当的日地距离，早期地球上的水可以以固态、液态和气态形式共存，海洋逐渐形成。研究发现，能够释放氧气的蓝藻可能在 30 亿年以前就在海洋中出现了，但是直到 22 亿～24 亿年前，大气中的氧气才不断积累。氧气增加的同时，大气的臭氧浓度也不断增加。平流层臭氧层开始形成，使地球免受太阳紫外线的有害辐射。

有证据表明，在过去的 10 亿年间，至少有 3 次大冰期。一次是在约 6 亿年前的新远古代的震旦纪；一次是在 3 亿～2.5 亿年前的古生代晚期的石炭-二叠纪，一次是约 200 万年前的新生代的第四纪。这些大冰期之间是大间冰期。在亿年以上时间尺度的大冰期与大间冰期的交替变化中，全球平均温度的变幅超过 10℃。大冰期时地表有 20%～30% 的面积被冰雪覆盖。据研究，古生代晚期的大冰期主要发生在南半球，包括现在的南部非洲、南美洲和澳大利亚。那时，这些大陆在南半球聚合为一个超级大陆。

在这些大冰期之间存在着温暖期，其中研究最多的是约 1.2 亿年前到 9000 万年前的中生代白垩纪中期。那时的海陆分布与现在很不同。在那个时期，陆地冰很少，海平面约比现在高 100m，淹没了现在海平面以上约 20% 的陆地。许多证据表明，白垩纪中期比现在温暖很多。例如，那时的植被和动物分布比现在向极地移动了 15° 左右。在北极圈附近的煤炭沉积证据和恐龙生活证据也表明那时北极圈附近是温暖和湿润的气候。代用资料和模拟研究表明，白垩纪的大气 CO_2 浓度约比现在高 4～6 倍。高 CO_2 浓度可能部分是由于那个时期增强的火山活动造成的。模拟研究表明，不同的海陆分布和高 CO_2 浓度共同造成了白垩纪高纬度地区的显著暖化。

过去 6600 万年以来的温度变化大趋势如下：约 5600 万年前的始新世-古新世是一个极热事件，以多个温度代用数据，通过多种方法估计的那时全球表面温度相较于 1850—1900 年的平均温度高 10～25℃。在从约 5000 万年前开始的几千万年间，全球气温有一个长期变冷的趋势。地质证据表明，板块运动在过去的 1 亿年间趋缓。石灰岩进入地幔的速度减慢，减缓变质反应。因此，火山喷发释放 CO_2 的速度减缓。同时，亚洲板块和印度板块碰撞生成的喜马拉雅山脉加快了硅酸盐的风化速度，从而加速风化作用对大气 CO_2 的吸收。CO_2 源减少和汇增加造成大气 CO_2 浓度降低，减弱温室效应，造成降温。另一方面，海陆分布的变化也通过改变地表反照率和海洋的热量输送影响了长期的降温趋势。

第四纪大冰期开始于距今约250万年，是距今最近的一次大冰期。这250万年间的气候特征表现为漫长的冰期和相对短暂的间冰期的交替。在冰期，北美、北欧和西伯利亚都被厚厚的冰层覆盖；而在间冰期，只有南极洲和格陵兰被冰雪覆盖。代用资料显示，在过去的几十万年或更长的时间里，全球尺度上的气温和其他气候要素发生了一致的变化。从一个冰期到下一个冰期约是10万年。气温的振幅约8～9℃。在24000～18000年前的末次冰盛期，全球海平面比现在大概要低125m，北美、北欧和亚洲的很多地方被冰盖覆盖。据估计，那时格陵兰岛气温比现在低约10℃，热带气温比现在低约4℃。

偏心率、黄赤交角和岁差这三个地球轨道参数的变化共同决定了第四纪以来冰期和间冰期的温度变化。研究表明，第四纪冰期和间冰期温度周期性变化的主要原因是地球轨道变化造成的北半球高纬度地区接收的太阳辐射强度变化。当入射到北半球高纬度地区夏季的太阳辐射较弱时，冬季的积雪不能完全融化，残雪通过数千年的时间逐渐累积为厚厚的冰盖。不断增长的冰盖通过反射太阳光又加剧了地球轨道变化造成的夏季降温。有证据表明，在冰期和间冰期，冰盖中的冰储量变化和温度变化要先于大气CO_2浓度变化。这是由于地球轨道变化引起的温度变化影响海洋和陆地对大气CO_2的吸收能力，从而引起大气CO_2浓度变化。这与目前人为排放CO_2造成大气CO_2浓度增加，从而引起全球变暖的因果关系有本质的不同。

从末次冰盛期到现在的间冰期，气候变化是显著的。冰盖从约15000年前开始消融。约12700年前，劳伦太德冰盖的消融向新形成的湖泊和河流中注入大量的淡水，引发了一系列的洪水事件。这期间大约持续了1000年，气候又回到了冰期的状况。地质学家称这次事件为"新仙女木"事件。"新仙女木"事件在格陵兰冰芯和欧洲地区的气候代用资料中都有显著的信号。但是这次事件是否在全球范围内发生，还有很大的争议。"新仙女木"事件的时间尺度远小于地球轨道参数变化的周期。引发这一事件的原因还不明确。一种假说认为，劳伦太德冰川的消融向北大西洋高纬度地区注入了大量的淡水，使海洋温盐环流停止，抑制了由墨西哥湾流带来的从低纬度向格陵兰岛和北欧的热量输送，从而导致了欧洲变冷。

通过对格陵兰高分辨率冰芯资料的分析，"新仙女木"事件在约11700年前结束。进入了被称为全新世的间冰期，在约6000年前达到最暖的时期，称为中全新世暖期。过去1000多年的气候变化有两个重要的时期：中世纪暖期和小冰期。约900—1200年是一个相对较暖的时期，称为中世纪暖期。全球平均温度可能与20世纪后期气温相当。但是中世纪暖期出现的区域不确定，区域性差异大，有些地方没有明显证据。1550—1850年，全球出现了较寒冷的气候现象，全球平均降温约0.5℃，北半球中高纬度降温约1℃，称为小冰期。小冰期的降温在欧洲最为显著。研究表明，小冰期可能与太阳黑子活动有关。

图16-2显示了从过去6500万年以来重建的温度变化、目前观测的温度变化和未来不同温室气体排放情景下的温度变化。从图16-2中可以看出，与漫长地质时期的温度变化相比，目前和未来的温度变化在幅度和速率方面都有显著的区别。

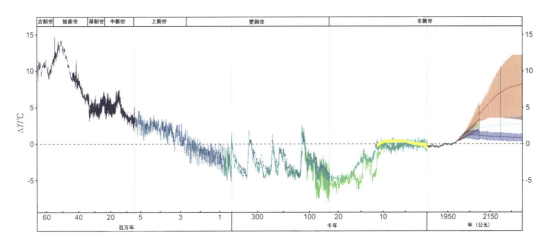

图 16-2　过去 6500 万年、现在以及未来温度变化趋势

显示的温度变化为相对于 1961—1990 年的全球平均地表温度。地质时期温度变化来自多种代用资料重建；现代温度变化来自观测数据；未来温度变化来自气候模式模拟。不同颜色代表不同的数据来源。未来温度变化基于不同的未来温室气体和气溶胶排放情景假设。自 6500 万年前以来，温度变化显示出长期（百万年时间尺度）变冷的趋势。在这长期趋势背景下，由于地球轨道参数的变化，地球温度显示万年到 10 万年的周期变化；工业革命以来的升温和未来预估的升温趋势和速率非常显著。修改自 Burke et al. (2018)。

二、现代气候变化

（一）全球气候变化

　　工业革命以来，随着人类活动的不断加剧，通过化石燃料燃烧和土地利用，人类活动已经显著改变了全球的气候系统。大气圈、海洋圈、冰冻圈、生物圈等圈层都发生了显著和广泛的变化。联合国政府间气候变化专门委员会（IPCC）第六次评估报告基于对近 15000 篇近 5 年发表论文的综合分析，对目前全球气候变化状况进行了全面的综合评估。评估认为，毫无疑问，人类活动的影响已经增暖了大气、海洋和陆地。大气圈、海洋圈、冰冻圈、生物圈已经发生了广泛而深远的变化。并且，气候变化的速率在过去的多世纪到数千年的时间尺度上都是前所未有的。人类活动已经影响了全球每个地区的极端天气和气候，包括热浪、极端降水、干旱、台风等。以下用一组数据定量说明目前气候变化的幅度和速率。

　　20 世纪 70 年代以来，地表升温趋势非常明显。与 1850—1900 年平均值相比，全球表面平均温度在 2011—2020 年增加了 1.09 [0.95 ～ 1.20] ℃。通过气候变化归因和检测方法，可以估算不同因子对观测到的增温的贡献。分析表明，20 世纪 50 年代以来，人类活动造成的 CO_2 等温室气体的增加，是造成全球变暖的主要原因（图 16-3）。仅仅考虑太阳和火山活动等自然因子无法解释 20 世纪的快速增温。

　　目前的升温速率显著高于历史和地质时期的温度变化速率。例如，从最后一次冰期到目前间冰期的转换期间，在约 5000 年的时间内全球温度增加了约 5℃，最大增暖率约为每 1000 年 1.5℃。作为对比，自 1900 年到目前的 120 年内，地表增温了约 1.1℃。研究证据表明，自 1970 年以来的 50 年，全球表面增温速度比至少过去 2000 年间的任意一个

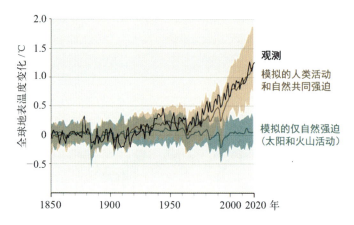

图16-3 1850—2020年间全球地表温度相对于1850—1900年观测到的变化（黑色线条）、模拟的人类活动与自然因子共同强迫（浅褐色线条及阴影）以及仅有自然因子强迫（绿色线条和阴影）引起的变化。来源于翟盘茂等（2021）

50年的速度都要快。

温度变化导致了降水、海平面、积雪、海冰等一系列气候要素的变化。自1950年以来，全球陆地降水增加。自1979—1988年到2010—2019年，北极海冰9月份的面积减少了约40%。自20世纪以来，全球冰川质量在2010—2019年达到了最低点。人类活动对北极海冰的减少和全球冰川的消退起着重要的作用。自20世纪50年代以来，全球几乎所有的冰川都在同步退缩，这在至少过去2000年来是前所未有的。

随着大气温度的增加，海洋也在持续升温。根据估算，1971—2018年，海洋热量增加了$[280 \sim 550] \times 10^{21}$焦耳。在过去一个世纪，全球海洋增暖的速率为约11000年以来最快。同时，全球海平面在加速上升。1901—2018年间，全球海平面增加了0.20 $[0.15 \sim 0.25]$m。海平面增加的速率也不断上升：1901—1971年间为1.3[0.6~2.1]mm/a；1971—2006年间为1.9[0.8~2.9]mm/a；2006—2018年间为3.7 [3.2~4.2]mm/a。自1900年以来，全球海平面上升的速率比过去至少3000年以来的任何一个世纪都快。

气候系统变化带来一系列极端天气和气候的变化。自20世纪50年代以来，大部分陆地区域的高温极端事件（包括热浪）变得更加频繁和强烈，而低温极端事件（包括寒潮）的发生频率和剧烈程度降低。研究表明，如果没有人为因素对气候系统的影响，过去十年观测到的一些高温极端事件极不可能发生。在过去的40年里，全球主要（3~5级）热带气旋发生的比例可能增加了。归因研究表明，人类活动引起的气候变化增加了与热带气旋相关的强降水。

同时发生的热浪和干旱、风暴潮与极端降雨以及高温、干燥和大风条件共同导致的复合火灾天气条件对于社会经济有着巨大的影响。在不同地点同时发生的极端事件对于社会经济也有着重要的影响。研究表明，人类活动已经增加了自20世纪50年代以来这些复合极端事件发生的可能性，包括全球范围内同时发生的热浪和干旱、一些地区的火灾天气以及一些地区的复合洪水事件的频率。

（二）中国气候变化

在全球气候变化的大背景下，中国气候也发生了显著的变化。《中国气候变化蓝皮书（2022）》对最近几十年的中国气候变化进行了全面评估。中国是全球气候变化的敏感区和影响显著区，升温速率明显高于同期全球平均水平。1951—2021年，中国地表年平均气温呈显著上升趋势，升温速率为0.26℃/10a（图16-4）。近20年是20世纪初以来的最暖时期，1901年以来的10个最暖年份中，有9个均出现在21世纪（其余一个是1998年）。1961—2021年，中国平均年降水量呈增加趋势，但是降水变化的区域差异明显。

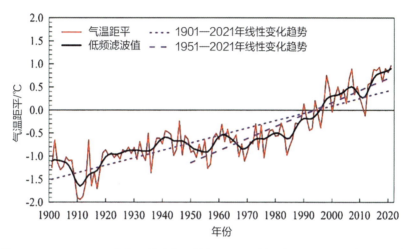

图16-4　1901—2021年中国地表年平均气温距平（相对1981—2010年平均值）

（来源于《中国气候变化蓝皮书（2022）》）

在全球变暖的大背景下，中国的高温、强降水等极端事件增多增强。极端高温事件自20世纪90年代中期以来明显增多；1961—2021年，中国极端强降水事件呈增多趋势，同时极端低温事件减少。1980—2021年，中国沿海海平面上升速率为3.4mm/a，高于同期全球平均水平。观测表明，中国的冰冻圈也发生了显著变化。青藏高原多年冻土退化明显。

三、未来气候变化预估

未来气候变化在很大程度上依赖于温室气体和气溶胶的排放情景。IPCC第六次评估报告以5种典型排放情景为例，预估了未来数十年至数百年时间尺度上可能的气候变化。这些典型排放情景包括极高强度排放情景（在21世纪中叶CO_2排放加倍）、高强度排放情景（在21世纪末CO_2排放加倍）、中等强度排放情景（在21世纪中叶保持目前排放水平）以及在21世纪中叶或者以后达到净零CO_2排放（CO_2的人为排放量等于CO_2的人为吸收量），然后实现净负CO_2排放（CO_2的人为排放量小于CO_2的人为吸收量）的极低强度和低强度排放情景。这些排放情景考虑了不同的未来可能的全球人口和社会经济发展状况，也考虑了非CO_2的其他温室气体和气溶胶的排放。根据这些不同的排放情景，中国、美国、德国、法国、日本等数十个国家利用各自开发的气候系统模式，对未来全球和地区的气候变化进行了预估。这些预估在统一的国际气候模式比较计划框架下进行。目前有超过 30 个气候系统模式参加了这一计划。这些气候系统模式在基于我们目前对气候系统的物理、化学和生物过程的理解基础上，通过数学建模的方法构建，利用超级计算机进行模拟计算，代表了目前我们对于气候系统的最新认知水平。在利用这些模式对未来气候进行预估的过程中，也考虑了太阳活动和火山活动等自然因素的可能影响。并且，在利用这些模式对未来气候变化进行预估时，考虑到了这些气候系统模式在观测数据的约束下，对过去气候变化的模拟能力。

根据预估结果，在所有考虑的排放情景下，全球温度都将持续升高到至少本世纪中叶。相较 1850—1900 年，对于考虑的所有排放情景，在 2021—2040 年，全球平均升温约为 1.5℃。2081—2100 年，对于在本世纪中叶达到二氧化碳净负排放的极低强度排放情景，全球升温为 1.0 ～ 1.8℃；对于中等排放强度情景，全球升温为 2.1 ～ 3.5℃。对于极高强度排放情景，全球升温将是 3.3 ～ 5.7℃。预估的全球温度变化可以和古气候时期的温度比较。离现在最近的一次多世纪温暖期出现在约 6500 年前，那时候的温度比 1850—1900 年约高 0.2 ～ 1℃。再上一个最近的温暖期是大约 12.5 万年前，那时候的多世纪温度比 1850—1900 年高 0.5 ～ 1.5℃。上一次全球温度持续比 1850—1900 年高 2.5℃ 以上的时期是约 300 万年以前的上新世中期。

强有力的证据表明，随着全球升温，全球水循环会不断增强。全球大部分地区的强降水事件将加剧，并且变得更为频繁。在全球范围内，每一度的升温将会导致极端日降水事件增加约 7%。研究表明，过去和未来的温室气体排放造成的很多气候变化在世纪到千年的时间尺度上是不可逆的，尤其是海洋、冰盖和全球海平面的变化。全球海洋升温在世纪到千年时间尺度上是不可逆的。高山和极地冰川在未来的几十年到几个世纪将会持续融化。格陵兰冰盖在 21 世纪将会继续融化，南极洲冰盖在 21 世纪也将有可能继续融化。全球海平面在 21 世纪将会持续升高。相较于 1995—2014 年，到 21 世纪末，在低排放情景下，全球海平面将增加 0.3 ～ 0.6m。在极高强度排放情景下，全球海平面将增加 0.6 ～ 1.0m。随着全球变暖的加剧，预估许多地区发生复合极端事件的可能性将增大。尤其，同时发生的热浪和干旱事件将会变得更加频繁。

第三节　气候变化的影响和应对

一、气候变化的影响

如上所述，在人类活动影响下，气候系统已经产生了大范围和快速的变化。如果温室气体的排放不加以控制，未来全球变暖的趋势将不断加剧，气候变化会对自然生态系统和人类社会经济的各方面带来深远的影响。例如，气候变化影响陆地和海洋生物的地理分布、季节活动、迁徙模式以及生物多样性；降水变化和冰雪消融变化影响全球和地区的淡水资源；温度、降水等的变化影响全球和地区的农作物产量和粮食安全；海平面上升使沿海地区灾害性的风暴潮发生更为频繁，洪涝灾害加剧，沿海低地和海岸受到侵蚀，从而威胁沿海地区的生产生活；北极海冰的消融影响当地的生态系统，也会对大气和海洋环流，以及船只航道产生深远影响；不同地区的平均气候态和极寒、极热等极端气候的变化影响不同地区的宜居性和人们的生产生活方式；气候变化可能会扩大某些传染病的流行程度和范围，从而对人类健康产生负面影响；气候变化会通过影响不同地区的气候，改变不同地区的农业和工业生产行为，从而进一步影响地区和国际贸易；气候变化也会影响不同地区的能源利用。综合而言，气候变化通过对农业、粮食安全、水资源保障、海洋与海岸带、人体健康、生态安全等的影响，对全球经济和社会的可持续发展带来深远影响。

2015 年 12 月，《联合国气候变化框架公约》近 200 个缔约方一致同意通过了《巴黎协定》。《巴黎协定》提出将全球平均升温控制在相对于工业化前水平 2℃ 以内，并努力将其控制在 1.5℃ 以内，以降低气候变化的风险与影响。目前相对于工业革命前，全球平均升温已经达到了 1.1℃。实现 1.5℃ 和 2℃ 的温控目标是极大的挑战。世界各国学者对全球升温 1.5℃ 和 2℃ 可能带来的影响进行了综合评估。以下以这两个控温目标为例，说明气候变化可能带来的深远影响。

研究发现，在 1.5℃ 增暖下，相对于 1986—2005 年，全球约一半的陆地区域持续高温日数将增加 30 天左右；而在 2℃ 增暖下，将增加 50 天左右。灾害风险分析研究表明，在 1.5℃ 和 2℃ 增暖下，全球受洪水影响人口将分别增加 100% 和 170%，而造成的财产损失将分别增加 120% 和 170%，其中，亚洲、美国和欧洲受到的影响最大。

增暖对农作物产量的影响依赖于农作物的类别和区域。研究表明，温度的增加可能会给一些高纬度地区的农作物带来增产，而减少热带地区的小麦和玉米等农作物产量。和升温 1.5℃ 相比，在升温 2℃ 情景下，小麦、玉米、水稻和其他谷物的产量会面临更大的减产，尤其在东南亚、中美和南美地区。

根据预估，最近每个世纪发生一次的极端海平面上升事件，到 2100 年会在全球超过一半的验潮仪地点每年发生一次。海平面上升将使低洼地区海岸带洪水的频率和强度增加，并且使大部分沙质海岸遭受侵蚀。

气候变化的另外一个风险是所谓的"小概率高影响事件"，包括冰盖崩塌、大洋环流突变、一些复合极端事件和远超过目前估计范围的大幅度增温等。根据目前的研究，这类事件发生概率很小，但是这些事件一旦出现，会对生态系统和人类社会经济产生极大的影响。

气候变化已经在区域和全球尺度对自然生态系统和人类社会生活产生了不同程度的影响。虽然对气候变化的预估和影响存在着各方面的不确定性，但是，毫无疑问，随着增暖的不断加剧，气候变化的影响会日益严峻，甚至会给某些地区带来灾难性的影响。如上所述，很多研究表明，相对于 2℃ 增暖，1.5℃ 增暖能在全球和区域尺度进一步减少气候变化的灾害和风险。换言之，全球增暖的幅度越大，气候变化带来灾害和风险的可能性就越大。因此，努力减缓气候变化势在必行。

二、气候变化的减缓和应对

减缓全球增暖的必要前提是大规模减少 CO_2 等温室气体的排放。这需要全世界各国，尤其是碳排放大国，在能源利用方面的大规模转型，意味着大部分领域和行业的化石燃料排放需要大幅度减少，意味需要更多的非化石燃料能源的使用，这对世界各国都是一个巨大的挑战。研究表明，全球平均表面升温和累积 CO_2 排放量之间具有准线性关系。每 1 万亿吨的累积 CO_2 排放造成 0.27～0.63℃ 的全球表面增温（最佳估计为 0.45℃）。这种准线性关系表明，将人为因素造成的全球温度增加稳定在特定水平需要达到净零人为 CO_2 排放。换言之，将全球升温限制在特定水平意味着要将累积 CO_2 排放控制在特定的范围内。自 1850—2019 年，人类活动已经排放了 2.15 万亿～2.63 万亿吨的 CO_2。研究表明，如果在 50% 的可能性下，将全球升温在 1.5℃ 以内，从 2020 年起，剩余的 CO_2 排放量为 0.5 万亿吨。如果在 50% 的可能性下，将全球升温在 2℃ 以内，从 2020 年起，剩余的 CO_2 排放量为 1.35 万亿吨。非 CO_2 温室气体减排量的多少将进一步影响以上的估算。目前全球的化石燃料燃烧排放 CO_2 速率约为每年 350 亿吨。如果按照这个速率继续排放 CO_2，可以估算出，大约 14 年后，全球升温将超过 1.5℃；大约 38 年后，全球升温将超过 2℃。因此，控制气候变化的风险需要快速、大规模的减排。

除了大规模减排，科学界提出 CO_2 移除方法，这有可能在减缓气候变化中起着重要的作用。所谓 CO_2 移除指的是通过人工方法从大气中去除 CO_2，并且把去除的 CO_2 长时间储存在地下、陆地或海洋中。换言之，CO_2 移除就是通过人为方法增加陆地或者海洋吸收大气 CO_2 的能力，或者利用化学和工业方法直接从大气中捕捉和收集 CO_2。目前提出的 CO_2 移除方法包括植树造林、增加土壤碳汇、生物能源和碳捕捉与封存、海洋施肥、增加海洋碱性、加速岩石风化作用、大气 CO_2 直接捕捉与封存等。如果 CO_2 移除量等于人类活动排放 CO_2 量，那么就达到了净零 CO_2 排放（碳中和）；如果 CO_2 移除量大于人类活动排放 CO_2 量，将会产生 CO_2 的净负排放。研究表明，在本世纪末控制全球变暖在 1.5℃ 或 2℃ 内，在很大程度上要依赖于在本世纪中叶后实现 CO_2 的净负排放。不过，目前没有任何一种 CO_2 移除技术被证明可以在大范围内安全有效地实施，有效地降低大气 CO_2 浓度和全球变暖。不同的 CO_2 移除措施都面临着技术方法、安全性、有效性、实施成本和副作用等多方面的考虑和挑战。

减缓和应对气候变化的另一种备用和应急方法是地球工程（也称为气候工程、太阳地球工程、太阳辐射干预等）。地球工程是指通过人为的大规模措施，减少到达大气和地表的太阳辐射，从而部分抵消 CO_2 等温室气体增加产生的温室效应，给地球降温。目前提出的地球工程方法包括在太空安装反光镜，向平流层注入硫酸盐气溶胶散射太阳光；通过注入海盐增加海洋上空低云的反照率；增加沙漠或海表面的反照率等。这些方法的根本出发点是增加反射到太空的太阳辐射，减少到达地气系统的太阳辐射，减缓全球变暖。另一种提出的地球工程措施是通过注入适量的冰晶，减少高层卷云的光学厚度，从而使更多的来自低层大气和地表的长波辐射逃逸到太空，产生冷却效应。目前对于地球工程的研究还处在理论分析和气候模式模拟阶段。地球工程的实施技术、对全球和区域气候影响、实施安全性和成本、可能带来的副作用等都需要进行深入的研究。减缓全球变暖的必要前提是快速和大规模的减排，CO_2 移除和地球工程作为大幅度减排的可能补充和辅助措施，需要对其进行进一步的深入研究，以应对减排力度不足或者仅靠减排无法防止的气候变化可能带来的风险。

应对全球变暖是全世界的共同责任。在气候变化挑战面前，人类命运休戚与共。各国应该遵循共同但有区别的责任原则。我国庄严宣布将采取更加有力的政策和措施，力争2030年前二氧化碳排放达到峰值，努力争取2060年前实现碳中和。这个目标的实现意味着能源利用、清洁技术、社会经济的重大转型，这是我们这一代人和下一代人的共同挑战和机遇。

练习题

1. 影响气候变化的因子有哪些？它们分别作用于什么时间尺度？
2. 自从工业革命以来的全球气候变化特征，与其他时期的气候变化特征和原因有何主要区别？
3. 气候变化的主要影响有哪些？

思考题

1. 我们对气候系统的哪些过程理解还不深入？气候变化预估的难点在哪里？
2. 哪些方法可以用来应对气候变化？这些方法的利弊和可行性如何？
3. 地质时期有哪些典型的快速气候变化事件？它们对理解现在气候变化有什么启发意义？

参考文献

[1] Burke K D, Williams J W, Chandler M A, et al. Pliocene and Eocene provide best analogs for near-future climates[J]. Proceedings of the National Academy of Sciences, 2018, 10.1073/pnas.1809600115.

[2] Foster G, Royer D, Lunt D. Future climate forcing potentially without precedent in the last 420 million years[J]. Nature Communications, 2017, 8: 14845.

[3] Ipcc Climate Change. The Physical Science Basis[M]. Cambridge: Cambridge Press, 2021.

[4] 中国气象局气候变化中心. 中国气候变化蓝皮书（2022）[M].北京: 科学出版社, 2022.

[5] 翟盘茂, 周佰铨, 陈阳, 等. 气候变化科学方面的几个最新认知 [J]. 气候变化研究进展, 2021, 17 (6): 629-635.

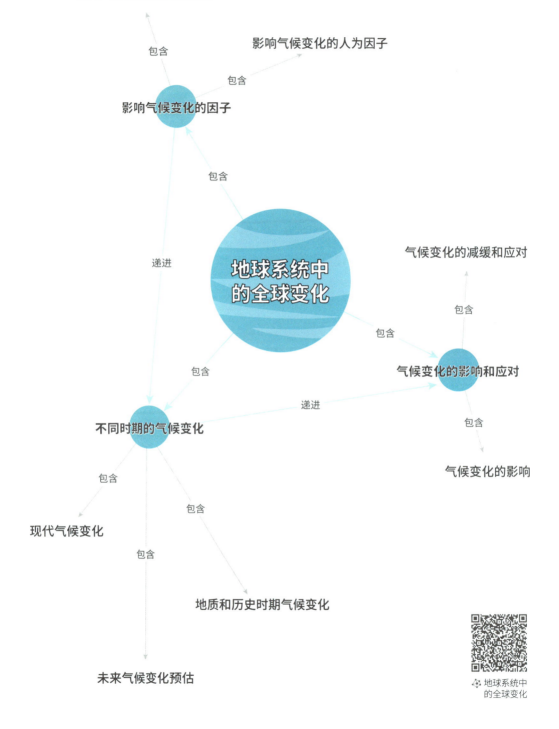

影响气候变化的自然因素

影响气候变化的人为因子

影响气候变化的因子

地球系统中的全球变化

气候变化的减缓和应对

气候变化的影响和应对

不同时期的气候变化

气候变化的影响

现代气候变化

地质和历史时期气候变化

未来气候变化预估

地球系统中的全球变化

地学大数据与地球系统科学

第十七章

CHAPTER 17

地球观测系统

第一节　地球观测系统概述

地球观测系统由硬件平台、软件系统、应用设备、探测技术等共同构成（周志鑫等，2008），旨在测量、监视、预报地球系统的物理、化学及生物特性的变化。目前使用的传感器涵盖了空基、陆基、海基、便携、移动、固定等多种类型，能够实现对全球陆地、大气、海洋的 24 小时全天候、全方位的动态监测（李德仁等，2017）。地球观测系统提供了宏观、准确、综合、连续多样的地球信息和数据，可帮助人类更全面、更深入地认知地球系统，实现科学创新。

地球观测系统应用非常广泛。在气象监测与预报、灾害发现与响应、资源探查与管理等方面具有重要贡献。地球观测系统由大气观测系统、海洋观测系统和陆地观测系统组成。

第二节　大气观测系统

大气观测系统用于观察和测量大气的物理、化学特性及大气现象，常见的观测要素包括气温、气压、风向、风速、云、能见度、降水量、湿度、日照时数、辐射、地温、蒸发量、积雪、天气现象等。

大气观测可分为地面气象观测、高空气象观测、大气遥感观测等。

一、地面气象观测

地面气象观测是指利用气象仪器和目力，对靠近地面的大气层的气象要素进行观测。具体观测内容主要包括近地面层的温度、湿度、气压、降水、风向风速、云、能见度和天气现象等，见表 17-1。

地面气象观测是气象观测中历史最悠久的一类。经过长期发展，用于测量地面气象要素的技术、仪器种类繁多，它们共同构成了地面气象观测网。空气温度和湿度观测常用的仪器有干、湿球温度表，毛发湿度表，最高温度表，最低温度表和温度计等；测量大气压力的常用仪器有气压计、水银气压表等；测量风向和风速的常用仪器有电传风向风速计、手持式风向风速计等；测量降水的常用仪器有雨量器和雨量计等；测量云底高和云量的常用仪器有云幕气球、云幕灯等。

近年来，随着科学技术的进步，地面气象观测工作逐步向着测量精准化、自动化与遥测化的方向发展。例如：带有感应器的测风仪、遥测地温表、水银气压遥测装置、遥测冻土器（陈建荣等，2015）等各类新型观测仪器在地面气象观测中得到了广泛应用。

表 17-1　地面气象观测内容（陈建荣等，2015）

气象要素	观测内容
温度	气温、最低气温、最高气温、露点温度
湿度	相对湿度、绝对湿度、水汽压
气压	本站气压、场面气压、海平面气压
降水	液体降水、固体降水（雪、冰雹等）
风向风速	地面风、低空风
云	云底高、云量、云状
能见度	水平能见度、垂直能见度、气象光学视程、跑道视程
天气现象	天气现象的特征与类别、起止时间、光照强度、所在方向等

二、高空气象观测

高空气象观测是对地面至 30km 高度大气的物理、化学特性的观测，测量项目主要有气温、气压、湿度、风向和风速，以及特殊项目如大气成分、臭氧、辐射、大气电等。测量方法以气球携带探空仪高空探测为主，其他探测手段（如气象飞机和气象火箭等）为辅。

探空仪高空探测时，通常利用气球搭载，在天空不同高度测量大气物理参数，确定气象要素的垂直分布，并通过无线电将数据传回地面气象站。气象飞机探测是利用飞机携载气象仪器对大气进行探测，一般用于天气系统的内部结构探测、云雾探测、气象观测等。气象火箭探测是利用火箭携带气象仪器对中高层大气进行探测，探测项目包括大气的温度、密度、气压、风向、风速以及大气成分和太阳紫外辐射等。由于火箭飞行的高度一般可达 100km 以上，因此延伸了无线电探空仪的探测高度。

三、大气遥感观测

大气遥感观测是指通过对某处大气的遥远感知，来测定其大气成分、运动状态和气象要素值。气象雷达和气象卫星等都属于大气遥感的范畴。大气遥感观测具有覆盖面广、空间分辨率高、实时性强等特点。

气象雷达是一种主动式大气遥感设备，主要用于台风和暴雨云系等中小尺度天气系统的探测，是气象预报的重要工具之一。

气象卫星是一种被动式大气遥感设备，用于观察和监视地球的气象和气候。除了观察云系统外，气象卫星还可以收集城市灯光、火灾、大气污染、水污染、极光、沙暴、冰雪覆盖率和海流等信息。在台风监测、降水预报、灾害评估、资源管理等领域具有重要支撑作用。气象卫星大致可以分为同步卫星和极轨卫星。其中，同步气象卫星距赤道海平面

35786km高，与地球相对静止，可以不断地向地面输送地球表面一个地区的可见光和红外线图片。目前世界主流的在轨同步气象卫星包括中国的风云系列、美国的GOES系列，以及日本的葵花系列。部分在轨气象卫星参数如表17-2所示。

表17-2　部分在轨气象卫星参数介绍

卫星	风云四号 A 星	GOES-R	Himawari-8
国家	中国	美国	日本
发射时间	2016 年 12 月	2016 年 11 月	2014 年 10 月
轨道类型	地球同步轨道	地球同步轨道	地球同步轨道
高度	36000km	36000km	36000km
波段数量	14	16	16
时间分辨率	15min	5min	10min
空间分辨率	可见光/近红外：0.5~1km 红外：2~4km	可见光/近红外：0.5~1km 红外：2km	可见光/近红外：0.5~1km 红外：2km
空间探测	粒子/磁场/X 射线	粒子/磁场/对日成像	无

第三节　海洋观测系统

海洋观测是综合运用卫星、飞机、船舶、水下滑翔器、浮（潜）标等先进技术手段，对海洋动力环境、海洋生态、海洋地质、海洋生物资源等进行长期、连续的观测（翟璐等，2018）。海洋观测可分为天基海洋观测、海基海洋观测和水下海洋观测三种。

一、天基海洋观测

天基海洋观测是指利用空中飞行器对海洋进行全面监测。主要手段有卫星遥感与航空航天等。

遥感观测因其覆盖范围广、时空分辨率高、重复周期短等特点，逐渐应用于海洋探测。航天和航空遥感共同作用，组成了天基海洋观测系统。天基海洋观测系统可以对船舶不易到达的海域进行观测，在较短时间内对全球海洋成像，解决了不易测量或不可观测的参量观测难题。

海洋卫星是主要用于海岸带资源开发、海洋生物和资源开发利用、海洋水色色素探测、海洋污染监测与防治、海洋科学研究等领域的一种人造地球卫星，包括海洋水色卫星、海洋地形卫星和海洋动力环境卫星。部分在轨海洋卫星参数如表17-3所示。

表17-3　部分在轨海洋卫星参数介绍

卫星	海洋一号 C 星	Sentinel-3A	Aqua
国家	中国	欧洲	美国
发射时间	2018 年 9 月	2016 年 2 月	2002 年 5 月
轨道类型	太阳同步轨道	太阳同步轨道	太阳同步轨道

续表

卫星	海洋一号C星	Sentinel-3A	Aqua
高度/km	782	802	705
倾角	98.8°	98.6°	98.2°
幅宽/km	2900	1400	2300

航空海洋观测是指利用飞机或无人机搭载微波和光学遥测设备对海洋环境进行观测。相对于海洋卫星只能在固定轨道上运动，航空海洋观测具有机动灵活、不受轨道限制等特点；由于飞机和无人机可接近海面飞行，因此航空海洋观测的产品分辨率更高；此外，探测项目多、易于海空配合且投资少等特点，也使得航空海洋观测成为海洋环境监测的重要遥感平台。

二、海基海洋观测

海基海洋观测是指利用水上平台进行海洋观测，主要依赖于海洋测量船和浮标。

海洋测量船是指能够完成海洋测量任务的舰船，主要用于海洋环境要素探测、海洋学科调查和特定海洋参数测定等任务。根据工作内容的不同，海洋测量船又可以细分为海道测量船、海洋调查船、科考船、地质勘查船、航天测量船、海洋监测船和极地考察船等。随着现代船舶技术的发展，海洋测量船的综合能力越来越强，它们之间的差别也越来越小，综合测量船开始取代功能单一的小型测量船，使得测量船的工作效率大幅提升。

浮标是漂浮海上的一种航标，具有检测成本低、适用范围广、生存周期长等特点，是海洋调查的重要手段之一。其包括了锚系浮标和剖面探测浮标两种。锚系浮标是指锚定在指定位置，由计算机、通信设备、传感器、能源等组成的综合体。剖面探测浮标是指能自动浮沉并获得海洋水文要素的传感器，其探测剖面沿海流轨迹分布，这对于全面、深入掌握水体环境具有重要意义。由剖面探测浮标技术催生出的国际ARGO计划，解决了全球次表层温盐同步观测的难题，被誉为"海洋观测手段的革命"。

三、水下海洋观测

水下海洋观测是指利用潜航器或水下观测网进行的海洋观测。

与载人潜航器相比，无人潜航器造价低廉、使用安全、续航时间长，可在压力很大的海底进行工作，因此其在海洋调查、资源开发、水下施工、航道清理、海上救援、水产养殖、国防施工等方面发挥了重要作用。

海底观测网通过将观测平台布设到海底，既能通过锚系观测大洋水层，也能向下观测海底，对于全面观测海洋空间具有重要意义。海底观测网将成为继地面—海面观测与空中遥感观测之后的第三个观测平台。海洋科学开始从海面短暂的"考察"向海洋内部长期的"观测"进行转变，以实现从近海到远海、从浅海到深海全面覆盖的目标。

第四节 陆地观测系统

陆地观测是指对于地球陆地范围内物理、生物和化学成分的观测，主要用于陆地生态、陆地资源、陆地地形地质等领域的观察与测量。陆地观测手段以遥感方式为主，车载与手持仪器为辅。

一、卫星遥感

陆地卫星是用来探测地球资源与环境的一种人造卫星，广泛应用于农业、林业、水利、矿产、城市规划、环境保护、防灾减灾等多个领域。目前主流的陆地卫星包括美国的Landsat系列、法国的SPOT系列、中国的高分系列和资源系列等。

（一）Landsat系列卫星

Landsat系列卫星是美国从1972年开始发展的民用陆地资源卫星，由NASA和美国地质调查局（USGS）合作研制，是美国综合对地观测体系中不可或缺的重要组成部分。长期以来，Landsat系列卫星创建了海量免费的存档数据，在资源普查、农业、水文管理、灾害响应、科学研究、测绘制图等领域持续发挥关键作用。Landsat卫星共发展了四代：第一代为Landsat-1～3卫星，第二代为Landsat-4和Landsat-5卫星，第三代为Landsat-6和Landsat-7卫星，第四代为Landsat-8和Landsat-9卫星。表17-4展示了Landsat系列卫星的发射情况。

表17-4 Landsat系列卫星

阶段	卫星	发射时间	有效载荷	波段分辨率	运行状态
第一代	Landsat-1	1972年	多光谱扫描仪（MSS）反束光导管摄像机（RBV）	绿、红、近红外、短波：80m	已失效
	Landsat-2	1975年			已失效
	Landsat-3	1978年			已失效
第二代	Landsat-4	1982年	主题制图仪（TM）多光谱扫描仪（MSS）	绿、红、近红外、短波：30m 热红外：120m	已失效
	Landsat-5	1984年			已失效
第三代	Landsat-6	1993年	增强主题制图仪（ETM）	绿、红、近红外、短波、全色：15m 热红外：120m	已失效
	Landsat-7	1999年	增强主题制图仪（ETM+）	绿、红、近红外、短波、全色：15m 热红外：60m	已失效
第四代	Landsat-8	2013年	业务陆地成像仪（OLI）热红外遥感器（TIRS）	短波：30m 全色：15m 热红外：120m	在轨运行
	Landsat-9	2021年	业务陆地成像仪-2（OLI-2）热红外遥感器-2（TIRS-2）		在轨运行

（二）SPOT系列卫星

SPOT是法国空间研究中心（CNES）研制的地球观测卫星系统。SPOT卫星系统包括一系列卫星及用于卫星控制、数据处理和分发的地面系统。SPOT系列自1986年2月起，已发射了7颗卫星（表17-5）。由于SPOT卫星具有侧视观测能力，且卫星数据空间分辨率适中，因此在资源调查、农业、林业、土地管理、大比例尺地形图测绘等各方面都有十分广泛的应用。

表17-5　SPOT系列卫星

卫星	发射时间	设计寿命	分辨率	波段	状态
SPOT-1	1986年	3年	10~20m	全色、可见光、近红外	已失效
SPOT-2	1990年	3年	10~20m	全色、可见光、近红外	已失效
SPOT-3	1993年	3年	10~20m	全色、可见光、近红外	已失效
SPOT-4	1998年	5年	10~20m	可见光、近红外、短波红外	已失效
SPOT-5	2002年	5年	2.5~10m	全色、可见光、近红外、短波红外	已失效
SPOT-6	2012年	10年	1.5~6m	全色、可见光、近红外	在轨运行
SPOT-7	2014年	10年	1.5~6m	全色、可见光、近红外	在轨运行

（三）高分系列卫星

中国高分系列卫星是"高分专项"所规划的高分辨率对地观测的系列卫星。从2010年项目实施到2021年，已累计发射数十颗相关卫星。常用的几颗卫星包括高分一号到高分七号以及高分多模（表17-6）。其中，高分一号和高分二号都是光学遥感卫星；高分四号是地球同步轨道上的光学卫星；高分七号是高分辨率空间立体测绘卫星；高分多模是"高分辨率多模综合成像卫星"的简称，是敏捷智能遥感卫星。高分系列卫星从光学到雷达，从全色、多光谱到高光谱，从太阳同步轨道到地球同步轨道等进行了多种类型的全面覆盖。

表17-6　高分系列卫星

卫星	发射时间	传感器分辨率	幅宽	波段
高分一号	2013年	全色2m，多光谱8m	60km	全色，蓝、绿、红、近红外
高分二号	2014年	全色0.8m，多光谱3.2m	45km	全色，蓝、绿、红、近红外
高分三号	2016年	1~500m	10~100km	C频段SAR
高分四号	2015年	50~400m	400km	可见光近红外，中波红外
高分五号	2018年	30m	60km	可见光至短波红外，全谱段
高分六号	2019年	全色2m，多光谱8m或16m	90km	全色，蓝、绿、红、近红外
高分七号	2019年	全色0.65m，多光谱3.2m	20km	全色，蓝、绿、红、近红外
高分多模	2020年	全色0.5m，多光谱2m	≥15km	全色，蓝、绿、红、近红外

（四）资源系列卫星

我国已陆续发射了资源一号、资源二号和资源三号卫星，资源一号卫星是由中国和巴西联合研制，包括中巴地球资源卫星01星、02星、02B星、02C星和04星。资源一号02C卫星和02B卫星实现组网观测，分辨率达2.36m。资源三号卫星填补了中国立体测绘的空白，在国土资源、林业、农业等领域发挥着重要作用。表17-7展示了部分资源系列卫星相关参数。

表 17-7　资源系列卫星

卫星	发射时间	传感器分辨率	波段数
资源一号 01 星	1999 年 10 月	全色多光谱相机（CCD）：19.5m 红外多光谱扫描仪（IRMSS）：78m / 156m 宽视场成像仪（WFI）：258m	11
资源一号 02 星	2003 年 10 月		
资源一号 02B 星	2007 年 9 月	全色多光谱相机（CCD）：19.5m 高分辨率相机（HR）：2.36m 宽视场成像仪（WFI）：258m	8
资源一号 02C 星	2011 年 12 月	全色多光谱相机（CCD）：5m / 10m 高分辨率相机（HR）：2.36m	4
资源一号 04 星	2014 年 12 月	全色相机（PAN）：5m / 10m 多光谱相机（MUX）：20m 红外相机（IRS）：40m / 80m 宽视场成像仪（WFI）：73m	16
资源三号 01 星	2012 年 1 月	三线阵相机（CCD）：下视 -2.1m / 前后视 -3.5m 多光谱相机（MUX）：5.8m	5
资源三号 02 星	2016 年 5 月	三线阵相机（CCD）：下视 -2.1m / 前后视 -2.5m 多光谱相机（MUX）：5.8m	
资源三号 03 星	2020 年 7 月		

近年来，国产高分辨率遥感卫星的发展突飞猛进，以不断提高的影像空间分辨率、逐步增强的影像获取能力、较好的影像现势性等特点逐步打破了国外商业卫星的主导地位。近年来利用高分辨率遥感影像开展了城市规划动态监测，数字园林遥感应用，城市水资源监测，地质灾害监测和灾后重建，资源调查、农作物长势、病虫害、土壤状况、地质勘查，全球气候演变研究等领域应用。

（五）遥感小卫星

遥感小卫星是指质量小于 1000kg 的卫星。相比其他卫星，遥感小卫星具有非常多的优势：重量轻，发射方式灵活，更容易采用一箭多星；成本低，研制周期短，能够快速形成遥感产品；部署灵活，机动性好，能够集合多颗卫星组成星群等。基于自身的优点，遥感小卫星的用途十分广泛，如应用在通信、对地观测、空间遥感、气象观测、海洋探测、科学研究等各个领域。

随着科技进步，遥感小卫星的运营技术得到不断发展，空间分辨率不断提高，传感器观测谱段由可见光、近红外向热红外、微波等不断扩展，遥感小卫星实际应用领域也不断拓展。国外知名度较高的遥感小卫星有谷歌的 Skybox 和美国 Planet 小卫星群等。我国从 1999 年 5 月 10 日发射了第一颗小卫星"实践五号"后，遥感小卫星研发也在迅速发展，中国的小卫星系列主要包括"北京"系列、"天绘一号"系列、"高景一号"卫星星座、"珠海一号"卫星星座、"吉林一号"卫星星座、"珞珈一号"和"三极遥感星座观测系统"等。

二、航空遥感

航空遥感是除了卫星遥感外的另一大类遥感技术。航空遥感是以高空、中空、低空有人机、低空无人机、飞艇等作为航空飞行平台，采用航空摄影光学相机、数字航空摄影系统、机载雷达（激光 LiDAR、SAR、INSAR）、航空多光谱、机载高光谱（航空成像光谱仪）、机载 POS（IMU/DGPS）系统等技术手段开展测量工作的遥感方法，分高空（10000～20000m）、中空（5000～10000m）和低空（<5000m）三种类型遥感作业，为国土资源调查、海洋资源调查、地质灾害与环境调查与监测、城乡建设规划等应用领域提供高精度的航空遥感（摄影）影像信息和地理定位定向信息。

发展至今，航空遥感技术已十分成熟，由于传感器距地面高度较低，因此航空遥感具有成像比例尺大、地面分辨率高的特点，适于大面积地形测绘和小面积详查。且并不需要复杂的地面处理设备。但相比于卫星遥感，其续航能力、全天候作业能力、姿态控制以及大范围的动态监测能力较差。

对比传统的航空摄影，航空遥感除了以感光胶片作为传统记录外，还采用了光电转换进行磁带记录，把人们眼睛看不见的紫外、红外、微波信息，转换成人眼可见的图像和计算机使用的数字化磁带，以及供分析研究用的曲线和数据。因此，航空遥感就比航空摄影能提供更多的资料，如黑白和彩色像片、黑白和彩色红外像片、多波段摄影像片、红外扫描图像、多波段扫描图像、雷达图像等。

目前被广泛使用的航空遥感是无人机遥感。世界上首架无人驾驶飞机由英国皇家航空研究院于 1917 年研制成功。我国无人机产业起步晚，但发展迅速。20 世纪 50 年代中国正式开始研制无人机，直到 21 世纪以后，中国的无人机工业才进入了飞速发展的阶段。近年来，航拍也逐渐成为普通大众的爱好之一。未来无人机遥感具备三大特点（晏磊等，2019）：

① 融合 5G 低空通信技术的低空覆盖与网络切片的组网智能控制；

② 智能感知、智能认知、智能行动一体化；

③ 云计算、物联网、移动通信、人工智能（AI）相结合，实现由单机向组网的跨越，由人为控制向实时化智能化的跨越，由区域局部观测向全球多层次观测的跨越。

第五节　全球导航卫星系统（GNSS）

全球导航卫星系统是指能在地球表面或近地空间的任何地点，为用户提供全天候的三维坐标和速度以及时间信息的空基无线电导航定位系统（Hofmann-Wellenhof et al.，2007）。其使用者必须收到四颗遥感卫星的经纬度和高度信息才能进行准确定位。

传统的地基无线电导航、大地测量和天文测量导航定位技术已逐渐被卫星导航定位技术取代。全球导航卫星系统不仅是国家安全和经济的基础设施，也是体现现代化大国地位和国家综合国力的重要标志。目前正在进行和计划实施的全球导航卫星系统（GNSS）有四个，即：美国全球定位系统（GPS）、俄罗斯"格洛纳斯"系统（GLONASS）、欧盟"伽利略"系统（GALILEO）及中国"北斗"系统（BDS）。四大定位系统对比如表 17-8 所示。

表17-8　四大定位系统对比

定位系统	国家或组织	定位精度	在轨卫星数量	应用领域	优势
GPS	美国	单机导航精度：10m 综合定位精度：cm级/mm级 民用领域开放精度：10m	32	军事（飞机、坦克）导航、个人定位、交通、应急救援等	覆盖面积广，全球覆盖率高达98%
GLONASS	俄罗斯	广域差分系统：5~15m 区域差分系统：3~10m 局域差分系统：10cm	24	海洋测绘、地质勘探、资源开发、地震预报、交通等	全球覆盖，高精度、应用范围和领域广泛
GALILEO	欧盟	m级	30	导航定位、搜索救援、精准农业等	精度高、系统先进、安全系数高
BDS	中国	定位精度：2.5~5m 民用定位精度：10m	35	军用定位导航、个人位置服务、气象应用、交通管理、应急救援等	系统兼容、操作便利，卫星数量多

练习题

1.什么是地球观测系统？观测传感器的类型有哪些？

2.地球观测系统的组成成分有哪些？分别用来观测什么内容？

3.什么是全球导航卫星系统？如何通过卫星进行定位？

思考题

1.为了探索地球系统的变化，我们建立了地球观测系统，请谈谈地球观测系统的建立如何改变我们的科学研究？如何有利于我们的生活？

2.全球导航卫星系统是如何实现其系统的工作的？在全球已经建立了多个全球导航卫星系统的背景下，我国为什么还要建立自己的北斗导航卫星系统？

3.遥感在地球观测系统中有哪些应用？

参考文献

[1] Hofmann-Wellenhof B, Lichtenegger H, Wasle E. GNSS–global navigation satellite systems: GPS, GLONASS, Galileo, and more[M]. Berlin: Springer Science & Business Media, 2007.

[2] 陈建荣, 陈秀花, 巴图, 等. 关于地面气象观测技术的研究[J]. 科技创新与应用, 2015(27): 299.

[3] 翟璐, 倪国江. 国外海洋观测系统建设及对我国的启示[J]. 中国渔业经济, 2018, 36(1): 33-39.

[4] 李德仁, 王密, 沈欣, 等. 从对地观测卫星到对地观测脑[J]. 武汉大学学报(信息科学版), 2017, 42(2): 143-149.

[5] 晏磊, 廖小罕, 周成虎, 等. 中国无人机遥感技术突破与产业发展综述[J]. 地球信息科学学报, 2019, 21(4): 476-495.

[6] 周志鑫, 吴志刚, 季艳. 空间对地观测技术发展及应用[J]. 中国工程科学, 2008(6): 28-32.

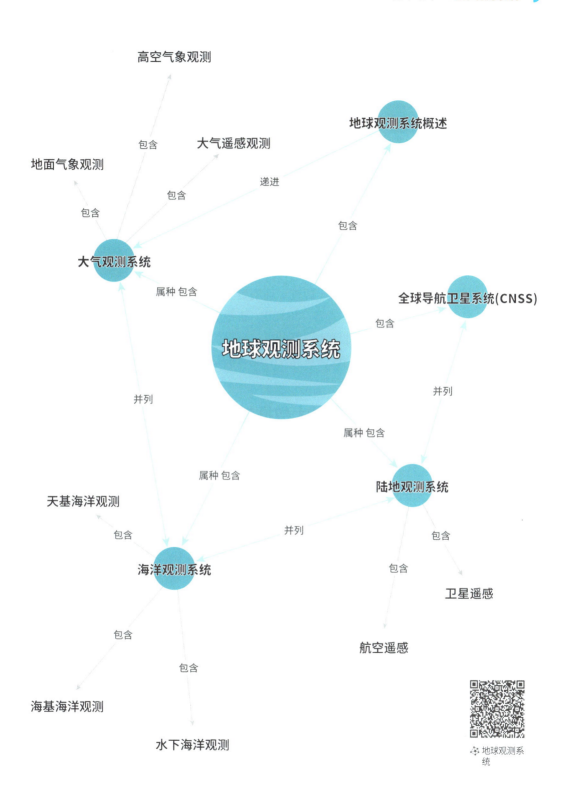

高空气象观测

地球观测系统概述

大气遥感观测

包含

递进

包含

地面气象观测

包含

包含

大气观测系统

属种 包含

全球导航卫星系统(CNSS)

地球观测系统

包含

并列

属种 包含

并列

天基海洋观测

陆地观测系统

包含

属种 包含

并列

包含

海洋观测系统

卫星遥感

包含

包含

航空遥感

海基海洋观测

水下海洋观测

地球观测系统

CHAPTER 18
地学大数据发展与变革

近十年是科学研究从问题及模型驱动向数据驱动转变的转折时期，科学研究的第四范式——数据密集型科学发现应势而生。其间，地学与大数据的结合不仅极大拓展了地学的认知空间，同时为地学支撑的能源矿产调查、环境资源合理利用以及防灾减灾等社会生产和公共服务提供了创新活力（翟明国等，2018）。随着地学大数据的研究范式变革，基于人工智能的新理论、新方法也为地学大数据分析挖掘提供了新动能，如何从数据的海洋中提取有效信息，实现综合性、复杂性、系统性的地球系统科学研究是未来的发展方向。

第一节　地学大数据的起源与演化

一、大数据的发展历程

随着计算机技术和网络技术的快速发展，半结构化、非结构化数据的大量涌现，数据的产生已不受时间和空间的限制。目前，大数据已发展成为世界各国学术界、工业界、政府及全社会广泛关注的热点问题。在政府层面，大数据得到高度重视。例如，美国发布了"联邦大数据研发战略计划"，投建4个"大数据区域创新中心"；欧盟推出"欧洲云计划"，确保科学界、产业界和公共服务部门均从大数据革命中获益；英国开展大数据技术在政府、高校和公共领域的拓展与应用等（郭华东，2018）。

我国同样也越来越重视大数据产业的发展，正逐步从数据大国向数据强国迈进。2016年3月，《中华人民共和国国民经济和社会发展第十三个五年规划纲要》正式提出"实施国家大数据战略，推进数据资源开放共享"，大数据正式成为国家战略，国内大数据产业开始全面、快速发展。2020年，数据正式成为生产要素，战略性地位进一步提升。中共中央、国务院发布《关于构建更加完善的要素市场化配置体制机制的意见》，将"数据"与土地、劳动力、资本、技术并称为五种要素，提出"加快培育数据要素市场"。这标志着数据要素市场化配置上升为国家战略，将进一步完善我国现代化治理体系，有望对未来经济社会发展产生深远影响。习近平总书记曾在中国科学院考察时指出"浩瀚的数据海洋就如同工业社会的石油资源，蕴含着巨大生产力和商机。谁掌握了大数据技术，谁就掌握了发展的资源和主动权"。[①]

显然，大数据已成为继边防、海防、空防之后，另一个大国博弈的空间。大数据推动了一次重大的时代转型，即将改变人类的生活及理解世界的方式。

二、大数据的基本特征

目前广为接受的大数据特点是IBM提出的"5V"特征，即Volume、Variety、Value、Velocity和Veracity，如图18-1所示，具体介绍如下。

Volume：大数据的采集、存储和计算的量都非常大，计量单位已达到PB级甚至是ZB级。

Variety：数据种类和来源多样化。大数据根据组织结构可以分为结构化、半结构化和非结构化数据，具体表现为网络日志、音频、视频、图片、地理位置信息等。

Value：数据价值密度相对较低。数据中存在着大量无价值的甚至是错误的信息，需要通过数据挖掘的方法寻找发现规律。

Velocity：数据增长速度快，时效性要求高。

Veracity：大数据是真实世界的直接映射，大数据的研究就是从数据中提取出能够解释和预测现实事件的过程。

图 18-1　大数据的基本特征

三、地学大数据的组成

地球是一个复杂系统，包括大气圈、水圈、冰冻圈、生物圈、岩石圈等，圈层内部、圈层之间都存在着复杂的关联。随着观测手段的发展，从地表到地下、从浅海到深海，我们获取数据的能力不断提高。这些日积月累的观测数据被称为地学大数据。

地学大数据是一种典型的、具有时空属性的地球科学领域大数据，它一方面具有海量、多源、多时相、异构、多尺度、非平稳等大数据的一般性质，同时具有很强的时空关联和物理关联（郭华东，2018）。地学大数据具有结构化和非结构化等不同数据类型。结构化数据如地球化学分析和地球物理探查获得的数据；非结构化、半结构化数据如古生物、矿物、岩石、矿床、岩心照片，海啸音频、地震视频，构造、遥感光谱图件，标本、野外记录、地质图表等。此外，一些数据会随时间不断地有序产生，且产生速度快、数据规模大，我们称之为流数据，例如大气观测、地震监测、岩体稳定性监测、水文监测、交通流监测数据等。地学数据的快速增长对地球科学的发展起到重大的推动作用，在环境、资源、灾害等领域有重要作用和经济社会价值。

四、地学大数据的特征

地学大数据在大数据的"5V"特征基础上，还具有高度不确定性、高维特性、高计算复杂性等特征（郭华东等，2014）。

高度不确定性（high uncertainty）：地学大数据的来源一般包括对自然过程的感知和

---

① 中共中央文献研究室.习近平关于科技创新论述摘编[M].北京：中央文献出版社，2016：76.

科学实验数据的获取。这两种数据来源的特点决定了地学大数据普遍具有一定的误差和不完备性，从而导致数据的高度不确定性。科学大数据应用的学科为非人工系统，如气候变化与地学过程，这样的系统由近似的机理模型来表征，具有显著的模型不确定性。数据的不确定性与模型的不确定性给地学大数据计算带来极大的挑战。

高维特性（high dimension）：地学大数据反映和表征着复杂的地球系统现象与关系，而这些自然现象及其演变过程的外部表征一般具有高度数据相关性和多重数据属性。简言之，地学大数据一般具有超高数据维度。以地理信息系统中的大规模复杂社会经济现象时空分析为例，每个空间坐标上叠加着各种自然地理数据、空间观测数据、社会经济与文化数据。这些数据相互关系极其复杂，并且来自不同传感器，具有不同的时空分辨率和物理意义。

高计算复杂性（high complexity）：地学大数据应用的场景大多属于非线性复杂系统，具有复杂的数据模型。因而地学大数据计算问题不仅仅是一个数据处理与分析的问题，还是一个复杂系统与数据共同建模与计算的问题。这个问题需要复杂系统理论、估计理论与不同学科的机理模型相结合来探索解决方法。现代气候科学就是一个典型案例。

第二节　地学研究范式革命

一、大数据时代下的研究范式革命

自16世纪以来，人类经历了多次思想、工业方面的大变革，每一次的革命都对人类的思想、生活等多方面产生了颠覆性的影响。

在科学发展史上，人类也经历了四次重要的范式变革：

（1）经验科学：在18世纪，科学家通过对有限的客观对象进行观察总结，用归纳法找出其中的科学规律，比如伽利略的物理学定律。

（2）理论科学：从19世纪一直到20世纪中期，科学研究进入理论研究阶段。在对自然、社会现象等按照已有的实证知识、经验、事实等经过验证的假说，经由一般化与演绎推理等方法，进行合乎逻辑的推论。理论科学偏重理论总结和概括，演绎法为主流方法，例如相对论、麦克斯韦方程组、量子理论、概率论等。

（3）计算科学：自20世纪中期以来，由于客观事物的发展过于复杂，用归纳法和演绎法都难以满足科学研究的需要；同时，计算机的运算能力有了飞速发展，使其成为复杂事物建模的重要工具。科学家通过计算机模拟在多种因素的综合影响下事物的发展变化。

（4）数据密集型科学：21世纪，随着数据的爆炸性增长，传统的计算科学已经越来越难以处理海量的数据。因此，以数据驱动为核心的第四范式应运而生。数据密集型科学由传统的假设驱动向基于数据进行探索的科学方法转变。大数据技术，如海量数据获取、存储、计算、分析与可视化技术，成为当前第四范式的主要工具。

大数据范式不依赖传统概念模型，直接通过建立大数据分析模型产生新认知、新问题，正在成为科学发现的新引擎，改变由单纯观测到简单假说的研究模式，驱动科学研究的变革性发展。

二、地学研究范式革命

以大数据、人工智能为代表的科学范式革命正在彻底改变着人类的生存、生活和思维方式。科学研究已进入数据密集型知识发现范式，在此背景下，地学研究有以下几个转变。

（一）数据量的转变

地学大数据同其他行业和领域一样，正在以指数形式增长。据《中国对地观测资源发展报告（2019）》，我国对地观测数据总量已接近100PB，装机存储容量超过350PB，数据增长速度还在逐年增加。在这一背景下，越来越多的科学家开始重视地学大数据信息挖掘和人工智能等数据驱动技术。以往受到计算资源及数据可获取性限制，往往会采用随机抽样的方式进行研究。然而抽样数据存在抽样科学性和信息丢失问题，对数据的抽样方法和信息挖掘算法的设计有很高的要求。在大数据时代，大数据可以全方位地呈现事物的发展轨迹，并能实时动态地呈现事物的发展变化，信息相对较为全面，算法的要求相应降低。

（二）计算量的转变

数据量的转变直接导致了计算量的转变，地学研究由于观测对象广阔、数据获取手段多样、数据采集历史悠久等原因积累了巨量数据，数据规模巨大但价值密度偏低的特性为数据处理带来了挑战。此外，随着人工智能方法在地学研究领域的兴起，更深层数以及更复杂的网络架构带来了更高的计算性能需求。

与普通的个人计算机和服务器相比，超级计算机（supercomputer）是一种计算力极强的计算机。中国在超算方面取得了长足发展，例如国家超级计算无锡中心拥有世界上首台峰值运算性能超过每秒十亿亿次浮点运算能力的超级计算机——"神威·太湖之光"，是我国第一台全部采用国产处理器构建的超级计算机，能够为海洋科学、油气勘探、气候气象等地球科学领域提供计算和技术支持服务。

（三）研究思维的转变

过去地球科学研究是正演范式，从已知问题出发，构建概念模型，计算得到模拟数据，产生地学发现。然而，概念模型的不确定性会极大地影响知识的质量。随着地学数据的爆炸式增长，直接从地学大数据中挖掘新认识，推动了地学研究由假说驱动到大数据驱动的转变。通过数据知识挖掘发现未知原始科学问题，可实现"在已知问题中寻求答案"的研究思维到"发现在迄今未知的问题中寻求未知的答案"的全新思维的扩展（Cheng et al.，2020）。

随着人工智能等数据驱动技术的发展，地球科学研究也逐渐从追求因果转至发现相关关系。传统的科学研究，探究事物的根本原因，弄明白为什么会发生一直是人们持续研究的目标。因果思维看似是我们找到事物规律的根本办法的一种自然而然的思路，但地球是一个十分巨大的复杂的耦合系统，许多因果关系难以被直接发现。通过人工智能技术发现事物间复杂相关关系，在相关关系的基础上，结合专家的经验知识进一步去研究因果关系，可以有效减少因果关系研究的验证成本，从而更快速地探明事物运行的机理与规律。

（四）研究方法的转变

数值模拟是过去几十年里地球科学研究的重要方法，对地球动力学及其相关地球科学的发展起到了至关重要的作用。数值模拟是遵循严格的物理约束或前人的经验约束，以模型为驱动的科学研究范式。随着数据密集型科学研究范式转变，以人工智能为代表的数据驱动方法迅速发展。机器学习、深度网络、知识图谱等技术可整合跨学科数据，实现对地球多圈层、多尺度、多过程复杂系统及相互作用的有效建模与可视化表达；深度神经网络、复杂系统分析方法、数据密集型高性能计算技术等可对地球复杂系统演化过程进行深度分析、定量模拟和高效预测。

为提升人工智能等数据驱动方法的物理一致性及可解释性，模型—数据耦合驱动方法是未来重点研究方向之一，不仅仅从数据驱动出发，追求模型的拟合精度，同时引入物理或经验约束，在基于数据驱动方法发现未知问题的同时有效提升模型的可解释性，发现新问题、寻求可解释答案，推动地球系统科学研究的变革性发展。

第三节　地学大数据研究方法

随着地学大数据的快速增长，人工智能，尤其是深度学习引领的计算机算法，在近年来推动了物理、化学、生物、社会学等诸多领域的变革。将人工智能方法引入地球科学研究，是将问题驱动思维方式转变为由数据驱动的关联思维方式，很好地解决了地学数据量大而难以分析挖掘的问题，能够高精度、大规模、长时序地揭示地学事物的内在机制和它们之间的内在联系，分析预测地球系统过程的未来发展趋势。

一、人工智能推动地学大数据研究

人工智能领域中应用最广泛的是神经网络技术。人工神经网络（artificial neural network，ANN）在机器学习和认知科学领域，是一种模仿生物神经网络（动物的中枢神经系统，特别是大脑）的结构和功能的数学模型，用于对函数进行估计或近似。神经网络由大量的人工神经元组成，而这些神经元通常以不同层来进行组织。一个典型的神经网络包括输入层、隐含层和输出层（图18-2）。

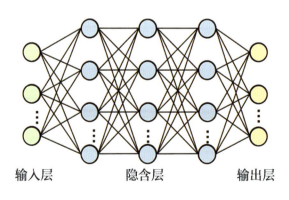

输入层　　　　隐含层　　　　输出层

图 18-2　神经网络基本结构

深度学习的概念由 Hinton 等（2006）

提出：通过抽象出来的神经网络模型来模拟人类大脑的学习过程，借鉴人脑的多层抽象机制来实现数据的抽象表达、特征提取和建模。常用的深度学习方法包括循环神经网络、卷积神经网络、深度信念网络、生成对抗网络等。深度学习方法具有较强的非线性拟合能力，能够提取多源、多尺度、高维数据的内在特征及变量之间的相关关系。深度学习方法为地学研究提供了新的技术手段，能够与已有的机理模型、数值模型形成互补，推动数据驱动的地学大数据研究。

二、地学大数据关联挖掘方法

关联挖掘可以挖掘地学大数据不同类别对象之间的频繁模式、相关性或因果结构。当前，应用较多的关联挖掘算法包括Apriori关联规则挖掘和FP-Growth关联规则挖掘。

地学大数据包括地学空间大数据和地学人文大数据，地学空间大数据所聚焦的对象是地学要素，而地学人文大数据的主体是人，即两类大数据直接关注的主要对象分别为"地"和"人"，两者间的作用可以视为主体与环境之间存在的关系。针对地学空间大数据的挖掘，所提取的模式为地学要素的格局，而针对人文大数据的挖掘，提取的是人的行为模式。地学大数据，尤其是人文大数据的出现，构成了从人地关系中揭示地学模式机制的完备条件。地学要素的模式，表面是地的特征，其后则是人类行为的结果。地学大数据背后的模式，其机理都可以归结为人地关系，地的模式中蕴藏着人的因素，而人的行为模式受到地的制约（裴韬等，2019）。故而从地学模式中解析出的人地关系则是地学大数据关联挖掘的内涵。

地学大数据关联挖掘的目标为寻找地学对象之间、地学对象与环境之间存在的规则和异常。据此，地学大数据挖掘的内容也分为两个部分：地学时空模式的挖掘，其本质是发现对象的分布规则与时空分布；地学时空关系的挖掘，其本质是发现对象与不同环境因子之间的关系。

三、地学大数据回归分析方法

时空建模是地学研究的重要内容，提高空间分析与建模能力一直是地球信息科学的重大挑战，发展新的时空回归分析方法，提升地学研究中要素关系的分析能力，对于深入理解社会过程和地学现象具有重要的理论价值与实践意义（吴森森，2018）。

空间回归分析顾及地学要素的空间特征来研究地学要素的相互关系。常用的空间回归方法包括普通线性回归（ordinary linear regression，OLR）、地理加权回归（geographically weighted regression，GWR）模型、地理时空加权回归（geographically and temporally weighted regression，GTWR）模型等。

随着人工智能技术的迅速发展，利用人工神经网络来解算地学大数据回归分析中的复杂非线性关系成为新的研究热点，有学者设计了顾及地学数据时间周期效应、空间各向异性的神经网络表达框架，提出了地理神经网络加权回归（GNNWR）（Du et al.，2020）、时空神经网络加权回归（GTNNWR）（Wu et al.，2021）等系列模型，创立了融合时空加权神经网络的地学大数据回归分析新方法，革新了经典空间回归模型（GWR）体系，实现了高浊度复杂近岸水体的关键水质参数反演、全球地热数据及全球海洋溶解氧数据的

精细化重构。

四、地学大数据聚类方法

聚类分析技术作为空间数据挖掘的一个重要手段，在识别数据的内在结构方面具有非常重要的作用。近年来，随着传感器技术的发展与普及，聚类技术作为根据数据内部的相似性来提取、挖掘有效信息的一个重要手段，已成为地学大数据分析领域的前沿方向。

常用的聚类方法包括划分式聚类、基于密度的聚类、层次聚类等。其中，划分式聚类方法根据指定簇类的数目或聚类中心，反复迭代直至最终得到多个簇，且满足簇内的距离足够小、簇间的距离足够远，经典的划分式聚类方法包括K-means、K-means++、Kernel K-means等；基于密度的聚类是一种非常直观的聚类方法，只要邻近区域的样本点密度超过预设阈值，则将样本点添加到与之最近的聚类中，常用算法包括DBSCAN、OPTICS、DENCLUE等；层次聚类通过计算不同类别数据点间的相似度来创建一棵有层次的嵌套聚类树，常用算法包括Agglomerative、Divisive等；此外还有一些聚类新方法如量子聚类、核聚类、谱聚类等。

地震研究是地学领域长期以来的重点方向，对于地震灾害的预测预警、灾害防治具有重要现实意义。在大地测量数据中，由于噪声的影响，有大量小规模的慢地震未被发现。慢地震释放的能量与快速地震相似，但时间尺度要长得多。如何精准提取慢地震对于及时发现地质灾害、保障人民生命安全具有重要意义。有学者利用数据驱动的聚类方法对微震和低频地震进行聚类分析，识别提取了日本西南部超过900次的慢地震，并为其建立了一个更完整的数据库，展示慢地震的特征和长期行为，为地震学研究提供了更丰富的数据及知识基础（Aiken et al., 2021）（图18-3）。

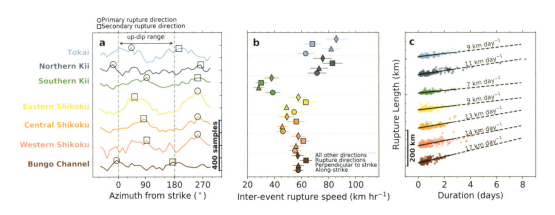

图18-3 检测到的慢地震群的特征（Aiken et al., 2021）

五、地学大数据分类方法

人工智能方法已成为地球科学分类以及变化和异常检测问题的通用方法。利用人工神经网络、随机森林等方法处理高分辨率遥感数据，实现土地覆盖和云分类是早期标志性应用。在过去几年，地球科学已开始使用深度学习来更好地利用数据中的空间和时间结构，实现更精准的分类。卷积神经网络是常用的空间特征提取与分类算法、循环神经网络则具有良好的时间信息挖掘与分析能力。

人工智能的发展为地学分类识别等研究提供了新的技术手段，以地球深部水研究为例。地球深部的水影响了矿物和岩石的物理化学性质，对地幔演化与全球水循环具有重要的影响。幔源玄武质岩浆中的单斜辉石（cpx）斑晶是认识地球深部水循环的重要窗口。由于cpx中H替代机制的多样性，传统地质学方法（如检查H_2O含量与四配位Al^{3+}之间的相关性）在判断地表采集到的cpx能否如实反映地球内部含水性信息方面的应用有限。有学者（Chen et al.，2021）基于大数据+机器学习的新研究思路，使用经典机器学习模型支持向量机（support vector machine，SVM）来同时考虑cpx中主要元素组成和H_2O含量之间的复杂关系，以区分经历过H扩散的样品和没有经历过H扩散的样品的特征。通过对训练数据集（全球范围内收集到的1904个样本）进行学习，建立总体准确率高于92%的分类器模型。若cpx的主要元素组成和H_2O含量在训练数据集的范围内，则可使用建立的SVM模型有效判断它们是否保存了初始含水量。图18-4中展示了机器学习的建模流程图。该模型适用于传统地质学方法无法轻易判断的情况（如小颗粒、上升或冷却缓慢的岩浆），对于制约玄武质岩浆的初始水含量，示踪岩浆演化过程中水含量的变化，理解地球深部水循环等都具有广泛的意义。

图 18-4 机器学习建模流程图（Chen et al.，2021）

六、地学大数据时空预测方法

时空预测是指根据有时空属性的历史和实时观测资料，对未来一定时间内地学事件的时空演变状态加以推理和预测，是当前地球科学领域一个重要的研究热点。时空预测包括时间序列预测、空间轨迹变化预测以及未来时空状态预测这三类（覃梦娇，2021）。

第一类是时间序列预测的一部分，可引入与目标预测变量相关的空间数据或环境信息作为支撑，以提高时间序列预测精度。例如对于城市交通状况的研究，在对某一位置或某条道路的运行情况进行预测时，需要考虑其他道路的交通拥堵情况；同时考虑相邻的站点观测值来对目标站点的水质、气象等数据进行统一预测。相比于只使用目标序列的历史值，结合位置相邻或相关的时间序列数据，能够取得更好的预测结果。

第二类是对空间轨迹进行预测，例如行人移动轨迹预测、台风路径预测等。这类任务需要同时考虑对象的历史空间位置变化、运动模式、对象与空间场景的相互作用及影响等。常用的轨迹预测模型包括循环神经网络、卷积神经网络、图卷积网络等。

第三类是对未来的时空状态进行预测，与之对应的计算机领域典型问题是视频预测。该问题需要对随时间变化的多维结构进行建模和推测。其中，卷积神经网络用于广度空间场景信息的特征提取，循环神经网络则用于深度时序演变过程的信息抽析和传输。在此基础上，一些研究侧重于改进空间特征的提取过程，提出了多尺度空间信息建模、局部—全局空间信息提取等策略；有些侧重于改进时序过程的建模，探索了诸如将LSTM模型扩展到图像空间、添加时空注意力机制等策略；另一些研究则注重于捕捉深层时间—空间的相关关系。

厄尔尼诺/南方涛动（ENSO）的变化与一系列区域极端气候和生态系统影响有关，稳健的长周期ENSO预测有利于及时制定响应措施。尽管使用大气—海洋耦合模型进行ENSO预报已取得一定成效，但对于ENSO事件的多年预测仍然是一项重大挑战。有研究提出了基于深度神经网络的预测模型（图18-5），可以对长达一年半的ENSO现象进行有效的预测。结果表明CNN模型对于NINO3.4指数的全季节预测能力远高于当前最先进的动态预报系统，同时也能更好地预测海表温度的详细分布（Ham et al., 2019）。

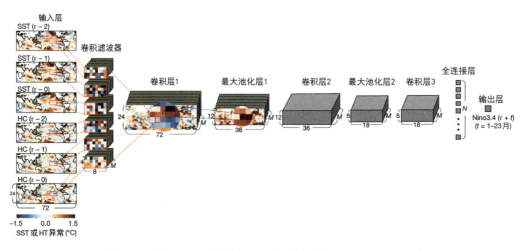

图 18-5　用于 ENSO 预测的 CNN 模型结构（Ham et al., 2019）

七、深度学习方法的不足与挑战

深度学习方法已广泛应用于各个领域，在地学领域的应用也初见成效，但总体还处于初级阶段。当前，深度学习方法应用于地球科学研究主要面临以下几个挑战（Reichstein et al., 2019）：

（1）可解释性。可解释性是指能够理解深度学习方法的内部机制，并能对计算结果进行理解概括。深度学习方法可以在多种任务中获得高精度的分类或回归结果，但是网络的可解释性被认为是深度学习方法的一个潜在弱点，也是目前深度学习的一个研究重点。

（2）物理一致性。深度学习模型可以很好地拟合观察结果，但由于观测数据和模型的不确定性，在物理上可能存在不一致的情况。

（3）有限的标签数据集。以深度神经网络为代表的人工智能方法的训练往往需要大量有标签的数据。然而，部分地学研究数据集规模较小且标签概念难以定义，使得用于训练的带标签数据集有限，极大地限制了深度神经网络的性能。

（4）计算资源的需求。随着深度神经网络结构越来越深，其存储资源、计算资源消耗越来越大，面向地学大数据深度学习方法的高计算成本问题将成为新的技术挑战。

第四节　地学大数据发展方向

地学大数据为地球系统的综合性研究带来了重要的发展机遇，实现数据驱动地球科学发现还存在诸多挑战，未来的研究方向从数据—知识—模型—应用多个方面综合考虑，包括以下几点：

（1）数据同化与集成

随着地学数据的爆炸式增长，根据不同需求、不同领域，形成了来源多样、结构各异的数据集。但一些由科学家或科学家团队保存和维护的数据，以文字、图鉴、科研报告、视频等形式散落在期刊论文、书籍、网站等介质中，难以直接被集成。大尺度的地球系统多要素多过程观测数据的同化、重构与分析是研究地球系统多圈层相互作用的基石。因此，地学大数据的同化、高效管理、统一集成共享是未来亟须解决的难点。

（2）地学知识引擎

从数据中提取信息、挖掘地学知识是地球科学发现的前提，现代人工智能技术和各种先进的语义知识引擎能够帮助地学科学家更高效、准确挖掘地学知识，辅助和自动化实现专家思维与机器学习过程的融合。《2021—2030 地球科学发展战略——宜居地球的过去、现在与未来》（地球科学发展战略研究组，2021）强调构建智能化地学知识引擎，实现跨学科知识的关联与融合，从地学大数据中智能化挖掘新知识是未来的研究方向。

（3）深度学习与地学问题融合

深度学习是数据驱动地球科学研究的典型方法，通过深度学习优越的非线性拟合能力，能够无限逼近目标函数。目前，深度学习方法主要包括分类、回归、异常检测和动态建模这几类，可以有效解决如矿产资源预测、变化检测等地学经典问题。将深度学习方法与地学问题深度融合，是数据驱动地球科学研究的主要途径。

（4）地学大数据智能分析平台

平台是开展地学大数据分析与应用的关键支撑，也是实现地球系统多圈层跨学科协同研究的必要途径。数据驱动的知识发现为深入认知全球深时生命演化、矿物演化、地理演化、气候演化等复杂地球系统问题提供了全新途径，研制"数据—知识—模型—算力"为核心的地学大数据智能分析平台，能够推动大尺度、多圈层地球系统综合性、系统性研究与应用，是未来的发展方向。

（5）多学科交叉

地球是一个复杂的巨系统，地学研究也必然朝多学科交叉方向发展，需要建立新的理论知识体系和技术方法平台，促进跨学科、综合性、系统性研究的发展，这依赖于传统地球科学与诸如数学、计算机科学等学科的交叉融合（图18-6）。

图18-6　地球科学、计算机技术与工程和数学（STEM）的整合（地球科学发展战略研究组，2021）

练习题

1.地学大数据具有哪些特征?

2.科学研究的范式经历了哪几个发展阶段?

3.在地球科学研究中应用深度学习方法面临哪些挑战?

思考题

1. 请列举一种你认为最具大数据特征的地学领域数据，并说明它的大数据特征体现在何处。
2. 哪些因素驱动了地学研究范式的转变？地学研究范式的转变对于人类认知地球具有哪些影响？
3. 地学大数据研究方法有哪些？不同类型的方法分别适用于解决何种问题？

参考文献

[1] Aiken C, Obara K. Data - Driven Clustering Reveals More Than 900 Small Magnitude Slow Earthquakes and Their Characteristics[J]. Geophysical Research Letters, 2021, 48(11).

[2] Chen H, Su C, Tang Y Q, et al. Machine Learning for Identification of Primary Water Concentrations in Mantle Pyroxene[J]. Geophysical Research Letters, 2021, 48(18).

[3] Cheng Q, Oberhänsli R, Zhao M. A new international initiative for facilitating data-driven Earth science transformation[J]. Geological Society, London, Special Publications, 2020, 499(1): 225-240.

[4] Du Z, Qi J, Wu S, et al. A Spatially Weighted Neural Network Based Water Quality Assessment Method for Large-Scale Coastal Areas[J]. Environmental Science & Technology, 2021, 55(4): 2553-2563.

[5] Du Z, Wang Z, Wu S, et al. Geographically neural network weighted regression for the accurate estimation of spatial non-stationarity[J]. International Journal of Geographical Information Science, 2020, 34(7): 1353-1377.

[6] Ham Y, Kim J, Luo J. Deep learning for multi-year ENSO forecasts[J]. Nature, 2019, 573(7775): 568-572.

[7] Hinton G, Salakhutdinov R. Reducing the Dimensionality of Data with Neural Networks[J]. Science, 2006, 313(5786): 504-507.

[8] Reichstein M, Camps-Valls G, Stevens B, et al. Deep learning and process understanding for data-driven Earth system science[J]. Nature, 2019, 566(7743): 195-204.

[9] Wu S, Wang Z, Du Z, et al. Geographically and temporally neural network weighted regression for modeling spatiotemporal non-stationary relationships[J]. International Journal of Geographical Information Science, 2021, 35(3): 582-608.

[10] 地球科学发展战略研究组. 2021—2030 地球科学发展战略——宜居地球的过去、现在与未来 [M]. 北京：科学出版社, 2021.

[11] 翟明国, 杨树锋, 陈宁华, 等. 大数据时代：地质学的挑战与机遇 [J]. 中国科学院院刊,

2018, 33(8): 825-831.

[12] 郭华东. 科学大数据驱动地学学科发展 [J]. 科技导报, 2018, 36(5): 1.

[13] 郭华东, 王力哲, 陈方, 等. 科学大数据与数字地球 [J]. 科学通报, 2014, 59(12): 1047-
1054.

[14] 裴韬, 刘亚溪, 郭思慧, 等. 地理大数据挖掘的本质 [J]. 地理学报, 2019, 74(3): 586-598.

[15] 覃梦娇. 基于深度学习的海洋环境时空预测方法 [D]. 杭州: 浙江大学, 2021.

[16] 吴森森. 地理时空神经网络加权回归理论与方法研究 [D]. 杭州: 浙江大学, 2018.

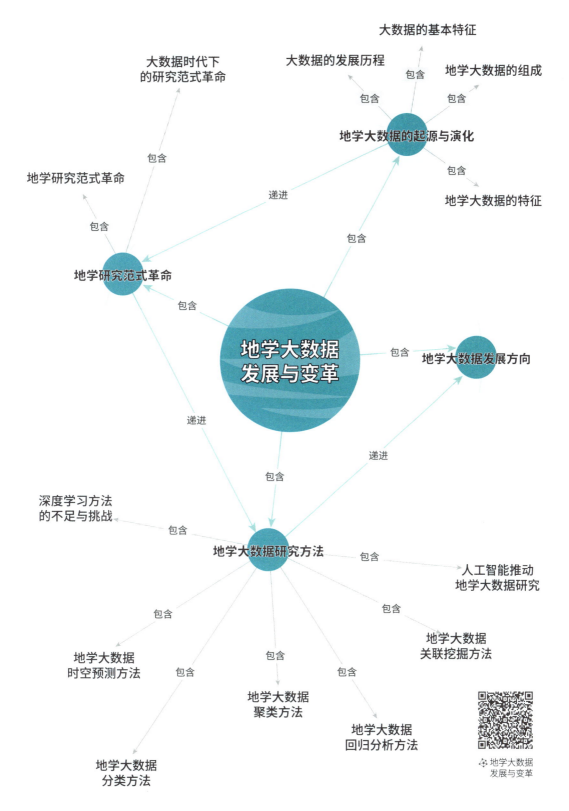

大数据的基本特征

大数据的发展历程

地学大数据的组成

包含

包含

地学大数据的起源与演化

包含

地学大数据的特征

大数据时代下
的研究范式革命

包含

地学研究范式革命

包含

递进

地学研究范式革命

包含

地学大数据
发展与变革

包含

地学大数据发展方向

递进

递进

包含

深度学习方法
的不足与挑战

包含

地学大数据研究方法

包含

人工智能推动
地学大数据研究

包含

包含

地学大数据
关联挖掘方法

包含

包含

地学大数据
时空预测方法

地学大数据
聚类方法

地学大数据
回归分析方法

地学大数据
分类方法

🌐 地学大数据
发展与变革

CHAPTER 19
地学大数据应用示范

平台是地学大数据的载体，统一承载数据、模型和算力等资源，因此，地学大数据的实际应用离不开坚实的平台基础。目前，平台关键技术包括地学大数据的存储管理、高性能计算以及多维可视化表达等，已有的地学大数据平台包括数字地质、数字国土、智慧海洋、智慧城市等。随着技术的发展，虚拟地球、元宇宙也为地球系统科学的发展提供了新的机遇与挑战。

第一节　地学大数据平台技术体系

一、地学大数据的存储管理

地学数据具有空间上的定义和描述，需要使用空间数据库及相关技术进行存储与检索。以PostGIS、MySQL Spatial、Oracle Spatial等为代表的传统关系型空间数据库具有较为成熟的关系模型和关系操作能力，能够有效组织空间数据，且在此基础上开展复杂的空间操作，因此已经在地学相关的领域得到了广泛应用。但是，地学数据的爆炸式增长正在带来高并发数据访问、实时大批量检索、数据库横向扩展等需求，这成为关系型地学数据库发展的瓶颈。因此，新一代的NoSQL数据库，如HBase、Cassandra、BigTable等，普遍具有较好的可扩展性和伸缩性，被应用于海量空间数据的存储和管理。与此同时，分布式存储技术在计算机网络技术的发展下应运而生，它的核心在于将物理上独立的数个数据库通过网络通信组织为一个逻辑上统一的空间数据库系统，在海量地学数据的存储扩展、存取性能、数据可靠性、数据共享等方面表现优异。

（一）关系型数据库

关系型数据库是在关系模型的基础上，由数据、关系和对数据的约束组成的一种存储数据的系统。在一个关系型数据库中，以二维表结构为数据存储的基本单位，表与表之间通过主键和外键的参照关系产生关联。表中的每一行称为一个元组，每一列称为一个属性，通过选择、投影、连接等关系操作，可以获取表中的元组或属性，产生新的表。

为满足空间数据管理需求，空间数据库在普通数据库所包含的字符串、数值、日期等数据类型基础上，添加空间数据类型，通过SQL语言进行空间数据的查询与相关操作。

使用较为广泛的关系型空间数据库主要有PostGIS、SQL Server、Oracle Spatial。

关系型空间数据库在地学大数据存储管理方面主要有以下优点：

（1）空间结构化查询语言及其他空间特性支持完善，如空间函数的调用、空间索引的建立、地学要素的存储等，技术成熟度高；

（2）数据具有高度的一致性和完整性，能够安全可靠地实现复杂表操作；

（3）安全性高，可以通过不同角色的权限管理实现数据库相关操作的安全执行。

但同时，它存在如下缺点：

（1）存储结构相对复杂，需要满足各种约束，面对不同种类地学数据时不够灵活，较难维护；

（2）扩展性较差，在时间、空间方面开销较大。

（二）NoSQL数据库

NoSQL数据库，即Not only SQL，泛指非关系型数据库。与关系型数据库相比，NoSQL数据库采用非关系型松散数据结构存储，各数据独立设计，很容易进行分散和扩展以及大数据量下的读写操作。

NoSQL数据库遵循CAP理论：consistency（一致性）、availability（可用性）、partition tolerance（分区容忍性）。其中，一致性是指分布式环境下多个数据节点是一致的，即其写入和更新是同步执行的；可用性是指系统随时可用，要求所有操作均需在特定的时间内完成；分区容忍性是指系统因为某些原因导致无法通信而产生分区时，系统仍能正常对外服务，具有高可靠性。在CAP理论基础上，BASE模型对其进行补充，它指基本可用（basically available）、软状态（soft state）和最终一致（eventually consisent）。其中，基本可用指分布式系统发生故障时允许损失部分可用性，但核心部分应保证可用；软状态指不同节点间数据可以有一段时间不同步，但这种不同步建立在不影响系统整体可用性之上；最终一致性即指数据最终达到一致即可。

NoSQL数据库的主要优势在于：

（1）扩展性好，适用于数据体量超大的情况；

（2）通过键值对存储、列存储、文档存储等形式，满足多种结构数据的存储，简单灵活。

但同时，其主要劣势在于：

（1）存储模型较为简单，难以完成Join连接、Group By等操作；

（2）空间函数和空间索引提供较少，难以满足空间查询处理请求；

（3）列结构存储不能很好地体现实体间关系，数据完整性不高；

（4）数据一致性不高，不能满足复杂且严谨的表操作需求；

（5）针对数据规模不是很大的情况，可能反而浪费时间、降低性能。

（三）分布式数据存储

随着地学数据的爆发式增长，为了应对超大规模数据的管理需求，分布式存储逐渐走进地学领域，分布式存储也成为大数据存储的通用解决方案。分布式存储技术通过网络访问和操作物理上离散的数台计算机上的磁盘空间，并在逻辑上将这些存储资源构成一个虚拟的存储系统。总的来说，分布式存储利用多台存储服务器分担存储负荷，利用位置服务器定位存储信息，其最为突出的几个优点如下：

（1）容错性好。分布式存储通过数据冗余备份，将数据存储于多节点，当某个节点发生故障或错误时，仍然能够保证数据的完整性和正确性。

（2）扩展性强。当数据量急剧增加需要进行横向扩展时，只需向原分布式存储网络中添加新的数据节点便可。新添加的数据节点与原节点共同管理，且原有数据可以进行重新分配，实现各节点的负载均衡，整个存储集群整体容量和性能得到提高。

（3）高效缓存管理。一个高效的分布式存储系统能够高效管理缓存的读写。一方面，分布式存储将热点区域内的数据映射到高速缓存中以提高响应速度；另一方面，当这些区域不是热点后，存储系统会将它们移出高效缓存区。

（4）物理环境要求低。分布式存储对各存储节点硬件要求不高，可以采用多套低端小容量存储设备分布部署，对机房要求低，且允许不同品牌、不同介质的硬件环境共同组成数据节点，存储成本低且易于维护。

分布式数据库可以将数据存储于不同的物理位置，通过网络连接通信。数据的插入、删除、查找等操作由数据库管理系统统一调度执行，通过数据节点等结构可以很方便地进行横向扩容，并且在扩容等相关操作时无须耗费大量硬件资源。借助数据冗余备份，当某个存储节点发生故障时，依然能保持数据的安全性，同时也能够满足海量数据的快速响应。

传统意义上，分布式存储可以分为分布式文件系统（distributed file system）、分布式对象存储（object-based storage device，OSD）和分布式块存储（distributed block storage）三类。除此之外，还有观点认为分布式存储可以分为分布式文件系统、分布式键值系统、分布式表格系统和分布式数据库等。其中，分布式文件系统和分布式数据库应用较为广泛。

二、地学大数据的高性能计算

地学大数据具有体量庞大与多源异构的特点，导致计算与分析存在较大难度，对计算处理的性能效率和硬件设备的利用率提出了更高的要求。使用传统单一计算资源几乎无法对海量数据进行实时高效的计算处理，而使用并行计算、云计算等技术则能够有效提高地学大数据计算处理的效率，从而有望对地学数据进行更高效的应用和挖掘。

（一）并行计算

目前地学大数据并行化计算主要依托于三种并行计算架构：共享内存（shared-memory）、分布式共享内存（shared-distributed memory）以及通用计算图形处理器（general purpose GPU，GPGPU）。这三种模式在数据共享、任务调度等方面的巨大差异导致它们在空间数据并行计算时难以互通互联，且每一种计算架构下的并行算法都有其适用范围与局限性，具体表现在：

（1）共享内存架构有限的内存与扩展性无法适应地学大数据处理；

（2）基于分布式共享内存架构的并行空间计算算法尚不成熟，缺乏考虑地学大数据特点的统一并行空间计算方法理论；

（3）基于GPGPU并行的优势在于矩阵运算，复杂空间几何计算能力、横向扩展能力有限。

Hadoop和Spark作为当前主流的分布式计算框架，在机器学习、图像处理等众多领域用于海量数据的并行处理计算。然而Hadoop的核心框架没有对空间数据的存储和处理进行特别设计，导致其在地学空间数据管理方面的应用发展较为缓慢。针对这一问题，ESRI公司将ArcGIS与Hadoop集成，开发了全面支持大数据空间分析的工具包。此外，学术界提出了几种实现空间数据管理的原型系统：SpatialHadoop，第一个基于MapReduce为空间数据处理提供原生支持的开源框架；Parallel-Secondo，一个依赖Hadoop执行分布式任务调度的并行空间数据库管理系统；MD-Hbase，一个扩展自HBase的NoSQL数据库，用于支持多维度空间数据索引；Hadoop-GIS，扩展自Hive，利用规则格网索引进行范围查询和空间连接。

（二）云计算

云计算（cloud computing）也称网络计算，是一种基于互联网的计算方式，可以实现动态地、按需地从可配置计算资源共享池中获取所需的资源。云计算是分布式计算的一种，通过网络将复杂庞大的计算处理需求拆分为多个较小的子程序，再交由多部服务器组成的系统进行计算分析，最后将处理结果返回用户。

云环境下的并行计算范式通过采用无约束并行与可合并依赖、不可合并依赖等子作业依赖关系的抽象，简化了空间大数据在云计算节点上并行分析的处理流程。基于这种抽象，MapReduce、弹性分布式数据集等并行编程模型实现了任务划分、执行流程构建、容错处理、本地化计算等，很好地解决了地学大数据计算的容错性、可用性与扩展性问题，满足了高并行、高可靠的要求。

三、地学大数据的可视化表达

地学可视化是指综合运用地图学、计算机图形学、地理信息科学等学科，将地学信息可视化呈现的过程。地学多维时空数据通常包含地理位置信息（如位置、经纬度坐标等）与时间信息。地学多维时空可视化将时空可视化与制图技术相结合，将时间维度信息、空间维度信息和非时空维度的属性信息密切联系结合，从而能够在视觉上更加全面、直观地对数据进行展示，便于分析地学现象的变化规律和发展趋势，挖掘其中蕴含的机理。

地学数据主要是由平面位置信息和高度信息构成的空间数据，因此三维可视化是地学大数据可视化表达的重要组成部分。利用倾斜摄影技术对地学实体进行多角度影像采集是常见的三维数据采集方式，通过采集到的位置、角度等数据以及纹理信息，可以构建出较为逼真的三维模型，对特定区域的地形地貌进行全方位的三维可视化展示。在此基础上，还可以将实测的矢量数据、属性数据等叠加到三维模型表面，提供交互功能，使得地学数据更加全面、立体地展现。基于倾斜摄影的三维可视化技术已广泛应用于城市、海岛等可视化主题。地学数据的另一个重要维度是时间维度，此时的可视化重点为地学数据的多维时空动态可视化，即以动态的方式在三维空间表达多维属性数据以及时序数据，其中一个典型的应用是流场数据的三维动态可视化，如图 19-1 所示。

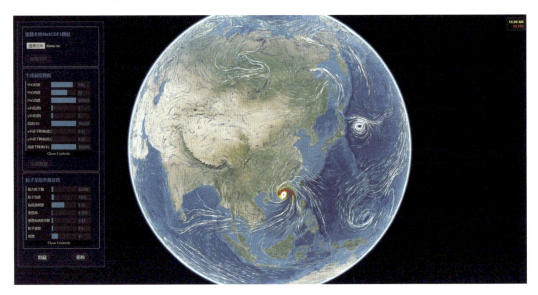

图 19-1　流场数据可视化

地学数据的可视化一般依托于成熟完善的三维球平台，目前已有非常多优秀的三维可视化平台，如国外谷歌的 Google Earth、Skyline 公司的 Skyline Globe、NASA 推出的 World Wind、ESRI 公司的 ArcGIS、开源社区的 osgEarth 和 Cesium，以及国内超图公司的 SuperMap、国遥新天地的 EV-Globe、武汉大学研发的 GeoGlobe 等。

第二节　地学大数据平台

一、数字地质

地质学是以固体岩石圈为主要研究对象，探讨地球各圈层的物质组成、内部构造、外部特征、各层圈之间的相互作用以及演变历史的一门学科。数字地质以地质理论和信息技术为基础，试图借助数据科学的方法，建立和应用各种数学模型，智能化地处理地学中的大数据，从中挖掘关键信息，获得数字知识。这门新兴学科旨在解决地质学中的认知、预测、决策和评价等理论和实践问题（赵鹏大等，2021）。

（一）主要内容

数字地质是地质学、数据科学、计算机科学等交叉融合的结果，它的基本研究内容包括：

（1）地质数据的高效存储管理：建立地质数据库，将采集的多源异构地质数据进行规范化自动入库、高效存储与管理。

（2）地质数据挖掘分析：融合人工智能、机器学习、模式识别、归纳推理、统计学等方法手段，从地质数据中挖掘有效信息，寻找规律及知识，并应用于地质规律研究、成矿预测、地灾防治、环境评价等领域（翟明国等，2018）。

（3）地质数据智能分析平台：借助物联网、虚拟现实、云计算、地质数据多维可视化、地质数据高效检索等技术手段，融合地质数据库，集成地质数据挖掘分析模型，研制地质数据智能分析与资源共享平台，进行全流程、一体化的地质数据应用、共享，从而深化地学大数据与地球系统知识发现研究。

（4）数字地质的应用服务：利用数字化地质数据及智能化分析平台开展如数字地质调查、智能化地质灾害预警预报、矿产资源勘查与预测等。

（二）深时数字地球

"深时数字地球"国际大科学计划（Deep-time Digital Earth，DDE）是由我国科学家主导发起的首个大科学计划，受到国际学术界认可。DDE旨在围绕地球演化这一科学命题，通过全球科学家和机构协作，运用人工智能、大数据、超级计算等现代技术，整合过去数十亿年地球时空大数据，构建地球科学全领域知识图谱，建立全球共享的处理分析平台，研究生命演化、地理演化、气候演化与物质演化相关重大科学问题，如图19-2所示。

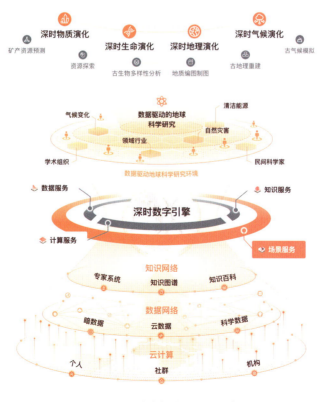

图 19-2　深时数字地球平台示意图

（来源：https://deep-time.org/#/home）

深时数字地球的推动者们重新定义了地球科学研究的三部曲：一是建立深时地球知识体系，二是建立可操作性的深时数据基础设施，三是搭建全球协作的深时平台。未来的地学研究离不开数据与智能，当前传统的科学研究基本是以地质模型为中心，但随着数据革命时代的到来，需要"数据—知识"一体化去重构地学场景。当地球科学数字新基建变得越来越普惠，科学家、技术人员和政策制定者将有能力开展更深、更广的创新（Wang et al.，2021）。

以矿产资源预测为例对基于DDE平台的地学大数据研究进行介绍。矿产资源是人类社会发展的重要物质基础。矿产资源预测是指对地壳中具有工业价值的矿产资源的产出位置和资源潜力进行科学预测和评价。其结果一方面可为政府地质机构进行矿产资源国情调查、提高矿产资源规范管理水平、制定资源战略提供基础数据；另一方面也可为矿业公司优选找矿靶区、制定投资战略提供有效依据。

斑岩铜矿提供了全球约70%的铜资源，是最主要的铜矿工业类型，也是目前学界关注度高、研究程度深、资料较齐全的矿种之一。斑岩铜矿作为热液矿床，其热液蚀变现象十分显著。矿床由内到外通常存在明显的蚀变特征分带，并在长期的剥蚀风化作用下可进一步形成大范围分布的羟基矿物、碳酸盐矿物、铁氧化物等。这些蚀变信息可以通过遥感数据的可见光到短波红外波段提取。但已有研究方法存在高度依赖专家知识、智能化程度低、全球性矿产预测研究不充分等问题。

因此，在进行深时数字地球数据库建设时，研究学者通过链接DDE的数据库，结合DDE平台的多源数据和人工智能算法，对中国西藏至土耳其的特提斯中段地区进行了洲际尺度的斑岩铜矿矿产资源预测。基于遥感影像数据，建立蚀变信息提取模型，获取了影像中的泥质蚀变（argillic）与绢英化蚀变（phyllic）信息；基于地质图数据库提取了中酸性岩和断裂图层，获取了地质体相关空间信息；基于重力场和磁场数据，通过分形滤波器获取了由区域构造以及局部地质体引起的异常。基于上述提取的遥感、地质和地球物理信息，经重采样、数据对齐等步骤，形成了中特提斯斑岩铜矿矿产资源预测数据集。接着进一步利用随机森林和支持向量机等机器学习算法，训练得到矿产资源预测模型，并对此地区进行斑岩铜矿预测，最终形成成矿有利度预测图（图19-3）。这些研究进展促进矿产智能预测从0到1的突破，引领国际矿产勘查与预测的学科前沿。

二、数字国土

（一）主要内容

"数字国土"是中国在信息化发展初期，利用遥感技术（remote sensing，RS）、地理信息系统（geographic information system，GIS）、全球定位系统（global positioning system，GPS），以及互联网技术、通信技术、计算机技术等科学成果，实现国土资源信息的获取、管理、利用和发布的一体化公共服务体系，是地学大数据在国土资源领域的应用和实现（何瑞东，2018）。

中国的国土从陆地到海洋，从地下到空中，范围大，影响远。数据类型包括国土法规、国土规划、国土利用、区域地质、海洋地质、地球物理、地球化学、工程地质、水文

图 19-3　东特提斯矿产资源预测结果展示

地质、环境地质、矿产资源、潮汐海流、产权产籍等，1∶1000 地籍图、1∶1 万土地利用图、1∶4 万海图和 1∶25 万地质图、矿产图及其属性尤为重要。

国土管理的职能范围包括国土规划、耕地保护、地籍管理、矿产开发管理、矿产资源管理、地质勘探管理、地质环境管理、法规监察、综合管理等。数字国土的研究内容包括国土数据库建设、数据更新、国土规划、国土演化及构建国土资源管理信息系统。

（1）国土数据库包括空间数据图层、数字、影像、文档和其他多媒体数据，需要开展国土资源数据总体规划和数据库设计，建设国土资源空间数据库、元数据库和数据仓库，开展数据挖掘和知识发现。

（2）数据更新与国土动态监测密切联系，包括斑（地）块数据更新和总量数据更新。

（3）国土规划是国家规划的基础和重要组成部分，需要研究耕地保护、矿产开发的机制和数据，开发国土规划模型、耕地保护模型、可持续发展模型、经济发展模型、社会稳定模型等，提出国家经济和社会发展重大决策的供选方案。

（4）国土演化模型可以反映国土随时间的变化、虚拟国土变化及其经济发展和社会动态。

（5）构建国土资源管理信息系统是数字国土的重要研究内容。全国国土资源管理信息系统是国家、省、地、县多级分布式系统，是利用计算机网络技术构建的全国国土资源管理信息系统的专业网。各地区的国土资源管理单位是全国国土资源管理信息系统中的一个节点，拥有独立运行的国土资源管理信息系统，其功能可以支持本单位的国土资源管理工作，包括支持国土资源管理业务运作的应用系统和存储图文数据的数据库两大部分。同时，定期更新图件和数据，保持数据的完整性和一致性。

支持国土资源管理业务运作的应用系统在系统分析的基础上设计和建设，既有通用性，又有特殊性，可以依据单位的特点自行开发和扩充。系统包括国土资源规划子系统、耕地保护子系统、地籍管理子系统、土地利用管理子系统、矿产开发管理子系统、矿产资源储量管理子系统、地质环境管理子系统、地质勘查管理子系统、国土资源政策法规子系统和国土资源执法监察子系统等。

（二）技术路线

数字国土是以数字地球科学与技术为主的创新体系，亟须开展一系列基础研究工作，尤其在总体框架和基础功能研发、坐标系统定义、数据结构设计、数据存储管理和网络协同等方面。

坐标系统包括空间三维坐标系、时间、属性、逻辑等多维坐标系，其研究工作涉及坐标系的定义、设计、布设和控制等，通常以地球中心为坐标原点。数据结构设计是反映上述坐标系统位置的载体，使其便于表达、查询检索和分析处理。研究并开发符合上述定义的基础功能平台，支持数据录入、处理、查询检索、更新和输出，具有重要意义。此外，为实现海量国土资源数据的管理，还需要在顶层开展国土资源数据总体规划，进行国土资源数据库的概要设计和落地实施。

国土资源卫星进行对地观测所获得的卫星影像包括中分辨率卫星影像、高分辨率卫星影像和连续观测的卫星影像。地面站高效接收卫星信息需要建设准实时监测系统。在此基础上，可以发布卫星指令，控制卫星轨道和姿态，使卫星在预定时间完成预定地区的遥感任务，进一步则可利用人类大脑和认知的研究成果，加速遥感影像判读智能化的进程。

在国土资源动态管理中，土地利用的动态监测是重点，包括微观监测（斑块监测）、宏观监测（总量监测）和变化报警等。斑（地）块监测主要通过现场调查、遥感调查、地面和钻孔观测记录实现。全国和省、自治区、直辖市的总量监测可以通过汇总斑（地）块监测的结果实现，并开展地面及遥感抽样调查。变化报警预警采用高新技术，包括数据库的知识发现、智能模式识别和机器学习等。

我国目前已经建立了数字化国土资源调查评价与监测技术体系，积累了海量国土资源数据；建立了国土资源门户网站体系，社会服务水平显著提升；国土资源信息网络体系也已初步形成，信息化基础保障得到夯实。

（三）智慧国土

为实现从服务于国土管理业务执行的基础运作向国土资源监测监管、辅助决策的智慧化转变，智慧国土建设势在必行。智慧国土建立在数字国土数据管理的基础框架上，以建设覆盖规划编制、审批、实施、监测、评估、预警全流程的信息管理系统为先导，依托大数据、人工智能、3S、城市信息模型（CIM）、建筑信息模型（BIM）、物联网等信息化技术，将海量国土数据在云平台上进行高效存储、计算、分析和决策，自动挖掘发现新知识，按照分析决策结果对各种设施进行自动化的控制，实现集数字化、网络化、智能化为一体的国土资源管理，实现从传统国土规划向"全面感知、互联互通、智能分析"的智慧型国土规划的转型。

三、智慧海洋

海洋占据了地球表面的 71%，蕴含丰富的资源，孕育着无数的生命，对全球环境起到了重要的调节作用。我国是一个陆海兼备的发展中大国，建设海洋强国是全面建成社会主义现代化强国的重要组成部分。因此，在新时代背景下，要切实做好"关心海洋、认识海洋、经略海洋"的工作，而智慧海洋正是新时代下把握海洋发展规律、加快建设海洋强国战略体系的重要技术保障。

（一）智慧海洋内涵

智慧海洋建立在数字海洋的基础上，将海洋环境、人类活动、先进的海洋装备等与高新信息技术进行"工业化""信息化""智能化"的深度融合，实现资源共享、互联互通、海洋知识挖掘与服务，最终发展成为海洋智能管理、智能开发利用的工程技术体系，亦是认识和经略海洋的神经系统（姜晓轶等，2018）。

（二）主要内容

智慧海洋以网络通信和大数据、云计算、人工智能等新技术新方法为手段，以海洋综合感知网、海洋信息通信网、海洋大数据云平台等信息基础设施建设为主体。其中，海洋综合感知网是智慧海洋的基石，用于实现海洋环境、海上目标、涉海活动和重要海洋装备的信息采集与监视监测，为智慧海洋提供有力的数据支撑；海洋信息通信网是智慧海洋的联通纽带，赋予智慧海洋有通信安全保障与水下定位导航的业务化海洋通信能力，实现各类海洋感知、管理决策、指挥控制等数据、信息、指令的高效、安全传输；海洋大数据云平台是智慧海洋的神经中枢，它能够实现海量海洋数据资料的存储管理、交互融合、集约利用、智能分析、知识挖掘、共享服务，为海洋环境认知、海洋装备研发、海洋安全管控、海洋智能应用等提供支持。在此三者基础上，搭建海洋信息智能化应用服务群，针对海洋安全与权益维护、海洋综合管理、海洋开发利用、海洋环境认知和生态文明建设等需求，整合各类涉海数据资源，连接海洋行业应用间的信息通路，形成统筹发展、共享协作的智能化应用服务体系，体现智慧海洋的核心价值。四个智慧海洋的重要组成部分相互关联、相互融合，形成一个有机整体（姜晓轶等，2018）。

智慧海洋是实施海洋强国战略的重要抓手，其意义表现在：

（1）智慧海洋建设是赋能海洋经济的积极探索

智慧海洋建设为海洋经济的发展提供新动力，一方面有助于我国探索国家主导、企业为市场主体、创新驱动、合作发展的经济增长模式，另一方面可加速推进信息时代下我国海洋各行各业的跨界融合与协作，打通海洋信息感知、传输、处理、应用全链条。

（2）智慧海洋建设是加强国际科技合作的重要窗口

当前，海洋国际合作趋势大大加强，世界各国协同探索如何实现海洋资源的可持续利用。为此，政府间海洋学委员会（Intergovernmental Oceanographic Commission，IOC）、世界气象组织（World Meteorological Organization，WMO）等组织部署建立了包含 150 个成员国在内的可持续发展全球海洋观测系统（Global Ocean Observing System，GOOS），旨在建立海洋观测网，对海洋物理、化学和生物学等方面进行全面综合观测。

（3）智慧海洋建设是海洋生态环境保护的基石

海洋作为地球上最大的自然生态系统，是人类赖以生存和发展的重要资源，其生态环境保护关乎人类福祉，智慧海洋一方面可以推动基于新兴科技赋能的传统产业转型升级，提高海洋资源的利用率，另一方面可以加强海洋监测与管理，为政府部门海洋监管工作提供强有力的技术支撑。

（三）建设成果

我国的智慧海洋建设正在如火如荼地进行。

在海洋观测感知与信息通信方面，我国形成了涵盖"天—空—岸—海—潜"的全方位立体组网，包括卫星、无人机、岸基平台、浮标、无人岛礁、大型船舶、无人艇、波浪艇、水下固定阵、水下潜标、AUV等观测感知平台，以微波、短波、激光、数传电台、光纤、散射通信、水声通信等方式实现信息传输与互联互通。

在海洋大数据平台方面，山东、浙江、福建等海洋大省均已初步建成自己的平台，大大提升了海洋大数据的整合与共享、智慧挖掘和智能应用能力，推动了智慧海洋工程实质性落地。此外，我国完成了国家80海里范围内海域重要海岛（礁）测绘工作，建立了新一代全球海洋环境资料数据集、海洋综合数据库。

至今，我国已落实启动了东海区、北海区、南海区等三个海区的智慧海洋规划，并已设立了山东、浙江、福建、海南等4个智慧海洋示范区。

四、智慧城市

（一）概述

智慧城市是在数字城市的基础上，借助新一代物联网、云计算、大数据分析等信息技术，将城市运行的各个核心系统整合到一个大平台上的技术。其旨在以更"智慧"的方式提升城市管理的效率，优化城市土地资源使用，最大程度上改善人们的生活质量。作为新一代信息技术、信息平台集成技术与现实社会相结合的代名词，智慧城市是城市发展模式转型升级的必然结果。建设智慧城市是优化城市管理、推动城市发展的重要手段，是加强科技创新、建设科技强国的战略选择。

智慧城市包括智慧经济、智慧流动、智慧环境、智慧公众、智慧居住和智慧管理等，能够提升城市综合管理效率、催生大规模新兴产业、引发新一轮科技创新等，智慧城市可以为民众生活带来便利、极大提升市民的幸福感，从而推进整个城市的建设与发展。

（二）主要架构

智慧城市以物联网和云计算等技术为核心，旨在改变政府部门、企业单位和人们之间的信息交互方式，对于提高民生质量、减少环境破坏、保障公共安全、优化城市服务、创造经济发展机遇等方面具有重要价值。智慧城市的构建需要软硬件共同作用，完善的智慧城市的架构应包含信息感应层、网络通信层以及数据应用层。物联网设备是构建智慧城市的基础，用来收集城市各个角落的海量数据，包括传感器节点、射频标签、手机、个人电脑、家电、监控探头等；计算机网络技术是构建智慧城市的支撑，无线传感网、P2P网络、网格计算网、云计算网络等是城市数据获取与处理的保障，而互联网、无线局域网、3G、4G、5G等移动通信网络则进一步支撑着城市数据在不同平台间的传输；数据应用技术则是实现人们与城市交互的直接途径，包括各类面向视频、音频、集群调度、数据采集的应用等（李德仁等，2021）。

（三）典型应用

1.智慧交通

随着城市化建设速度的加快，人们的交通出行愈加便利，但与此同时，道路的拥堵程度也日趋加剧，限购、限行、限号等多种方法被应用到了交通治堵，然而这些方法也只是在一定程度上缓解交通拥堵。为了彻底解决拥堵问题，智慧交通的理念被提出。智慧交通在交通数字化的基础上，将物联网、云计算、大数据等新兴技术整合运用于整个交通运输管理体系，建立一种实时、准确、高效的交通运输综合管理和控制系统，涉及城市的方方面面，包括如城市智能信号灯、实时路况分析、智能公交、智慧照明等。

随着智能化技术的发展，张军院士在2019国家智能产业峰会上强调，未来交通的核心特点是由当前的"人适应系统"的交通状况，转变为"让系统去适应人"的智能型交通模式。就像智能变频空调自行变频，未来交通系统将围绕人们出行需求，自行停车、自行打车、自行规划飞机晚点后的行程等。车路协同将是车联网的发展方向，通过多媒体站、车载导航、多媒体通道整合信息，实现"人、车、路"三者结合，可有效实现车车、车路间的智能协同与配合，从而充分利用交通系统的时空资源，降低事故率和节能降耗。

2.智慧物流

近年来，随着我国电商行业的快速发展，民众对于物流行业的需求日益增加，传统物流技术的高成本低效率问题在爆发增长的物流需求中日益突出，传统物流产业运营模式难以为继。物流是社会发展的基础，连接着城市生产与消费，是城市产业发展的保障。因此，传统物流行业的转型升级是必然趋势。降低物流成本、提高物流效率，建设智慧物流是建设智慧城市的有力支撑。

智慧物流借助物流互联网和物流大数据技术，重塑产业分工，再造产业结构，实现物流资源与要素的高效配置，转变产业发展方式。智慧物流实现了我国物流产业的自动化以及物流服务的信息化、数字化和智能化。智慧物流的进步促进多方的发展（杨延海，2020）：

对物流市场，数字物流使得物流信息更加透明，解决了物流产业市场中的信息不对称问题，从而将社会闲散物流资源进行整合和利用，避免了资源浪费，同时使得较为分散的物流市场格局朝向一体化方向发展。

对物流企业，数字物流通过配置最优化的仓储与运输路线，减少不必要的资源浪费，保证了物流企业可以动态掌握物流信息和市场运行状态，大幅提升了物流企业的管理能力，实现了物流产业的降本增效目标。

对消费者，数字物流通过大数据、云计算及人工智能等技术为不同消费者提供个性化与定制化的物流服务，在很大程度上改善了用户体验。

<h1 style="text-align:center">第三节　地学大数据应用展望</h1>

一、虚拟地球

（一）发展历程

虚拟地球的发展历程已经超过20年，如图19-4所示，其最早探索是1997年Lindstorm等人提出的三维球体初步设计模型（virtual geographic information system，VGIS）。1998年，美国前副总统阿尔·戈尔首次提出了"数字地球"的概念，并勾勒出一个先进的三维虚拟地球的设想，随后许多国家都积极开展关于虚拟地球的研究与探索工作。1999年，我国学者提出了面向数字地球的虚拟现实系统模型以及虚拟地球系统（virtual earth system，VES）的新概念（刘占平等，2002）。

1998年11月，SRI公司采用虚拟现实建模语言（VRML）实现了一个基于WWW的数字地球原型系统。之后，一系列的虚拟地球平台产品和模块陆续出现，包括谷歌公司的Google Earth、微软公司的Virtual Earth 3D、Skyline公司的Skyline Globe、开源的OSGEarth等。同时，一些GIS商业软件也都提出三维可视化方案，比如ESRI推出了ArcScene、ArcGlobe和ArcGIS Explorer，这些三维地球软件由于其丰富的空间信息展示能力和强大的三维空间分析功能，在众多领域取得成功应用，得到了行业用户的广泛认同。2004年之后，Web技术的快速发展推动产生了一系列Web端的虚拟地球产品，包括Google Earth、OpenWebGlobe、Cesium和World Wind等，让更多的人可以便捷地获取、使用、分析和分享时空数据。

之后，虚拟地球进一步蓬勃发展，衍生出"智慧地球""玻璃地球"等理念。近年来，随着大数据、云计算、人工智能等新技术的不断发展，虚拟地球的发展进入了新的阶段。

图19-4　虚拟地球发展历程

（二）虚拟地球系统的关键理论和技术

虚拟地球系统是指在计算机中完整仿真地球环境的三维虚拟系统，和普通的虚拟仿真系统相比，虚拟三维地球环境不是一个有边界的小型立体虚拟区域，而是包含全部地球空间信息的整个地球环境，包括全球地貌、大气现象、水域、植被（森林、草原、公园等）、城市、道路等所有人可以从视觉、听觉上感知的要素和现象，并将自然、经济、科学、文化、教育等各领域的信息组织、融合起来，使人们沉浸式、交互式、灵活地浏览所需信息。虚拟地球系统需要诸多学科技术的支撑以对空间环境进行描述、存储、建模、显示、传输、交互等，其依赖于虚拟现实技术、地理信息技术、可视化技术、遥感技术、多媒体技术、全球定位技术、数据库、网络通信技术、信息系统、专家系统和智能决策支持系统等技术的集成。

之前的三维虚拟地球系统，从需求和技术角度而言还只是初级的虚拟地球系统，仍然难以处理数字地球这样大规模、大范围的三维乃至多维虚拟场景。为了实现理想的虚拟地球系统，目前大量的学术研究主要集中在以下几个方面：

· 更优的大规模数据、大场景的管理与网络调度；

· 更优的数据压缩算法；

· 更先进的数据服务研究；

· 三维地理信息功能方面的研究；

· 针对特定应用的虚拟地球研究；

· 在三维虚拟地球中使用仿真技术（粒子特效、动画技术、物理效果等）的研究。

然而以上研究都没有提出关于把虚拟地球与虚拟现实技术深层交叉融合的理论体系，我们还需要在虚拟建模理论、可视化关键技术和智能服务技术等方面有新的突破。

（1）面向虚拟地球的虚拟建模理论

虚拟地球技术系统的主要任务之一是要创建一个合适的信息处理环境。面向对象的建模方法是虚拟地球系统的基本建模方法，现有建模理论尚不能满足虚拟地球的所有需要，还需在面向多维空间信息建模、基于多重智能体的虚拟环境建模、虚拟地球系统的虚拟建模语言规范等方面进行研究探索。

（2）面向虚拟地球的可视化关键技术

虚拟地球的建模理论涉及多方面的可视化建模理论和信息可视化技术，对于虚拟地球，需要对多维动态时空信息可视化、无级比例尺数字地面模型生成和显示、虚拟地面模型智能化信息提取和重建、虚拟地球可视化空间扩展等关键理论方法进行深入研究。

（3）面向虚拟地球的智能服务技术

构建虚拟地球系统必然涉及海量的多源异构数据和繁杂的计算任务，为了实现数据的高效存储、管理和计算，提升虚拟地球的智能化服务能力，需要发展面向巨量多维数据的高效管理技术、面向多源异构数据的高性能计算技术、面向地球系统科学的智能分析技术等。

（三）虚拟地球系统模型与平台

虚拟地球系统是一个面向数字地球的虚拟现实系统，这个系统将包括与地球有关的各种实体对象。虚拟地球系统为数字地球提供一个可视化的虚拟环境，同时，用户可以通过一定的交互手段与之交互。因此，虚拟地球系统主要包括五个部分：场景数据库、对象建模、场景引擎、交互模型和人。

场景数据库：场景数据库管理虚拟地球系统中的所有实体数据和关系数据。虚拟地球系统涉及大量地学数据，场景数据库必须负责数据的简化、压缩和结构存储；同时负责数据查询、提取和信息恢复等任务。

对象建模：虚拟地球系统中各种不同实体和关系非常复杂，对象建模将有效地简化系统的设计。

场景引擎：场景引擎负责虚拟系统的绘制和事件以及消息机制的实现。如何解决场景的复杂度和计算机图形和计算性能不足之间的矛盾，是场景引擎研究的主要问题。

交互模型：交互模型是虚拟系统与用户的界面，它负责接收和理解用户的交互命令，并将这些命令转化为系统的内部行为。

人：人是虚拟地球系统中的核心。人是信息的目的端和交互的发动机。虚拟场景的设计都要以人为核心。

通用的虚拟现实软件平台种类繁多，如重量级引擎平台CryEngine、Unreal、Frostbite、Unigine等，轻量级引擎平台Unity3D、Virtools、Quest3D、Delta3D等，国产引擎平台VR-Platform、Converse3D等，这些引擎都具有虚拟现实和虚拟场景构建能力，可以构建出逼真的虚拟地球环境场景，但其一般并不支持空间信息和GIS功能。目前，海量数据组织、管理维护、网络调度、快速可视化、分析应用等理论与技术的发展推动了众多支持空间信息和GIS功能的虚拟地球系统的出现，按照系统架构，可以将虚拟地球系统分为C/S架构和B/S架构。

C/S架构的虚拟地球系统出现更早，国外以Google Earth、SkyLine、ArcGlobe为代表的虚拟地球系统，各自在面向公众与专业领域的应用上，为三维虚拟地球技术开创了里程碑式的发展，并取得了巨大的成功。Google Earth为大众提供了丰富的三维数据，用户可以在计算机中观察全球任意位置，包括地形、地貌、三维城市、热点信息、实地照片、360°街景等，还支持海量的倾斜摄影测量模型及BIM数据；SkyLine则为使用者提供了众多实用的专业功能，包括构建与更新地形、地貌数据集、三维漫游、GIS数据绘制和三维空间分析等；ArcGlobe则继承了ArcGIS软件强大的GIS功能，可以与ArcGIS无缝集成，开发专业的GIS应用产品，除了可以进行三维漫游、信息查询、GIS数据绘制、三维空间分析之外，还具有无缝集成GIS专题图、网络分析、地理处理等更加专业的GIS应用。同时，国内也涌现出北京国遥新天地公司的EV-Globe、武汉大学吉奥公司的GeoGlobe、北京灵图公司的VRMap以及超图公司的SuperMap等优秀的三维虚拟地球平台。

随着Web技术的快速发展，B/S架构的虚拟地球系统逐渐成为主流，许多Web端虚拟地球产品相继出现，包括Google Earth JavaScript API、OpenWebGlobe、ArcGIS Explorer、Cesium和World Wind。World Wind由美国国家航空和航天局（NASA）共享了开源的可视化地球仪，可以将NASA、USGS以及其他WMS服务商提供的影像展现在三维地球环境中，并且允许无限制的用户化定制；ArcGIS Explorer提供自由、快速、简洁易用的三维地理信息浏览，它继承了ArcGIS Server完整的GIS性能，使服务器可以处理不同的应用；Cesium是一个3D地球的JavaScript地图引擎，支持3D、2D、2.5D形式的地图展示，它提出的3D Tiles开源格式标准能够实现Web端流式传输海量的三维模型数据，成为目前使用最广泛的虚拟地球平台之一。表19-1对相关虚拟地球系统平台的情况进行了对比。

表 19-1　虚拟地球系统平台

系统	虚拟地球	虚拟现实	虚拟场景制作	GIS		现状
				空间信息	GIS 功能	
Google Earth	是	否	弱	是	弱	不支持虚拟现实
SkyLine	是	否	弱	是	中	不支持虚拟现实
ArcGlobe/ArcGIS Explorer	是	否	弱	是	强	不支持虚拟现实
Virtual Earth	是	否	否	是	弱	不支持虚拟现实
OSGEarth	是	弱	否	是	中	虚拟现实能力有限，无完善的场景制作工具
EV-Globe	是	弱	弱	是	弱	虚拟现实能力有限，场景构建能力弱
SuperMap iSpace	是	弱	弱	是	中	虚拟现实能力有限，场景构建能力弱
OpenWebGlobe	是	弱	弱	是	中	虚拟现实能力有限，场景构建能力弱
World Wind	是	弱	弱	是	中	虚拟现实能力有限，场景构建能力弱
Cesium	是	弱	弱	是	中	虚拟现实能力有限，场景构建能力弱
CryEngine	否	强	强	否	否	不具备虚拟地球、GIS能力
Unreal Engine	否	强	强	否	否	不具备虚拟地球、GIS能力
Virtools	否	中	中	否	否	不具备虚拟地球、GIS能力
Unity3D	否	中	中	否	否	不具备虚拟地球、GIS能力
Quest3D	否	中	中	否	否	不具备虚拟地球、GIS能力
Delta3D	否	中	中	否	否	不具备虚拟地球、GIS能力
VR-P	否	中	中	否	否	不具备虚拟地球、GIS能力
Converse3D	否	中	中	否	否	虚拟现实能力有限，场景构建能力较好

二、元宇宙

(一) 发展历程

"元宇宙"概念最早由 Neal Stephenson 在科幻小说 *Snow Crash* 中提出。在小说中，"元宇宙"是一个与现实世界平行的虚拟世界，现实人类可以通过 VR 设备与虚拟人共同生活在一个虚拟空间。在后续的艺术作品和游戏创作中，类似的虚拟平行世界不断涌现，如《黑客帝国》(1999) 中的"矩阵 (matrix)"、《头号玩家》(2018) 中的"绿洲"，以及能满足大型多人在线角色扮演类游戏 (MMORPG)，如《第二人生 (Second Life)》(2003)、《罗布乐思 (Roblox)》(2006)、《我的世界 (Minecraft)》(2010)、《堡垒之夜 (Fortnite)》(2017) 等"沙盒游戏"。其中，自由度高、地图巨大、用户交互性强且具备改造、影响甚至创造游戏内世界特点的"开放世界型沙盒游戏"，成为虚拟游戏中最接近"元宇宙"特征的类型。2021 年 3 月，游戏平台 Roblox 在纽交所上市，招股书中正式提出以建立虚拟现实交互的"元宇宙 (metaverse)"作为公司的发展目标。随后，在世界范围内掀起了对"元宇宙"未来前景的广泛讨论，互联网巨头如 Facebook、字节跳动等公司纷纷提出与"元宇宙"相关的技术与商业开发计划，2021 年因此也被行业称为"元宇宙元年"。

(二) 概念与地学内涵

元宇宙是整合 5G、人工智能、云计算、区块链、数字孪生、脑机接口等多种新技术而产生的新型虚实相融的互联网应用和社会形态，元宇宙将虚拟世界与现实世界在经济系统、社交系统、身份系统上密切融合，并且允许每个用户进行内容生产和世界编辑，如图 19-5 所示。

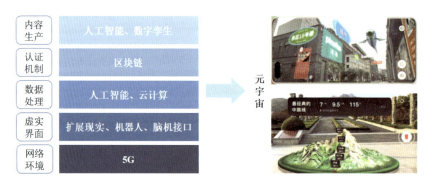

图 19-5　元宇宙技术底座构成

从地学层面来说，元宇宙是一个平行于现实世界，又独立于现实世界的虚拟空间。具体而言，"元宇宙"是传统欧氏空间、社会关系空间以及赛博空间的互相嵌套、叠加且拥有"平行宇宙"概念的一种新的空间模式。基于虚拟空间与现实空间的逻辑关系，可以将"元宇宙"分为数字孪生型、增强现实型和完全建构型三类 (肖超伟等，2022)，其特征及目标如表 19-2 所示。

表 19-2 "元宇宙"分类及特征（肖超伟等，2022）

类型	特征	最终目标	技术基础	典型项目
数字孪生型	现实空间是主体空间，虚拟空间复刻现实空间	科学、准确地认识、管理现实空间	数字孪生技术	谷歌地球、数字孪生城市平台
增强现实型	现实空间是主体，虚拟空间叠加于现实空间，现实空间和虚拟空间同等重要	使虚拟空间与现实空间共同形成可体验的混合空间	增强现实（AR）技术	华为河图（cyberverse）、magicverse
完全建构型	虚拟空间是主体空间且相对独立，现实空间是次要空间	体验全新的虚拟空间，满足受限于现实空间距离、环境的需求	虚拟现实（VR）技术	Horizon Workrooms、第二人生（Second Life）、罗布乐思（Roblox）

练习题

1. 分布式数据存储有哪些优点?
2. 地学大数据平台的建立需要融合哪些学科的知识? 请列举几个地学大数据平台的具体应用案例。
3. 虚拟地球系统有哪些组成部分? 分别有什么作用?

思考题

1. 空间数据库发展的难点有哪些? 如何解决海量地学数据的存储和管理问题?
2. 地学大数据平台对于国土、海洋等领域数字化、智能化应用的意义有哪些? 当前地学大数据平台还存在哪些不足?
3. 谈谈你对地学大数据未来应用的构想。

参考文献

[1] Wang C, Hazen R M, Cheng Q, et al. The Deep-Time Digital Earth program: data-driven discovery in geosciences[J]. National Science Review, 2021, 8(9): 156-166.

[2] 翟明国, 杨树锋, 陈宁华, 等. 大数据时代: 地质学的挑战与机遇[J]. 中国科学院院刊, 2018, 33(8): 825-831.

[3] 何瑞东. 中国"智慧国土"工程建设现状与发展[J]. 科技导报, 2018, 36(18): 10-15.

[4] 姜晓轶, 潘德炉. 谈谈我国智慧海洋发展的建议 [J]. 海洋信息, 2018(1): 1-6.

[5] 李德仁, 邵振峰, 杨小敏. 从数字城市到智慧城市的理论与实践 [J]. 地理空间信息, 2011, 9(6): 1-5.

[6] 刘占平, 王宏武, 汪国平, 等. 面向数字地球的虚拟现实系统关键技术研究 [J]. 中国图象图形学报, 2002(2): 58-62.

[7] 肖超伟, 张旻薇, 刘合林, 等. "元宇宙"的空间重构分析 [J]. 地理与地理信息科学, 2022, 38(2): 1-9.

[8] 杨延海. 我国智慧物流产业发展体系与对策研究 [J]. 技术经济与管理研究, 2020(11): 98-102.

[9] 赵鹏大, 陈永清. 数字地质与数字矿产勘查 [J]. 地学前缘, 2021, 28(3): 1-5.

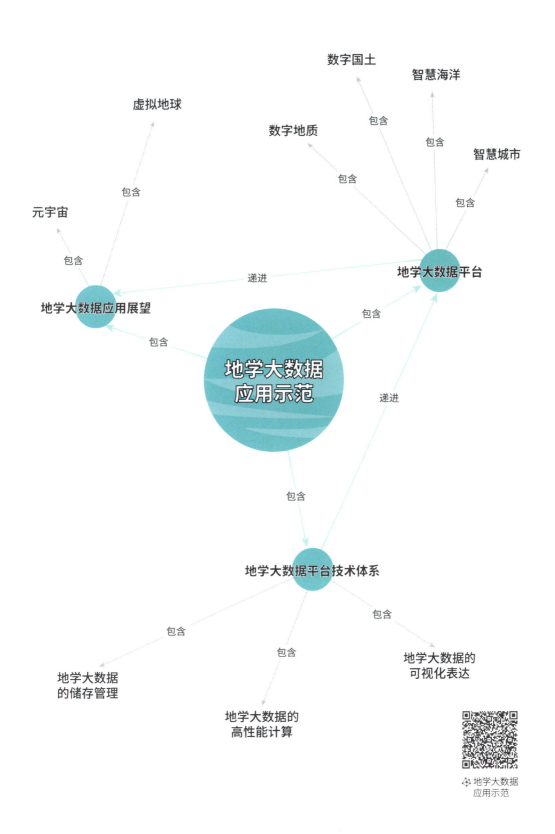

第二十章

CHAPTER 20

地球系统科学

进入 21 世纪，地球科学正在经历着一场新的变革，即向多学科交叉的地球系统科学发展，这样的融合并不仅仅局限于地球科学的各分支学科，还涉及信息科学、数理科学、生命科学等。地球系统科学注重从地球的整体性和全局性视野出发，强调地球系统中岩石圈、水圈、大气圈和生物圈之间的相互作用，进而对各圈层的作用过程和机理进行研究。当前，更多的对地观测体系（卫星、无人机和地表观察台站等）、更高的时空分辨率以及更强的数据处理能力（超级计算机、大数据与人工智能技术等），正逐渐促进人类对地球系统的科学认知，增强人类适应全球环境变化的能力，并最终服务于人类社会的可持续发展。

第一节　地球系统

一、地球系统的构成

地球系统是指由大气圈、水圈（含冰冻圈）、地圈（含地壳、地幔和地核）、土壤圈和生物圈（包括人类）组成的有机整体（图 20-1）。地球系统是一个物质与能量不断相互作用、非常复杂的非线性系统，各圈层之间相互作用和相互影响（图 20-2），圈层之间及

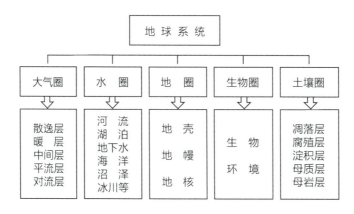

图 20-1　地球系统的圈层划分及其构成

内部随时间的相互作用构成了地球持续至今的演化。而地球系统科学主要研究各圈层的物质组成、结构分布、各圈层内部及之间一系列相互作用过程和形成演变规律，以及与人类活动相关的全球变化，为人类认知地球和绿色可持续发展提供科学支撑，使人类更好地应对全球环境和气候变化所带来的挑战。

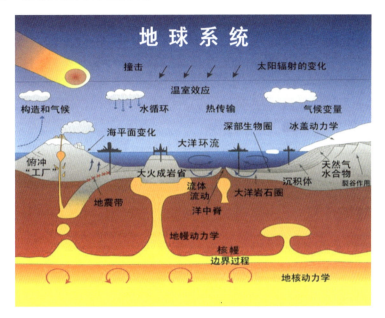

图 20-2　地球系统相互作用示意图（引自 St. John et al., 2009）

二、地球系统的能量来源

地球圈层系统的演化主要受内动力地质作用和外动力地质作用的共同驱动，其主要有两个能量输入体系。一个是太阳在核聚变过程中向太阳系释放的太阳辐射能量，它是外动力地质作用最主要的能量供给，直接影响着地球气候变化、生物光合作用和岩石风化剥蚀等地球表层系统过程；另外一个是地球内部放射性物质衰变、物质向地球深部迁移释放的重力势能和矿物结晶等释放的热量，是内动力地质作用最主要的能量供给，它们对大陆漂移、海底扩张、板块运动、岩浆活动、地震作用、变质作用和构造作用等过程产生影响。

三、地球系统的时空特征

地球作为一个由多时空尺度过程构成的复杂巨系统，在空间上表现为多圈层体系。地球各圈层（岩石圈—土壤圈—大气圈—水圈—生物圈）、各过程（生物过程、物理过程、化学过程）、各要素（如：山、水、林、田、湖、草、海）之间相互作用、相互联系、连锁响应。地球系统科学将大气圈、生物圈、土壤圈、岩石圈、地幔/地核作为一个系统，通过大跨度的学科交叉，构建地球演变的框架，理解当前正在发生的过程和机制，预测未来几百年的变化。地球系统科学的研究对象，在空间尺度上可以从分子结构到全球尺度，在时间尺度上可以从瞬间的岩石破裂变形到持续数亿年的地质演化过程。

地球演化的不同阶段，地质作用特征也存在显著的差异。比如，在地球形成之初，主要是小星体不断加积，星体之间的引力势能和动能由于碰撞转化为热能，再加上放射性物质含量高，衰变速率快，产生了大量的热能。因此，这一时期的内动力地质作用十分强烈，地球表层可能基本上被岩浆海所覆盖，随着热能散失、岩浆冷却和重力作用等多种因素影响下，固体地球逐渐分异出地壳、地幔和地核。和今天相比，当时的太阳较为昏暗，因此地球表面的外动力地质作用是相对较弱的。值得注意的是，现今地球在板块构造动力体制下，地球内部的地幔等温度总体上趋于下降，但是其内动力地质作用仍然充满活力，同时太阳光度显著增强，外动力地质作用也非常活跃。地球系统的物理、化学及生物过程在空间上又可以分为若干个子系统、子过程，各个子系统和子过程彼此交错、相互作用和影响。

第二节　地球系统科学发展简史

一、萌芽时期

生物圈和生物地球化学的创始人、欧洲著名地球化学家维尔纳茨基（1863—1945）早就指出，生物是地质营力的一部分，地圈与生物圈是协同演化的。他认为"生命并非地表上偶然发生的外部演化，它与地壳构造有着密切的关联；没有生命，地球的脸面就会失去表情，变得像月球般木然"。

20世纪70年代，英国气象学家洛夫洛克则认为生物与地球组成了一个类似生物的有机体，其拥有一个全球规模的自我调节系统，是一个"超级有机体"。他强调生物圈对全球环境的调节作用，认为地球表面的气候和化学成分是由生物圈维持在一个最适宜生物圈的动态平衡中，并用希腊神话中的大地女神"盖娅（Gaia）"来命名这个控制系统。

二、从全球变化到地球系统科学

（一）Keeling 曲线

现在大气里碳的总量有 $7 \times 10^{11} \sim 8 \times 10^{11}$ t，看上去似乎数量很大，其实碳在大气圈里的浓度很低，只有大气的 0.04%，不过因为其温室效应而显得特别重要。CO_2 是水汽以外最主要的温室气体，而甲烷（CH_4）是另一种温室气体，其浓度不到 0.0002%。

20世纪前期人类并不知道也不关心大气里有多少碳。早在19世纪末，瑞典化学家 Svante Arrhenius 就提出大气中 CO_2 的增减可能引起冰期旋回变化。而现代大气 CO_2 的浓度变化则是美国斯克里普斯海洋研究所的 Charles David Keeling 从 1958 年才开始在夏威夷的 Mauna Loa 火山顶部进行测量。在经过数十年持续至今的检测，他发现空气中的 CO_2 浓度随着光合作用不但有昼夜的变化，而且有明显的季节性升降，同时还有逐年上升的趋势（图 20-3）。比如，CO_2 浓度已经由 1958 年的 318×10^{-6} 上升到 2018 年的 411×10^{-6}，是近 80 万年以来 CO_2 浓度最高值，而在冰期时 CO_2 浓度最低只有 185×10^{-6}。因此，这条著名的大气 CO_2 浓度变化曲线又名"Keeling 曲线"（图 20-3）。CO_2 作为最主要的温室气体，通常被认为是导致全球变暖的主要原因。

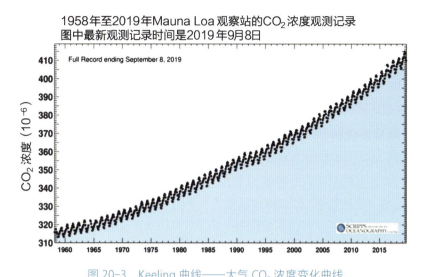

图 20-3　Keeling 曲线——大气 CO_2 浓度变化曲线

（据加州大学圣地亚哥分校海洋学院 SCRIPPS 研究所，图片来源 https://www.juancole.com/2019/09/dioxide-dangerous-influence.html ）

（二）南极臭氧层空洞

臭氧在大气中从地面到 70km 的高空都有分布，其最大浓度在中纬度 20～25km 的高空，向极地缓慢降低，最小浓度在极地 17km 的高空。太阳光中的紫外线辐射会引发皮肤癌等影响人类健康，同时对其他生物有机体也有不利影响，如微观藻类，而藻类又是水生环境中食物链的基础。大气层中的臭氧不仅可以阻挡短波紫外线（UV-C），还能抵挡一部分中波紫外线（UV-B），但是对长波紫外线（UV-A）阻挡不太有效。波长越短，能量就越高，臭氧的消失，会导致一部分的中波紫外线和大量的短波紫外线直接到达地表，长时间如此，对生态环境产生破坏作用，会影响人类和其他生物有机体的正常生存。

1985 年，英国科学家 Farman 等人总结他们在南极哈雷湾观测站观测结果时，在南纬 60°地区发现臭氧层空洞，并且从 1975 年开始，南极每年早春（南极 10 月份）总臭氧浓度的减少超过 30%。这一观测结果令科学界十分震惊，从而使得南极臭氧层空洞问题受到广泛关注。

关于臭氧层空洞的形成，目前占主导地位的是人类活动化学假说，即人类大量使用的氯氟烷烃化学物质（如制冷剂、发泡剂、清洗剂等）在大气对流层中不易分解，当其进入平流层后受到强烈紫外线照射，分解产生氯游离基，游离基同臭氧发生化学反应，使臭氧浓度减少，从而造成臭氧层的严重破坏。虽然学术界依然还有学者坚持，南极臭氧层空洞的形成可能与人类关系不大，因为在南极的寒冷气候下，就会产生一系列的化学反应，消耗臭氧，这也是空洞大规模出现在南北两极的原因。

但是不管如何，世界各国已经开始积极行动起来，为减小臭氧层空洞和恢复臭氧层浓度做积极的努力。1987 年在世界范围内许多国家签订了旨在限量生产和使用氯氟烷烃等的《蒙特利尔议定书》，并于 1989 年 1 月 1 日正式生效；1996 年，氯氟烃被正式禁止生产；经过了几十年的努力以及氯氟烃类化合物的无害代替品被发明，臭氧层开始慢慢地恢复。当然，氯氟烃类化合物到现在还没有被完全取代，只是使用场景很少了，并且其替代物也在被不断更新完善。科学家们预计，在2030年的时候，氯氟烃类化合物将被彻底取代。截至目前，南极上空的臭氧层空洞似乎已经稳定下来，比较乐观的预测是将在数十年后逐步得到恢复。

（三）"地球系统科学"的提出

20世纪80年代，为应对"臭氧层空洞""温室效应"等全球变化的威胁，首先由大气科学界发起，在全球范围内对碳循环等进行跨越圈层的追踪。于是，人们越来越意识到要建立一门新的"地球科学"，即将地球视为一个统一整体，从圈层相互作用着眼的"地球系统科学"。1983年，美国国家航空航天局（NASA）率先建立了"地球系统科学委员会"；1986年NASA首次将地球系统科学（earth system science）作为一个名词提出；1988年NASA出版了 *Earth System Science：A Closer View*，提出著名的"Bretherton图"，展示了大气、海洋、生物圈之间，在物理过程和生物地球化学循环的相互作用，标志着"地球系统科学"的起步。

三、发展中的地球系统科学

（一）国际全球变化研究计划

自20世纪80年代开始，国际科学界先后发起并组织实施了以全球变化与地球系统为研究对象，由四大研究计划组成的全球变化研究计划，即：世界气候研究计划（World Climate Research Programme，WCRP）、国际地圈生物圈计划（International Geosphere-Biosphere Programme，IGBP）、全球环境变化人文因素计划（International Human Dimension of Global Environmental Change Programme，IHDP）、生物多样性计划（DIVERSITAS）。进入新世纪，四大全球环境变化计划又联手建立了"地球系统科学联盟（ESSP）"。

（二）未来地球计划（Future Earth）

2014年为应对全球环境变化给各区域、国家和社会带来的挑战，加强自然科学与社会科学的沟通与合作，为全球可持续发展提供必要的理论知识、研究手段和方法，由国际科学理事会（ICSU）和国际社会科学理事会（ISSC）发起、联合国教科文组织（UNESCO）、联合国环境署（UNEP）、联合国大学（UNU）、Belmont Forum和国际全球变化研究资助机构（IGFA）等组织共同牵头，组建了为期十年的大型科学计划"未来地球计划（Future Earth）"。

"未来地球计划"不但明确了重整国际全球变化研究组织的时间表和新的组织机构，而且为现有的国际全球变化四大计划和ESSP确定了消亡路线图和时间表。该计划旨在为全球可持续发展提供必要的关键知识，打破目前的学科壁垒，重组现有的国际科研项目与资助体制，填补全球变化研究和实践的鸿沟，使自然科学与社会科学研究成果更积极地服务于可持续发展，以应对全球环境变化所带来的挑战。

（三）政府间气候变化专门委员会（IPCC）

为应对全球气候变化及其对社会经济的潜在影响和探讨人类应对策略，1988 年由联合国环境规划署（UNEP）和世界气象组织（WMO）共同成立了政府间气候变化专门委员会（IPCC）。IPCC 负责评审和评估全世界产生的有关认知气候变化方面的最新科学技术和社会经济文献，目前 IPCC 有三个工作组和一个专题组。第一工作组的主题是气候变化的自然科学基础，第二工作组是气候变化的影响、适应和脆弱性，第三工作组是减缓气候变化，专题组为国家温室气体清单专题组。国家温室气体清单专题组的主要目标是制订和细化国家温室气体排放和清除的计算和报告方法。

（四）人类世（Anthropocene）

工业革命以来，人类活动已经逐渐成为主要的地质营力。农业耕作、城镇化以及道路交通等建设大大改变了原有的地表形态；化石燃料燃烧排放的温室气体，改变了大气圈的化学组成，对气候系统造成了显著影响。1970—2018 年，世界人口从 37 亿人增长到 76 亿人；全球 CO_2 排放量从 149 亿吨增长到 368 亿吨；大气 CO_2 升高引起的海洋酸化，导致近海生态系统发生了退化，尤其是造礁珊瑚；全球地表温度增加了约 0.97℃；海表面温度增加了约 0.6℃；每十年，北极海冰消融约 13.2%；全球海平面上升了 14.4cm。我们比 1970 年，多生产了约 15 倍的塑料制品，海洋中共累积了约 1.5 亿吨的塑料垃圾。地球已逐渐进入新的地质时代——"人类世（Anthropocene）"。 2015 年 12 月，全球 197 个国家在巴黎气候变化大会上达成《巴黎协定》，决定共同减少全球碳排放，来应对全球气候变暖。2019 年 5 月 21 日，尽管《自然》杂志报道称一组科学家投票选出了"人类世"，但是到目前为止，学术界在建立相应地质时代可行性和必要性上依然还未完全达成共识。不过，可以看到此时的地球系统科学已经牢牢地扎根在应对全球环境变化的社会需求和地球与生命科学相结合的基础之上了。

（五）横跨时空的地球系统科学

2001 年，英国和美国的地质学会在爱丁堡联合举办了"地球系统过程（Earth System Process）"国际大会，将"全球变化"的概念往地质历史时期推了几十亿年，从太古代光合作用的起源，一直到近代暖池演变的气候效应。与"全球变化"不同，这里说的"地球系统科学"不但穿越圈层，而且横跨时空，将"全球变化"的概念应用于地质历史时期，在探索圈层相互作用的同时，研究时间和空间不同尺度的变化过程，揭示不同尺度过程的驱动机制和相互关系。地球系统概念进入固体地球科学领域，不但是全球变化研究圈层相互作用在时间上的延伸，更标志着地球科学进入集成创新研究的新时期。

第三节　问题引领下的地球系统科学

一、地球系统科学的核心问题

地球系统科学，作为一个学科系统，或者是一个全新的认识地球的框架，刘东生

（2006）回顾并梳理出地球科学发展三阶段，即"地球科学的系统"、"系统的地球科学"和"地球系统的科学"。对于地球系统科学来讲，他认为如下几个核心问题是必须面对的：

（1）什么是地球系统？

强调"地球系统"科学，我们就应该了解什么是"地球系统"，地球系统区别于其他行星系统的特征是什么，为什么会有这些特征和区别。与其他行星相比，地球系统最大的特征就是"她"是一个构造上"活着"的行星，同时又是一个"生命支持系统"，有着生物地球化学过程的负反馈机制，维持生物圈的生存和发展，也维持着人类社会的生存发展。但是，为什么地球系统会有这些特征？地球与其他行星"人猿相揖别"的分叉口在什么地方？

（2）"地球"什么时候、如何成为一个"系统"？

地球作为一个行星，它是如何演化成为生命支持系统的"地球系统"的？从固体圈层看，地核和地幔的分异大约在地球形成的最初100Ma内就已完成，而地壳和地幔的分异则可能要晚得多，大约在地球形成后1800Ma，岩石圈才固化，形成类似现代的板块。这些过程既与地表圈层过程有关，又对地表圈层的分异和演化影响很大，但是学术界对此认识还很不足，大多处于猜测状态。地球什么时候、如何形成了适合生物圈存在的具负反馈（生物反馈、化学反馈）功能的表层系统，仍是当前亟待研究的重要科学问题。

（3）"地球系统"的行为机制如何？是否可预测？在多大程度上可调控？

我们认为，地球系统科学是通过对地球系统各个组成部分及其相互作用的深层次综合研究，认识地球系统的行为机制，据此评估、预测各种自然、人为干扰对地球系统的影响及地球系统的可能响应，并探索趋利避害、合理适度的调控策略，以达到人和地球环境的和谐、可持续发展的科学体系。要实现地球系统科学的目标，我们就需要知道，从地球历史上看，地球系统是如何演化的？在不同时期地球系统对各种干扰是如何响应的？地球系统的变化幅度（如气候变化）是如何限定的？什么过程是关键？什么负反馈机制起到平抑波动的作用？导致地球系统发生突变的不同驱动的"阈值"如何确定？从未来预测方面看，我们也要了解，地球系统在不同尺度上的变化有何特征？地球系统对于人类活动的干扰有多大的承受力和敏感度？不同区域的响应有什么共同点和差异？人类干扰下的地球系统行为是否在可控范围之内？

针对上述核心问题，考虑研究对象、时空和空间特点，刘东生（2006）将地球系统科学分解为如下几个核心的学科系统：

（1）固体地球系统演化

这一学科系统应该是融合了地球物理、地球化学、构造地质学、地层学、地质年代学、岩石矿物学等多种学科，以岩石圈为重心，以地球内部各圈层相互作用的过程和历史为研究对象，目的是了解固体地球系统的演化过程、特征和机制。

（2）地球气候—生物—环境系统演化

这一学科系统以岩石圈演化为背景，以天文因素和构造因素为外部驱动机制，研究大气圈、水圈、生物圈演化的过程及相互作用，重点是地球气候—环境系统的负反馈机制的形成、生物因素和物理化学因素在其中的作用以及负反馈机制在地球环境变化中的意义等。

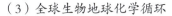

（3）全球生物地球化学循环

这一学科系统研究的重点是过程，尤其是对生命支持系统起关键作用的碳循环等过程的影响因素、变化机制和可调控性等问题。这方面的研究联系过去和未来，既重视机制研究又关注预测研究，既是理论，也是指向对地球环境进行科学意义上调控的工程性探索。

三、地球系统科学研究中的难题

地球系统科学的学科和学术构架还没有清晰呈现，如何发展地球系统科学，目前仍是一个有待讨论的重大课题。刘东生（2006）建议可以从目前面临的一些具体的学术难题入手，通过深入研究问题，达到对地球系统的更深了解和对地球系统科学的渐趋完整的认识。

（一）地球早期演化与宜居地球的形成

宜居地球的形成，其中一个关键问题是如何获得及保存挥发分。地球深部结构、成分及运行方式，基本上都是早期一些重大地质事件的直接后果（Armstrong et al.，2019）。但是要认识这些问题，显著的困难是缺乏直接的地质样品。需要考虑用同位素和元素地球化学等方法，通过古老样品间接地反演早期地球面貌，同时需要高温高压实验、计算地球动力学、比较行星学和行星增生动力学等方法正演早期地球演化过程。未来的关键是如何将上述手段综合起来，开拓新的研究范式？

作为地球宜居形成和发展的重要条件，地磁场是认识地球形成演化、内部动力和地球空间环境的重要研究对象。地磁场研究的核心问题有：地磁场形成和运行的机制是什么？地磁场何时启动以及促发机制是什么？地磁极倒转、极性漂移、超静磁带产生的机制是什么？地磁场变化与气候是否存在相关性？地磁场对地球宜居性的影响机制是什么？未来需要依托深空探测、地磁卫星等空间观测数据开展相关研究。

（二）板块构造与地球宜居环境演变

板块构造是地球区别于太阳系内其他类地行星的独特标志，是地球宜居性发展的重要因素。需要关注的问题包括：板块构造这种全球尺度的运动的动力源泉来自何处？作用的机理是什么？板块构造如何起始、何时起始？板块运动是如何维持的？俯冲板片与地幔如何相互作用、对地表环境产生什么影响？

（三）固体地球演化与地球气候—生物—环境系统演化的关系

地球固体圈层演化和地表各圈层演化之间到底有什么关系？地球气候和生物演化在多大程度上受控于固体地球的变动？这是研究地球系统科学不得不面临的重大问题。比如，地质历史时期的地幔柱事件——超大陆分裂对地球气候有什么影响？板块开合对生物演化又有什么意义？等等，这些问题直到今天看来仍是极具综合性和挑战性的。

（四）生物反馈和非生物反馈，谁是平抑地球气候极端变化的主因

盖娅假说认为生物反馈造就了适合自身生存的环境，风化假说则强调化学风化的负反馈作用可使地球环境—气候波动不会走向失控的极端状态。证实或完善这些假说，需要从地史的证据和实验、数值模拟等多方面来进行考虑。

（五）温室—冰室气候形成转换机制

地球气候演化其实就是冰室—温室不断转换的历史，但是，每一个冰室或温室状态的形成机制可能不完全相同。研究温室和冰室状态的持续时间长短、转换快慢过程及其机制，是研究地球系统过程的重要内容。最近的温室—冰室转换过程就发生在新生代晚期约3Ma前后，在海洋和陆地（黄土）都有详细的记录，这为我们研究地球温室—冰室转换过程机制提供了非常好的机会。

（六）生命系统对气候—环境系统变化的韧性

地球系统作为生命支持系统，其气候—环境变化对生物生存和演化具有重大意义。我们需要明了地质历史上，对于地球气候—环境的极端和突然变化，生命系统具有多大的韧性和适应性？生物灭绝和存活的主控因素是什么？在当今人类活动对自然环境和气候产生重大影响的时期，生物生存、灭绝的机制是什么？

（七）人类活动对地球气候—环境系统的影响

人类活动已经成为影响地球气候—环境系统的重要营力，这一点已被学术界普遍接受。但是，人类活动是从什么时候开始对地球环境产生重要影响的？最近几千年来的地球环境，如温室气体的变化主要是自然变化还是人类活动引起的？人类活动对地球气候—环境系统的总体影响如何度量？这些问题涉及气候—环境变化的理论和人类活动影响的评估，对我们的环境决策也关系重大，而我国在这些方面又有丰富的地质、生物记录和考古材料，值得重视和深入研究。

三、地球系统圈层作用举例

（一）地球早期的大氧化事件

大约在24亿年前，大气中的游离氧含量（以相当于现代大气圈的分压表示，PAL=Present Atmosphere Level）突然增加，由一个极低的水平急剧增至现在浓度的10%，随后保持在一个稳定水平直至8.5亿年前，被称为"大氧化事件"（great oxygenation event，GOE），而在8.5亿年前氧气含量再次增加，则被称为"新远古代氧化事件"（neoproterozoic oxygenation event，NOE），直至达到当前的含量值水平（图20-4）。"大氧化事件"有着充分的沉积学证据。在还原性大气条件下，雨水的化学风化不产生氧化效应，因此大氧化事件之前的地层里，分布着菱铁矿、沥青铀矿、黄铁矿等还原环境下的碎屑矿物。在今天氧含量的条件下，这类矿物极容易氧化，难以形成碎屑矿物，而在太古代（约24亿年前）即使经过河流的长途搬运还能保存（Sverjensky和Lee，2010）。大氧化事件的一个直接产物是条带状铁建造（banded iron formation，BIF）。这是前寒武纪的细条带状硅质赤铁矿矿床，紫红色铁的氧化物、硫化物、碳酸岩类矿物和燧石构成条带状互层。BIF是全世界储量最大、分布最广的铁矿床类型，我国的鞍山市铁矿便是其中之一。大气中的氧使地球表面生物繁荣，创造出我们独特的生命星球。GOE是前寒武纪时期的一次重大地质事件，导致大量厌氧生物的灭绝，真核生物渐渐繁盛，多细胞生物逐渐出现并发展，改变了海洋化学环境，使得大量条带状铁建造的形成，是地球系统演化过程中的一次全面变革。

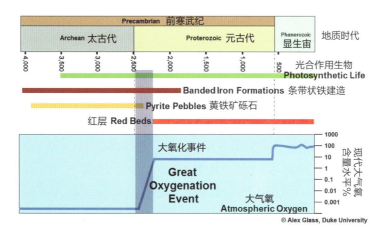

图 20-4　地球前寒武纪时期的大氧化事件

（据 http://www.luckysci.com/2014/09/easy-science-the-greatoxygenation-event/）

传统观点认为，海洋中的蓝细菌通过光合作用，使之前还原性的地表环境逐渐变为氧化环境。不过，来自北京高压科学研究中心的高压化学最新研究发现，地球深部的氧可能是控制地幔物质运动及地表生命大兴灭的起源（Mao 和 Mao，2020）。俯冲板块将水带入地球深部地幔，超过 75GPa 的高压实验显示，板片中的水可以使主要的氧化矿物更氧化，形成超氧化物并释放氢，在地幔底部形成储氧层。储氧层的密度超过周围地幔材料而低于地核密度，暂时稳定堆积在地幔地核之间。而核幔边界具有非常陡的温度和化学梯度，可能导致储氧层底部熔化，部分的铁进入地核，而留下较轻更富氧的部分被上覆地幔压住。富氧物质累积过多引起迸发并上升时，形成超级地幔柱并为地幔的化学对流提供强大的驱动力（图 20-5）。因此，氧爆发的化学对流，可以扰动常态地幔热对流。富氧的超级地幔柱含有较高热量和较大量富氧物质，当到达上地幔和地壳时会引起广泛的熔融并形成大火成岩省（large igneous province，LIP，指体积庞大跨越数省的溢流岩浆）。富氧溢流岩浆释氧时，可能导致了 24 亿年前及此后多次大氧化事件的发生（Mao 和 Mao，2020）。

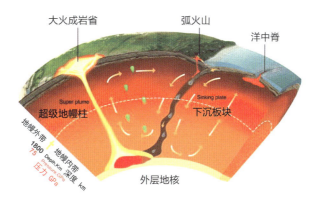

图 20-5　高温高压实验揭示地球深部储氧、释放氧过程及其与大火成岩省、大氧化事件关系示意图
（引自 Mao 和 Mao，2020）

（二）地质历史时期海陆分布

地球气候系统不仅受太阳辐射纬度分布等的外部影响，同时也受海陆分布及地形等固体地球表层等下垫面因素的影响。

1912年，德国气象学家阿尔弗雷德·魏格纳首先提出大陆漂移学说，之后随着海底扩张学说和板块构造理论的相继建立，人们发现地球的大陆和海洋面貌也可以发生天翻地覆的变化。大陆是地球在长期复杂地质作用过程中，由各种不同大陆块体历经多次改造而成的复杂拼合体。在地质历史时期，地球表面呈现出不同的海陆分布格局，如地球曾经可能存在过4个超大陆（地球上所有陆地几乎拼合在一个块体之上），从老到新依次为基诺兰（Kenorland，26亿—24亿年）、哥伦比亚（Columbia，19亿—18.5亿年）、罗迪尼亚（Rodinia，10亿年）和联合大陆（Pangaea，2.5亿年）（Evans等，2016）。这些古超级大陆的形成与演化可能对不同时期的地球气候系统产生重要影响，进而影响不同时期能源矿产的形成与分布以及生物的演化。

（三）新生代青藏高原隆升

大约5000万年前，板块运动使印度与亚洲大陆碰撞，导致地球历史上一次重要的造山事件，形成了全球瞩目的喜马拉雅造山带及世界的屋脊——青藏高原。青藏高原的隆升，形成一系列地形地貌、气候和环境效应：改变并形成了我国西高东低的地形格局（我国大陆至少到白垩纪为止仍为东高西低的地势）；引起了亚洲主要河流分布和走向的变化，改变了陆地向海洋的淡水和沉积物输送状况；使地球上大面积的热带、亚热带和温带陆地海拔抬升至4500m以上成为高寒区，造就冰雪、冻土集中分布的"世界第三极"；使西风环流发生分支，夏季的南支气流和冬季的北支气流对季风具有加强作用。隆升后的高原在夏季成为大气的热源、冬季构成冷源，使亚洲大范围地区夏季盛行偏南风，从低纬海洋带来大量水汽，使我国南方成为湿润的鱼米之乡；而冬季盛行干冷的偏北风，构成强大的亚洲季风。青藏高原对来自海洋的水汽构成地形屏障，在亚洲形成世界上最大的内陆干旱区。高原区物理和化学风化加强，吸收大气CO_2，可能还导致全球气候逐渐变冷。因此，印度大陆与欧亚大陆从碰撞到青藏高原隆升，再到大气圈、生物圈、水圈和冰冻圈等的链式响应和反馈作用，成为开展地球系统多圈层相互作用和地球系统科学研究的理想场所和天然实验室。

第四节　数据驱动下的地球系统科学

今天，地球系统科学研究将进入新的时期。人类上天、下海以及向地球深部进军的能力逐渐增强，各类探测器渐渐遍布天空、海洋、地表及以下，建立了庞大的对地球系统状态的观测网络，并实时获取地球系统各圈层要素的信息。地球科学深时深地深空等研究将地球系统科学的研究横跨时空，古今过程的有机结合，帮助我们更好地认知宜居地球的过去、现在和未来；同时超级计算机的出现，极快的运算速度和庞大的存储容量，使得人们对于高度复杂的非线性地球系统的模拟有了可能；利用大数据、云计算和人工智能等现代

信息处理和数据分析技术，将建立起更为综合的地球数据模型，不断推动地球系统科学的深入发展。

一、原始数据获取

（一）观测体系与现代过程

利用空天地一体化的调查方法技术，通过各类观测平台，获取地球系统各要素的数量、产状、结构、分布等基础要素信息。如在全球层面，已建立了全球环境监测系统（GEMS）、全球陆地观测系统（GTOS）、全球海洋观测系统（GOOS）、全球气候观测系统（GCOS）、国际长期生态研究网络（ILTER）、通量观测网络（FLUXNET）和综合全球观测战略（IGOS）等，通过天上卫星、陆表观测台站、海洋浮标、潜标和深潜器、地球深部探测等获取第一手数据，目前已更深程度地开展上天、入地和下海等的数据获取，扩张人类认知地球的边界。

（二）地史资料获取

地球上形成的各类岩石和沉积物忠实地记录了当时的地质过程及环境信息，是记录地球历史的"天然书籍"，我们可以利用这些材料去重建地史时期的地球系统演变过程。目前已经开展的大洋和大陆钻探等，正帮助人们向更古老的地质历史延伸，而高精度仪器分析技术的进步，使得人们可以获取更高时空分辨率的地质信息。

二、模拟与预测体系及服务可持续发展

在获取第一手原始数据后，需要对所发生的各个时空尺度的地球系统过程进行模拟，以更好认知地球系统不同圈层、不同过程、不同时空尺度的运行与演变规律，并服务于可持续发展。近年来，原始数据的观测力度在不断增强，在模拟和预测方面则刚刚起步，但发展势头迅猛。

2002年3月，日本地球模拟器开始运作，致力于带动日本海洋地球科学及相关领域的研发。

2015年3月，中国科学院大气物理研究所联合中国科学院计算所、中国科学院网络中心、中科曙光等单位率先启动"地球数值模拟装置"原型系统建设项目，2017年"地球系统数值模拟装置"国家重大科技基础设施项目获批建设。

2017年11月，青岛海洋科学与技术国家实验室联合美国国家大气研究中心、美国得州农工大学共同建设国际高分辨率地球系统预测实验室。

2018年4月，美国能源部（DOE）耗费四年时间构建了一个百亿亿次地球系统模型（E3SM），该模型作为"第一个端到端的多尺度地球系统模型"，它能够模拟地球的地壳、大气、冰山及海洋运动，从而预测地壳、大气及水循环系统相互作用的方式。

随着观测手段的多样性发展和技术的长足进步，获取地球系统各要素的数量、产状、结构、分布等基础要素信息的时空分辨率越来越高；计算机运算速度和存储容量的不断发展，超级计算机和大数据、人工智能等数据分析处理技术的飞速进步，地球系统模式向各个圈层和时空深度不断延展。因此，地球系统科学必将迎来更大的发展和进步，从而促进

人类对地球系统本身的理解和科学认知，增强人类适应全球环境变化的能力，服务于人类社会可持续发展！

练习题

1. 简述地球科学的系统、系统的地球科学和地球系统的科学三者的概念、联系和区别。
2. 简述地球系统的能量来源及其时空特征。
3. 举例说明地球系统的圈层作用。

思考题

1. 机械钟表是一个通过复杂机械运动来实现计时功能的系统，这对我们开展地球系统科学研究有什么启示？
2. 既然地球和地外行星不同，我们今天为什么还要开展地外行星的探测和研究？
3. 请你从地球系统的角度谈谈引起全球气候变化的因素什么，我们该如何去科学应对？
4. 围绕地球系统科学发展，学科交叉与融合是大势所趋，请结合自己的专业谈谈目前开展学科交叉研究面临的困难、挑战和机遇。

延伸阅读 1　　　延伸阅读 2　　　延伸阅读 3

参考文献

[1] Armstrong K, Frost D J, Mccamon C A, et al. Deep magma ocean formation set the oxidation state of Earth' mantle [J]. Science, 2019, 365(6465): 903-906.

[2] Evans D A D, Li Z X, Murphy J B. Four-dimensional context of Earth's supercontinents [J]. Supercontinent Cycles Through Earth History, Geological Society, London, Special Publication, 2016, 424: 1-14.

[3] John K S, Leckie R M, Slough S, et al. The Integrated Ocean Drilling Program "School of Rock" program: Lessons learned from an ocean-going research expedition for earth and ocean science educators[J]. Field Geology Education: Historical Perspectives and Modern Approaches: Geological Society of America Special Paper, 2009, 461: 261-273.

[4]　Mao H, Mao W. Key problems of the four-dimensional Earth system [J]. Matter and Radiation at Extremes, 2020, 5(3): 31-39.

[5]　Sverjensky D A, Lee N. The great oxidation event and mineral diversification[J]. Elements, 2010, 6(1): 31-36.

[6]　刘东生. 走向"地球系统"的科学: 地球系统科学的学科雏形及我们的机遇 [J]. 中国科学基金, 2006, (5): 266-270.

[7]　周杰. 走向地球系统科学 [OL]. 中国科学院地球环境研究所微信公众号 (2018-06-18).

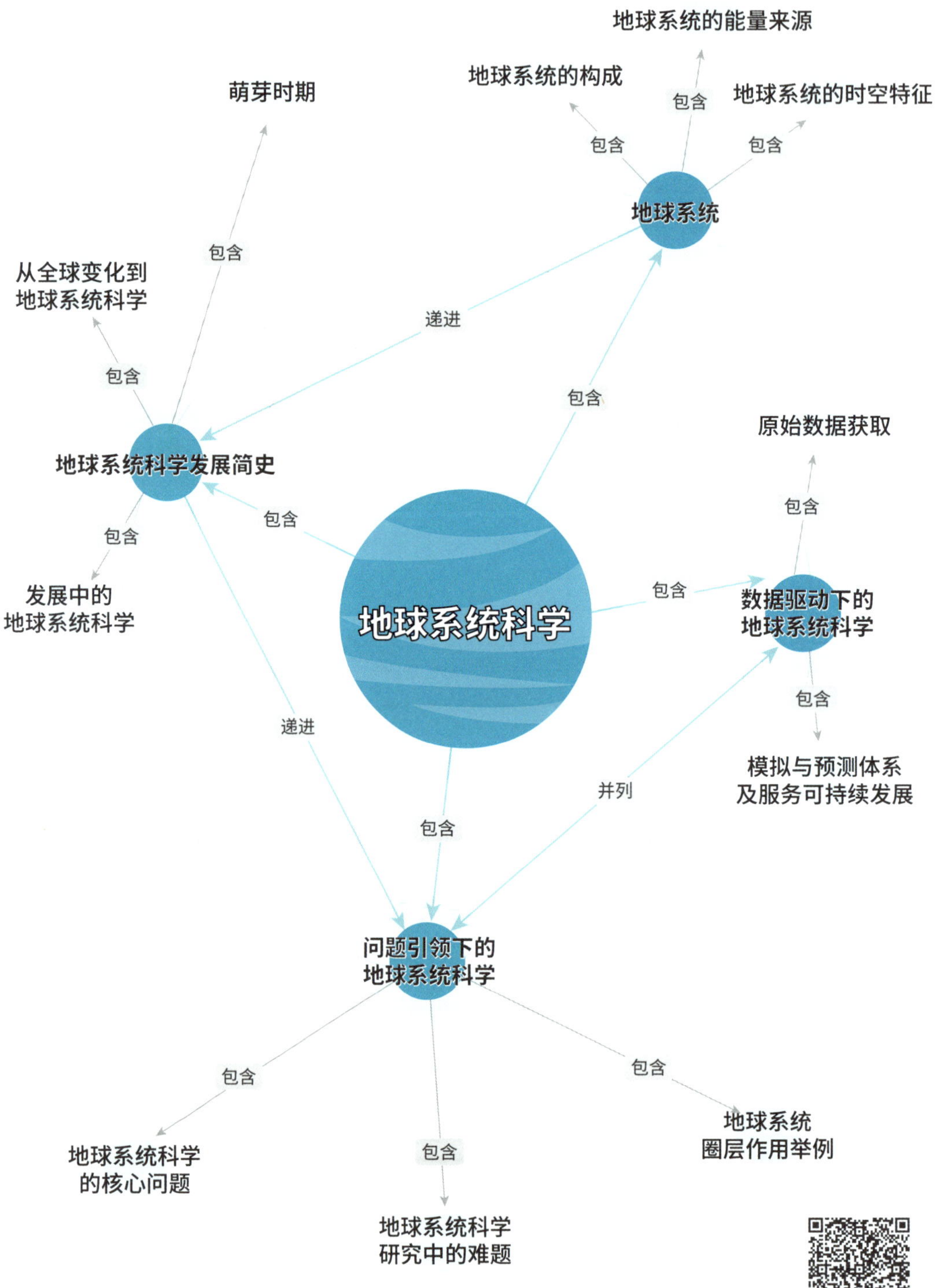

地球系统的能量来源

地球系统的构成

地球系统的时空特征

萌芽时期

地球系统

包含

包含

包含

从全球变化到
地球系统科学

包含

递进

包含

地球系统科学发展简史

原始数据获取

包含

包含

地球系统科学

数据驱动下的
地球系统科学

包含

发展中的
地球系统科学

递进

包含

包含

模拟与预测体系
及服务可持续发展

并列

问题引领下的
地球系统科学

包含

包含

地球系统科学
的核心问题

包含

地球系统
圈层作用举例

地球系统科学
研究中的难题

地球系统科
学

第二十一章

CHAPTER 21

宜居地球

纵观 20 世纪地学发展史，板块构造理论揭示了行星地球的动力学特征，由此引发了一场地球科学的革命，极大地改变了人类对地球演化历史的认知（Hsü，1992；Oreskes 和 Grand，2001）；20 世纪 60 年代人类成功登上月球，同时提出"地球系统科学"的概念，将地球表层及近地空间看作统一的整体，试图探索人与自然和谐发展的途径（2021—2030 地球科学发展战略研究组，2021）。进入 21 世纪，科学家又将地球内部与表层过程及近地表空间相结合，从宇宙大爆炸追踪到人类文明的地球演化史（郎穆尔和布勒克，2020）。由于计算机和信息技术飞速发展，今天的地球科学研究已经立足于全新的感知技术和数字处理能力，形成空前强大的对地、对空和对海的观测网络，正从越来越多的原始观测信息中获得整个地球乃至宇宙系统全方位的新认知。与此同时，人类活动的空前活跃和频繁，导致人类对地球的作用和依赖以几何级数的变率发展，人为因素对地球环境变化的影响越来越广泛和深刻。今天人类所面临的根本问题是如何认识行星与生命的协同演化与发展问题（朱日祥等，2021）。

面对人与自然双重作用对地球宜居性的影响，美国提出"未来地球""时域地球"等十年发展愿景，欧洲提出"地球生存计划"，欧洲地球科学联合会和美国地球物理联合会等六个地学学会发布了"地球科学专门知识对应对全球社会挑战的重要性宣言"。中国科学家提出，地球宜居性的科学内涵和规律是 21 世纪地学及相关领域最为核心的前沿科学问题；他们进一步指出，人类需要充分利用新兴技术、大数据以及综合观测资料，从深地、深空、深海以及地球系统的视角（图 21-1），通过新的研究范式、变革性技术和多学科交叉融合，才能更好地认识和理解地球宜居性的过去、现在与未来（2021—2030 地球科学发展战略研究组，2021）。

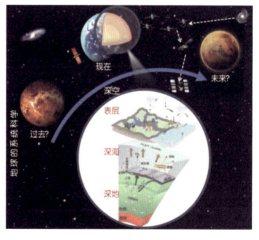

图 21-1　地球宜居性的"三深一系统"研究体系
（朱日祥等，2021）

第一节 生命宜居的基本宇宙化学条件

一、宇宙元素生成过程

宇宙是通过 147 亿年前的大爆炸产生的，在大爆炸末期 100 s 左右的绝热膨胀产生了宇宙中最丰富的核素氢（^{1}H），紧接着氢的另一个同位素氘（D）形成，在随后的几分钟内又形成了氦（He）（Kolb 和 Turner，1990）。氢元素占已知宇宙质量的 70% 和原子数量的 90%。在经历了一个相对短暂的、约 2 亿年的黑暗时代之后，宇宙开始形成大量巨大的恒星（相当于 150 ～ 500 倍太阳质量）。这些恒星的寿命短暂（小于 100 万年），难以有效地合成较重的元素。大约在 120 亿年前，星系及其中的恒星（大于 1.5 倍太阳质量）形成，这些恒星既有足够长的寿命又有足够高的温度来燃烧氢，并合成碳（C）、氧（O）、硅（Si）及其他重元素（Wallerstein 等，1997）。超新星爆发则形成大量重的放射性核素，如 ^{26}Al、超铁核素（如宇宙成因铅）和放射性核素（如铀）（Clayton，1963；Qin 和 Carlson，2016），并且引发附近星云的坍塌和朝向行星系统的演化。那些寿命长于从星云演化到行星形成的放射性核素（如 ^{235}U，^{238}U，^{182}Hf）分布于行星内部，比如在地球内部的放射性核素。这些放射性核素所产生的热量为地球分层结构的形成和长期的内部动力学循环提供了能量（Turcotte 和 Oxburgh，1972）。

二、液态水

根据目前对地球生命的了解，液态水的持续稳定存在是孕育生命最基本、最重要的前提条件（李一良和孙思，2016），也是星球（行星如水星、金星、地球、火星等；卫星如木卫二、土卫六）生命宜居的基本条件。

液态水为生命提供了溶体、温度缓冲环境、代谢环境、生存环境及润滑条件（李一良和孙思，2016）。液态水与其他具有相似质量的元素或分子相比有很大的热容（40.65 kJ/mol），能在地表常压下很宽的温度范围内保持液体状态（0 ～ 100℃）。在 0℃时固态水（冰）的密度是 0.9167 g/cm^3，而液态水的密度是 0.9998 g/cm^3，这是目前所知的唯一在结晶时会发生体积膨胀的非金属物质（Hanslmeier，2011）。正是这一特性使得海洋或湖泊在温度降到冰点以下仍可保持大量液态水的存在。根据水的分子式，它理应和分子质量与其相近的 CO_2、SO_2、H_2S 一样在常温常压下为气体，但由于 1 个水分子能形成 4 个氢键，其中水分子之间的氢键的聚合作用使得常压下水的沸点从 40℃ 提高到 100℃。这些氢键之间的相互作用也常见于含 -OH、-NH、-SH 的有机质中，使得这些有机质能够与水有密切的联系，从而使生命有机化学与非生命有机化学有很大的不同，也使 C、H、O、N 和 S 成为生命物质的核心元素。水的电偶极矩比较大，能够解离 -NH$_2$ 或 -COOH 等功能团，并形成更多的氢键，增加有关有机分子的溶解度（Brack，1993）。土星的第 6 个卫星泰坦上面有丰富的有机质，通常被认为是最好的"前生命化学实验室"（Lunine，2009），但其表面温度很低而没有液态水，导致其有机化学演化走向了与地球的前生命化学完全不同的道路（李一良和孙思，2016）。

　　液态水对生命有两个非常重要的作用。其一是将简单有机分子的憎水性和亲水性统一在一个有机分子集团，如磷脂、微脂粒形成的胶囊微泡或显微囊结构等，这是生命有机化学不同于非生命有机化学的最基本特征（Deamer 等，2004）。其二是水解有机质或无机质，水－岩或水－矿物之间的相互作用不仅使地球在自身的地球化学条件下能够产生有机质，也为生命起源和生物圈提供了营养物质（Cleaves 等，2012）。在地球和其他岩石行星上，最初的矿物都来自岩浆的冷却和结晶作用。与木星或土星等巨型的气体行星相比，这些岩石行星更适合孕育生命，因为它们不仅可以为液态水提供一个固体的表面，而且是水－岩相互作用的重要部分（李一良和孙思，2016）。

　　地球演化早期阶段就存在了大气圈和海洋。冥古宙锆石（44 亿～40 亿年前）研究表明当时已经存在海洋和类于现今的地质环境（Wilde et al.，2001；Harrison，2009），而太古宙早期海相沉积岩（> 39.5 亿年）的发现也确证了当时海洋的存在（Tashiro et al.，2017）。地球早期海洋微生物可能最早出现在大约 37 亿年前，如海洋中沉积的前寒武纪条带状硅铁建造（Banded Iron Formation，BIF）是地球上迄今发现的最古老的沉积岩之一。这些中－晚太古代到古元古代硅铁建造的形成与微生物作用关系密切，其中铁氧化物是在直接或间接的微生物作用下被氧化而沉淀下来的。因此，BIF 的形成是地球上最早的有生命参与的沉积过程之一（李一良和孙思，2016）。35 亿年前形成的叠层石是目前已知的最古老的生命存在的岩石证据，这些叠层石的特殊纹层结构是在特定环境下由微生物参与的有机质胶结的矿物沉淀形成的，代表了地区最早的有生物参与作用形成的沉积岩。地球太古宙早期延续至今的海洋为生命的起源和演化提供了重要保障。

三、生命元素

　　碳是宇宙中的基本元素之一，也是所有生命分子的基本骨架元素（李一良和孙思，2016）。红巨星阶段恒星内部氦的燃烧是一个 3α 阈值过程，即 3 个氦核通过碰撞过程合成 1 个碳核，进而合成氧和其他生命所需的元素；由于 α 粒子的结合能与 3α 过程的各种能量之间有很强的正相关性，恒星内部的氦燃烧必然产生足够的碳和氧（Epelbaum 等，2013），为碳基生命在地球上的起源及其在宇宙中普遍存在的可能性提供了充分条件。碳原子的核外电子结构是其能够作为生命骨架元素的必要条件。碳原子能够进行多种化学反应的特征取决于其独有的 L 层电子能够形成 s-p 杂化轨道，使它不仅能与自己结合，还能与氢、氧、氮和硫等元素结合，从而能够形成具有复杂结构的小分子和大分子。这些复杂的有机分子大量形成于富含碳、氧、氮、硫的恒星内部和经超新星爆发之后的星云之中（Henning 和 Salama，1998），它们会在行星系统形成之后富集于宜居行星上并与水进一步相互作用，开始具有代谢和自组织的前生命化学演化（Hanczyc，2011；李一良和孙思，2016）。

四、挥发分

　　地球挥发分的长期演化和循环过程对地球大气圈组成、气候环境演变和宜居性产生重要影响（纪伟强和吴福元，2022）。挥发分包括戈尔德施密特元素地球化学分类中的亲气元素（氢、碳、氮和惰性气体）及各种化合物，其在地表环境下多以气态或液态形式存在，主要富集在大气圈和水圈；此外，挥发分还包括部分行星科学研究中的挥发性组分（即低沸点元素，如硫）和行星大气组分（如氨气和卤素）（Pinti，2018）。虽然挥发分普遍具有亲气元素特征，但是由于这些元素的化合物受温度、压力和氧逸度影响，可以表现出亲石/亲氧（如硅酸盐、石墨/金刚石、碳酸盐、金属卤化物）、亲铁（碳化物、氮化物）、亲铜/亲硫（硫化物）元素地球化学特征，使其可以赋存在地球的不同圈层并参与深部–表层系统的循环过程（Gaillard et al.，2021）。

地球表层系统的挥发分变化对气候环境和宜居性会产生重要影响（纪伟强和吴福元，2022），其中直接的影响方面包括：（1）通过温室气体浓度变化来影响地球平均表面温度；（2）通过碳和硫等挥发分的循环影响大气圈氧气浓度的变化等。地球大气圈中很多挥发分（包括 CO_2、H_2O 和少量的 CH_4、NH_3、H_2S、SO_2 等）都属于温室气体。地球平均表面温度取决于太阳辐射（与光照强度和日地距离相关）、地球平均反照率（受云、冰盖面积、植被、陆地/海洋比值和气溶胶等影响）和温室气体含量。短期内太阳辐射强度近似稳定，但是地球反照率和温室气体含量会由于剧烈火山活动（影响气溶胶）和温室气体排放而改变。地球自冥古宙以来能保持宜居的表面温度和液态水与大气圈温室气体含量的调节密切相关，早期大气圈高的温室气体含量（CO_2、CH_4）弥补了当时低太阳辐射的影响（Kasting 和 Catling，2003；Catling 和 Zahnle，2020）。显生宙以来大气中最主要的温室气体是 CO_2，其含量变化与地球表面温度变化正相关，工业革命后大气中 CO_2 浓度的快速升高导致了全球变暖（Lacis et al.，2010）。

第二节　深地——认识地球宜居性的深部控制过程

地球自诞生以来，历经数十亿年的演化，逐渐从物质相对均一、炽热的行星演变成具有良好圈层结构、生机盎然的宜居星球。从今天的人类认知角度，地球的宜居性特征主要包括：（1）清洁的空气、水和营养元素；（2）可提供健康舒适的生存空间；（3）对各种地内外灾害具有自我修复能力；（4）可调节气候、生态和环境变化；（5）有维系生命的充足赋存与再生资源能源（2021—2030 地球科学发展战略研究组，2021）。地球是如何演变为宜居环境并促进生命的出现的？它如何拥有强大的自我调节/修复功能，并维持宜居环境的相对稳定？如何形成人类赖以生存的资源和能源？这些问题涉及多个圈层间的相互作用及资源环境响应，是"地球系统科学"研究实现突破所需要回答的关键问题。研究地球宜居性的发展历程、关键控制因素和调控机制是预测地球未来的重要依据，也是寻找更多资源、能源以及维系人类生存和社会可持续发展的重要基础（2021—2030 地球科学发展战略研究组，2021）。

地球不同层圈之间物质和能量传输是"动力地球"的先决条件，也是地球演化为宜居星球、生命诞生的重要过程。洋中脊扩张、板块俯冲和地幔柱活动是固体地球圈层间物质、能量传输的主要途径，它们相互独立又密切相关。宜居地球发展演化的深部控制机制，还存在大量未知的领域等待着人类去探索。地球宜居环境的演变可分为"准稳态模式"和"突变模式"；后者即是人们熟知的重大地质事件，如大氧化事件、雪球地球、海洋缺氧事件、生物大灭绝等，它们在地球的宜居性形成过程中具有重要作用（2021—2030 地球科学发展战略研究组，2021）。尤其是，雪球地球与生命大爆发、海洋缺氧/地球深部氧爆发与大气升氧事件、超大陆聚合裂解与地球宜居性等之间似乎存在显著的相关性。这些重大事件之间的相关性的本质是什么？是什么造成了地球生物大灭绝和新生命形式的出现？又是什么触发了地球灾害性的环境气候改变？大氧化事件的氧气究竟是如何产生的？是什么造成了深部地幔广泛熔融和大火成岩省的溢流玄武岩？是什么扰动了常态地幔对流并触发了超大陆的汇聚与裂解？为什么地球内部存在地磁极性频繁倒转和超静磁带两种动力过程？这些看似孤立的发生在不同圈层的重大事件之间的内在联系，对理解整个地球系统运行机制来说是非常重要而关键的（2021—2030 地球科学发展战略研究组，2021）。前人针对上述问题的解答多针对各个独立的事件展开研究，虽然取得了一些进展，但大多数假说往往将事件归因于外部因素，如生物大灭绝事件就被归因于小行星撞击和海平面升降等，而对地球内部动力过程的影响考虑很少。实际上，大气圈、生物圈、水圈和岩石圈仅占地球很小的一部分，而其绝大部分仍处于未知的深部。例如，碳、氢、氧、硫等生命元素的地表含量占整个地球不到 1%，其中大部分的碳在地球深部（Plank 和 Manning，2019）。只有了解了地球深部碳循环，才能深刻理解以地表和大气碳循环为核心的碳排放国际争议，这也是地球气候系统演化的核心科学问题（2021—2030 地球科学发展战略研究组，2021）。正是因为地球在宇宙中"不特殊"，我们需要从宇宙视野入手，开展深时深地领域的科学研究，揭示地球深部运行机制，这对认识和解释地球运行规律和宜居性演变是极其重要的。

第三节　深海——认识维系地球宜居的要素

海洋是地球生命的摇篮，也是调控地球宜居性的重要枢纽带（2021—2030 地球科学发展战略研究组，2021）。深海大洋不仅是地球气候系统的重要调节器，而且对地球系统的碳、氢、氧、硫等多种物质循环都有调控作用。深入认识海洋及相关的海底动力学过程及能量物质循环过程，是理解地球宜居性和应对未来国际碳排放问题与国家发展权益的关键（朱日祥等，2021）。海洋也孕育了地球上最大的生态系统，具有巨大的服务功能和价值，认识蓝色生命系统的过程和规律、合理开发和保护蓝色生物资源是支撑人类社会可持续发展的重大战略需求。海洋作为地球系统的"血液"，是联系地球系统各圈层的重要纽带；但迄今为止，人们对广袤深邃的海洋的探测区域还不到 5%。中国是海洋科学的后发者，未来需要围绕"深海进入，深海探测，深海开发"启动透明海洋、深海基站、大洋钻探等重大科学工程，带动我国在海洋和基底研究领域尽快成为引领者和新理论的创立者（2021—2030 地球科学发展战略研究组，2021）。

近五十年来，深海研究取得的最重要科学成就之一是认识到生命不一定需要光合作用。海底是无光的世界，但充满生机。生活在深海的生命不需要光合作用，这或许为我们认识生命起源打开了一扇窗户。海洋是水岩反应器，蛇纹岩是地球上规模最大的水－岩相互作用的产物；蛇纹石化可能是地球热源、构造活动和生命起源的发动机。海底热液，特别是低温碱性热液甲烷、冷泉以及深海暗生命系统等一系列重大发现，已经为生命从无机到有机的演化提供了线索。地球科学家、化学家、生物学家等通力合作，深入研究海底火山喷发过程中甲烷和各种蛋白质物质的成因，有助于我们破解地球生命起源和适宜性之谜（2021—2030 地球科学发展战略研究组，2021）。

随着人口持续增长，人类对能源、矿产资源、水资源乃至空间资源等提出了更加迫切的需求。同时，随着人类活动空间和强度的加剧，与人类生存需求和舒适度密切相关的海洋生态环境和地球气候系统演化面临新的不确定因素。认识这些重大科学问题的关键是研究流固相互作用对地球系统的影响（朱日祥等，2021）。海水通过海底岩石蚀变、沉积过程、热液活动等影响大洋板块的物理性质和化学成分，而板块俯冲则将地表流体等带到地球深部，影响着岩浆活动、板块运动乃至整个地球演化（图 21-2）；进入地球内部的水诱发部分熔融，很可能助力软流圈和下地幔过氧层的形成（朱日祥等，2021）。这些研究成为认识板块运动驱动力和地球大氧化事件成因的有效途径。因此，深部熔流体的活动机制，如俯冲板块驱动的水循环、碳循环、氧循环等是理解地球宜居性的核心。开展以海洋为核心的多圈层耦合研究，是当前"认识与经略海洋"国家战略的重要科学支撑，关系到人类社会的发展（2021—2030 地球科学发展战略研究组，2021）。

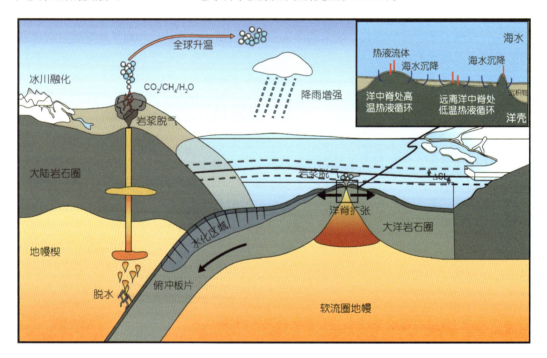

图 21-2　深部水循环与海平面变化及海底热液循环示意图（朱日祥等，2021）

第四节　深空——认识宜居地球内外动力互馈

地球是目前太阳系发现的唯一确定拥有生命的行星。地球的宜居性不仅涉及地球系统本身，而且与太阳、太阳系乃至遥远的天体活动密切相关（2021—2030 地球科学发展战略研究组，2021）。天文学家根据行星与太阳的距离定义太阳系的宜居带，处在这个带上的类地行星包括金星、地球和火星。虽然类地行星均形成于 46 亿年前，并在早期演化中发育相似的圈层构造，但是大约在 40 亿年至 35 亿年前，金星、地球和火星的演化开始分道扬镳。今天的金星有相当于地球 92 倍的大气压（96.5% 为 CO_2 气体），表面温度高达 460℃，是失控的温室效应典型；而火星大气密度不到地球大气的 1%，且 95% 为 CO_2，表面温度低至零下 63℃，代表了失控的冰室效应；唯独地球演化成了今天的宜居星球。这表明，行星宜居环境的形成除了与恒星的距离这一必要条件有关外，还取决于行星内在的其他因素。研究表明，行星内部动力学过程可能是主控因素。火星约在 37 亿年前失去全球磁场，目前仅残留区域性的剩余磁场，推测由于全球性磁场的消失，火星几乎失去了原有的大气和液态水。金星的质量与地球相似，火山活动频发，表明其深部构造运动主要为垂向运动，而缺少类似地球板块的水平运动。相比之下，地球内部不仅动力充沛，而且有板块构造，内部垂向运动和水平运动共存，具有偶极子全球性磁场。到底是哪些关键因素控制了火星、金星和地球它们各自演化路径上的巨大差异？通过比较行星学的研究，分析类地行星的内外圈层时空演化、水和挥发分的作用、板块构造运动、磁场的保护等科学问题，才能深刻理解地球宜居性的过去、现在和未来（2021—2030 地球科学发展战略研究组，2021）。当前，人类已经把目光瞄向了火星、冰卫星乃至系外行星，探索地外生命，尝试回答人类是否孤独的哲学命题，并不断拓展人类未来的生存空间。

当我们从深空视野探讨地球宜居性时，需要从日地全景、行星族谱、系外行星探测、地球防御以及时空基准五个维度展开（2021—2030 地球科学发展战略研究组，2021）。"日地全景"聚焦太阳活动对地球空间环境宜居性的影响。"行星族谱"通过太阳系天体的比较行星学研究来审视地球宜居性的形成与演化。"系外行星探测"通过对太阳系外行星的探测和研究，理解地球的过去、现在和未来。"地外防御"针对人类社会面临的小天体撞击、宇宙极端天体活动等潜在威胁，探索防灾减灾的方法与对策。"时空基准"研究空间深空活动所涉及的导航、定位、定时（positioning, navigation and timing，PNT）理论、技术和体系（杨元喜，2016）。地球科学是一门高度依赖观测技术的学科，通过变革性技术获取第一手观测资料是宜居地球研究所面临的新挑战。

以地球为核心，对宜居地球所要求的地球空间环境宜居性、太阳系行星及其卫星的起源和演化、系外行星的宜居性等重大前沿科学问题开展研究，从本质上探索地球宜居性的发生与发展，拓展人类生存发展的空间，深化人类对太阳系和宇宙的认识，可为人类向更深远的宇宙进发、寻找新的家园奠定重要的科学基础（2021—2030 地球科学发展战略研究组，2021）。

第五节　地球系统科学与地球宜居性

地球系统中的人类活动与自然过程相互交织耦合，导致自然系统功能失调、诱发水资源短缺、土地品质下降、生物多样性减少、大气和海洋环境污染等一系列降低地球生命舒适度的问题（2021—2030 地球科学发展战略研究组，2021）。与地球系统科学密切相关的全球变化提出了人类生存环境的问题，而问题的解答却要求超越人类本身的时空尺度。以碳为例，人类排放的碳主要被大气、海洋和土壤植被分担，但是进入土壤的碳可以停留上百年，进入海洋的可以超过十万年，都比大气里停留时间长得多。这就需要我们跨越地球圈层、横穿时空尺度，并将社会系统有机融入自然过程之中。事实上，如果缺乏对地球内部作用以及各圈层相互作用的详细了解，既无法推断过去也无法预测未来的地表环境变化，更难以评估它们对人类活动的影响。比如，气候系统各圈层（大气圈、水圈、冰冻圈、生物圈和岩石圈）变化尺度差异巨大；年际和年代际事件尺度上的自然变化，主要取决于海洋、陆地表层和大气之间的相互作用以及太阳辐射的变化；人类活动主要是化石燃料的使用和土地利用的影响；更长时间尺度的地球气候系统变化则必须考虑地球的内部动力过程（2021—2030 地球科学发展战略研究组，2021）。

环境变迁与生物演化、文明演化构成地球生物圈运行的两条脉络，各有内在规律，互相作用与协同发展，构成完整的地球生物演化史、环境变化史及人类文明史（2021—2030 地球科学发展战略研究组，2021）。一方面，生命演化受到地球系统动力过程的影响与控制；另一方面，生命演化对塑造地球宜居性起到了重要作用。这就是二者协同演化的重要含义，也是未来从地球系统科学研究地球宜居性的重要内容。

自然／人为灾害和环境污染是制约地球可持续发展的关键（2021—2030 地球科学发展战略研究组，2021）。自然灾害形成演化的时空尺度大，是一个典型的非线性复杂巨系统，可造成整个或区域性地球系统的突变。人为灾害影响的时空范围可预测度要高一些，危害最大的是环境污染问题。近年来流行病学调查结果显示，环境因素已经超过遗传因素，成为影响人类健康最危险的因素（朱日祥等，2021）。我们要建设生态文明与美丽中国，需要从环境容量上去考虑中国的经济发展和城市化，与此相关的核心科学问题就是地球与生命健康。科学发展史充分说明，生命健康与宜居地球总是密不可分。新冠病毒的出现和全球流行，使我们进一步深刻认识到地球与生命健康（Geo-Health）对地球科学家提出了更高的要求，同时也应意识到现有的知识体系还不足以保证人类与宜居地球的和谐发展（2021—2030 地球科学发展战略研究组，2021）。

第六节　技术创新、科学攻坚——满足地球宜居需求

创造新技术是人类发展的助推剂（朱日祥等，2021）。比如，三十年前很少有人会看好页岩气，但技术进步开创了 21 世纪初的"页岩气革命"，极大改变了世界能源的版图。下一次能源革命的爆发点在哪里？谁会成为引领者？现在似乎还很难回答，但可以肯定的

是，科技创新是关键（朱日祥等，2021）。地球科学需要前瞻布局，通过科学攻坚，比如创新"资源形成与富集理论"，服务人类对宜居地球的需求。有机－无机相互作用对油气生成、储运、成藏保存的影响，是石油地质理论研究的新领域。同时，海洋含有丰富的可再生能源（如潮汐能、潮流能）、深海多金属资源、生物资源等。如何合理开发利用这些资源能源？这也是当前面临的科学与技术难题。矿物形成与宜居地球演化也是互馈的；地球上现在已知的5740种矿物中有2/3是在生命出现之后形成的（Hazen等，2008）。数量众多的新岩石类型的形成也与生物作用密切相关，研究战略性大宗与稀有矿产资源的形成机制不仅是国家战略需求，也为认识地球宜居性提供新的途径（朱日祥等，2021）。

地球演化伴随着一些灾变事件，大陆强震就是其中之一。了解大陆强震孕育的地球深部环境和动力过程是地震学研究的突破口。利用新的监测手段研究强震预警新理论和新方法是减轻地震灾害的有效途径之一（朱日祥等，2021）。同时，人类开发和利用资源日益活跃，人工诱发地震引起社会的广泛关注，开展人工诱发地震机理与灾害评估的理论与实验研究，可为未来重大工程的建设提供科技支撑。

随着世界经济的高速发展，人类活动产生的有害物质对生态环境和人类健康带来不同程度的影响，尽管各国已启动多项有针对性的研究计划，但这些计划距离回答和解决人类面临的可持续发展问题还相差甚远，面向宜居地球的环境调控与治理路径仍不清晰。需要进一步加强对环境污染过程和机理、环境污染的生态效应与修复等基础性科学问题的深入研究（朱日祥等，2021），从而为宜居地球的生态与环境调控提供科学理论支撑（图21-3）。

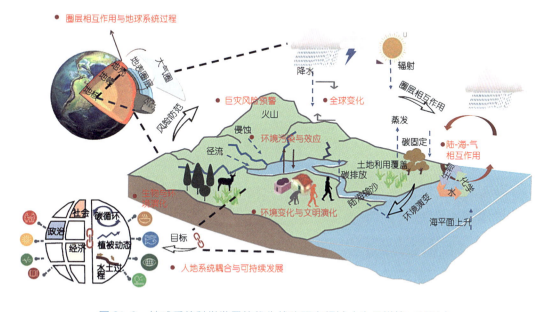

图21-3　地球系统科学发展的优先战略研究领域（朱日祥等，2021）

我们要清醒地认识到人类的观测能力和观察方法也是有局限性的。当前正在兴起的数据技术革命也许能够弥补观测局限性的短板，从而支撑地球科学的创新发展。利用计算机视觉和自然语言等实现机器人的高级智能行为，已迅速应用到自然科学、社会科学和工程科学等领域。机器学习和人工智能的主要目的在于挖掘隐藏在数据中的科学内涵，从数据分析中发现新的机理与规律（朱日祥等，2021）。地球科学家已将机器学习和人工智能技术成功用于天气预报、资源能源勘探开发、火山和地震预警等领域。以大数据及人工智能为引领的数据革命，将促使地球科学研究发生两大转变，即从问题驱动到数据驱动的研究范式转变和从专家学习到机器学习和人工智能的转变。

练习题

1. 地球宜居性有哪些特征?
2. 未来地球科学发展需要哪些创新人才?
3. 我国科学家开展地球宜居性研究有什么样的思路?

思考题

1. 为什么说重大地质事件对理解地球的宜居性是非常重要的?
2. 如何预测宜居地球的未来?
3. 宜居的地球在宇宙中孤独吗?

参考文献

[1] Brack A. Liquid water and the origin of life[J]. Origins Life Evol. B, 1993, 23: 3-10.

[2] Catling D C and Zahnle K J. The Archean atmosphere[J]. Science Advances, 2020, 6(9): eaax1420.

[3] Clayton D D. Cosmoradiogenic chronologies of nucleosynthesis[J]. Astrophysical Journal, 1963, 139: 637-663.

[4] Cleaves H J II, Scott A M, Hill F C, et al. Mineral-organic interfacial processes: Potential roles in the origin of life[J]. Chemical Society Reviews, 2012, 41: 5502-5525.

[5] Deamer D, Dworkin J P, Sandford S A, et al. The first cell membranes[J]. Astrobiology, 2004, 2: 371-381.

[6] Epelbaum E, Krebs H, Lähde T A, et al. Viability of carbon-based life as a function of the light quark mass[J]. Physical Review Letters, 2013, 110: 112502.

[7] Gaillard F, Bouhifd M A, Füri E, Malavergne V, Marrocchi Y, Noack L, Ortenzi G, Roskosz M and Vulpius S. The diverse planetary ingassing/outgassing paths produced over billions of years of magmatic activity[J]. Space Science Reviews, 2021, 217: 22.

[8] Hanczyc M M. Metabolism and motility in prebiotic structures[J]. Philosophical Transactions - Royal Society. Biological Sciences, 2011, 366: 2885-2893.

[9] Hanslmeier A. Water in the Universe[M]. Amsterdam: Springer Netherlands, 2011: 239.

[10] Harrison T M. The Hadean crust: Evidence from > 4Ga zircons[J]. Annual Review of Earth and Planetary Sciences, 2009, 37: 479-505.

[11] Hazen R M, Papineau D, Bleeker W, et al. Mineral evolution[J]. American Mineralogist, 2008, 93: 1693-1720.

[12] Henning T, Salama F. Carbon in the Universe[J]. Science, 1998, 282: 2204-2210.

[13] Hsü J K. Challenger at Sea: A Ship That Revolutionized Earth Science[M]. New Jersey: Princeton University Press, 1992.

[14] Kasting J F and Catling D. Evolution of a habitable plant[J]. Annual Review of Astronomy and Astrophysics, 2003, 41: 429-463.

[15] Kolb E W, Turner M S. The Early Universe[M]. Redwood: Academic Press, 1990.

[16] Lacis A A, Schmidt G A, Rind D and Ruedy R A. Atmospheric CO_2: Principal control knob governing Earth's temperature [J]. Science, 2010, 330(6002): 356-359.

[17] Lunine J I. Saturn's Titan: A strict test for life's cosmic ubiquity[J]. Proceedings American Philosophical Society, 2009, 153: 403-418.

[18] Oreskes N, Le Grand H E. Plate Tectonics: An Insider's History of the Modern Theory of the Earth[M]. Colorado: Westview Press, 2001.

[19] Plank T, Manning C E. Subducting carbon[J]. Nature, 2019, 574(7778): 343-352.

[20] Qin L, Carlson R W. Nucleosynthetic isotope anomalies and their cosmochemical significance[J]. Geochem. J., 2016, 50: 43-65.

[21] Tashiro T, Ishida A, Hori M, el al. Early trace of life from 3.95 Ga sedimentary rocks in Labrador, Canada[J]. Nature, 2017, 549(7673): 516-518.

[22] Turcotte D L, Oxburgh E R. Mantle convection and the new global tectonics[J]. Annual Review of Fluid Mechanics, 1972, 4: 33-66.

[23] Wallerstein G, Iben I Jr, Parker P, et al. Synthesis of the elements in stars: Forty years of progress[J]. Reviews of Modern Physics, 1997, 69: 995-1054.

[24] Wilde S A, Valley J W, Peck W H, et al. Evidence from detrital zircons for the existence of continental crust and oceans on the Earth 4.4 Gyr ago[J]. Nature, 2001, 409(6817): 175-177.

[25] 2021—2030 地球科学发展战略研究组. 2021—2030 地球科学发展战略——宜居地球的过去、现在与未来 [M]. 北京：科学出版社，2021.

[26] 查尔斯·郎穆尔，华莱士·布勒克. 构建生命宜居的类地行星——从宇宙大爆炸到人类文明的地球演化史 [M]. 厉子龙，译. 杭州：浙江大学出版社，2020.

[27] 纪伟强, 吴福元. 地球挥发分循环与宜居环境演变[J]. 岩石学报, 2022, 38(5): 1285-1301.

[28] 李一良, 孙思. 地球生命的起源[J]. 科学通报, 2016, 61: 3065-3078.

[29] 杨元喜. 综合PNT体系及其关键技术[J]. 测绘学报, 2016, 45: 505-510.

[30] 朱日祥, 侯增谦, 郭正堂, 等. 宜居地球的过去、现在与未来——地球科学发展战略概要[J]. 科学通报, 2021, 66(35): 4485-4490.

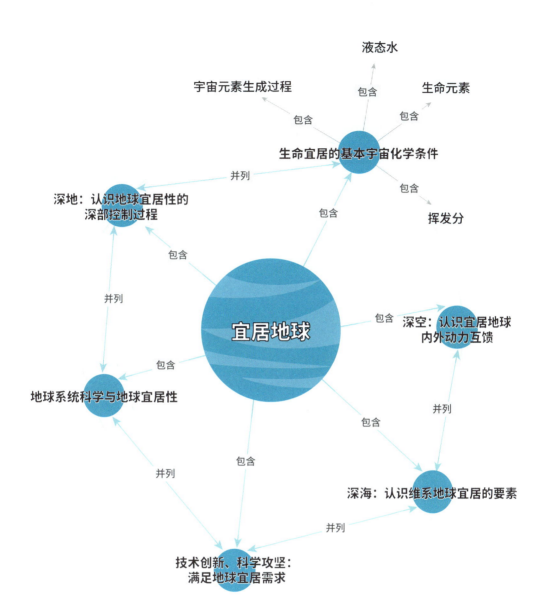

液态水

宇宙元素生成过程

生命元素

包含

包含

生命宜居的基本宇宙化学条件

包含

深地：认识地球宜居性的
深部控制过程

并列

包含

挥发分

包含

宜居地球

包含

深空：认识宜居地球
内外动力互馈

并列

包含

并列

地球系统科学与地球宜居性

包含

深海：认识维系地球宜居的要素

并列

并列

技术创新、科学攻坚：
满足地球宜居需求

宜居地球

附　录

APPENDIX
杭州地区地质观察简介

　　地学是一门实践性很强的科学。地学研究是以观察地质现象为基础，从观察事实中可找出规律，发现问题，解决问题，因而野外考察是地学研究的基本手段。大自然从来就是最好的地学博物馆，在某种意义上也是实验室。

　　为了帮助学生更好地掌握地球科学的基本理论，我们结合杭州美丽的湖光山色，设计了几条野外考察路线。野外考察的范围很广，并且要求必要的深度与广度，要求系统性和全面性，做到点、线、面相结合，多学科相结合。现将杭州地区野外考察的基本内容介绍如下。

一、杭州地势

　　杭州地处浙西山地与杭嘉湖平原的衔接地带。地势西高东低，绝大部分为构造剥蚀后的低山丘陵，少部分为平原。

　　低山丘陵部分按其岩性和剥蚀程度又可分为三个地形单元：

　　（1）外圈峰丛：如五云山、天竺山、北高峰等由泥盆系砂岩组成，海拔高度300～400m，山坡颇为陡峻。

　　（2）内圈山体：如玉皇山、南高峰、飞来峰，由石炭—二叠系石灰岩组成，海拔高度200m左右，岩溶发育。

　　（3）内部低山：北部孤山、葛岭、宝石山，由侏罗系火山碎屑岩组成，海拔高度在35～125m。

　　杭州市平原部分由第四系组成，其分布或近西湖，或临钱塘江，海拔高度3～7m。

　　西湖位于杭州市城区西南，为马蹄形的低山丘陵所环抱，湖面呈椭圆形，南北长3.3km，东西为2.8km，周长为15km，水面面积约5.6km^2。钱塘江呈“之”字形弯曲流经杭州市城区的东南侧（图F-1）。

二、杭州名泉

　　龙井泉：龙井泉在诸多的喀斯特泉中最享盛名。在龙井泉一带，出露有大片石灰岩地层，岩层倾向北东，与地形坡向趋近一致。岩层层面裂隙及节理发育，一条北东方向延伸的断层正好穿过龙井寺，这些都成为补给泉水的导水通道。泉出露位置位于南高峰向斜扬起端，恰好处于龙泓洞和九溪分水岭“Y”口的下方，地形上有利于水的汇集。西面棋盘

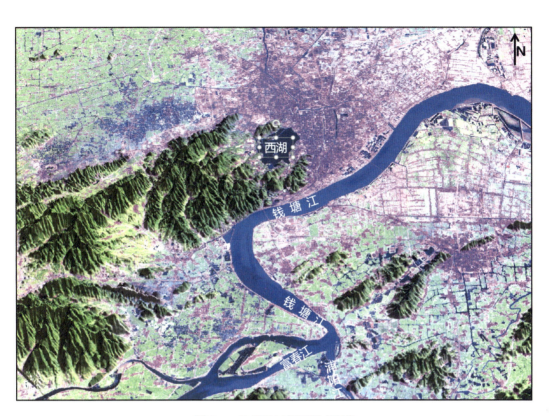

图 F-1　杭州及其邻区遥感影像

山集水面积较大，植被茂盛，有利于地表水渗入补给地下水，这些良好的水文地质条件，便是形成龙井泉的主要原因。龙井泉流量 0.5 ～ 1L/s，水质纯净，水质属 HCO_3-Ca 型水，矿化度 0.26g/L，总硬度 137mg/L 的 CaO，水温 17 ～ 18℃。

　　虎跑泉：虎跑泉名冠杭州诸泉之首，素有天下第三泉之称，是基岩裂隙泉。泉水出露地层为泥盆系石英砂岩。该泉位于杭州西南白鹤峰下，遥对玉泉山。虎跑寺后有一石崖，常年水珠欲滴，故称滴翠崖，屋下塑有一虎，泉水涌出处建成泉池，即为虎跑泉。泉水出露处北、西和西南三面环山，为一山间集水漏斗。其所处地质构造部位为青龙山背斜东南翼近核部处，岩层向虎跑泉方向倾斜，层面裂隙及发育在石英砂岩中的北北东和北西西向节理成为有利地下径流的通道。此外，虎跑泉附近还有一条与岩层走向近于平行、沿东北方向伸展的断层，"滴翠崖"即为断层崖，它起了拦蓄地下水的作用。裂隙水循构造节理系统、岩层层面和虎跑断层汇流，泉口下伏泥岩地层的隔水作用，迫使地下水在断层陡壁下涌出地面，从而导致了虎跑泉的形成。

　　由于石英砂岩化学性质稳定，虎跑泉的水质颇为纯净，总矿化度 0.02 ～ 0.15g/L，低于玉泉、龙井泉，属 HCO_3、Cl-Na、Ca、Mg 型水，总硬度 3.34 mg/L 的 CaO。甘美的虎跑水泡清香的龙井茶，被世人赞誉为"西湖双绝"。该泉流量为 0.38L/s。

　　玉泉：玉泉位于西湖西北的玉泉山下，与虎跑泉、龙井泉并称为西湖三大名泉。

从飞来峰、灵隐的山口到玉泉是一片倾斜、开阔的坡地，覆盖其上的疏散沉积物由粗变细，为一古洪积扇。玉泉处在洪积扇的前缘，接受的来水主要是灰岩山区的裂隙水，故该泉可称为喀斯特水补给的孔隙泉。当周围山地的水顺着地势，沿着径流往下流动，碰到洪积扇后部粗大沉积物时，大部分转为地下水，蓄积其中，由高处往扇前方汇流，到达扇前缘又遇阻水的细砂、泥质沉积物及一些黏土透镜体，迫使地下水面壅高，汩汩涌出地面，形成玉泉等十几处泉眼。

玉泉水质属HCO_3-Ca型，矿化度0.2g/L，总硬度103 mg/L的CaO。

三、西　湖

西湖形成于全新世时期。杭州地区在全新世时期出现多次海进海退，沉积了亚黏土、亚砂土、淤泥质黏土并夹有薄层泥炭，产有有孔虫、介形虫、瓣鳃类等化石。在距今大约1.5万年前，地史上最后一次冰期结束了，冰盖消融，海面上升，约在7 000年前，海面达到了最大高度。当时海水直接荡击着杭州附近的山麓地带，葛岭、宝石山和吴山之间的低洼地就成了与外海相通的浅海海湾。海浪和潮流对海湾两侧伸向大海的陆地不断进行冲蚀，冲下来的泥沙物就近沉积。如果海湾的弯曲度较小，海水又较浅，那么它将很快被泥沙填平，海岸线拉平趋直，海湾便随之消失。如果海湾的湾口较窄，岸线弯曲较大，海水较深，便不容易被泥沙物质很快填平，而往往在海湾两侧逐渐形成伸向海湾的沙嘴。沙嘴发展迅速时，两者可以很快连在一起，最后露出海面，便构成岸外沙坝。这时湾内水体与外海隔开，海湾就变成了潟湖。潟湖形成初期，涨潮时海水可以进入，及至海岸线向外海推移到一定程度以后，潟湖就完全与海隔绝了。

西湖这个海湾，湾口相对狭窄，岸线弯曲度较大，湾内海水较深，具备了向潟湖发展的基本条件。同时杭州南临钱塘江，北面不远就是长江，泥沙来源丰富；在西湖还与外海相通的时期，杭州附近的海岸地带，不仅有钱塘江入海泥沙的堆积，而且更重要的是，强劲的钱江潮把长江入海的泥沙也带到这里堆积。由于外海泥沙也来补充，西湖海湾的湾口迅速封闭，明珠般的西湖便在杭州大地上应运而生（图F-2）。随着湾口外泥沙的不断堆积，海岸线也迅速向外海推移，湖的东面很快出现了作为长江三角洲的一个组成部分的广阔平原。西湖三面群山环绕，一面平川沃野的自然环境也就造成了。

一般说来，潟湖可以向两个方向发展，一种情况是气候炎热干燥，雨水稀少，缺乏淡水补充，水体干涸，变成干湖盆；另一种情况是潟湖不断被雨水和溪水冲淡，变成淡水湖。杭州地处湿润的季风气候带，年降水量平均在1 500mm以上，超过了它的年蒸发量，所以西湖便向淡水湖发展。淡水湖形成后，不免承受上游溪流带来的泥沙堆积，再加上水草繁茂，湖面必然不断缩小，湖水变浅，先是成为一片沼泽，最后干涸填塞成为平地，这是一般的规律，在西湖的沉积物—西湖泥中就发现有泥炭，说明西湖曾经有沼泽化的现象，而西湖至今仍然未被封涸，是历代疏浚和治理的结果。

图 F-2　宝石山上西湖俯瞰西湖（冬天）（陈汉林摄）

四、杭州的岩洞

　　杭州的岩洞按其成因可以分为两大类，一类是发育于石炭、二叠系石灰岩地区的喀斯特溶洞，如灵山洞、紫来洞、石屋洞、玉乳洞等；另一类是崩坍岩洞，如葛岭地区的紫云洞、卧云洞。

　　喀斯特洞穴是由于地下水沿着断裂破碎带、节理裂隙等径流通道对可溶性岩石不断溶蚀形成的。在形成过程中也常伴有机械崩塌作用。环抱西湖的飞来峰、南高峰、九跃山、玉泉山、将台山、紫阳山以及吴山等均由石炭、二叠系石灰岩组成，这些可溶性岩石为洞穴的形成提供了物质基础。由于各组石灰岩地层的化学成分、结构、构造等差异以及地形、构造条件不一，故溶洞发育状况不一。除了岩性影响外，褶皱和断层在喀斯特洞穴形成过程中直接影响或控制了洞穴展布格局和形态。本区向斜多为石灰岩组成，在向斜翘起端，节理密集，断层发育，加上有利的地形条件，常循破裂系统或层面生成规模较大的洞穴。

　　喀斯特洞穴的溶蚀作用可用下列化学反应式表示：

$$CaCO_3 + H_2O + CO_2 = Ca(HCO_3)_2$$

　　在地下水长期溶蚀作用下，岩石原有空隙扩大，形成各种形状和大小的洞穴，地面也因水的作用形成各种特殊地貌。这种主要以地下水，对可溶性岩石进行化学溶解所形成的特殊地貌，统称为喀斯特地貌。

　　喀斯特洞穴一般洞厅开阔，往往可以分几层，洞内发育有各种形态的石钟乳、石笋、石柱，千姿百态，意趣横生，有时还可以发育地下暗河。喀斯特洞穴中富含 $Ca(HCO_3)_2$ 的地下水，沿着裂隙渗入空旷的溶洞时，由于温度、压力改变，CO_2逸出，蒸发作用加强，就沉淀出$CaCO_3$。如水自洞顶下滴，边滴边沉淀，就逐步形成自洞顶向下生长的石钟乳。若渗出水滴落洞底，$CaCO_3$就在洞底逐次沉淀。并由下向上生长形成石笋。当石钟乳与石笋连成一体时，称为石柱。石钟乳、石笋、石柱合称钟乳石。此外，当地下水沿着洞顶、洞壁之裂隙成层流出时，能沉积成石帘、石帷幕和石瀑布、石幔等形态。

杭州地区的另一类岩洞为崩坍岩洞，下面以紫云洞为例说明崩坍岩洞的形成。

紫云洞位于葛岭地区宝石山，组成岩洞的岩石为侏罗系的火山岩，岩性属坚硬非可溶性岩石，地下水的溶蚀对它们并不起作用。因此，在这类岩石中不可能发育规模巨大的岩洞。紫云洞及其东北的卧云洞、蝙蝠洞恰好位于栖霞岭断层上，断层走向北东30°，倾向南东，倾角30°～40°，沿断层岩石强烈片理化，并发育有50～60cm厚的断层泥。紫云洞的洞顶面即为断层面所在。断层泥的存在，不仅削弱了岩石之间的联结力，而且在沿裂隙下渗的地下水到达这里时，因其透水性能很差，还会使地下水在此聚积，进而地下水又将这断层泥泡成稀泥，随地下水带走，断层泥被地下水潜蚀淘空后，上方的岩石就失去了支撑。另外，岩石中节理发育，把岩石切成大小岩块，一旦失去支撑就循节理下错，乃至崩落。洞壑及周围巨大的崩石就是这样形成的。由于这类岩洞是地下水淘空断层泥引起上方岩石崩坍所造成的，因此，称其为崩坍岩洞。由于它们是受断层产状所控制，所以都具有洞形平直单调、洞顶平整如板，并向东南倾斜等一系列特征，而与石灰岩的溶洞迥然不同。

五、宝石山奇峰怪石

宝石山的奇峰怪石宝石山上有许多美丽的小红石子，或突出于岩石表面，或散布在山坡路旁，俗称"宝石"，"宝石山"的名称就是由此而来（图F-3）。这种逗人喜爱的"宝石"叫碧玉，它的主要成分是二氧化硅，此外由于有较高的氧化铁含量而呈红色。组成宝石山的岩石是1.5亿年前强烈的火山爆发活动造成的火山岩，宝石山所在的整个葛岭地区都是由这种火山岩构成。火山岩中的碧玉，就是一种岩浆碎屑。

图F-3　宝石流霞（陈汉林摄）

宝石山的保俶塔附近，还能观察到许多光圆突兀的巨石。在来风亭旁迎面一块两三米长的椭圆形巨石，横空悬置于山岩之上，使人感到摇摇欲坠。来风亭西侧有一石洞，洞顶是一块巨石，只有几个点和下面基岩相接触。洞外巨石挺拔，西侧石壁陡立，形成一道只能侧身而过的石峡。上述这些地貌现象都是大自然的杰作。这是由于露出地表的岩石白天受太阳光的照射，表面温度升高，体积膨胀。岩石是热的不良导体，表面的热量向内部传递非常缓慢，所以白天岩石表面比内部膨胀得大些。晚上的情况正好相反，岩石内部接受白昼表面不断传来的热量，还在膨胀，而表面却由于散热开始收缩。可见，日照和气温的昼夜变化，造成了岩石表里胀缩不一致的现象，久而久之，岩石表层和内部的联结力便不断地削弱，进而在岩石上产生风化裂隙，裂隙越来越大，表层终于脱落。这个过程，地质学上称为风化作用。宝石山巨大的圆石头就是这样形成的。此外由于某些地方的岩石结构致密，岩性比较均一，因而风化作用只能循部分较稀的节理裂隙深入。当节理延伸较长时，便可形成石峡，底部裂隙剥蚀较快，逐渐扩大，下面脱空，上部岩块就"悬"起来了，宝石山的奇石险峰景象便是风化作用造成的。

六、钱塘江和钱江潮

钱塘江发源于安徽休宁县青芝埭尖，全长500余公里，最后流入东海。钱塘江各河段名称繁多，上游叫马金溪；衢州衢江区以下称衢江；在兰溪接纳婺江水后称兰江；梅城附近的兰江与从黄山源源流来的钱塘江第一大支流新安江汇合为桐江；桐庐至西湖区双浦镇东江咀村之间称富春江，并在这里汇合了浦阳江（图F-1），此处又名"三江汇"；东江咀村以下才正式叫钱塘江；东江咀村到杭州闸口间，由于河道弯曲形如"之"字，故又名之江（图F-1）。

钱塘江流经杭州出现的"之"字形弯曲和江口的涌潮，不仅景色宏伟壮观，也是十分有意义的地质现象。

河流弯曲是一种普遍出现的自然现象。在平直河段，主流线一般位于河道的中央，在河湾处，主流线总是偏向凹岸，其结果是水体向凹岸集中，水面壅高，在河床横断面上产生由凹岸向凸岸倾斜的"横比降"。在横比降和水的重力、弯道离心力、科里奥利力的共同作用下，水就自凹岸向下，经河床底部流向凸岸，再经水面回到凹岸，这个过程称"横向环流"。但是，因水在纵向上流动向前，每个环流都不回到原来出发的地点，而是向下移动了。所以弯道水流实际上是作螺旋形运动的。螺旋流在凹岸处向下运动，力量较强，因而就不断淘蚀凹岸物质；凸岸处由于水流与重力方向相反，螺旋流带来的凹岸物质就在那里进行堆积。显然，河流弯曲必然要造成凹岸后退、凸岸加积的现象。在六和塔附近，这种现象非常清楚。六和塔处于"之"字形弯曲的凹岸部位，塔下临江处岩石裸露的陡壁就是凹岸侵蚀造成的，江对岸巨大的滩地凸向六和塔方向，至今仍是不断接受江流泥沙堆积的场所。

河流在横向上不断侵蚀凹岸的现象称旁蚀或侧蚀，由于旁蚀作用，凹岸不断后退，凸岸不断伸展，河道变为弯曲，这就是河曲。钱塘江出东江咀村后摆脱了两岸高山的约束，进入由粉砂物质组成的宽阔平面地区，河床可以自由摆动。同时又有南来的浦阳江水汇入，迫使江流弯曲，笔直冲向六和塔一带，遇到那里坚硬的泥盆系石英砂岩，便又折向东流，这样便形成"之"字形的河曲（在玉皇山顶观察最为完美）。

钱塘江自杭州闸口以下属河口区，大尖山以下为杭州湾，像一个巨大的喇叭，张口向着东海，河流下游受海水影响的地段，随着海洋的潮汐涨落，河口区也相应出现潮汐现象，钱塘潮与众不同，其势汹涌澎湃，壮丽宏雄，在世界上是罕见的，正如苏东坡歌颂的那样"八月十八潮，壮观天下无"。钱塘潮的潮头高度一般在 1～2m，最高时可达 2.5m，潮头传播速度 10m/s 左右，大潮带来的海水每秒有几万吨，它所产生的力量是惊人的，海塘旁一些护塘的混凝土大石块重 10 多吨，也常被潮头冲走。

钱塘潮是一种涌潮现象，但同时又是潮汐河口，为什么长江、黄河没有这种壮观的涌潮现象？原因在于钱塘江口具有独特的、其他江河所没有的自然条件，钱塘江口是一个典型的喇叭形河口，河口大而河身小。杭州湾出口宽达 100km，澉浦附近江面只有 20km，而澉浦以上到翁家埠一段，江面一下子就收缩到 4～5km，到海宁盐官只有 3km，潮水来不及均匀上升，只好后浪推前浪，形成巨大的潮头，终于在大尖山附近出现波澜壮阔的涌潮。喇叭形河口的存在，是钱塘潮形成的首要条件，喇叭形河口是由于地壳下沉、海水浸漫了河口而形成的，但是在钱塘江喇叭口的形成过程中，长江带来的泥沙堆积也起了不小的作用。

钱江潮的形成还有一个重要因素，就是在大尖山以内水下发育了巨大的拦门沙坎，它的组成物质主要是分选良好的粉砂。在形态上，为一不对称的水下隆起，外侧陡、内侧缓，在河口有这样一个庞大的堆积体，对潮水有很大影响。当潮水涌入江口到达大尖山时，就像碰到了一堵陡墙，来势汹涌的潮头便一跃而起，把潮头掀得高高的。前面的潮水受沙坎的阻力走得慢了，后面的潮水一层层叠上来，就形成了像墙壁一样屹立于江面的潮峰。

七、宝寿山

宝寿山位于杭州城西闲林南侧的金岭山一带，午朝山国家森林公园北，是一个人工空谷长滩景区，交通十分方便。景区修建过程中开挖出很多优质露头，很好揭示了杭州一带早古生代到中生代的沉积、构造演化历史。宝寿山位于北东—南西走向西湖复向斜的北西翼，地层自北向南依次出露寒武系和奥陶系。宝寿山景区附近则主要出露上奥陶统，自下而上包括砚瓦山组、黄泥岗组和长坞组。其中砚瓦山组主要为一套中、薄层灰岩、泥质灰岩，含较多生物碎屑化石，主要分布在景区北门附近；黄泥岗组为一套薄层泥灰岩，发育较多滑塌角砾岩；长坞组主要为黄绿色、紫灰色泥岩、粉砂岩，为海相浊积岩沉积。

宝寿山地区记录比较清晰的是晚期的两期构造变形事件。第一期发生在中晚三叠世，形成了西湖复向斜，宝寿山地区作为该复向斜的北西翼而发生褶皱抬升，并发育一系列的次级褶皱。在宝寿山景区北门停车场的崖壁上，可清晰观察到上奥陶统砚瓦山组灰岩中发育一个不对称的向斜，其北西翼地层陡直甚至有些倒转，南东翼地层平缓（图 F-4a）。第二期发生在白垩纪，以发育两组（分别为南东和北东走向）正断层为主要特征（图 F-4b），正断层内可观察到大量的擦痕、阶步和重结晶的方解石（图 F-4c）。

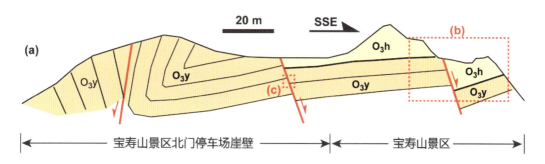

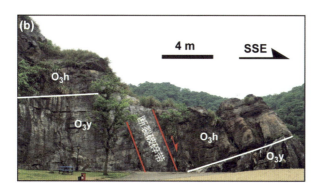

图 F-4　宝寿山地区构造变形剖面（吴磊摄制）

（a）宝寿山景区北门停车场附近构造剖面示意图，发育一不对称向斜（中晚三叠世）和多条正断层（白垩纪）；（b）宝寿山景区北侧白垩纪正断层（红色实线），明显错断上奥陶统砚瓦山组（O_3y）和黄泥岗组（O_3h）界线，断层附近发育宽约 1.5 的破碎带，位置见（a）；（c）宝寿山北门停车场白垩纪正断层断面上发育的大型阶步（白色箭头），位置见（a）。

八、杭州地区主要野外考察路线、实习内容及作业要求

（一）杭州栖霞岭—宝石山

1.路线：岳坟—紫云洞—初阳台—宝石山

2.实习内容：认识侏罗系火山碎屑岩系及其分布的地质地貌特点，了解断层面（带）的某些标志。

3.观察点：

（1）沿途观察并认识侏罗系各种火山碎屑岩的岩性、结构、构造、矿物成分和风化特征。

（2）在紫云洞观察火山岩流纹构造和洞体特征，分析了解它们的成因，观察断裂构造形迹，寻找断层存在的证据。

（3）在初阳台西侧路边，俯视西湖及远山全貌，了解杭州地势及西湖成因。至初阳台东侧，观望宝石山风化地貌。

（4）在宝石山观察碧玉。

4.作业要求

（1）绘制流纹构造、碧玉层及风化地貌的素描图。

（2）对比紫云洞与灵山洞的特点。

（二）杭州灵山洞

1.路线：杭州以西约 25km 处灵山洞。

2.实习内容和观察点：

（1）从山脚至洞口途中观察沿途石灰岩的特征，根据化石和其他沉积构造判断地层的时代。

（2）在洞口和洞内观察岩溶堆积物和钙化沉积所塑造的各种形貌。

（3）认识古地下河地质特征。

3.作业要求：试述石钟乳、石笋、石柱和溶洞的成因。

（三）宝寿山

1.路线：杭州宝寿山景区北门

2.实习内容：

（1）观察宝寿山景区奥陶纪地层的发育特征。

（2）观察奥陶纪地层内部的褶皱（背斜和向斜）。

（3）观察认识断层（断层破碎带、断层角砾岩、断层面擦痕）和节理。

（4）观察岩溶地貌。

3.作业要求：结合自己拍摄的野外照片描述景区的变形特征。

（四）浙江大学地球科学学院地质陈列馆

1.实习内容

（1）认识陈列馆中各种矿物、岩石、矿石标本。

（2）认识陈列馆中各种古生物化石标本。

2.作业要求

（1）掌握矿物、岩石的概念及主要分类。

（2）掌握古生物化石的概念及现实意义。